职业技能鉴定国家题库石化分库试题选编

电工(运行)

中国石油化工集团公司职业技能鉴定指导中心　编

U0808246

中国石化出版社

内 容 提 要

《电工(运行)》为《职业技能鉴定国家题库石化分库试题选编》丛书之一，由中国石油化工集团公司职业技能鉴定指导中心按照《国家职业标准》和《职业技能鉴定国家题库开发技术规程》组织编写。内容包括：电工(运行)初级工、中级工、高级工和技师及高级技师的鉴定要素细目表、理论知识试题和技能操作试题，是电工(运行)进行职业技能鉴定的必备学习资料。

图书在版编目(CIP)数据

电工(运行)/中国石油化工集团公司职业技能鉴定指导中心编.
—北京:中国石化出版社,2006(2023.2 重印)
(职业技能鉴定国家题库石化分库试题选编)
ISBN 7-80229-166-9

Ⅰ.电… Ⅱ.中… Ⅲ.电工-职业技能鉴定-习题
Ⅳ.TM-44

中国版本图书馆 CIP 数据核字(2006)第 093012 号

未经本社书面授权，本书任何部分不得被复制、抄袭，或者以任何形式或任何方式传播。版权所有，侵权必究。

中国石化出版社出版发行
地址:北京市东城区安定门外大街 58 号
邮编:100011　电话:(010)57512500
发行部电话:(010)57512575
http://www.sinopec-press.com
E-mail:press@ sinopec.com.cn
北京艾普海德印刷有限公司印刷
全国各地新华书店经销

*

787×1092 毫米 16 开本 24 印张 583 千字
2023 年 2 月第 1 版第 6 次印刷
定价:65.00 元

职业技能鉴定国家题库
石化分库开发领导小组

组　　长：刘根元

副组长：傅兴顺　高　滨　孙祖岭　孙金瑜

顾　　问：袁　芳　李钰年

成　　员(以姓氏笔画为序)：

丁新兴　王凤维　王运才　王虎刚　王瑞萍　石惟理
刘子才　刘文玉　刘忠华　向守源　朱长根　朱正建
朱立群　江毅平　汤　豪　许立明　许　坚　曲子洲
吴　云　何　波　邱　颖　张云燕　张月娥　张全胜
张佐军　张树忠　陈建国　陈若平　周志明　郑洵美
钟文标　徐洪源　贾铁成　郭为民　顾甬明　崔　昶
曹宗祥　黄　进　彭连军　温振丽　童子飞　谢学民
韩　伟　雷建忠　靳良成　潘　慧　穆晓秋　魏洪大
魏根兴

特邀专家(以姓氏笔画为序)：

尤宝英　王　权　丛新泽　刘　欧　刘孝祖
李荣兴　沈洪源　陆　勇　巫建忠　徐　燕
黄世文　黄劲松

编辑出版负责人：

王子康　王力健　邓敦夏

前　言

受劳动和社会保障部职业技能鉴定中心委托，按照中国石油天然气集团公司、中国石油化工集团公司职业技能鉴定工作协议，中国石油化工集团公司职业技能鉴定指导中心组织有关专家，依据《职业技能鉴定国家题库开发技术规程》和《国家职业标准》，开发了32个职业95个工种的职业技能鉴定国家题库石化分库，并于2006年5月正式启用。

为满足员工学习专业知识、提高操作技能的需要，我们选编了石化分库的部分试题，按职业(工种)出版《职业技能鉴定国家题库石化分库试题选编》套书。该套书内容包括国家职业标准、鉴定要素细目表、理论知识试题和技能操作试题等，其中，理论知识试题约占分库中该职业(工种)试题的50%，技能操作试题约占70%。

《电工(运行)》分册由天津石化主编，扬子石化、上海石化等单位参编。主要执笔人：吕英、孙立军、周立宏、刘文福。参审人员：沈洪源、熊飚、陈楠、元柏友、郑如春。

由于水平有限，书中难免有遗漏或欠妥之处，敬请谅解并提出宝贵意见。

职业技能鉴定国家题库

石化分库开发领导小组办公室

目录

第四部分　技师/高级技师

第一部分

初 级 工

一、理论知识鉴定要素细目表

行业通用理论知识鉴定要素细目表

鉴定范围						鉴定点		
一级		二级		三级		代码	名称	重要程度
代码	名称	代码	名称	代码	名称			
A	基本要求	B	基础知识	A	记录填写基础知识	001	运行记录的种类	X
						002	运行记录的填写要求	X
				B	识图基础知识	001	工艺流程图管线的表示方法	X
						002	工艺流程图管件的表示方法	X
						003	工艺流程图阀门的表示方法	X
						004	工艺流程图仪表电气控制点的表示方法	X
				C	安全环保基础知识	001	石化行业生产的不安全因素	X
						002	国家安全生产的方针	X
						003	三级安全教育的内涵	X
						004	头部的防护	X
						005	眼睛和面部的防护	X
						006	脚部的防护	X
						007	手部的防护	X
						008	耳部的防护	X
						009	口鼻的防护	X
						010	皮肤的防护	X
						011	机械设备对人体伤害的防护	X
						012	厂内交通安全知识	X
						013	石化行业防火防爆十大禁令的内容	X
						014	尘毒物质的分类	X
						015	职业中毒的种类	X
						016	急性中毒的现场抢救	X
						017	高处作业的防护措施	X
						018	石化行业污染的来源	X
						019	石化行业污染的途径	X
						020	石化行业污染的特点	X
						021	清洁生产的定义	X
						022	清洁生产的内容	X
						023	燃烧的三要素	X
						024	干粉灭火器的适用范围	X
						025	泡沫灭火器的适用范围	X
						026	1211 灭火器的适用范围	X

续表

鉴定范围						鉴定点		
一级		二级		三级		代码	名称	重要程度
代码	名称	代码	名称	代码	名称			
						027	ISO 14000 系列标准的含义	X
						028	HSE 管理体系的概念	X
						029	建立 HSE 管理体系的意义	X
						030	石化行业事故处理的原则	X
				D	质量基础知识	001	标准化的概念	X
						002	标准等级划分的类别	X
						003	标准的使用范围	X
						004	ISO 9000 族标准的特点	X
				E	计算机基础知识	001	计算机硬件的组成	X
						002	计算机的安全防护	X
						003	Word 文档的录入与排版	X
						004	计算机浏览器的使用	X
						005	电子邮件的收发	X
				F	法律常识	001	《劳动法》关于劳动者权益的规定	X
						002	劳动合同包含的条款	X
						003	劳动争议解决的途径	X
						004	《劳动法》关于劳动者工作时间的规定	X
						005	《劳动法》关于劳动安全卫生的规定	X
						006	《产品质量法》关于生产者的产品质量责任	X
						007	《产品质量法》关于生产者的产品质量义务	X
						008	《安全生产法》对从业人员的规定	X
						009	《消防法》关于对公民责任的规定	X
B	相关知识	F	培训与指导	B	鉴定与考评	001	职业技能鉴定的定义	X
						002	职业技能鉴定的目的	X
						003	职业资格等级的划分	X
						004	职业资格证书的用途	X
						005	职业、岗位与工种的关系	X

工种理论知识鉴定要素细目表

鉴定范围						鉴定点		
一级		二级		三级		代码	名称	重要程度
代码	名称	代码	名称	代码	名称			
A	基本要求	B	基础知识	F	直流电路	001	电路的概念	X
						002	电流的概念	X

续表

鉴定范围						鉴定点		
一级		二级		三级		代码	名称	重要程度
代码	名称	代码	名称	代码	名称			
						003	电流密度的概念	X
						004	电阻的概念	X
						005	电阻的计算	X
						006	电感的概念	X
						007	电容的概念	X
						008	电位的概念	X
						009	电压与电动势的区别	X
						010	电功的概念	X
						011	电功率的概念	X
						012	部分电路的欧姆定律的应用	X
						013	全电路的欧姆定律的应用	X
						014	焦耳定律的应用	X
						015	电气设备的额定值	X
						016	电源的外特性	X
						017	电阻串联电路的特点	X
						018	电阻串联电路的应用	X
						019	电阻并联电路的特点	X
						020	电阻并联电路的应用	X
						021	简单混联电路的分析	X
						022	电池的联接	X
						023	电路中各点电位的计算	X
						024	电功率的计算	X
						025	复杂直流电路的基本概念	X
						026	基尔霍夫第一定律的内容	X
						027	基尔霍夫第二定律的内容	X
				G	电磁知识	001	磁现象的基本概念	X
						002	磁场的概念	X
						003	磁力线的概念	X
						004	磁通量	X
						005	磁感应强度	X
						006	电流的磁场	X
						007	磁场强度	X
						008	铁磁物质的磁化	X
						009	磁滞回线	X

续表

鉴定范围						鉴定点		
一级		二级		三级		代码	名称	重要程度
代码	名称	代码	名称	代码	名称			
						010	磁性材料的分类	X
						011	电磁感应的概念	X
				H	交流电路	001	正弦交流电的概念	X
						002	正弦交流电的三要素	X
						003	周期、频率、角频率的关系	X
						004	相位差的概念	X
						005	正弦交流电的有效值	X
						006	正弦交流电有效值和最大值的换算关系	X
						007	正弦交流电的表示方法	X
						008	正弦交流电的加减计算	X
						009	纯电阻电路的概念	X
						010	纯电感电路的概念	X
						011	纯电容电路的概念	X
						012	纯电阻电路的计算	X
						013	纯电感电路的计算	X
						014	纯电容电路的计算	X
						015	容抗的概念	X
						016	感抗的概念	X
						017	用矢量图分析简单交流电路	X
						018	电阻与电感串联电路的计算	X
						019	电阻与电容串联电路的计算	X
						020	三相对称交流电动势的产生	X
						021	三相交流电线电流与相电流的计算方法	X
						022	三相交流电线电压与相电压的计算方法	X
						023	三相电源的联接	X
						024	三相负载的联接	X
				I	电子电路基本知识	001	半导体的概念	X
						002	PN 结单向导电性	X
						003	晶体二极管的概念	X
						004	晶体二极管的伏安特性曲线	X
						005	晶体二极管的主要参数	X
						006	晶体二极管的简易检测方法	X
						007	其他晶体二极管	X
						008	晶体三极管的概念	X

续表

鉴定范围						鉴定点		
一级		二级		三级		代码	名称	重要程度
代码	名称	代码	名称	代码	名称			
						009	晶体三极管的电流放大作用	X
						010	晶体三极管的输入输出特性曲线	X
						011	晶体三极管的主要参数	X
						012	晶体三极管的简易检测方法	X
						013	稳压管的工作特性	X
						014	稳压管的主要参数	X
						015	整流器的概念	X
						016	单相半波整流电路的构成	X
						017	单相半波整流电路的工作原理	X
						018	单相全波整流电路的构成	X
						019	单相全波整流电路的工作原理	X
						020	单相倍压整流电路的工作原理	X
B	相关知识	A	电工材料知识	A	导电材料知识	001	常用导电材料及应用	X
				B	绝缘材料知识	001	常用气体绝缘材料及应用	X
						002	常用液体绝缘材料及应用	X
						003	常用固体绝缘材料及应用	X
				D	其他材料	001	其他电工用材料	X
		B	电工仪器仪表知识	A	常用电工测量仪器仪表的基本知识及工作原理	001	常用电工仪表的分类	X
						002	常用电工仪表的标志符号	X
						003	常用电工指示仪表的组成	X
						004	磁电系测量机构的工作原理	X
						005	电磁系测量机构的工作原理	X
						006	电动系测量机构的工作原理	X
						007	铁磁电动系测量机构的工作原理	X
						008	感应式测量机构的工作原理	X
						009	数字式电压基本表的概念	X
				B	常用电工测量仪器仪表的使用方法	001	常用电工测量的基本方法	X
						002	电工测量的国际单位	X
						003	万用表的使用	X
						004	兆欧表的使用	X
						005	电流表的使用	X
						006	电压表的使用	X
						007	钳形电流表的使用	X

续表

鉴定范围						鉴定点		
一级		二级		三级		代码	名称	重要程度
代码	名称	代码	名称	代码	名称			
						008	电度表的使用	X
						009	功率表的使用	X
						010	功率因数表的使用	X
						011	红外线测温仪的使用	X
		C	电力系统知识	A	电力系统基本概念	001	电力系统的概念	X
						002	电力网的概念	X
						003	电力线路的概念	X
						004	电力系统负荷的分类	X
						005	电力系统运行的基本要求	X
						006	联合电力系统的概念	X
						007	电能质量的重要指标	X
						008	电力系统的额定电压	X
				C	工厂企业供电方式	001	用电负荷的分类	X
						002	工厂企业供电方式	X
						003	电压的质量标准	X
						004	频率的质量标准	X
						005	工厂企业变配电所主接线方式	X
						006	工厂企业电力线路的接线方式	X
				D	计算负荷的确定	001	负荷曲线的概念	X
						002	负荷率的概念	X
				E	短路电流的计算	001	短路的概念	X
						002	短路电流计算的物理量	X
		D	电气设备	A	高压开关电器	001	电器开关灭弧的原理	X
						002	高压断路器的用途	X
						003	高压断路器的分类	X
						004	高压隔离开关的用途	X
						005	高压隔离开关的分类	X
						006	高压负荷开关的分类	X
						007	高压负荷开关的用途	X
						008	高压熔断器的分类	X
						009	高压熔断器的结构原理	X
						010	高压熔断器的用途	X
				B	低压开关电器	001	低压断路器的用途	X
						002	低压断路器分类	X

续表

鉴定范围						鉴定点		
一级		二级		三级		代码	名称	重要程度
代码	名称	代码	名称	代码	名称			
						003	塑料外壳式低压断路器的结构	X
						004	低压断路器的原理	X
						005	刀开关的分类	X
						006	刀开关的用途	X
						007	低压熔断器的分类	X
						008	低压熔断器的结构原理	X
						009	低压熔断器的选择	X
						010	低压接触器的用途	X
						011	低压接触器的分类	X
						012	低压接触器的结构原理	X
						013	低压接触器的选择	X
						014	漏电保护器的用途	X
						015	热继电器的用途	X
						016	双金属片式热继电器的结构原理	X
						017	热继电器的选择	X
				C	电力变压器	001	电力变压器的用途	X
						002	电力变压器的基本工作原理	X
						003	电力变压器的分类	X
						004	电力变压器的型号	X
						005	变压器主要部件及作用	X
						006	自耦变压器特点	X
				D	互感器	001	互感器的作用	X
						002	电流互感器的分类	X
						003	电压互感器的分类	X
				F	成套配电装置及组合电器	001	成套配电装置的概念	X
						002	低压成套配电装置的结构特点	X
						003	高压开关柜的组成	X
				G	电力线路	001	电力线路的分类	X
						002	电力电缆的种类	X
						003	电力电缆的结构	X
						004	电力电缆的用途	X
				H	电气照明	001	电光源的分类	X
						002	照明灯具的分类	X
						003	荧光灯工作原理	X

续表

鉴定范围						鉴定点		
一级		二级		三级		代码	名称	重要程度
代码	名称	代码	名称	代码	名称			
						004	荧光灯接线	X
						005	工厂照明常用光源与灯具	X
				I	交流异步电动机	001	交流异步电动机的分类	X
						002	交流异步电动机的用途	X
						003	三相异步电动机的额定参数	X
						004	三相异步电动机结构的特点	X
						005	单相异步电动机结构的特点	X
						006	三相异步电动机的功率计算	X
						007	转差率的概念	X
		E	电气安装	B	低压配电设备的安装	001	低压配电盘、柜安装总体要求	X
						002	低压配电柜电器安装要求	X
						003	端子排的安装要求	X
						004	二次线联接的要求	X
		F	继电保护及二次回路	A	继电保护装置的基本知识	001	继电保护的基本任务	X
						002	继电保护的基本要求	X
						003	继电保护的基本原理	X
						004	继电保护的分类	X
				B	常用保护继电器	001	常用继电器的基本构成	X
						002	常用继电器的种类	X
				C	低压断路器的保护	001	低压电动机的基本保护方式	X
				D	高压线路继电保护	001	高压线路的基本保护方式	X
						002	过电流保护的分类	X
						003	单相接地保护装置构成及作用	X
				E	电力变压器的继电保护	001	变压器的常用保护方式	X
						002	变压器主保护的概念	X
						003	变压器后备保护的概念	X
						004	变压器温度保护的概念	X
				K	继电保护装置的校验	001	继电器的一般性检查内容	X
						002	交、直流保护回路绝缘检查	X
				L	操作电源	001	操作电源的概念	X
						002	对操作电源的要求	X
						003	操作电源的分类	X

续表

鉴定范围						鉴定点		
一级		二级		三级		代码	名称	重要程度
代码	名称	代码	名称	代码	名称			
				M	断路器控制回路和信号回路	001	信号装置的作用	X
						002	对信号装置的要求	X
						003	断路器控制回路的基本要求	X
						004	断路器的合闸与跳闸控制回路	X
				N	二次回路知识	001	二次设备的基本概念	X
						002	二次回路的定义	X
						003	二次回路的分类	X
						004	二次保护测量交流回路的标号原则	X
						005	二次控制保护回路的标号原则	X
						006	二次信号回路的标号原则	X
						007	常用电气图形符号的意义	X
		G	变电所的微机保护和综合自动化	A	变电所微机保护	001	微机保护的基本概念	X
						002	微机保护的基本特点	X
						003	微机保护装置的基本组成	X
				B	变电站综合自动化系统	001	变电站综合自动化的基本概念	X
						002	变电站综合自动化系统的基本特征	X
						003	变电站综合自动化系统的主要内容	X
		H	电气运行维护及事故处理	A	电力变压器的运行维护及事故处理	001	电力变压器巡检的方法及要求	X
						002	变压器正常巡检内容	X
						003	变压器的特殊巡检内容	X
						004	变压器负荷率的概念	X
						005	变压器正常过负荷能力规定	X
						006	变压器事故过负荷能力规定	X
						007	变压器正常运行响声的判别	X
						008	变压器运行温度异常的分析	X
				B	开关电器及消弧线圈的运行维护及事故处理	001	油断路器的巡视检查	X
						002	真空断路器的巡视检查	X
						003	隔离开关的巡视检查	X
						004	母线的巡视检查	X
						005	开关电器巡检时的对策	X
						006	电磁操动机构红色指示灯的作用	X
						007	电磁操动机构绿色指示灯的作用	X
				C	互感器的运行维护及事故处理	001	电流互感器巡视检查	X
						002	电压互感器巡视检查	X

续表

鉴定范围						鉴定点		
一级		二级		三级		代码	名称	重要程度
代码	名称	代码	名称	代码	名称			
						003	电流互感器常见故障	X
						004	电流互感器异常运行	X
				E	电力线路的运行维护及事故处理	001	电力电缆运行要点	X
						002	电缆的巡检内容	X
						003	架空线路的巡视检查	X
				F	变电所倒闸操作知识	001	设备运用状态的分类	X
						002	倒闸操作的术语规定	X
						003	倒闸操作的方法	X
				H	电机的运行维护及事故处理	001	三相交流异步电动机温升的基本概念	X
						002	电动机绕组允许最高温度的规定	X
						003	电动机轴承允许最高温度的规定	X
						004	电动机断相故障分析	X
						005	电动机停送电注意事项	X
						006	电动机的运行知识	X
						007	电动机正常运行的判断	X
						008	电动机运行故障分析	X
						009	电动机运行要点	X
		I	电气检修	B	开关电器的检修	001	开关电器检修要点	X
						002	断路器主触头检修	X
						003	电气设备检修方法	X
				C	电动机的检修	001	电动机的检修方法	X
						002	防爆电动机检修注意事项	X
						003	电动机大、中、小修项目的内容	X
						004	电动机补加润滑油注意事项	X
		J	电气设备预防性试验	A	绝缘电阻试验	001	绝缘电阻的概念	X
						002	吸收比的概念	X
						003	极化指数的概念	X
						004	绝缘电阻的测量	X
				C	绝缘油试验	001	绝缘油的种类及作用	X
						002	绝缘油试验的意义	X
		K	配电系统接地与过电压防护	A	接地与接零	001	接地装置的概念	X
						002	保护接地的概念及作用	X
						003	工作接地的概念及作用	X

续表

鉴定范围						鉴定点		
一级		二级		三级		代码	名称	重要程度
代码	名称	代码	名称	代码	名称			
		L	电动机控制	A	异步电动机的控制	001	生产机械的机械特性	X
						002	异步电动机的机械特性	X
						003	电力拖动运行的稳定条件	X
						004	三相异步电动机的固有机械特性	X
						005	三相异步电动机的人为机械特性	X
						006	三相鼠笼式异步电动机的启动方式	X
						007	三相绕线式异步电动机的启动方式	X
						008	三相异步电动机接线	X
						009	双速异步电动机接线	X
		M	电气安全	A	电工常用安全用具知识	001	电工安全用具的分类	X
						002	基本绝缘安全用具及辅助绝缘安全用具概念	X
						003	绝缘安全用具的绝缘保护作用	X
						004	绝缘操作用具的使用范围	X
						005	绝缘防护用具的使用要点	X
						006	登高作业安全用具使用注意事项	X
						007	临时接地线使用	X
						008	携带式验电器的使用要点	X
				B	电业安全工作规程	001	保护接地或接零	X
						002	在高压设备上工作的基本要求	X
						003	高压设备的巡视注意事项	X
						004	漏电保护器的使用	X
						005	电流对人体的伤害	X
						006	触电急救	X
						007	触电的预防	X
						008	电气安装注意事项	X
						009	保证安全的组织措施内容	X
						010	保证安全的技术措施内容	X
						011	检修工作票的用途	X
						012	检修工作票执行规定	X
						013	工作负责人的职责范围	X
						014	工作监护人的职责范围	X
						015	装、拆临时接地线的要求	X
						016	工作人员工作中与带电设备的安全距离规定	X

续表

鉴定范围						鉴定点		
一级		二级		三级		代码	名称	重要程度
代码	名称	代码	名称	代码	名称			
						017	标示牌的悬挂	X
						018	在电力电缆线路上工作注意事项	X
						019	临时用电的管理	X
						020	携带式电动工具的使用	X
				C	电气设备防火防爆知识	001	爆炸和火灾危险场所的分区	X
						002	工厂爆炸性气体混合物的分级	X
						003	爆炸性粉尘环境(根据爆炸性粉尘混合物)分区	X
						004	火灾危险环境电气装置知识	X
						005	爆炸危险场所的要求	X
						006	防爆电气设备使用要点	X
						007	爆炸危险场所设备维护要点	X
						008	爆炸危险场所配电的规定	X

二、理论知识试题

行业通用理论知识试题

判断题

1. 岗位交接班记录不属于运行记录。 (√)

2. 填写记录要求及时、准确、客观真实、内容完整、字迹清晰。 (√)

3. 工艺流程图中，主要物料(介质)的流程线用细实线表示。 (×)

正确答案：工艺流程图中，主要物料(介质)的流程线用粗实线表示。

4. 在工艺流程图中，表示法兰堵盖的符号是。 (√)

5. 在工艺流程图中，符号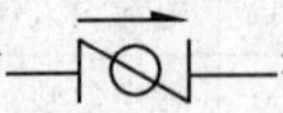表示的是减压阀。 (×)

正确答案：在工艺流程图中，符号表示的是减压阀。

6. 带控制点的工艺流程图中，表示压力调节阀的符号是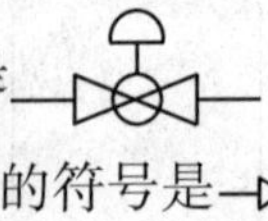。 (×)

正确答案：带控制点的工艺流程图中，表示压力调节阀的符号是。

7. 石化生产中存在诸多不安全因素。事故多，损失大。 (√)

8. 防护罩、安全阀等不属于安全防护设施。 (×)

正确答案：防护罩、安全阀等均属于安全防护装置。

9. 安全检查的任务是发现和查明各种危险和隐患，督促整改；监督各项安全管理规章制度的实施；制止违章指挥、违章作业。 (√)

10. 女工在从事转动设备作业时必须将长发或发辫盘卷在工作帽内。 (√)

11. 从事化工作业人员必须佩戴防护镜或防护面罩。 (×)

正确答案：从事对眼睛及面部有伤害危险作业时必须佩戴有关的防护镜或面罩。

12. 穿用防护鞋时应将裤脚插入鞋筒内。 (×)

正确答案：穿用防护鞋的职工禁止将裤脚插入鞋筒内。

13. 对于从事在生产过程中接触能通过皮肤侵入人体的有害尘毒作业人员，只需发放防护服。 (×)

正确答案：对于从事在生产过程中接触能通过皮肤侵入人体的有害尘毒作业人员，需发放防护服，并需有工业护肤用品，涂在手臂、脸部，以保护职工健康。

14. 在超过噪声标准的岗位工作的职工，要注意保护自己的听力，可戴上企业发给的各种耳塞、耳罩等。 (×)

正确答案：在超过噪声标准的岗位工作的职工，要注意保护自己的听力，一定要戴上企业发给的各种耳塞、耳罩等。

15. 口鼻的防护即口腔和鼻腔的防护。 (×)

正确答案：口鼻的防护即呼吸系统的防护。

16. 人体皮肤是化工生产中有毒有害物质侵入人体的主要途径。 (√)

17. 一般情况下，应将转动、传动部位用防护罩保护起来。 (√)

18. 在设备一侧的转动、传动部位要做好外侧及内侧的防护。 (×)

正确答案：在设备一侧的转动、传动部位要做好外侧及周边的防护。

19. 各种皮带运输机、链条机的转动部位，除装防护罩外，还应有安全防护绳。 (√)

20. 在传动设备的检修工作中，只需在电气开关上挂有"有人作业，禁止合闸"的安全警告牌。 (×)

正确答案：在传动设备的检修工作中，电气开关上应挂有"有人作业，禁止合闸"的安全警告牌，并设专人监护。

21. 限于厂内行驶的机动车不得用于载人。 (√)

22. 严禁在生产装置罐区及易燃易爆装置区内用有色金属工具进行敲打撞击作业。 (×)

正确答案：严禁在生产装置罐区及易燃易爆装置区内用黑色金属工具进行敲打撞击作业。

23. 烟、雾、粉尘等物质是气体，易进入呼吸系统，危害人体健康。 (×)

正确答案：烟、雾、粉尘等物质是气溶胶，易进入呼吸系统，危害人体健康。

24. 烟尘的颗粒直径在 0.1μm 以下。 (√)

25. 职业中毒是指在生产过程中使用的有毒物质或有毒产品，以及生产中产生的有毒废气、废液、废渣引起的中毒。 (√)

26. 毒物进入人体就叫中毒。 (×)

正确答案：毒物对有机体的毒害作用叫中毒。

27. 低毒物质进入人体所引发的病变称慢性中毒。 (×)

正确答案：低浓度的毒物长期作用于人体所引发的病变称慢性中毒。

28. 急性中毒患者呼吸困难时应立即吸氧。停止呼吸时，立即做人工呼吸，气管内插管给氧，维持呼吸通畅并使用兴奋剂药物。 (√)

29. 急性中毒患者心跳骤停应立即做胸外挤压术，每分钟 30~40 次。 (×)

正确答案：急性中毒患者心跳骤停应立即做胸外挤压术，每分钟 60~70 次。

30. 休克病人应平卧位，头部稍高。昏迷病人应保持呼吸道畅通，防止咽下呕吐物。 (×)

正确答案：休克病人应平卧位，头部稍低。昏迷病人应保持呼吸道畅通，防止咽下呕吐物。

31. 高处作业人员应系用与作业内容相适应的安全带，安全带应系挂在施工作业处上方的牢固挂件上，不得系挂在有尖锐的棱角部位。 (√)

32. 高处作业可以上下投掷工具和材料，所用材料应堆放平稳，必要时应设安全警戒区，并设专人监护。 (×)

正确答案：高处作业严禁上下投掷工具和材料，所用材料应堆放平稳，必要时应设安全警戒区，并设专人监护。

33. 高处作业人员不得站在不牢固的结构物上进行作业，可以在高处休息。 (×)

正确答案：高处作业人员不得站在不牢固的结构物上进行作业，不得在高处休息。

34. 燃烧产生的废气是石化行业污染的主要来源之一。 (√)

35. 工艺过程排放是造成石化行业污染的主要途径。 (√)

36. 成品或副产品不会造成石化行业的污染。 (×)

正确答案：成品或副产品的夹带也会造成石化行业的污染。

37. 石化行业污染的特点之一是污染物种类多、危害大。 (√)

38. 清洁生产通过末端治理污染来实现。 (×)

正确答案：清洁生产通过应用专门技术，改进工艺、设备和改变管理态度来实现。

39. 清洁的服务不属于清洁生产的内容。 (×)

正确答案：清洁的服务属于清洁生产的内容之一。

40. 引起闪燃的最高温度称为闪点。 (×)

正确答案：引起闪燃的最低温度称为闪点。

41. 燃点是指可燃物质在空气充足条件下，达到某一温度时与火源接触即行着火，并在移去火源后继续燃烧的最低温度。 (√)

42. 自燃点是指可燃物在没有火焰、电火花等火源直接作用下，在空气或氧气中被加热而引起燃烧的最高温度。 (×)

正确答案：自燃点是指可燃物在没有火焰、电火花等火源直接作用下，在空气或氧气中被加热而引起燃烧的最低温度。

43. 干粉灭火器能迅速扑灭液体火焰，同时泡沫能起到及时冷却作用。 (√)

44. 抗溶性泡沫灭火剂可以扑灭一般烃类液体火焰，但不能扑救水溶性有机溶剂的火灾。 (×)

正确答案：抗溶性泡沫灭火剂可以扑灭一般烃类液体火焰，同时能扑救水溶性有机溶剂的火灾。

45. 1211 灭火器仅适用于扑灭易燃、可燃气体或液体，不适用于扑灭一般易燃固体物质的火灾。 (×)

正确答案：1211 灭火器不仅适用于扑灭易燃、可燃气体或液体，也适用于扑灭一般易燃固体物质的火灾。

46. ISO 14000 系列环境管理标准是国际标准化组织(ISO)第 207 技术委员会(ISO/

TC207)组织制订的环境管理体系标准，其标准号从14001到14100，共100个标准号，统称为ISO 14000系列标准。(√)

47. HSE管理体系是指实施安全、环境与健康管理的组织机构、职责、做法、程序、过程和资源等而构成的整体。(√)

48. HSE中的S(安全)是指在劳动生产过程中，努力改善劳动条件、克服安全因素，使劳动生产在保证劳动者健康、企业财产不受损失、人民生命安全的前提下顺利进行。(×)

正确答案：HSE中的S(安全)是指在劳动生产过程中，努力改善劳动条件、克服不安全因素，使劳动生产在保证劳动者健康、企业财产不受损失、人民生命安全的前提下顺利进行。

49. 建立HSE管理体系可改善企业形象、取得经济效益和社会效益。(√)

50. 建立HSE管理体系不能控制HSE风险和环境影响。(×)

正确答案：建立HSE管理体系可有效控制HSE风险和环境影响。

51. 对工作不负责任，不严格执行各项规章制度，违反劳动纪律造成事故的主要责任者应严肃处理。(√)

52. 标准化是指在经济、技术、科学及管理等社会实践中，对事物和概念通过制订、发布和实施标准达到统一，以获最佳秩序和社会效益。(×)

正确答案：标准化是指在经济、技术、科学及管理等社会实践中，对重复性事物和概念通过制订、发布和实施标准达到统一，以获最佳秩序和社会效益。

53. 任何标准，都是在一定条件下的"统一规定"，标准化的统一是相对的。(√)

54. 对已有国家标准、行业标准或地方标准的，鼓励企业制定低于国家标准、行业标准或地方标准要求的企业标准。(×)

正确答案：对已有国家标准、行业标准或地方标准的，鼓励企业制订高于国家标准、行业标准或地方标准要求的企业标准。

55. 按约束力分，国家标准、行业标准可分为强制性标准、推荐性标准和指导性技术文件。(√)

56. 只要企业活动和要素具有"重复性"，都可以进行标准化。(√)

57. 2000版ISO 9000族标准可适用于所有产品类型、不同规模和各种类型的组织，并可根据实际需要增加某些质量管理要求。(×)

正确答案：2000版ISO 9000族标准可适用于所有产品类型、不同规模和各种类型的组织，并可根据实际需要减少某些质量管理要求。

58. ISO 9000族标准是质量保证模式标准之一，用于合同环境下的外部质量保证。可作为供方质量保证工作的依据，也是评价供方质量体系的依据。(√)

59. 计算机内存是可以由CPU直接存取数据的地方。(√)

60. 杀毒软件对于病毒来说永远是落后的，也就是说，只有当一种病毒出现后，才能产生针对这种病毒的消除办法。(√)

61. 在计算机应用软件Word中输入文字，当打满一行时，必须按一下Enter键换到下一行继续输入。(×)

正确答案：在Word中输入文字，当打满一行时，不需按一下Enter键，系统可自动换到下一行继续输入。

62. 中国大陆地区的顶级域名是“cn”。(√)

63. 使用应用程序 Outlook Express 可以同时向多个地址发送电子邮件，也可以把收到的邮件转发给第三者。(√)

64.《劳动法》规定，对劳动者基本利益的保护是最基本的保护，不应由于用人单位所有制的不同或组织形式不同而有所差异。(√)

65. 依据《劳动法》的规定，劳动争议当事人对仲裁裁决不服的，可以自收到仲裁裁决书之日起三十日内向人民法院提起诉讼。一方当事人在法定期限内不起诉又不履行仲裁裁决的，另一方当事人可申请人民法院强制执行。(√)

66. 劳动安全卫生工作“三同时”是指：新建工程的劳动安全卫生设施必须与主体工程同时设计、同时施工、同时投入生产和使用。(×)

正确答案：劳动安全卫生工作“三同时”是指：新建、改建或扩建工程的劳动安全卫生设施必须与主体工程同时设计、同时施工、同时投入生产和使用。

67.《产品质量法》规定，生产者不得生产国家明令淘汰的产品；不得伪造或者冒用认证标志等质量标志。(√)

68. 产品质量义务分为积极义务和消极义务，“生产者不得伪造产地，不得伪造或者冒用他人的厂名、厂址”属于产品生产者的积极义务。(×)

正确答案：产品质量义务分为积极义务和消极义务，“生产者不得伪造产地，不得伪造或者冒用他人的厂名、厂址”属于产品生产者的消极义务。

69. 从业人员在发现直接危及人身安全的紧急情况时，有权停止作业或者在采取可能的应急措施后撤离作业场所。(√)

70.《消防法》第四十八条规定：埋压、圈占消火栓或者占用防火间距、堵塞消防通道的，或者损坏和擅自挪用、拆除、停用消防设施、器材的，处警告、罚款或者十日以下拘留。(×)

正确答案：《消防法》第四十八条规定：埋压、圈占消火栓或者占用防火间距、堵塞消防通道的，或者损坏和擅自挪用、拆除、停用消防设施、器材的，处警告或者罚款。

71. 职业技能鉴定是按照国家规定的职业标准，通过政府授权的考核鉴定机构对劳动者的专业知识和技能水平进行客观、公正、科学规范地评价与认证的活动。(√)

72. 职业技能鉴定是为劳动者颁发职业资格证书。(×)

正确答案：职业技能鉴定是为劳动者持证上岗和用人单位就业准入提供资格认证的活动。

73. 职业技能鉴定考试是以社会劳动者的职业技能为对象，以规定的职业标准为参照系统，通过相关知识和实际操作的考核作为综合手段，为劳动者持证上岗和用人单位就业准入提供资格认证的活动。(√)

74. 职业资格证书分一级、二级、三级、四级、五级五个级别。(√)

75. 职业资格证书是劳动者的专业知识和职业技能水平的证明。(√)

76. 职业资格证书是劳动者持证上岗和用人单位录用员工的资格认证。(√)

77. 职业是指从业人员为获取主要生活来源所从事的社会工作类别。(√)

78. 一个职业可以包括一个或几个工种，一个工种又可以包括一个或几个岗位，它们是一种包含与被包含的关系。(√)

单选题

1. 运行记录填写错误需要更正时，必须采用(C)。

A. 撕页重写　B. 用刀片刮去重写　C. 划改　D. 涂改

2. 化工管路图中，表示蒸汽伴热管道的规定线型是(C)。

A. 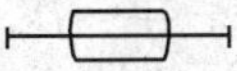　B. 　C. 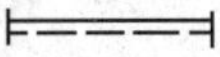　D. 

3. 化工管路图中，表示热保温管道的规定线型是(A)。

A. 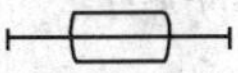　B. 　C. 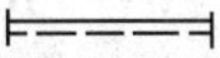　D. 

4. 在工艺流程图中，下列符号表示活接头的是(C)。

A. 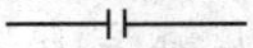　B. 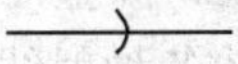　C. 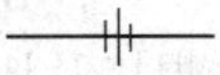　D. 

5. 在工艺流程图中，表示法兰联接的符号是(D)。

A. 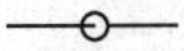　B. 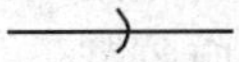　C. 　D. 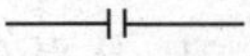

6. 在工艺流程图中，表示闸阀的符号是(B)。

A. 　B. 　C. 　D. 

7. 在工艺流程图中，表示球阀的符号是(D)。

A. 　B. 　C. 

D. 

8. 在工艺流程图中，表示截止阀的符号是(A)。

A. 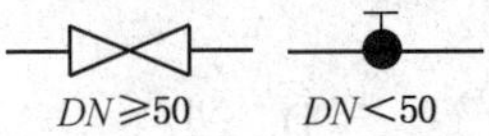

B. 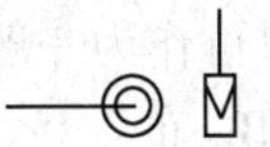

C. 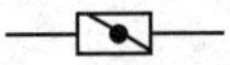　D. 

9. 带控制点的工艺流程图中，仪表控制点以(A)在相应的管路上用代号、符号画出。

A. 细实线　B. 粗实线　C. 虚线　D. 点划线

10. 带控制点的工艺流程图中，表示指示的功能代号是(C)。

A. T　B. J　C. Z　D. X

11. 带控制点的工艺流程图中，表示电磁流量计的符号是(B)。

A. 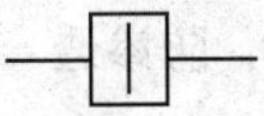　B. 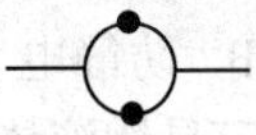

C. 　D. 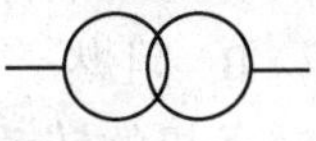

12. 石化生产存在许多不安全因素，其中易燃、易爆、有毒、有(A)的物质较多是主要的不安全因素之一。

A. 腐蚀性　B. 异味　C. 挥发性　D. 放射性

13. 石化生产的显著特点是工艺复杂、(C)要求严格。

A. 产品　B. 原料　C. 操作　D. 温度

14. 我国安全生产的方针之一是"(C)第一，预防为主"。

A. 管理　B. 效益　C. 安全　D. 质量

15. 我国安全生产的方针之一是"防消结合，以(D)为主"。

A. 管　B. 消　C. 人　D. 防

16. “三级安全教育”即厂级教育、车间级教育、(A)级教育。

A. 班组　B. 分厂　C. 处　D. 工段

17. 工人的日常安全教育应以“周安全活动”为主要阵地进行，并对其进行(B)的安全教育考核。

A. 每季一次　B. 每月一次　C. 每半年一次　D. 一年一次

18. 为保护头部不因重物坠落或其他物件碰撞而伤害头部的防护用品是(A)。

A. 安全帽　B. 防护网　C. 安全带　D. 防护罩

19. 从事(B)作业时，作业人员必须穿好专用的工作服。

A. 电焊　B. 酸碱　C. 高空　D. 气焊

20. 从事计算机、焊接及切割作业、光或其他各种射线作业时，需佩戴专用(C)。

A. 防护罩　B. 防护网　C. 防护镜　D. 防护服

21. 从事有(B)、热水、热地作业时应穿相应胶鞋。

A. 硬地　B. 腐蚀性　C. 检修作业　D. 机床作业

22. 从事(A)作业时应穿耐油胶鞋。

A. 各种油类　B. 酸碱类　C. 机加工　D. 检查维护

23. 从事酸碱作业时，作业人员需戴(C)手套。

A. 布　B. 皮

C. 耐酸碱各种橡胶　D. 塑料

24. 线手套或(B)手套只可作为一般的劳动防护用品。

A. 皮　B. 布　C. 橡胶　D. 塑料

25. 耳的防护即(A)的保护。

A. 听力　B. 耳廓　C. 头部　D. 面部

26. 工作地点有有毒的气体、粉尘、雾滴时，为保护呼吸系统，作业人员应按规定携带戴好(A)。

A. 过滤式防毒面具　B. 防护服

C. 口罩　D. 防护面罩

27. 从事易燃、易爆岗位的作业人员应穿(B)工作服。

A. 腈纶　B. 防静电　C. 涤纶　D. 防渗透

28. 从事苯、石油液化气等易燃液体作业人员应穿(D)工作服。

A. 耐腐蚀　B. 阻燃　C. 隔热　D. 防静电

29. 各种皮带运输机、链条机的转动部位，除安装防护罩外，还应有(A)。

A. 安全防护绳　B. 防护线　C. 防护人　D. 防护网

30. 厂内行人要注意风向及风力，以防在突发事故中被有毒气体侵害。遇到情况时要绕行、停行、(C)。

A. 顺风而行　B. 穿行　C. 逆风而行　D. 快行

31. 不能用于擦洗设备的是(D)。

A. 肥皂　B. 洗衣粉　C. 洗洁精　D. 汽油

32. 不属于有毒气体的是(C)。

A. 氯气　B. 硫化氢　C. 二氧化碳　D. 一氧化碳

33. 属于气体物质的是(A)。

A. 氯气　B. 烟气　C. 盐酸雾滴　D. 粉尘

34. 引起慢性中毒的毒物绝大部分具有(A)。

A. 蓄积作用　B. 强毒性　C. 弱毒性　D. 中强毒性

35. 急性中毒现场抢救的第一步是(C)。

A. 迅速报警　B. 迅速拨打120急救

C. 迅速将患者转移到空气新鲜处　D. 迅速做人工呼吸

36. 酸烧伤时，应用(B)溶液冲洗。

A. 5%碳酸钠　B. 5%碳酸氢钠

C. 清水　D. 5%硼酸

37. 高处作业是指在坠落高度基准面(含)(A)m以上，有坠落可能的位置进行的作业。

A. 2　B. 2.5　C. 3　D. 5

38. 一般不会造成环境污染的是(B)。

A. 化学反应不完全　B. 化学反应完全

C. 装置的泄漏　D. 化学反应中的副反应

39. 不是石化行业污染主要途径的是(C)。

A. 工艺过程的排放　B. 设备和管线的滴漏

C. 成品运输　D. 催化剂、助剂等的弃用

40. 不属于石化行业污染特点的是(B)。

A. 毒性大　B. 毒性小　C. 有刺激性　D. 有腐蚀性

41. 清洁生产是指在生产过程、产品寿命和(A)领域持续地应用整体预防的环境保护战略，增加生态效率，减少对人类和环境的危害。

A. 服务　B. 能源　C. 资源　D. 管理

42. 清洁生产的内容包括清洁的能源、(D)、清洁的产品、清洁的服务。

A. 清洁的原材料　B. 清洁的资源

C. 清洁的工艺　D. 清洁的生产过程

43. 不属于燃烧三要素的是(C)。

A. 点火源　B. 可燃性物质　C. 阻燃性物质　D. 助燃性物质

44. 气体测爆仪测定的是可燃气体的(D)。

A. 爆炸下限　B. 爆炸上限　C. 爆炸极限范围　D. 浓度

45. MF4型手提式干粉灭火器的灭火参考面积是(B)m^2。

A. 1.5　B. 1.8　C. 2.0　D. 2.5

46. MF8型手提式干粉灭火器的喷射距离大于等于(B)m。

A. 3　B. 5　C. 6　D. 7

47. MFT70型推车式干粉灭火器的灭火射程在(D)m。

A. 8~10　B. 17~20　C. 30~35　D. 10~13

48. MPT100型推车式干粉灭火器的灭火射程在(A)m。

A. 16~18　B. 14~16　C. 12~14　D. 18~20

49. MY2 型手提式 1211 灭火器的灭火射程是(C)m。

A. 1　　B. 2　　C. 3　　D. 4

50. MY0.5 型手提式 1211 灭火器的灭火射程在(D)m。

A. 3　　B. 4.5　　C. 2.5　　D. 2

51. ISO 14000 系列标准的核心是(B)标准。

A. ISO 14000　　B. ISO 14001　　C. ISO 14010　　D. ISO 14100

52. HSE 管理体系是指实施安全、环境与(C)管理的组织机构、职责、做法、程序、过程和资源等而构成的整体。

A. 生命　　B. 过程　　C. 健康　　D. 资源

53. 建立 HSE 管理体系可提高企业安全、环境和健康(A)。

A. 管理水平　　B. 操作水平　　C. 使用水平　　D. 能源水平

54. 事故处理要坚持(C)不放过的原则。

A. 二　　B. 三　　C. 四　　D. 五

55. 违章作业、违反纪律等造成的一般事故，对责任者应给予(D)。

A. 警告处分　　B. 记过处分　　C. 行政处分　　D. 处罚

56. 标准化包括(C)的过程。

A. 研究、制定及颁布标准　　B. 制定、修改及使用标准

C. 制定、发布及实施标准　　D. 研究、公认及发布标准

57. 根据《中华人民共和国标准化法》的规定，我国的标准分为(B)四级。

A. 国际标准、国家标准、地方标准和企业标准

B. 国家标准、行业标准、地方标准和企业标准

C. 国家标准、地方标准、行业标准和企业标准

D. 国际标准、国家标准、行业标准和地方标准

58. 我国在国家标准管理办法中规定国家标准的有效期一般为(C)。

A. 3 年　　B. 4 年　　C. 5 年　　D. 7 年

59. 2000 版 ISO 9000 族标准适用的范围是(D)。

A. 小企业　　B. 大中型企业

C. 制造业　　D. 所有行业和各种规模的组织

60. 在电脑的存储设备中，数据存取速度从快到慢的顺序是(B)。

A. 软盘、硬盘、光盘、内存　　B. 内存、硬盘、光盘、软盘

C. 软盘、硬盘、内存、光盘　　D. 光盘、软盘、内存、硬盘

61. 计算机硬件系统最核心的部件是(C)。

A. 内存储器　　B. 主机　　C. CPU　　D. 主板

62. 键盘是计算机的一种(D)设备。

A. 控制　　B. 存储　　C. 输出　　D. 输入

63. 计算机病毒会给计算机造成的损坏是(B)。

A. 只损坏软件　　B. 损坏硬件、软件或数据

C. 只损坏硬件　　D. 只损坏数据

64. 一张加了写保护的软磁盘(C)。

A. 不会向外传染病毒，但是会感染病毒

B. 不会向外传染病毒，也不会感染病毒

C. 不会再感染病毒，但是会向外传染病毒

D. 既向外传染病毒，又会感染病毒

65. 计算机防病毒软件可(B)。

A. 永远免除计算机病毒对计算机的侵害

B. 具有查病毒、杀病毒、防病毒的功能

C. 消除全部已发现的计算机病毒

D. 对已知病毒产生免疫力

66. 在计算机应用软件 Word 编辑中，以下键盘命令中执行复制操作的命令是(B)。

A. Ctrl+A　　B. Ctrl+C　　C. Ctrl+X　　D. Ctrl+V

67. 在计算机应用软件 Word 中常用工具栏中的“格式刷”用于复制文本和段落的格式，若要将选中的文本或段落格式重复用多次，应进行(A)操作。

A. 双击格式刷　　B. 拖动格式刷

C. 右击格式刷　　D. 单击格式刷

68. 使用 IE 浏览某网站时，出现的第一个页面称为网站的(C)。

A. WEB 页　　B. 网址　　C. 主页　　D. 网页

69. 在浏览 WEB 网页的过程中，如果你发现自己喜欢的网页并希望以后多次访问，应当使用的方法是(A)。

A. 放到收藏夹中　　B. 建立浏览　　C. 建立地址簿　　D. 用笔抄写到笔记本上

70. 发送电子邮件时，不可作为附件内容的是(B)。

A. 可执行文件　　B. 文件夹　　C. 压缩文件　　D. 图像文件

71. 某电子邮件地址为 new@ public. bta. net. cn，其中 new 代表(A)。

A. 用户名　　B. 主机名　　C. 本机域名　　D. 密码

72.《劳动法》规定，所有劳动者的合法权益一律平等地受我国劳动法的保护，不应有任何歧视或差异。这体现了对劳动者权益(B)的保护。

A. 最基本　　B. 平等　　C. 侧重　　D. 全面

73.《劳动法》规定，(A)的保护是对劳动者的最低限度保护，是对劳动者基本利益的保护，对劳动者的意义最重要。

A. 最基本　　B. 全面　　C. 侧重　　D. 平等

74. 依据《劳动法》规定，劳动合同可以约定试用期。试用期最长不超过(C)个月。

A. 12　　B. 10　　C. 6　　D. 3

75. 能够认定劳动合同无效的机构是(B)。

A. 各级人民政府　　B. 劳动争议仲裁委员会

C. 各级劳动行政部门　　D. 工商行政管理部门

76. 我国劳动法律规定，集体协商职工一方代表在劳动合同期内，自担任代表之日起(A)以内，除个人严重过失外，用人单位不得与其解除劳动合同。

A. 5 年　　B. 4 年　　C. 3 年　　D. 2 年

77. 依据《劳动法》的规定，发生劳动争议时，提出仲裁要求的一方应当自劳动争议发生之日起(D)日内向劳动争议仲裁委员会提出书面申请。

A. 三十　B. 四十　C. 十五　D. 六十

78. 依据《劳动法》的规定，用人单位与劳动者发生劳动争议，当事人可以依法(B)，也可以协商解决。

A. 提起诉讼　B. 申请调解、仲裁、提起诉讼
C. 申请仲裁　D. 申请调解

79. 我国《劳动法》规定，安排劳动者延长劳动时间的，用人单位应支付不低于劳动者正常工作时间工资的(B)的工资报酬。

A. 100%　B. 150%　C. 200%　D. 300%

80. 我国劳动法律规定的最低就业年龄是(C)周岁。

A. 18　B. 17　C. 16　D. 15

81. 依据《劳动法》的规定，用人单位必须为劳动者提供符合国家规定的劳动安全卫生条件和必要的劳动防护用品，对从事有(B)危害作业的劳动者应当定期进行健康检查。

A. 身体　B. 职业　C. 潜在　D. 健康

82.《产品质量法》规定，因产品存在缺陷造成人身、缺陷产品以外的其他财产损害的，应当由(D)承担赔偿责任。

A. 生产者和销售者共同　B. 销售者
C. 消费者　D. 生产者

83. 产品质量义务中的行为人必须为一定质量行为或不为一定质量行为的(C)性，是义务区别于权利的质的差异和主要特征。

A. 必然　B. 重要　C. 必要　D. 强制

84.《安全生产法》规定，从业人员有获得符合(A)的劳动防护用品的权利。

A. 国家标准、行业标准　B. 行业标准、企业标准
C. 国家标准、地方标准　D. 企业标准、地方标准

85. 不属于《安全生产法》规定的从业人员安全生产保障知情权的一项是(D)。

A. 有权了解其作业场所和工作岗位存在的危险因素
B. 有权了解防范措施
C. 有权了解事故应急措施
D. 有权了解事故后赔偿情况

86. 下列说法不正确的是(C)。

A. 任何单位和个人不得损坏或者擅自挪用、拆除、停用消防设备、器材
B. 任何单位和个人不得占有防火间距、不得堵塞消防通道
C. 营业性场所不能保障疏散通道、安全出口畅通的，责令限期改正；逾期不改正的，对其直接负责的主管人员和其他直接责任人员依法给予行政处分或者处警告
D. 阻拦报火警或者谎报火警的，处警告、罚款或者十日以下拘留

87. 以机动车驾驶技能为例，个人日常生活中驾驶是属于(B)。

A. 职业技能　B. 生活技能　C. 操作技能　D. 肢体技能

88. 职业技能鉴定考试的主要目的是(A)。

A. 为劳动者持证上岗和用人单位就业准入资格提供依据

B. 为劳动者提供就业证书

C. 检验劳动者的技能水平

D. 测量劳动者职业技能的等级

89. 职业技能鉴定考试属于(D)。

A. 常模参照考试　　B. 上岗考试

C. 取证考试　　D. 标准参照考试

90. 职业资格证书初级、中级、高级、技师、高级技师对应的级别分别是(A)。

A. 五 、四、三、二、一　　B. 一、二、三、四、五

C. 二、三、四、五、六　　D. 六、五、四、三、二

91. 职业资格证书是由(B)机构印制。

A. 各级教育部门　　B. 劳动保障部门

C. 劳动者所在的劳资部门　　D. 职业技能鉴定部门

92. 可以作为劳动者就业上岗和用人单位准入就业的主要依据是(C)。

A. 毕业证书　　B. 介绍信

C. 职业资格证书　　D. 成绩单

93. 职业具有社会性、稳定性、规范性、群体性和(A)等特点。

A. 目的性　　B. 开放性　　C. 先进性　　D. 实用性

工种理论知识试题

判断题

1. 电路通常有通路、开路、断路三种状态。 (×)

正确答案：电路通常有通路、短路、断路三种状态。

2. 大小随时间改变的电流称为直流电流。 (×)

正确答案：方向不随时间改变的电流称为直流电流。

3. 电流密度的公式为 $J=I/S$。 (√)

4. 电阻与导线长度成反比，与导线横截面积成正比。 (×)

正确答案：电阻与导线长度 L 成正比，与导线横截面积成反比。

5. 电阻率用“ρ”表示，是一常数，反映了导体导电性的好坏，电阻率大，说明导电性能差，电阻率小，说明导电性好。 (√)

6. 两根同型号的电缆，其中较长者电阻较大。 (√)

7. 电路的三类基本元件有电阻、灯泡、电感。 (×)

正确答案：电路的三类基本元件有电阻、电容、电感。

8. 电容器具有隔直流通交流的特点。 (√)

9. 参考点的电位规定为零。 (√)

10. 电动势与电压的方向是相同的。 (×)

正确答案：电动势与电压的方向是相反的。

11. kW · h 是电功率的单位。 (×)

正确答案：kW · h 是电功的单位。

12. 电流在一定时间内所做的功称为功率。 (×)

正确答案：电流在单位时间内所做的功称为功率。

13. 导体的电阻与其两端所加的电压成正比。 (×)

正确答案：导体的电阻与电压和电流无关。

14. 全电路欧姆定律是用来说明在单一闭合电路中，电压、电流、电阻之间基本关系的定律，即在单一闭合电路中，电流与电源的电动势成正比，与电路电源的内阻和外阻之和成反比。 (√)

15. 在公式 $Q=I^2Rt$ 中，如果 I 的单位取 A，R 的单位取 Ω，t 的单位取 s，则热量的单位为 J。 (√)

16. 焦耳定律反映了电磁感应的普遍规律。 (×)

正确答案：焦耳定律反映了导体发热的普遍规律。

17. 符号“DC”表示交流，“AC”表示直流。 (×)

正确答案：符号“DC”表示直流，“AC”表示交流。

18. 要将电流表扩大量程，应该串联电阻。 (×)

正确答案：要将电流表扩大量程，应该并联电阻。

19. 在并联电路中，由于流过各电阻的电流不一样，因此，每个电阻的电压降也不一样。 (×)

正确答案：在并联电路中，每个电阻的电压降一样。

20. 在并联电路中，电阻的阻值越大它的压降也就越大，阻值越小它的压降也越小。 (×)

正确答案：在并联电路中，各个电阻上的电压均相等。

21. 把几个相同的电池组合起来，对一个定值电阻 R 供电，要把它们串联成的电池组和并联成的电池组通过 R 的电流相等，则每个电池的内阻应该是 $r=R$。 (√)

22. 蓄电池的电动势一定大于端电压。 (×)

正确答案：蓄电池的电动势不一定大于端电压。

23. 通过改变电路中某些电阻的大小可以提高电路中某点的电位。 (×)

正确答案：通过改变参考点的位置可以提高电路中某点的电位。

24. 基尔霍夫定律是直流电路的定律，对于交流电路是不能应用的。 (×)

正确答案：基尔霍夫定律是直流电路的定律，同时也能应用于交流电路。

25. 基尔霍夫电流定律不仅适用于电路中的任意一个节点，而且也适用于包含部分电路的任一假设的闭合面。 (√)

26. 基尔霍夫电压定律是沿一回路所升高的电位必然等于沿这一回路降低的电位。 (√)

27. 天然磁铁由钢和铁经过磁化制成。 (×)

正确答案：人造磁铁由钢和铁经过磁化制成。

28. 任何磁体都具有两个磁极，单个磁极不能独立存在。 (√)

29. 磁力线是互不交叉的闭合曲线。 (√)

30. 当面积一定时，通过该面积的磁通越多，磁场就越弱。 (×)

正确答案：当面积一定时，通过该面积的磁通越多，磁场就越强。

31. 磁力线上某点的切线方向就是该点的磁感应强度方向。 (√)

32. 安培定则又称为右手定则。 (×)

正确答案：安培定则又称为右手螺旋定则。

33. 磁导率用于表征物质磁性能的物理量。 (√)

34. 凡是铁磁物质都能被磁化。 (√)

35. 矩形材料的磁滞回线呈矩形形状。 (√)

36. 导体切割磁力线时，导体没有任何变化。 (×)

正确答案：导体切割磁力线时，导体中就会产生感应电动势。

37. 在正弦交流电的解析式 $I=I_m\sin(\omega t+\phi_0)$ 中，I_m 表示幅值，φ_0 表示相位。 (×)

正确答案：在正弦交流电的解析式 $I=I_m\sin(\omega t+\varphi_0)$，$I_m$ 表示幅值，φ_0 表示初相位。

38. 正弦量每变化一个循环所需要的时间称为周期，用 T 表示，单位为 s。 (√)

39. 频率为 50Hz 的交流电，其周期是 0. 02s。 (√)

40. 两个频率相同的正弦量的相位差为 180°，叫做同相。 (×)

正确答案：两个频率相同的正弦量的相位差为 0°，叫做同相。

41. 同频正弦量的相位差就是它们初相之差。 (√)

42. 在正弦交流电中，最大值是有效值的$\sqrt{2}$倍。 (√)

43. 正弦交流电的加减，必须在同频率的情况下才能进行。 (√)

44. 在交流电路中，电阻是耗能元件，而纯电感或纯电容元件只有能量的往复交换，没有能量的消耗。 (√)

45. 交流电路中，电阻元件通过的电流与其两端电压是同相位的。 (√)

46. 纯电感电路中，电压相位超前电流相位 90°。 (√)

47. 纯电容电路中，电压相位超前电流相位 90°。 (×)

正确答案：纯电容电路中，电压相位滞后电流相位 90°。

48. 电流的频率越高，电容元件的容抗值越大。 (×)

正确答案：电流的频率越高，电容元件的容抗值越小。

49. 电容器对交流电具有阻碍作用，这种阻碍作用称为容抗。 (√)

50. 感抗或容抗只是电压、电流有效值之比，是数值上的关系而不能等于电压和电流瞬时值之比。 (√)

51. 实验证明，交流电的频率越高，感抗就越大。 (√)

52. 感抗 X_L 与线圈的电感 L 和交流电频率 f 成反比。 (×)

正确答案：感抗 X_L 与线圈的电感 L 和交流电频率 f 成正比。

53. 对于同频率的几个正弦量的相量可以画在同一坐标系上。 (√)

54. 在电阻电感串联电路中，总电压是各分电压的相量和，而不是代数和。 (√)

55. RL 串联电路接在电压为 U 的电源上，当电压频率 $f=0$ 时，电路中的电流为 U/R。 (√)

56. 在电阻电容串联电路中，总电压是各分电压的相量和，而不是代数和。 (√)

57. RC 串联电路接在电压为 U 的电源上，当电压频率 $f=0$ 时，电路中的电流为 U/R。 (×)

正确答案：RC 串联电路接在电压为 U 的电源上，当电压频率 $f=0$ 时，电路中的电流为 0。

58. 三相交流发电机的转子绕组通直流产生磁场，定子绕组三相对称分布，三个首端依次相隔 120°电角度。 (√)

59. 三相电路中只要负载作三角形联接，线电流大小必定为相电流的$\sqrt{3}$倍。（×）

正确答案：三相电路中三相对称负载作三角形联接，线电流大小必定为相电流的$\sqrt{3}$倍。

60. 三相负载三角形联接，当负载对称时，线电压是相电压的$\sqrt{3}$倍。（×）

正确答案：三相负载三角形联接，当负载对称时，线电压等于相电压。

61. 相电压就是两条相线之间的电压。（×）

正确答案：线电压就是两条相线之间的电压。

62. 三相电源中，任意两根相线间的电压为线电压。（√）

63. 负载星形联结的三相电路，当三相负载对称时，中线中无电流通过，中线可省去。（√）

64. 三相负载可接成星形或三角形。（√）

65. 导电能力介于导体和绝缘体之间的物质，称为半导体。（√）

66. 无论是 P 型还是 N 型半导体，它们整个晶体仍是中性的，对外不显示电性。（√）

67. 当 PN 结的 P 区接电源的负极，而 N 区接电源的正极，PN 结就会导通。（×）

正确答案：当 PN 结的 P 区接电源的正极，而 N 区接电源的负极，PN 结就会导通。

68. PN 结正偏时，处于截止状态；PN 结反偏时，处于导通状态。（×）

正确答案：PN 结正偏时，处于导通状态；PN 结反偏时，处于截止状态。

69. 面接触型二极管适用于大电流场合。（√）

70. 二极管加正向电压时一定导通。（×）

正确答案：二极管所加正向电压大于它的死区电压时导通。

71. 二极管的伏安特性曲线描绘了电压与时间的关系。（×）

正确答案：二极管的伏安特性曲线描绘了电压与电流的关系。

72. 二极管的伏安特性曲线描绘了加在二极管上的电压与流过二极管的电流的关系。（√）

73. 二极管的最大反向工作电压等于击穿电压。（×）

正确答案：二极管的最大反向工作电压等于击穿电压的一半。

74. 二极管反向偏置起始一定范围，电流很小且不随反向电压变化，称为额定整流电流。（×）

正确答案：二极管反向偏置起始一定范围，电流很小且不随反向电压变化，称为反向电流。

75. 用万用表测试二极管的好坏，当黑表笔接在二极管的负极，红表笔接在二极管的正极，测出的阻值非常小，则该二极管已短路。（√）

76. NPN、PNP 两种结构形式的三极管，它们对电源的极性要求相反，因此它们各电极中的电流方向也不同。（√）

77. 三极管有两个 PN 结，二极管有一个 PN 结，所以可以用两个二极管代替一个三极管。（×）

正确答案：三极管有两个 PN 结，二极管有一个 PN 结，但不可以用两个二极管代替一个三极管。

78. 欲使三极管具有电流放大作用，则必须使发射结和集电结都正向偏置。（×）

正确答案：欲使三极管具有电流放大作用，则必须使发射结正向偏置，集电结反向偏置。

79. 已知某三极管的发射极电流 $I_E=1.36\text{mA}$，集电极电流 $I_C=1.33\text{mA}$，则基极电流 $I_B=30\mu\text{A}$。 (√)

80. 三极管的工作状态可以分成三个区域：截止区、放大区、饱和区。 (√)

81. 三极管的穿透电流 I_{CEO} 越小越好。 (√)

82. 简单稳压电路，就是在负载两端并联一个合适的硅稳压管。 (×)

正确答案： 简单稳压电路，就是限流调整电阻与稳压二极管串联，稳压管两端并联负载。

83. 稳压二极管在稳压电路中通常工作在反向截止状态。 (×)

正确答案： 稳压二极管在稳压电路中通常工作在反向击穿状态。

84. 硅稳压管的反向特性曲线越陡，稳压效果越好。 (√)

85. 硅整流器是利用二极管的单向导电性的原理把交流电变为直流电的。 (√)

86. 桥式整流属于半波整流。 (×)

正确答案： 桥式整流属于全波整流。

87. 在单相半波整流电路中，若整流二极管接反，仍为单相半波整流电路。 (√)

88. 对于二极管的单相半波整流电路，二极管通过的电流与直流负载通过的电流相等。 (√)

89. 单相桥式整流电路属于单相全波整流电路。 (√)

90. 单相全波整流电路所用电源变压器副边有中抽头。 (√)

91. 单相全波整流电路中，整流二极管仅在半个周期内有电流流过。 (√)

92. 单相全波整流电路中，二极管通过的电流与直流负载通过的电流相等。 (×)

正确答案： 单相全波整流电路中，二极管通过的电流是直流负载通过电流的一半。

93. 组成单相倍压整流电路的主要元件是二极管和电容。 (√)

94. 绝缘电线型号 BLXF 的含义是铝芯氯丁橡胶绝缘电线。 (√)

95. 架空输电线路的绝缘介质是空气，低压电器的灭弧介质是空气，因此空气也是绝缘材料。 (√)

96. 在开关电器中绝缘油主要作用是润滑。 (×)

正确答案： 在开关电器中绝缘油主要作用是作为绝缘介质、冷却、熄弧。

97. 提高固体绝缘表面闪络电压的措施是保持表面清洁和干燥。 (√)

98. 瓷质绝缘子外表涂一层硬质釉，主要目的是提高绝缘子表面的光滑度。 (×)

正确答案： 瓷质绝缘子外表涂一层硬质釉起防潮作用，从而提高绝缘子的绝缘性能和防潮性能。

99. 焊锡材料不能用于焊接铝导线。 (√)

100. 电机轴承润滑脂主要起润滑作用，不同型号润滑脂可以混用。 (×)

正确答案： 电机轴承润滑脂主要起润滑作用，不同型号润滑脂原则上不能混用，混用时要做混油试验合格后进行。

101. 电工仪表绝缘强度的符号“☆2”表示不进行绝缘强度试验。 (×)

正确答案： 电工仪表绝缘强度的符号“☆2”表示绝缘强度试验电压为 2kV。

102. 磁电系仪表阻尼力矩与铝框的转动方向始终一致。 (×)

正确答案： 磁电系仪表阻尼力矩与铝框的转动方向始终相反。

103. 电磁系仪表只适用于直流电路，不适用于交流电路。（×）

正确答案： 电磁系仪表既适用于直流电路，又适用于交流电路。

104. 电磁系仪表有较大的过载能力，是因为测量机构的活动部分不通过电流。（√）

105. 电动系仪表的转矩不仅与被测量电流的平方成正比，还与动转角的余弦成比例，所以标尺是不均匀的。（√）

106. 铁磁电动系仪表的测量机构由于采用了铁磁材料，故磁滞和涡流损耗造成的误差较大，使它的准确度不如电动系仪表高。（√）

107. 在通电电流电磁铁和电压电磁铁的共同作用下，使单相电能表的转动铝盘产生电磁力，由于电磁力的作用使铝盘产生转动力矩，驱使铝盘转动。（√）

108. 发光二极管式(LED)数码显示器由于功耗小，被广泛应用于便携式数字仪表。（×）

正确答案： 液晶(LCD)显示器由于功耗小，被广泛应用于便携式数字仪表。

109. 电工测量仪表标志符号“◌"表示磁屏蔽。（×）

正确答案： 电工测量仪表标志符号“◌”表示电屏蔽。

110. 万用表欧姆挡的内阻必大于该挡的中值电阻。（×）

正确答案： 万用表欧姆挡的内阻必等于该挡的中值电阻。

111. 在使用兆欧表测量设备或线路的绝缘电阻前，带电设备或线路的电源必须断电，并经接地短路放电。（√）

112. 要测量一个电路的电流，必须将电流表与待测电路并联。（×）

正确答案： 要测量一个电路的电流，必须将电流表与待测电路串联。

113. 用电动系电压表和磁电系电压表测量最大值为 100V 的理想正弦波全波整流电压时，电动系电压表指示 70. 3V，磁电系电压表指示 63. 7V。（√）

114. 在要求不停电就测量电流的场合，通常使用钳型电流表进行测量。（√）

115. 在单相交流电路中，电度表正确接线方法是将电度表的电流线圈与负载并联，电压线圈与负载串联。（×）

正确答案： 在单相交流电路中，电度表正确接线方法是将电度表的电流线圈与负载串联，电压线圈与负载并联。

116. 用电动系功率表测量功率时，若把电压线圈和电流线圈同时接反，功率表指针将反偏。（×）

正确答案： 用电动系功率表测量功率时，若把电压线圈和电流线圈同时接反，功率表指针不会反偏。

117. 电动式功率因数表具有体积小、重量轻、结构简单、成本低等特点，广泛用于供电系统的配电板上。（×）

正确答案： 功率因数表有电动式和变换式两种。其中变换式功率因数表具有体积小、重量轻、结构简单、成本低等特点，广泛用于供电系统的配电板上。

118. 红外测温仪既能测量物体的表面温度，又能测量其内部温度。（×）

正确答案： 红外测温仪只测量物体的表面温度，不能测量其内部温度。

119. 电力系统通常由发电厂、变配电装置、电力线路和用户组成。（√）

120. 凡用户可以从两个或两个以上方向得到供电的电力网，称为开式电力网。（×）

正确答案：凡用户可以从两个或两个以上方向得到供电的电力网，称为闭式电力网。

121. 电力线路的作用是输、配电能，并把发电厂、变电所和用户联接起来，是电力系统不可缺少的重要环节。 (√)

122. 发电机只产生有功功率。 (×)

正确答案：发电机既产生有功功率，又产生无功功率。

123. 努力提高电力系统运行的经济性是电力系统运行的基本要求之一。 (√)

124. 组成联合电力系统以后，在用电量一定时，需增加总的装机容量。 (×)

正确答案：组成联合电力系统以后，在用电量一定时，可以减少总的装机容量。

125. 衡量电能质量的三个参数是电压、频率、电流。 (×)

正确答案：衡量电能质量的三个参数是电压、频率、波形。

126. 用电设备的额定电压小于电力网的额定电压。 (×)

正确答案：用电设备的额定电压应等于电力网的额定电压。

127. 一级负荷应由两个电源供电，当一个电源发生故障时，另一个电源应不致同时受到损坏，以维持继续供电。 (√)

128. 总降压变电所的位置一般常设在远离负荷中心处。 (×)

正确答案：总降压变电所的位置一般常设在负荷中心近处。

129. 国家标准规定，220V 单相电源电压质量允许偏差范围是额定值的±5%。 (×)

正确答案：国家标准规定，220V 单相电源电压质量允许偏差范围是额定值的 -10%~7%。

130. 依据相关规定，我国电力系统非正常运行时，供电频率允许偏差的最大值为 55Hz，最小值为 49Hz。 (×)

正确答案：依据相关规定，我国电力系统非正常运行时，供电频率允许偏差的最大值为 51Hz，最小值为 49Hz。

131. 内桥接线的跨接桥靠近线路。 (×)

正确答案：内桥接线的跨接桥靠近变压器。

132. 要提高供电的可靠性，可采用双干线供电方式，若在低压系统加装隔离开关，可以满足一级负荷的供电。 (×)

正确答案：要提高供电的可靠性，可采用双干线供电方式，若在低压系统加装自动切换的备用联络线，还可以满足一级负荷的供电。

133. 负荷曲线按纵横坐标表示的物理量不同可以分为有功负荷曲线和无功负荷曲线，日负荷曲线和年负荷曲线。 (√)

134. 平均负荷愈接近最大负荷，则负荷率愈低。 (×)

正确答案：平均负荷愈接近最大负荷，则负荷率愈高。

135. 电力系统发生短路的主要原因是电气设备载流部分的绝缘被破坏。 (√)

136. 短路容量是电力系统中某一点发生两相短路时的短路功率。 (×)

正确答案：短路容量是电力系统中某一点发生三相短路时的短路功率。

137. 高压断路器不仅可以切断和接通正常情况下高压电路中的空载电流和负荷电流，还可以在系统发生故障时与保护装置及自动装置相配合，迅速切断故障电源，防止事故扩大，保证系统的安全运行。 (√)

138. SN10-10/1000-16 型断路器型号意义：S 代表“少油"，N 代表“户内式"，10 代表“设计序号"，-10 代表“额定电压 10kV"，1000 代表“额定电压 1000A"，-16 代表“额定开断电流 16kA"。(√)

139. 高压隔离开关有专门的灭弧装置，因此可以用来开断负荷电流和短路电流。(×)

正确答案：高压隔离开关没有专门的灭弧装置，因此不能用来开断负荷电流和短路电流。

140. JN_1 型接地刀的型号中，J 代表“接地”，N 代表“户内”。(√)

141. 高压负荷开关虽有简单的灭弧装置，但它不能断开短路电流，因此，它在结构设计中必须与高压熔断器串联使用，以借助熔断器来切断短路故障。(√)

142. RW9-35 型熔断器，其中 9 代表“额定电压为 9kV”。(×)

正确答案：RW9-35 型熔断器，其中 9 代表“设计序号”。

143. 户内高压熔断器的内部结构原理主要采用冶金效应法，熔体材料为铅、锌等，因为这些材料熔点较低，过电流能够迅速切断电源。(×)

正确答案：户内高压熔断器的内部结构原理主要采用冶金效应法，熔体材料为铜、银等，并在铜、银线表面焊有小铅球或小锡球，当过流时小球融化，渗入铜、银线内部，形成合金，电阻增大，进而熔断。

144. RW9-35 型额定电流为 0.5A 熔断器主要用于保护户外电流互感器。(×)

正确答案：RW9-35 型额定电流为 0.5A 熔断器主要用于 35kV 回路中保护户外电压互感器。

145. 空气开关主要在 500V 及以下的配电线路中做过载及短路保护之用。(√)

146. 选择型低压断路器在动作电流达到整定动作值后，可以延时动作。(√)

147. 塑料外壳式低压断路器由触头、灭弧装置、操作机构几部分组成。(×)

正确答案：塑料外壳式低压断路器由触头、灭弧装置、操作机构及保护装置等几部分组成。

148. 低压断路器的欠压脱扣器的线圈与主电路相串联。(×)

正确答案：低压断路器的欠压脱扣器的线圈与主电路相并联。

149. HR 型刀开关表示刀熔式开关。(√)

150. 不带灭弧罩的刀开关是利用在空气中拉长电弧的原理来灭弧的。(√)

151. 型号为 RClA 熔断器属无填料熔断器。(√)

152. 熔断器的保护特性反映的是熔体电流和熔体熔化时间之间的正比时限特性。(×)

正确答案：熔断器的保护特性反映的是熔体电流和熔体熔化时间之间的反比时限特性。

153. 低压设备选择熔断器做保护时，要考虑安装处的电网电压、负荷性质和负荷电流等因素。(√)

154. 低压接触器和各种控制继电器配合，可以实现定时操作和联锁控制。(√)

155. 接触器常开辅助触点，是指线圈通电时，处于断开的辅助触点。(×)

正确答案：接触器常开辅助触点，是指线圈断电时，处于断开的辅助触点。

156. 选择接触器时要根据主电路来选择接触器控制线圈的额定电压。(×)

正确答案：选择接触器时要根据控制电路的电压来选择接触器控制线圈的额定电压。

157. 漏电保护器主要用于防止人身伤亡、防止电气设备或电气线路漏电造成火灾。(√)

158. 热继电器在异步电动机主回路的主要作用是做电动机的过载保护。(√)

159. 双金属片式热继电器结构中电流整定实际上是调整发热元件的匝数。(×)

正确答案：双金属片式热继电器结构中电流整定实际上是调整接点动作机构的反作用弹簧的弹力。

160. 热继电器选择整定电流时，应考虑电动机的绝缘等级、负荷性质等。（√）

161. 如变压器的一次侧是高压，二次侧是低压，则称为升压变压器；反之，称为降压变压器。（×）

正确答案：如变压器的一次侧是高压，二次侧是低压，则称为降压变压器；反之，称为升压变压器。

162. 在变压器中，输出电能的绕组叫作一次绕组，吸取电能的绕组叫作二次绕组。（×）

正确答案：在变压器中，输出电能的绕组叫作二次绕组，吸取电能的绕组叫作一次绕组。

163. 按照铁芯结构不同分类，变压器有芯式变压器和壳式变压器。（√）

164. S_9-1250/6 是三相油浸自冷铜绕组变压器。（√）

165. 变压器的防爆管是为了防止变压器油位过高而装设的。（×）

正确答案：变压器的防爆管是为了防止变压器内部故障时，避免出现油箱压力过大，防爆管玻璃破裂形成喷油卸压用。

166. 由于自耦变压器结构简单、经济，主要用于 110kV 及以上中性点直接接地电力网中。（√）

167. 电流互感器是把大电流变为小电流的设备，又称变流器。（√）

168. LQ-0. 5/0. 5-100 型表示母线式的电流互感器。（×）

正确答案：LQ-0. 5/0. 5-100 型表示线圈式的电流互感器。

169. 成套配电装置主要有低压成套装置、高压成套装置和 SF_6 全封闭组合电器三类。（√）

170. 抽屉式低压开关柜在移动过程中一般有联接、试验、断开三个位置。（√）

171. 目前我国 3~35kV 高压开关柜从结构上主要有固定式和手车式两种。（√）

172. 手车式高压开关柜主要由手车室、电缆室和保护计量室组成。（×）

正确答案：手车式高压开关柜主要由手车室、母线室、电缆室和保护计量室组成。

173. 架空线路与电缆线路比较的特点是结构简单、受外界影响小、施工及运行检修技术要求高。（×）

正确答案：架空线路与电缆线路比较的特点是结构简单、施工方便、建设费用低，施工周期短、检修维护方便，技术要求高。

174. ZR-YJV-6/6kV-3×120mm^2 代表阻燃型铜芯交联聚乙烯绝缘聚氯乙烯护套，相间耐压为 6kV，相对的绝缘为 3. 6kV，三芯，额定电流为 120A 的电力电缆。（×）

正确答案：ZR-YJV-6/6kV-3×120mm^2 代表阻燃型铜芯交联聚乙烯绝缘聚氯乙烯护套，相间及对地耐压均为 6kV，三芯，截面积为 120mm^2 的电力电缆。

175. 四芯电力电缆用于三相电源供电时，中性芯流通的电流是三相电流之和。（×）

正确答案：四芯电力电缆用于三相电源供电时，中性芯流通的电流是三相电流向量之和。

176. 在防爆场所电力线路采用电缆和架空线均为传输和分配电能的目的。（×）

正确答案：在防爆场所电力线路采用电缆作为传输和分配电能。

177. 电力电缆特别适合于有腐蚀性气体和有易燃易爆危险、不宜采用架空线路的场合。（√）

178. 从节能角度，同样功率时冷光源灯比热光源灯节能。(√)

179. 隔爆型照明灯具用于防爆场所，因为照明灯具内不可能进入爆炸性气体。(×)

正确答案：隔爆型照明灯具用于防爆场所，因为照明灯具内爆炸后，高温气体经防爆面的防爆间隙被充分冷却，不会引燃外部的爆炸混合气体。

180. 荧光灯消除频闪的办法只要采用一个灯具内安装 2~3 颗灯管的办法就可以解决。(×)

正确答案：荧光灯消除频闪的办法可以采用一个灯具内安装 2~3 颗灯管，且接于不同相的办法解决。

181. 日光灯接线时，火线应先接灯脚，然后从电感式镇流器出线。(×)

正确答案：日光灯接线时，火线应先接电感式镇流器，然后从灯脚出线。

182. YB-112S-6 电机型号中的"B"代表 B 级绝缘电机。(×)

正确答案：YB-112S-6 电机型号中的"B"代表隔爆型电机。

183. 开启式电动机只能在干燥及清洁环境中使用。(√)

184. 三相交流异步电动机的铭牌额定功率是电动机额定工作状况下的输入功率。(×)

正确答案：三相交流异步电动机的铭牌额定功率是电动机额定工作状况下的输出功率。

185. 鼠笼异步电动机气隙磁场是由定子产生的。(×)

正确答案：鼠笼型异步电动机的气隙磁场是由定子通电产生磁场和转子感应磁场合成的旋转磁场。

186. 异步电动机的转差与同步转速之比的百分数叫转差率。即 $S=\frac{N_1-N}{N_1}\times 100\%$。(√)

187. 电气盘柜安装使用的紧固螺栓可以使用一般的标准螺栓。(×)

正确答案：电气盘柜安装使用的紧固螺栓应使用镀锌的标准螺栓。

188. 低压配电柜安装完毕后，应检查熔断器(低压断路器)、热继电器等元件的整定值是否符合设计要求。(√)

189. 低压配电柜接线端子应与导线截面匹配，困难时也可以利用小端子配大面积的导体。(×)

正确答案：低压配电柜接线端子应与导线截面匹配，不应利用小端子配大面积的导体。

190. 二次回路的联接件应为铜质制品，绝缘件采用自熄性阻燃材料。(√)

191. 继电保护的作用是防止系统事故的发生和发展，限制事故范围，保证电能质量，并提高供电的可靠性。(√)

192. 继电保护装置必须满足选择性、快速性、灵敏性和可靠性四个基本要求。(√)

193. 继电保护装置中执行部分的作用是根据逻辑部分所作出的决定，给出信号或跳闸。(√)

194. 主保护要求有尽可能快的动作时限，同时其保护的范围也可以延伸到所保护的设备之外。(×)

正确答案：主保护要求有尽可能的快的动作时限，同时其保护的范围不可以超出所保护的设备。

195. 一般继电器是由感受元件、放大元件、执行元件三个主要部分组成。(×)

正确答案：一般继电器是由感受元件、比较元件、执行元件三个主要部分组成。

196. 按在保护装置中的作用分类，瓦斯继电器属于辅助继电器。（×）

正确答案：按在保护装置中的作用分类，瓦斯继电器属于测量继电器。

197. 在电动机控制电路中，常用热继电器作短路保护。（×）

正确答案：在电动机控制电路中，常用热继电器作过载保护。

198. 对于单侧电源的 6~10kV 线路只采用不带速断的过电流保护。（×）

正确答案：对于单侧电源的 6~10kV 线路可采用带速断或不带速断的过电流保护。

199. 保护动作时间随着故障电流的增加而减小的过电流保护装置称为定时限过电流保护。（×）

正确答案：保护动作时间随着故障电流的增加而减小的过电流保护装置称为反时限过电流保护。

200. 线路零序电流保护的动作时间不分级差。（×）

正确答案：线路零序电流保护的动作时间是按阶梯形时限特性来整定的。

201. 变压器的过负荷保护一般动作于跳闸。（×）

正确答案：变压器的过负荷保护一般动作于信号。

202. 差动保护作为变压器的主保护之一，只能保护变压器的外部相间短路故障。（×）

正确答案：差动保护作为变压器的主保护之一，既能保护变压器的外部相间短路故障，又能保护变压器的内部相间短路故障。

203. 变压器的带时限过电流保护不能满足灵敏度要求时，可采用低电压启动的过电流保护。（√）

204. 油浸风冷变压器当上层油温不超过 65℃时，可不开风扇在额定负荷下运行。（×）

正确答案：油浸风冷变压器当上层油温不超过 55℃时，可不开风扇在额定负荷下运行。

205. 试验电源的频率变化对某些继电器的电气特性影响较大，因此在记录这些继电器的试验数据时，应注明试验的电源频率。（√）

206. 干燥场所内二次直流回路的每一支路和断路器、隔离开关操作机构的电源回路绝缘电阻应不小于 5MΩ。（×）

正确答案：干燥场所内二次直流回路的每一支路和断路器、隔离开关操作机构的电源回路绝缘电阻应不小于 1MΩ。

207. 交流操作电源有电压源和电流源两种。（√）

208. 直流母线电压过低时会造成断路器合闸失灵和保护装置拒动。（√）

209. 交流操作电源中的电压源可以由电压互感器二次电压直接引用，从电压互感器引来的电压源一般只能作为跳闸及信号电源用。（×）

正确答案：交流操作电源中的电压源可以由电压互感器二次电压并经 100/220V 隔离变压器引来，从电压互感器引来的电压源一般只能作为跳闸及信号电源用。

210. 信号回路按信号的复归方式可分为灯光信号和音响信号两种。（×）

正确答案：信号回路按信号的复归方式可分为手动复归和自动复归两种。

211. 为避免值班人员因没有注意到个别信号继电器已掉牌或光字信号亮着而未及时将其复归，应装设掉牌未复归或信号未复归光字牌。（√）

212. 断路器控制回路一般应装设防止多次合、跳闸的电气防跳措施。（√）

213. 断路器控制回路应具有反应断路器状态的位置信号和自动合、跳闸的不同显示信号。 (√)

214. 二次设备是指对一次设备的工作进行控制、保护、监察和测量的设备。 (√)

215. 由二次设备互相联接，构成对一次设备进行监测、控制、调节和保护的电气回路称为二次回路。 (√)

216. 二次回路按其作用可分为直流回路和交流回路。 (×)

正确答案：二次回路按其作用可分为控制回路、继电保护回路、测量回路、信号回路、自动装置回路等。

217. 按交流回路的标号原则，电流互感器 TA1 的 U 相回路标号应为 U421～U429。 (×)

正确答案：按交流回路的标号原则，电流互感器 TA1 的 U 相回路标号应为 U411～U419。

218. 二次控制和保护回路的标号原则中，负极性回路的线段按奇数标号，正极性回路线段按偶数标号，每经过回路的主要降压元件后，即行改变其极性，其奇偶顺序即随之改变。 (×)

正确答案：二次控制和保护回路的标号原则中，正极性回路的线段按奇数标号，负极性回路线段按偶数标号，每经过回路的主要降压元件后，即行改变其极性，其奇偶顺序即随之改变。

219. 一般单独的预告信号回路的标号范围是 901～949。 (√)

220. 二次原理图中，一般 WC 表示灯光信号小母线。 (×)

正确答案：二次原理图中，一般 WC 表示控制小母线。

221. 微机保护就是指以微处理器(CPU)为核心而构成的继电保护。 (√)

222. 微机保护具备传统继电保护系统的优点，其最大的特点是快速性优、灵敏性强和可靠性高。 (√)

223. 微机保护系统是由“硬件”和“软件”两部分组成的，软件是实现继电保护功能的基础。 (×)

正确答案：微机保护系统是由“硬件”和“软件”两部分组成的，硬件是实现继电保护功能的基础。

224. 变电站综合自动化是自动化技术、计算机技术和通信技术等高科技在变电站领域的综合应用。 (√)

225. 变电站综合自动化系统具有多个子系统，每个子系统可能有多个 CPU 分别完成不同的功能。 (√)

226. 变电站自动化系统是将变电站的监视控制、继电保护、自动控制装置和远动及数据通信等所要完成的功能组合在一起，通过计算机硬件、模块化软件和数据通信网构成一个完整的系统。 (√)

227. 变压器硅胶受潮变粉红色。 (√)

228. 变压器的负荷率最高时，效率最高。 (×)

正确答案：变压器的负荷率最高时，并不是效率最高时。

229. 励磁涌流对变压器运行很不利。 (×)

正确答案：励磁涌流对变压器并无危险，因为这个冲击电流存在的时间很短。

230. 变压器温度升高时绝缘电阻值降低。（√）

231. 高峰负载时应检查断路器各联接部位是否发热变色打火。（√）

232. 真空灭弧室每分合操作一次，波纹管就产生一次机械变形。因此，波纹管的疲劳寿命，就决定了真空灭弧室的机械寿命。（√）

233. 在正常运行时，应监视隔离开关的电流不超过额定值，其温度不超过70℃。（√）

234. 三相交流母线的A相用黄色标志，B相用绿色标志，C相用红色标志。（√）

235. 发现断路器严重漏油时，应立即断开断路器。（×）

正确答案：发现断路器严重漏油时，应采取禁止跳闸的措施。

236. 在有灯光监察的控制回路中，红灯亮时，指示断路器跳闸回路完好。（√）

237. 当操作把手的位置与断路器的实际位置不对应时，开关位置指示灯将发出闪光。（√）

238. 电流互感器在运行中必须使铁芯两点接地。（×）

正确答案：电流互感器在运行中必须使铁芯及二次绕组牢固接地。

239. 互感器呼吸器中的硅胶受潮后应变成黄色。（×）

正确答案：互感器呼吸器中的硅胶受潮后应变成粉红色。

240. 运行中电流表发热冒烟，应短路电流端子，甩开故障仪表，再准备更换仪表。（√）

241. 运行中的电流互感器负荷增大，应立即停止运行。（×）

正确答案：运行中的电流互感器负荷增大，及时查明故障原因再进行处理。

242. 电力电缆线路停电后，即可立即投入检修。（×）

正确答案：电力电缆线路停电后，因存在剩余电荷，停电后必须经过充分放电才可进行检修。

243. 在巡视时发现导线的弧垂不一致，一般危害不大。（×）

正确答案：导线弧垂过大或过小都有危害。

244. 断路器"热备用"状态是指其两侧的刀闸在"合"位，开关在"断"位。（√）

245. 操作手车柜用术语是"推进"和"拉出"。（×）

正确答案：操作手车柜用术语是"推入"和"拉至"。

246. 电气设备拉闸后必须检查开关机构和刀闸的断开状态是否到位、联锁装置是否可靠。（√）

247. 带负荷拉刀闸是不允许的，但带负荷合刀闸是可行的。（×）

正确答案：带负荷拉刀闸是不允许的，带负荷合刀闸也是不允许的。

248. 电动机的冷态是指电动机任何部分的温度与周围空气温度之差不超过3℃时的状态。（√）

249. 行车三相异步电动机线路上是用热继电器进行过载短路保护的。（×）

正确答案：行车三相异步电动机线路上是用阻尼式过电流继电器进行过载短路保护的。

250. 定、转子铁芯轴向窜动，将引起铁心发热，使电机的出力减小。（√）

251. 三相异步电动机发生缺相运行事故，往往是因为电机绕组断线所造成。（×）

正确答案：三相异步电动机发生缺相运行事故，往往是因为熔断器接触不良或熔丝烧断所造成。

252. 电机的发热主要是由电流和磁滞损失引起的。（√）

253. 电动机启动时，电机不转且有嗡嗡声，是由于电动机出现接地故障。（×）

正确答案： 电动机启动时，电机不转且有嗡嗡声，是由于电动机出现一相断线故障。

254. 电动机在启动时会产生大量热量，造成电机绕组过热，一般不允许重复超载启动以及连续带负荷多次启动。（√）

255. 万用表使用完毕，应将其转换到交流电压的最高挡。（√）

256. 液压操动机构零压闭锁后，断路器也可以分闸。（×）

正确答案： 液压操动机构零压闭锁后，断路器不能分闸。

257. 环氧树脂复合物的浇灌温度夏天比冬天低。（√）

258. 隔爆电动机检修时，拆动的隔爆面要进行清理、涂防锈油，并检查隔爆面应完整无损伤。（√）

259. 电动机大修周期一般应为1~2年。（√）

260. 热套轴承是将轴承放入温度为100~110℃的油箱中，加热时间为20~40min。（×）

正确答案： 热套轴承是将轴承放入温度为80~100℃的油箱中，加热时间为20~40min。

261. 通常利用夹层绝缘的绝缘电阻随温度变化的关系，作为判断绝缘状态的依据。（×）

正确答案： 通常利用夹层绝缘的绝缘电阻随时间变化的关系，作为判断绝缘状态的依据。

262. 体积绝缘电阻的大小标志着绝缘介质表面绝缘的优劣。（×）

正确答案： 体积绝缘电阻的大小标志着绝缘介质内部绝缘的优劣。

263. 吸收比与绝缘结构的几何尺寸有关。（×）

正确答案： 吸收比与绝缘结构的几何尺寸无关。

264. 极化指数是被试品15min与1min的绝缘电阻之比。（×）

正确答案： 极化指数是被试品10min与1min的绝缘电阻之比。

265. 加速绝缘老化的主要原因是使用的时间过长。（×）

正确答案： 加速绝缘老化的主要原因是加在绝缘材料上的温度过高。

266. 绝缘油根据低温性能的不同分为10号、25号和35号。（×）

正确答案： 绝缘油根据低温性能的不同分为10号、25号和45号。

267. 电气强度试验是检验绝缘油耐受极限电应力的非常重要的方法。（√）

268. 埋入地下的扁钢接地体和接地线的厚度最小尺寸为3mm。（×）

正确答案： 埋入地下的扁钢接地体和接地线的厚度最小尺寸为4 mm。

269. 电流互感器二次侧接地是保护接地。（√）

270. 凡采用保护接零的供电系统，其中性点接地电阻不得超过10Ω。（×）

正确答案： 凡采用保护接零的供电系统，其中性点接地电阻不得超过4Ω。

271. 恒功率负载指的是转矩与转速成正比的负载。（×）

正确答案： 恒功率负载指的是转矩与转速成反比的负载。

272. 电机的启动转矩与额定转矩之比叫启动转矩倍数。（√）

273. 电动机机械特性与生产设备机械特性有交点，是电力拖动运行稳定的必要条件。（√）

274. 三相异步电动机的同步转速点（$n=n_0$，$S=0$）是电动状态和回馈制动状态的分界点。（√）

275. 鼠笼异步电动机定子回路串电抗器比串电阻在限制同样大小启动电流时，损耗

要大。 （×）

正确答案：鼠笼异步电动机定子回路串电抗器比串电阻在限制同样大小启动电流时，损耗要小。

276. 当某台电动机启动时，不需考虑启动电流的大小及对机械的冲击时，常采用全压直接启动方式。 （√）

277. 绕线式异步电动机转子串电阻启动，随启动过程逐渐分级切除电阻，电机机械特性逐渐变硬。 （√）

278. 改变三相交流电动机旋转方向，只要任意对调其两相电源进线即可。 （√）

279. 双速异步电动机接线只适用于鼠笼式电动机。 （√）

280. 10kV及其以下户外设备用绝缘棒绝缘部分的最小长度为0.8m。 （×）

正确答案：10kV及其以下户外设备用绝缘棒绝缘部分的最小长度为1.1m。

281. 绝缘垫在任何情况下只作为辅助安全用具，其厚度不应小于5mm，表面应有防滑条纹。 （√）

282. 所戴绝缘手套至少应超过手腕10cm。 （√）

283. 严禁用医疗、化学等用途的手套代替绝缘手套，胶皮雨鞋代替绝缘靴使用。也不准将绝缘靴当作雨鞋使用。 （√）

284. 安全腰带的宽度不应小于60mm，绕电杆带的单根拉力不低于200kg。 （×）

正确答案：安全腰带的宽度不应小于60mm，绕电杆带的单根拉力不低于225kg。

285. 携带型接地线应为柔软裸铜线，其截面不小于$16mm^2$。 （×）

正确答案：携带型接地线应为柔软裸铜线，其截面不小于$25mm^2$。

286. TN-S系统是保护零线和工作零线完全共用的系统。 （×）

正确答案：TN-S系统是保护零线和工作零线完全分开的系统。

287. 经领导批准，允许单独巡视高压设备的值班人员，巡视高压设备时，不得进行其他工作，也不得移开或越过遮栏。 （√）

288. 电击是指电流通过人体内部，直接影响呼吸、心脏及神经系统的正常功能，直至危及生命。 （√）

289. 外伤急救原则上是先抢救，后固定，再搬运。 （√）

290. 直埋电缆的埋设深度不小于0.5m。 （×）

正确答案：直埋电缆的埋设深度不小于0.7m。

291. 除在电压为380V及以下的电动机和照明的单一回路上工作外，其余均应执行工作票制度。 （√）

292. 必须使用完好的验电器进行验电。 （×）

正确答案：必须使用符合电压等级并确系完好的验电器进行验电。

293. 工作票根据工作性质和工作范围的不同可分为第一种工作票和第二种工作票。 （√）

294. 工作间断时，所有安全措施应根据现场情况可以做少许变动。 （×）

正确答案：工作间断时，所有安全措施应保持不变。

295. 工作监护人在适当时候可以做部分检修工作。 （×）

正确答案：工作监护人不得兼做其他工作，只有在全所均停电时，才可以参加部分检修工作。

296. 拆除接地线的顺序是先拆接地端，后拆导体端。（×）

正确答案：拆除接地线的顺序是先拆导体端，后拆接地端。

297. 高处作业必须用安全带，严禁站在梯子上层工作。（√）

298. 在一经合闸即可送电到工作地点的开关和刀闸的操作把手上，均应悬挂“禁止合闸，有人工作！”的标示牌。（√）

299. 在杆上或高处工作时，安全带、腰绳可拴在杆尖、横担、瓷瓶、拉带或其他活动构架上。（×）

正确答案：在杆上或高处工作时，安全带、腰绳不允许拴在杆尖、横担、瓷瓶、拉带或其他活动构架上。

300. 临时线路的安装，联接要牢固可靠，暂时可不考虑接地(接零)保护。（×）

正确答案：临时线路的安装，必须要考虑接地(接零)保护。

301. 在一般场所，如果使用Ⅰ类电动工具，必须装设额定漏电动作电流不大于30mA，动作时间不大于0.1s的漏电保护器。（√）

302. 爆炸危险场所的分级原则是按爆炸性物质出现的频度、持续时间和危险程度而划分为不同危险等级区域的。（√）

303. 爆炸性气体在标准试验条件下，按其最大试验安全间隙和最小点燃电流比分级，按其引燃温度分组。（√）

304. 爆炸性粉尘环境的分区中，10区是指一般不会出现爆炸性粉尘的环境。（×）

正确答案：爆炸性粉尘环境的分区中，10区是指连续出现或长期出现爆炸性粉尘的环境。

305. 爆炸危险区域内的钢管配线，镀锌钢管的联接处必须设置金属跨接线。（×）

正确答案：爆炸危险区域内的钢管配线，除设计有特殊要求外，一般不设置金属跨接线。

306. 各种防爆类型的电气设备，应有“EX”标志和标明防爆电气设备的类型、级别、组别的标志的铭牌，并在铭牌上标明检验单位发给的合格证号。（×）

正确答案：各种防爆类型的电气设备，应有“EX”标志和标明防爆电气设备的类型、级别、组别的标志的铭牌，并在铭牌上标明国家指定的检验单位发给的合格证号。

307. 正常运行时产生火花或电弧的隔爆型电气设备，其电气联锁装置为：当电源接通时壳盖不应打开，而壳盖打开后电源不应接通。（√）

308. 在爆炸危险场所中，电气线路保护管管口必须用水泥封堵。（×）

正确答案：在爆炸危险场所中，电气线路保护管管口必须用不燃性填料进行密封。

单选题

1. 电路由电源、(B)联接导线、开关组成。

A. 电阻　B. 负载　C. 电容　D. 电感

2. 电流经过的路径称为(D)。

A. 短路　B. 断路　C. 通路　D. 电路

3. 把(C)的定向运动称为电流。

A. 电源　B. 电动势

C. 电荷　D. 电动机

4. 导体某截面在2min内均匀流过的电量为3.6C，则电流强度为(B)mA。

A. 20　　B. 30　　C. 60　　D. 7

5. 电流密度是用来表示电流(C)的物理量。

A. 高低　　B. 大小　　C. 强弱　　D. 正负

6. 导体对电流的阻力是(B)。

A. 电纳　　B. 电阻　　C. 电容　　D. 电抗

7. 一段导线，其电阻为 R，将其从中对折合并成一段新的导线，则其电阻为(D)。

A. $2R$　　B. R　　C. $R/2$　　D. $R/4$

8. 电感在直流电路中相当于(B)。

A. 开路　　B. 短路　　C. 断路　　D. 不存在

9. 电容器中储存的能量是(D)。

A. 热能　　B. 机械能　　C. 磁场能　　D. 电场能

10. 关于电位正确的说法是(A)。

A. 电位是标量，没有方向性，但它的值可为正、负或零

B. 电场将单位负电荷从电场中的某点移到参考点所做的功叫该点电位

C. 电位是矢量，具有方向性

D. 若参考点一经选定，则某一点电位的大小与所选路径无关

11. 我们把两点之间的电位之差称为(C)。

A. 电动势　　B. 电势差　　C. 电压　　D. 电压差

12. 电压和电动势的区别是(C)。

A. 单位不同　　B. 能量不同

C. 作功的对象和它们的方向不同　　D. 一个反映电场能量，一个反映电场力

13. 某教学楼有 100 盏灯，每盏灯的功率为 60W，问全部使用 3h，耗电量为(A)kW · h。

A. 18　　B. 28　　C. 9　　D. 12

14. 单位时间内，电流所做的功称为(A)。

A. 电功率　　B. 无功功率

C. 视在功率　　D. 有功功率加无功功率

15. 1kW 等于(B)mW。

A. 10^3　　B. 10^6　　C. 10^2　　D. 10^9

16. 在 30Ω 电阻的两端加 60V 的电压，则通过该电阻的电流是(D)。

A. 20A　　B. 9A　　C. 3A　　D. 2A

17. 全电路欧姆定律应用于(D)。

A. 任一回路　　B. 任一独立回路　　C. 任何电路　　D. 简单电路

18. 当电流流过导体时，由于导体具有一定的电阻，因此就要消耗一定的电能，这些电能转变的热能，使导体温度升高，这种效应称为 (A)。

A. 电流的热效应　　B. 电流的磁效应

C. 电流的力效应　　D. 电流的电效应

19. 一只标有“1kΩ，10kW”的电阻，允许电压(B)。

A. 无限制　　B. 有最高限制

C. 有最低限制　　D. 不确定

20. 两台额定功率相同，但额定电压不同的用电设备，若额定电压 110V 设备的电阻为 R，则额定电压为 220V 设备的电阻为(C)。

A. $2R$　　B. $0.5R$　　C. $4R$　　D. $0.25R$

21. 一个 220V、100W 的灯泡和一个 220V、40W 的灯泡串联接在 380V 的电源上则(A)。

A. 220V、40W 的灯泡易烧坏　　B. 220V、100W 的灯泡易烧坏

C. 两个灯泡均易烧坏　　D. 两个灯泡均正常发光

22. 断路时的电源端电压(C)电源的电动势。

A. 大于　　B. 小于　　C. 等于　　D. 不等于

23. 在两个以电阻相联接的电路中求解总电阻时，把求得的总电阻称为电路的(B)。

A. 电阻　　B. 等效电阻

C. 电路电阻　　D. 以上三种说法均正确

24. 两只额定电压相同的电阻，串联接在电路中，则阻值较大的电阻(A)。

A. 发热量较大　　B. 发热量较小

C. 没有明显变化　　D. 不发热

25. 将几个电阻联接成流过同一电流的联接方法，称为(B)。

A. 混联　　B. 串联　　C. 并联　　D. 其他

26. 并联电阻电路中的总电流等于各支路(A)。

A. 电流的和　　B. 电流的积

C. 电流的倒数和　　D. 电流的差

27. 两只额定电压相同的电阻，并联接在电路中则阻值较大的电阻(B)。

A. 发热量较大　　B. 发热量较小

C. 没有明显变化　　D. 不发热

28. 电阻 $R_1>R_2>R_3$ 将它们并联使用时，各自相应的消耗功率的关系是(B)。

A. $P_1>P_2>P_3$　　B. $P_1<P_2<P_3$

C. $P_1=P_2=P_3$　　D. 无法比较

29. 如图所示电阻的等效电阻 R_{ab} 为(B)Ω。

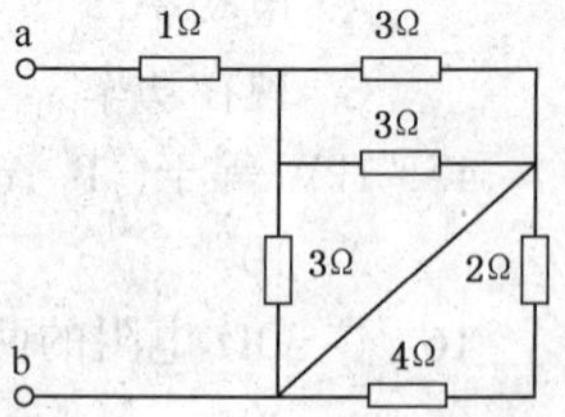

A. 3.3

B. 2

C. 5.5

D. 4

30. 一个电池的电动势为 ε，内阻为 r，外接负荷为两个并联电阻，阻值为 R，当 R 取(D)时，负荷上消耗的功率最大。

A. 0　　B. $r/2$　　C. r　　D. $2r$

31. 在下图中，a 点的电位等于(C)V。

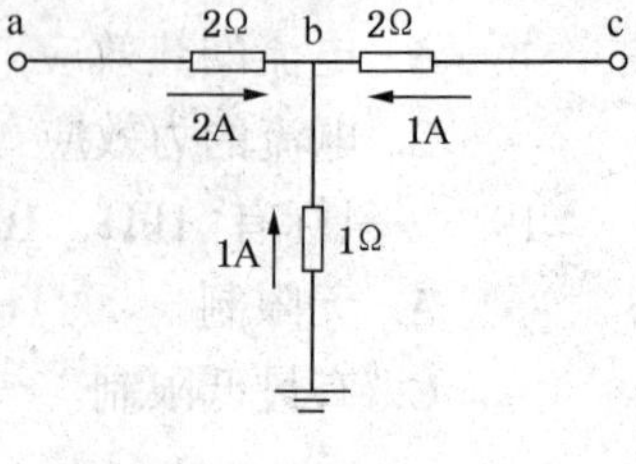

A. 1

B. 2

C. 3

D. 4

32. R_1 和 R_2 为两个并联电阻，已知 $R_1=2R_2$，且 R_2 上消耗

的功率为 1W，则 R_1 上消耗的功率为(C)W。

A. 2　　B. 1　　C. 0.5　　D. 4

33. 通过电阻上的电流增大到原来的 2 倍时，它所消耗的功率也增大(C)倍。

A. 2　　B. 6　　C. 4　　D. 8

34. 凡是不能应用(A)简化为无分支电路的电路，便是复杂直流电路。

A. 串并联电路　　B. 欧姆定律

C. 等效电流法　　D. 等效电压法

35. 电路中的(B)定律指出：对于电路中任一节点，流入该节点的电流之和必等于流出该节点的电流之和。

A. 欧姆　　B. 基尔霍夫第一

C. 楞次　　D. 基尔霍夫第二

36. 电路中(D)定律指出：对于任意闭合回路，沿回路绕行方向上，各电阻上的电压降的代数和等于该电动势的代数和。

A. 欧姆　　B. 基尔霍夫第一

C. 楞次　　D. 基尔霍夫第二

37. 凡是能够吸引铁、钴、镍等金属的物体叫(A)。

A. 磁铁　　B. 磁性　　C. 磁极　　D. 磁化

38. 磁体周围存在的磁力作用的空间称为(B)。

A. 磁力　　B. 磁场　　C. 磁性　　D. 磁极

39. 在磁体外部磁力线是由(A)。

A. N 指向 S　　B. S 指向 N

C. N 极指向　　D. S 极指向

40. 1 韦伯(Wb)等于(D)麦克斯韦(Mx)。

A. 10^2　　B. 10^4　　C. 10^6　　D. 10^8

41. 1 特斯拉(T)=(B)高斯(Gs)。

A. 10^2　　B. 10^4　　C. 10^6　　D. 10^3

42. "⊗"表示(A)。

A. 电流方向垂直进入纸面　　B. 电流方向垂直从纸面出来

C. 电流方向由里向外　　D. 电流方向流出纸面

43. 判断电流产生磁场的方向是用(C)。

A. 左手定则　　B. 右手定则

C. 安培定则　　D. 楞次定律

44. 真空磁导率为常数，为(A)H/m。

A. $4\pi\times10^{-7}$　　B. $4\pi\times10^{7}$　　C. $4\pi\times10^{-6}$　　D. $4\pi\times10^{3}$

45. 表示铁磁物质磁化过程中 B 与 H 关系的曲线称为(A)。

A. 磁力线　　B. 磁滞回线

C. 磁化曲线　　D. 外特性曲线

46. 磁滞损耗中消耗的功率与磁滞回线所包围的面积(B)。

A. 成反比　　B. 成正比

C. 与面积的平方成正比　　D. 无关

47. 剩磁和矫顽力都很大的磁性材料称为(B)。

A. 软磁性材料　　B. 硬磁性材料

C. 矩磁材料　　D. 压磁材料

48. 剩磁和矫顽力都很小的磁性材料称为(A)。

A. 软磁性材料　　B. 硬磁性材料

C. 矩磁材料　　D. 压磁材料

49. 导体垂直切割磁力线的速度越快，产生的感应电动势就(C)。

A. 越小　　B. 不变化　　C. 越大　　D. 不一定

50. 在正弦交流电的解析式 $I = I_m \sin(wt + \varphi_0)$ 中，ω 表示(A)。

A. 角频率　　B. 相位　　C. 初相位　　D. 相位差

51. 正弦交流电的三要素是(B)。

A. 电压、电动势、电位　　B. 最大值、频率、初相位

C. 容抗、感抗、阻抗　　D. 平均值、周期、电流

52. 在公式 $\varphi = wt + \varphi_0$ 中，φ_0 指的是(D)。

A. 正弦交流电的相位　　B. 正弦交流电的角频率

C. 正弦交流电的周期　　D. 正弦交流电的初相位

53. 交流电的角频率 ω 等于(A)。

A. $2\pi f$　　B. πf　　C. $2\pi t$　　D. $2\pi ft$

54. 在正弦交流电中，周期 T、频率 f 的关系是(A)。

A. $f = \dfrac{1}{T}$　　B. $T = 2\pi f$　　C. $f = T$　　D. $f = \dfrac{2\pi}{T}$

55. 两个正弦量为 $u_1 = 36\sin(314t+120°)$V，$u_2 = 36\sin(628t+30°)$V，则有(C)。

A. u_1 超前 u_2 90°　　B. u_2 比 u_1 超前 90°

C. 不能判断相位差　　D. u_2 比 u_1 超前 180°

56. 我们使用的照明电压为 220V，这个值是交流电的(A)。

A. 有效值　　B. 最大值　　C. 恒定值　　D. 瞬时值

57. 交流电流 i 通过某电阻，在一定时间内产生的热量，与某直流电流 I 在相同时间内通过该电阻所产生的热量相等，那么就把此直流电流 I 定义为交流电流 i 的(A)。

A. 有效值　　B. 最大值　　C. 最小值　　D. 瞬时值

58. 我国低压供电电压单相为 220V，三相线电压为 380V，此数值指交流电压的(C)。

A. 平均值　　B. 最大值　　C. 有效值　　D. 瞬时值

59. 某正弦交流电的电压最大值是 310V，若用交流电压表测量该交流电的电压时，表的示数最接近(B)V。

A. 310　　B. 220　　C. 380　　D. 155

60. 在正弦交流电中，最大值与有效值之间的关系是(B)。

A. 最大值与有效值相等　　B. 最大值是有效值的$\sqrt{2}$倍

C. 最大值是有效值的$1/\sqrt{2}$倍　　D. 最大值是有效值的 2 倍

61. 在正弦交流电路中，下列公式正确的是(D)。

A. $i_c = du_c/dt$　　B. $P_c = UI\sin\varphi$

C. $I_c = -j\omega ct$　　D. $X_c = 1/\omega c$

62. 正弦交流电的解析式是用(C)表示。

A. 代数式　B. 复数式　C. 三角函数式　D. 矢量法

63. 有限个同频率正弦量相加的结果是一个(C)。

A. 同频率的交流量　　B. 另一频率的交流量

C. 同频率的正弦量　　D. 另一频率的正弦量

64. 交流电路中电流比电压滞后 90°，该电路属于(C)电路。

A. 复合　B. 纯电阻　C. 纯电感　D. 纯电容

65. 在纯电感电路中，下列说法正确的是(C)。

A. 电压与电流在相位上，电压落后电流 90°

B. 电压与电流在相位上，电压与电流同相位

C. 电压与电流在相位上，电压超前电流 90°

D. 电感具有通交流隔直流的作用

66. 纯电容交流电路中电流与电压的相位关系为电流(A)。

A. 超前 90°　B. 滞后 90°　C. 同相　D. 超前 0~90°

67. 在正弦交流电阻电路中，正确反映电流电压的关系式为(C)。

A. $i = U/R$　　B. $i = U_m/R$

C. $I=U/R$　　D. $I = U_m/R$

68. 在交流电路中，接入纯电阻，则该电路的(B)。

A. 有功功率等于零　　B. 无功功率等于零

C. 视在功率等于零　　D. 所有功率皆不等于零

69. 正弦交流电路中电感的感抗与(A)。

A. 频率成正比　　B. 频率成反比

C. 频率成指数关系　　D. 频率成对数关系

70. 在交流电路中，接入纯电感线圈，则该电路的(A)。

A. 有功功率等于零　　B. 无功功率等于零

C. 视在功率等于零　　D. 所有功率皆不等于零

71. 在纯电感电路中，电压有效值不变，增大电源频率时，电路中的电流将(C)。

A. 不变　B. 增大　C. 减小　D. 先增大后减小

72. 在正弦交流纯电容电路中，下列各式正确的是(A)。

A. $I = U\omega C$　B. $I = U_m/\omega C$　C. $I = U/\omega C$　D. $I = U/C$

73. 纯电容电路的容抗为(C)。

A. C　B. $2\pi fC$　C. $1/2\pi fC$　D. πfC

74. 纯电感电路的感抗为(B)。

A. L　　B. ωL　　C. $1/\omega L$　　D. $1/2\pi fL$

75. 已知 $e=311\sin(314t+5°)$ V，其有效值相量 $E=$(B)V。

A. $311\angle 5°$　　B. $220\angle 5°$

C. $220\angle 185°$　　D. $220\angle 175°$

76. R-C 串联电路中电容二端电压与电流相位关系为(D)。

A. 电压超前电流 φ 角　　B. 电压落后电流 φ 角

C. 电压超前电流 90°　　D. 电压落后电流 90°

77. 三相交流对称电动势的特点：频率相同、幅值相同、位相相差(C)、瞬时值之和为零。

A. 0°　　B. 90°　　C. 120°　　D. 150°

78. 在三相三线制电路中，不论电源和负荷怎么样联接，也不论电流是否对称，正确的说法是(A)。

A. 三个线电流的相量和必等于零　　B. 三个相电压的相量和必等于零

C. 三个线电压的相量和必等于零　　D. 三个相电流的相量和必等于零

79. 对称三相电源三角形联接时，线电流是(D)。

A. 相电流　　B. 3 倍的相电流

C. 2 倍的相电流　　D. $\sqrt{3}$倍的相电流

80. 在三相对称负载的星形联接电路中，线电流(C)相电流。

A. 等于$\sqrt{2}$倍　　B. 小于　　C. 等于　　D. 等于$\sqrt{3}$倍

81. 如果电源按星形联接，那么线电压等于相电压的(D)倍。

A. $\frac{\sqrt{2}}{2}$　　B. $\frac{\sqrt{3}}{2}$　　C. $\sqrt{2}$　　D. $\sqrt{3}$

82. 三相对称电动势在相位上互差(B)。

A. 90°　　B. 120°　　C. 150°　　D. 180°

83. 三相对称负载接在三相电源上，若各相负载的额定电压等于电源线电压$\sqrt{3}$，应作(A)联接。

A. 星形　　B. 三角形

C. 开口三角形　　D. 双星形

84. 下列物质中载流子最多的是(C)。

A. 本征半导体　　B. 掺杂半导体

C. 导体　　D. 绝缘体

85. 在 N 型半导体中，多数载流子为电子，N 型半导体(B)。

A. 带正电　　B. 带负电　　C. 不带电　　D. 不能确定

86. PN 结的 P 区接电源负极，N 区接电源正极，称为(B)偏置接法。

A. 正向　　B. 反向　　C. 零　　D. 双向

87. 二极管两端加上正向电压时(B)。

A. 一定导通　　B. 超过死区电压才能导通

C. 超过 0.7V 才导通　　D. 超过 0.3V 才导通

88. 下图给出了硅二极管和锗二极管的伏安特性曲线，其中硅二极管的特性曲线是(B)。

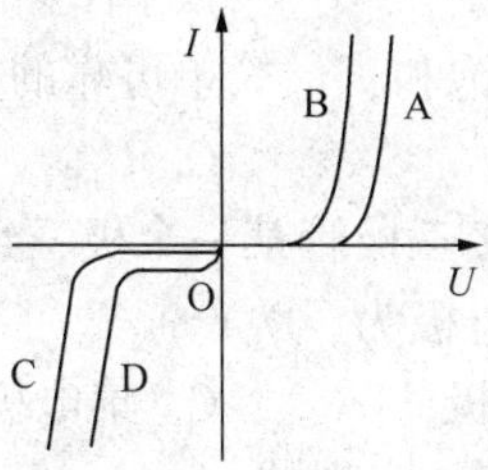

A. AOD　　B. AOC　　C. BOC　　D. BOD

89. 硅二极管导通后，它的正向压降约为(C)V。

A. 0.2　　B. 0.5　　C. 0.6~0.7　　D. 0.3

90. 用万用表测量二极管的极性时，万用表的量程应选择(C)。

A. $R\times10$k 挡　　B. $R\times10$ 挡

C. $R\times100$ 挡或 R×1k 挡　　D. $R\times1$ 挡

91. 如果二极管的正、反向电阻都很大，则该二极管(D)。

A. 正常　　B. 已被击穿

C. 没有坏，但是性能不好　　D. 内部断路

92. 稳压管(C)。

A. 工作在正向导通状态　　B. 不是二极管

C. 工作在反向电击穿状态　　D. 工作在反向截止状态

93. 稳压二极管稳压时，其工作在(C)。

A. 正向导通区　　B. 反向截止区　　C. 反向击穿区　　D. 本征半导体

94. 晶体三极管的 E、B、C 三个极分别叫做(C)。

A. 发射极、集电极、基极　　B. 集电极、发射极、基极

C. 发射极、基极、集电极　　D. 基极、发射极、集电极

95. 晶体三极管的共发射极电路发射极电流 I_E、集电极电流 I_C、基极电流 I_B 三者之间应满足(B)。

A. $I_C=I_E+I_B$　　B. $I_E=I_B+I_C$　　C. $I_B=I_E+I_C$　　D. $I_E=I_C-I_B$

96. 工作在(D)的三极管会损坏。

A. 截止区　　B. 饱和区　　C. 放大区　　D. 过损耗区

97. 晶体三极管工作在饱和状态时，满足(A)。

A. 发射结、集电结均正偏　　B. 发射结、集电结均反偏

C. 发射结正偏、集电结反偏　　D. 发射结反偏、集电结正偏

98. 温度对三极管的参数有很大影响，温度上升，则(B)。

A. 放大倍数 β 下降　　B. 放大倍数 β 增大

C. 不影响放大倍数　　D. 不能确定

99. 有甲乙两只三极管，甲管 $\beta=80$，$I_{ceo}=300\mu A$；乙管 $\beta=60$，$I_{ceo}=15\mu A$，其他参数大致相同。当做放大使用时，选用(D)合适。

A. 两只均　　B. 甲管　　C. 两只都不　　D. 乙管

100. 用万用表欧姆挡测小功率晶体三极管好坏时，应选择的挡位（A）。

A. $R\times100$ 或 $R\times1$k　　B. $R\times10$k

C. $R\times1$　　D. 不能确定

101. 实践中，判断三极管是否饱和，最简单可靠的方法是测量(D)。

A. I_B　　B. I_C　　C. U_{BE}　　D. U_{CE}

102. 万用表 $R\times1$k 挡，黑表笔接三极管某一个极，红表笔分别接其他两个极，所测得电阻值均为无穷大，说明黑表笔接的电极为(D)。

A. 基极　　B. 发射极　　C. 集电极　　D. 不能确定

103. 半导体稳压性质是利用(B)实现的。

A. PN 结的单向导电性　　B. PN 结的反向击穿特性

C. PN 结的正向导通特性　　D. PN 结的反向截止特性

104. 稳压二极管起稳压作用时，应工作在(C)。

A. 正向导通区　　B. 截止区　　C. 反向击穿区　　D. 死区

105. 若一稳压管的电压温度系数为正值，当温度升高时，稳定电压 U_Z 将(A)。

A. 增大　　B. 减小　　C. 不变　　D. 不能确定

106. 将交流电变换为脉动直流电的电路称为(A)。

A. 整流电路　　B. 滤波电路

C. 稳压电路　　D. 放大电路

107. 单相半波整流电路，一般使用(A)个二极管构成。

A. 1　　B. 2　　C. 3　　D. 4

108. 单相桥式整流电路中一只二极管开路时，整流电路将变成单相(A)整流电路。

A. 半波　　B. 全波　　C. 桥式　　D. 倍压

109. 二极管半波整流时负载两端的直流电压等于(C)。

A. $0.72U_2$　　B. $\sqrt{2}U_2$　　C. $0.45U_2$　　D. $0.9U_2$

110. 在下列整流电路中，(A)整流电路输出的直流脉动最大。

A. 单相半波　　B. 单相全波

C. 单相桥式　　D. 三相桥式

111. 单相全波整流电路，一般使用(B)个二极管构成。

A. 1　　B. 2　　C. 3　　D. 4

112. 单相全波整流电路输出电压的平均值(B)。

A. $\frac{\sqrt{2}}{2}U_2$　　B. $0.9U_2$　　C. $\sqrt{2}U_2$　　D. $0.45U_2$

113. 单相倍压整流电路实用于(A)的场合。

A. 高电压小电流　　B. 高电压大电流

C. 低电压小电流　　D. 低电压大电流

114. 下述金属的电导率由大到小依次排列顺序是(C)。

A. 银、铜、铁、铝　　B. 银、铝、铜、铁

C. 银、铜、铝、铁　　D. 铁、铝、铜、银

115. 铜芯聚氯乙烯绝缘平行软线的型号为(B)。

A. RV　　B. RVB　　C. RVV　　D. RVVB

116. SF_6 气体是(A)。

A. 无色无味　B. 有色　C. 有味　D. 有色无味

117. $25^{\#}$变压器油中的 $25^{\#}$表示(B)。

A. 变压器油的闪点是 25℃　B. 变压器油的凝固点是-25℃

C. 变压器油的耐压是 25kV　D. 变压器油的相对密度是 25℃

118. 下列因素中，对变压器油的绝缘强度影响最大的是(A)。

A. 水分　B. 温度　C. 杂质　D. 相对密度

119. 电工绝缘材料极限工作温度为 150℃的耐热等级为(D)级。

A. A　B. E　C. B　D. F

120. 加速绝缘老化的主要原因是(C)。

A. 电压过高　B. 电流过大

C. 温度过高　D. 湿度过大

121. 如果绝缘材料中含有气泡时，在电压升高过程中，介质损耗角 $\tan\delta$ 会随电压升高而(A)。

A. 增大　B. 减小　C. 不变　D. 无关

122. 电线管常用于(C)场合敷设。

A. 潮湿、明敷　B. 潮湿、暗敷

C. 干燥、明敷　D. 干燥、暗敷

123. 按被测电工量分类，(D)常被用来测量负荷累计用电的大小。

A. 电流表　B. 功率表

C. 功率因数表　D. 电能表

124. 按使用条件分类，常用电工测量仪表有 A、B、C 三组类型，其中(A)组仪表适应于环境温度为 0~40℃，湿度为 85%条件范围内使用。

A. A　B. B　C. C　D. B 和 C

125. 常用电工仪表的接线端钮的符号中，与支架或底板相联接的端钮符号是(C)。

A. 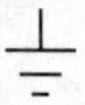　B. 　C. 　D. 

126. 指示仪表的组成中，(C)是核心部分。

A. 表壳　B. 测量线路

C. 测量机构　D. 接线端钮

127. 电工测量仪表在装设阻尼装置后，可使指针的摆动(D)。

A. 增大　B. 不变　C. 停止　D. 减小

128. 磁电系仪表测量机构的固定部分和可动部分由(C)组成。

A. 定圈和动圈　B. 定圈和铁片

C. 永久磁铁和动圈　D. 永久磁铁和铁片

129. 电磁系交流表指针偏转角与被测交流量的(A)平方成正比。

A. 有效值　B. 平均值　C. 最大值　D. 最小值

130. 电动系仪表的刻度特性(C)。

A. 是不均匀的

B. 是均匀的

C. 电流、电压表是不均匀的，功率表刻度基本上是均匀的

D. 电流、电压表是均匀的，功率表刻度是不均匀的

131. 铁磁电动系电流表由涡流产生的误差是(B)误差。

A. 涡流　　B. 磁滞　　C. 静电　　D. 频率

132. 交流电能表属于(B)仪表。

A. 热电系　　B. 感应系　　C. 电动系　　D. 磁电系

133. 数字式电工测量仪表测量机构的核心部件是(B)。

A. 数码显示器　　B. A/D 转换器

C. 输入电路　　D. 输出电路

134. 测量误差较大，在准确度要求不高的场合或直接测量有困难时经常采用的测量方法是(B)。

A. 直接测量法　　B. 间接测量法

C. 零值法　　D. 差值法

135. 以下的常用测量方法中，属于直接测量法的是(C)。

A. 电桥测电阻　　B. 伏安法测电阻

C. 欧姆表测电阻　　D. 不平衡电桥测电阻

136. 用指针式万用表测量直流电压时，被测电压的高电位端必须与万用表的(C)端钮联接。

A. 公共端　　B. "-"端　　C. "+"端　　D. "+"、"-"任一端

137. 使用兆欧表时，一般采用(B)后的读数为准。

A. 5min　　B. 1min　　C. 10s　　D. 20s

138. 被测量的电流是 0.45A 左右，为使测量结果更准确些，应选用(B)电流表。

A. 上量限为 5A 的 0.1 级　　B. 上量限为 0.5A 的 0.5 级

C. 上量限为 2A 的 0.2 级　　D. 上量限为 1.0A 的 0.5 级

139. 一电压表的内阻为 3kΩ，最大量程 3V，现把它改装成量程 15V 的电压表，应串联电阻的阻值是(B)kΩ。

A. 5　　B. 12　　C. 18　　D. 9

140. 若不知道被测电流的大小，使用钳形电流表可选择(A)，然后再根据读数逐次换切。

A. 最高挡位　　B. 最低挡位　　C. 中间挡位　　D. 任何挡位

141. 通常所说的一块 5A，220V 单相电能表，这里的 5A 是指电能表的(A)。

A. 标定电流　　B. 额定电流

C. 瞬时电流　　D. 最大额定电流

142. 以下关于功率表的测量接线图中，属于正确接线的是(A)。

A.

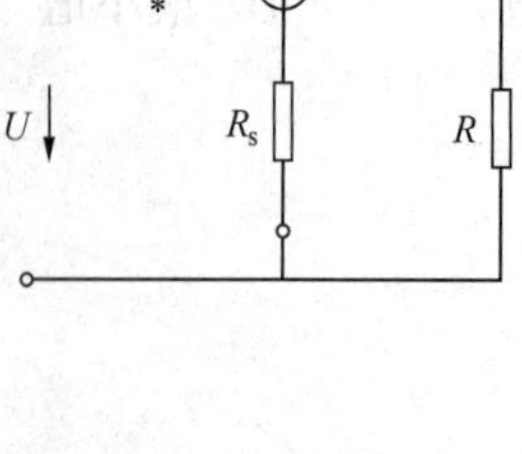

B.

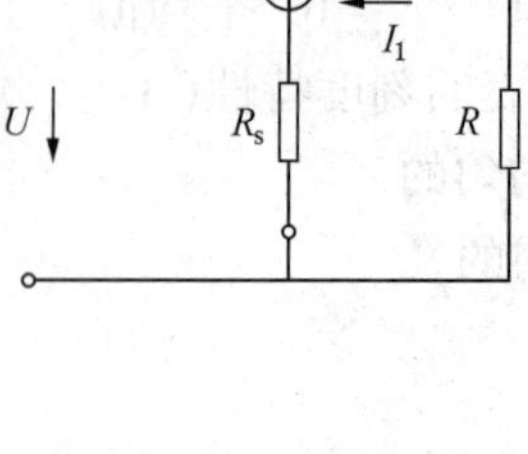

C. 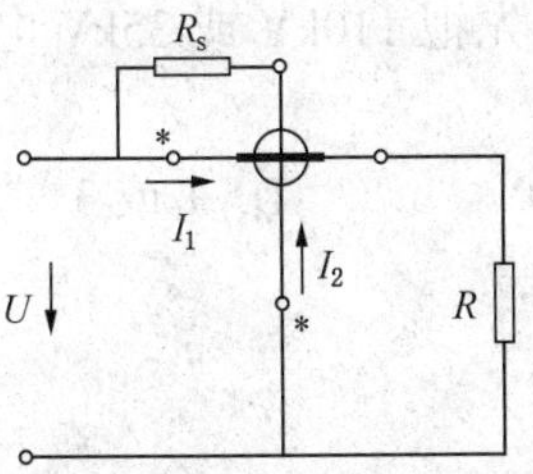

D. 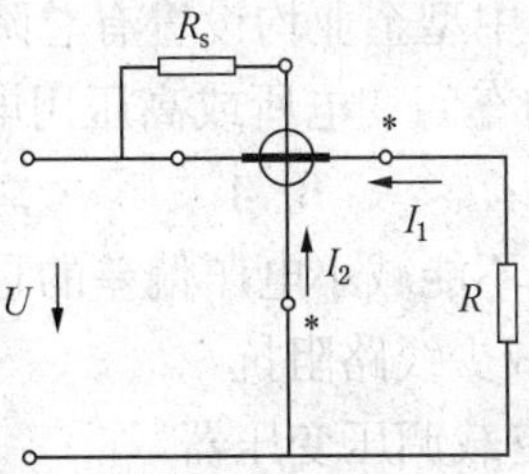

143. 功率因数表接线时，一般其电流回路经电流互感器接于 A 相，则其电压回路接于(B)。

A. B 相　　B. C 相　　C. A，C 相　　D. A 相和零线

144. 下列关于红外线测温仪的选择及使用的说法中，错误的是(D)。

A. 如果测温仪远离目标，而目标又小，就应选择高距离系数的测温仪

B. 当测温仪工作环境中存在易燃气体时，可选用本征安全型红外测温仪

C. 如果目标的运动速度很快或测量快速加热的目标时，要选用快速响应红外测温仪

D. 在定测量距离时，应确保目标直径小于受测的光点尺寸

145. 电力系统中的事故备用容量一般为最大发电负荷的(D)左右。

A. 2%~5%　　B. 3%~5%　　C. 4%~5%　　D. 5%~10%

146. 为了补偿线路运行时产生的压降，规定发电厂中的主要变压器的二次侧额定电压比电力线路的额定电压(C)。

A. 相等　　B. 高 5%　　C. 高 10%　　D. 低 5%

147. 输电线路在输送容量相同的情况下，线路电压降与输电距离(A)。

A. 成正比　　B. 成反比　　C. 无关　　D. 有关

148. 为把电能输送到远方，减少线路上的功率损耗和电压损失，主要采用(A)。

A. 变压器升压　　B. 增加线路截面减少电阻

C. 提高功率因数减少无功　　D. 增加有功

149. 电力系统的电力负荷指的是(C)。

A. 有功负荷　　B. 无功负荷

C. 有功负荷和无功负荷的矢量和　　D. 有功负荷和无功负荷的差

150. 谐波畸变率的允许值随电压等级的不同而不同，35kV 供电时为(B)。

A. 2%　　B. 3%　　C. 4%　　D. 5%

151. 地方性电力网指(C)。

A. 110kV 及以上 B. 10kV 及以上　　C. 110kV 以下　　D. 35kV 及以上

152. 衡量电能质量的三个主要技术指标是电压、频率和(A)。

A. 波形　　B. 电流　　C. 功率　　D. 负荷

153. 某 35kV 变电所，向较远的工厂供电，其变压器容量为 1000kVA，则其二次额定电压应为(C)kV。

A. 10　　B. 9.5　　C. 11　　D. 10.5

154. 中断供电将造成人身伤亡或造成重大政治、经济损失的负荷称为(A)。

A. 一级负荷　　B. 二级负荷

C. 三级负荷　　D. 二级负荷或三级负荷

155. 一般大、中型企业均设置有总降压变电所，首先把 110kV 或 35kV 电压降为(C)kV 电压，然后再向车间变电所或高压用电设备供电。

A. 0.4　　B. 1　　C. 6 或 10　　D. 1 或 3

156. 以下措施不能减小电压偏差的是(D)。

A. 合理减少线路阻抗

B. 采用有载调压变压器

C. 提高自然功率因数，合理进行无功补偿

D. 在线路上串联电抗器

157. 电力系统的频率与(D)有着密切的关系，当其平衡不能保持时，系统的频率也要发生变化。

A. 电流平衡　　B. 电压平衡

C. 无功功率平衡　　D. 有功功率平衡

158. 桥式主接线经常用于(B)系统中的变电所。

A. 6kV 以上　　B. 35kV 及以上　　C. 110kV 以上　　D. 35kV 以下

159. 对供电可靠性要求较高的Ⅰ类负荷车间，一般采用(C)网络供电。

A. 单回路放射式　　B. 单电源双回路放射式

C. 双电源双回路放射式　　D. 直接联接树干式

160. 表示电力负荷随时间变化情况的图形是(B)，其纵坐标表示负荷值，横坐标表示对应的时间。

A. 电压曲线　　B. 负荷曲线　　C. 负荷率　　D. 计算负荷

161. 负荷率越接近 1，表明设备的(B)。

A. 损耗大　　B. 利用程度好

C. 经济性能差　　D. 安全性好

162. 电力系统发生短路会引起(B)。

A. 电流增大，电压不变　　B. 电流增加，电压降低

C. 电压升高，电流增大　　D. 电压升高，电流减少

163. 计算电力系统短路时，短路冲击电流发生在短路后的(B)s。

A. 0　　B. 0.01　　C. 1　　D. 0.1

164. 以下高压开关设备在开合过程中产生电弧不属气体电弧是(B)。

A. 油断路器　　B. 真空断路器

C. SF_6 断路器　　D. 高压隔离开关

165. 高压断路器在正常运行中作用，说法正确的是(A)。

A. 可以关合短路电流　　B. 只能开断负荷电流

C. 只能开断短路电流　　D. 只能关合负荷电路

166. 高压断路器以下说法，按照灭弧介质分类的是(B)。

A. 户内式，户外式

B. 真空断路器、油断路器、SF_6 断路器

C. 手动式断路器、液压式断路器

D. 弹簧式断路器、液压弹簧式断路器

167. 高压隔离开关可拉开(B)的变压器。
A. 负荷电流 B. 空载电流不超过 2A
C. 空载电流不超过 15A D. 短路

168. 隔离开关的主要作用是(C)。
A. 断开电流 B. 拉合带正常负荷的线路
C. 隔断电源 D. 拉合母线

169. 以下高压隔离开关分类中按照闸刀运动方式分类的是(B)。
A. 单柱式、双柱式 B. 水平旋转式、垂直旋转式
C. 单极式、三极式 D. 手动式、电动式

170. 高压负荷开关分一般型和频繁型，以下形式属于频繁型分类的是(C)。
A. 产气式 B. 压气式 C. 真空式 D. 分类中没有频繁型

171. 关于产气式负荷开关灭弧说法正确的是(A)。
A. 开断时灭弧材料在电弧作用下气化产生局部压力来灭弧
B. 开断时利用汽缸的活塞运动作用下产生局部压力来灭弧
C. 开断时利用触头在真空中断开来灭弧
D. 关合时利用汽缸的活塞运动作用下产生局部压力来灭弧

172. 高压负荷开关不能（ B ）。
A. 切断线路的负载电流 B. 切断线路的短路电流
C. 切断变压器空载电流 D. 切断空载线路

173. 熔断器按动作性能分类的是(C)。
A. 有限流作用和无限流作用 B. 有填充料式和无填充料式
C. 固定式和自动跌落式 D. 户内式和户外式

174. 常规熔断器的最小开断电流一般为其额定电流的(C)。
A. 1~1.1 倍 B. 1.2~1.5 倍
C. 2.5~3 倍 D. 4.5~5 倍

175. 关于跌落式熔断器说法正确的是(B)。
A. 用于户内
B. 切断大的短路电流时会发出很大的响声
C. 熔断会造成较高的系统过电压
D. 熔断时会出现截流现象

176. DZ20 系列塑料外壳断路器，在选用中一般将(B)列为可选件。
A. 过电流脱扣器 B. 欠压脱扣器
C. 热脱扣器 D. 复式脱扣器

177. 以下低压断路器按照电源种类分类的是(A)。
A. 交流低压断路器、直流低压断路器 B. 万能式、装置式
C. 单极、三极 D. 选择型、非选择型

178. 自动空气断路器的保护装置基本配置一定有(A)。
A. 热脱扣和电磁脱扣 B. 失压脱扣
C. 分励脱扣 D. 报警接点

179. 低压断路器的过流脱扣器在电路中(A)时起作用。

A. 短路　　B. 过载

C. 低电压　　D. 远程操作

180. 刀开关按照灭弧机构分类的是(D)。

A. 单极、双极　　B. 杠杆操作式

C. 单投、双投　　D. 带灭弧罩、不带灭弧罩

181. HD13-400/31 型刀开关中的“D”代表(C)。

A. 单极　　B. 杠杆操作式

C. 单投　　D. 带灭弧罩

182. HD13 型刀开关在电路中使用，以下说法正确的是(C)。

A. 可以切断过负荷电流

B. 可以切断短路电流

C. 和熔断器配合可满足切断短路电流的功能

D. 既可切断负荷电流，也可切断短路电流

183. 低压熔断器按电流保护形式分类的是(B)。

A. 高分断能力型和低分断能力型　　B. 过流保护型和过热保护型

C. 慢速熔断器和快速熔断器　　D. 插片式和贴片式

184. 熔断器内填充石英砂，是为了 (A)。

A. 吸收电弧能量　　B. 提高绝缘强度

C. 密封防潮　　D. 隔热防潮

185. 熔断器是作为安全保护用的一种电器，只有当电动机发生负载(D)时，将自动切断电路。

A. 过载　　B. 短路　　C. 满载　　D. 过载或短路

186. 关于接触器的辅助触头，下列叙述正确的是(B)。

A. 不常使用　　B. 经常接在电动机控制回路中

C. 经常接在电动机主回路中　　D. 可以接在电动机主回路中

187. CJ10-100 接触器型号中的“J”代表(B)接触器。

A. 电磁式　　B. 交流　　C. 真空　　D. 直流

188. CJ10-100 接触器型号中的“100”代表(B)。

A. 控制线圈额定电流　　B. 主触头额定电流

C. 控制线圈额定工作电压　　D. 主触头相间电压

189. 触头系统是低压接触器的(B)。

A. 传动部分　　B. 执行部分

C. 灭弧部分　　D. 动力部分

190. 交流接触器长时间运行时，其主触点电流应按负荷电流的(B)倍来确定。

A. 0.8~0.9　　B. 1.3~1.4　　C. 2.0~2.1　　D. 2.3~2.4

191. DZ15L 系列漏电保护说法不正确的是(D)。

A. 达到漏电值时动作　　B. 具备短路保护功能

C. 具有过载保护功能　　D. 具有低电压保护功能

192. 关于热继电器在电路中的使用，下列叙述正确的是(C)。

A. 直接切断主回路　　B. 用作短路保护

C. 过载后，切断控制回路　　D. 用作电源过压保护

193. 双金属片式热继电器是利用双金属片受热的(B)来保护电气设备的。

A. 热电偶特性　　B. 弯曲特性

C. 电阻增大特性　　D. 电阻减小特性

194. 10kW 低压电动机，如果选用 3UA59 型热继电器，则整定电流应为(B)A 较为合适。

A. 15　　B. 20　　C. 30　　D. 40

195. 变压器不能使直流变压原因(A)。

A. 直流大小和方向不随时间变化　　B. 直流大小和方向随时间变化

C. 直流大小可变化而方向不变　　D. 直流大小不变而方向随时间变化

196. 如果忽略变压器的励磁电流，其一次、二次电流 I_1、I_2 和一次、二次绕组匝数 N_1、N_2 之间的关系为(C)。

A. $\frac{I_1}{I_2}=\frac{N_1}{N_2}$　　B. $\frac{I_1}{I_2}=\frac{N_1^2}{N_2^2}$

C. $\frac{I_1}{I_2}=\frac{N_2}{N_1}$　　D. $\frac{I_1}{I_2}=\frac{N_2^2}{N_1^2}$

197. 以下变压器叫法属按冷却方式分类的是(B)。

A. 三相变压器　　B. 干式变压器

C. 升压变压器　　D. 配电变压器

198. 下列型号中表示三相铜绕组固体成型电力变压器的是(C)。

A. SLJ-500/10　　B. S7-630/6　　C. SC-800/10　　D. S9-1250/6

199. 油浸式变压器呼吸器作用是(B)。

A. 清除变压器油中的杂质和水分

B. 清除吸入空气中的杂质和水分

C. 吸收和净化变压器匝间短路时产生的烟气

D. 清除变压器各种故障时产生的油烟

200. 自耦变压器特点是(C)。

A. 一二次绕组只有电联系　　B. 一二次绕组只有磁联系

C. 一二次绕组既有电联系又有磁联系　　D. 一二次绕组无电磁联系

201. 电力系统中，将大电流按比例变换为小电流的设备称为(D)。

A. 变压器　　B. 电抗器

C. 电压互感器　　D. 电流互感器

202. 型号 LFC-10/0.5-300 中的 10 是指电流互感器的(C)。

A. 原边额定电流　　B. 副边额定电流

C. 原边额定电压　　D. 额定功率

203. 电压互感器按照结构原理分类的是(C)。

A. 油绝缘式和浇注绝缘式　　B. 户内和户外型

C. 电磁式和电容式　　D. 双绕组和三绕组

204. JDZ6—10 型号中的数据 10 是指电压互感器的(B)。

A. 副边额定电流　　B. 原边额定电压

C. 额定容量　　D. 准确度等级

205. 低压成套配电装置在“MCC”概念中不包括(A)。

A. 电力变压器　　B. 接触器

C. 过负荷保护器　　D. 低压断路器

206. 石化生产装置中，低压成套配电装置中不能选用(B)。

A. 固定分割式　　B. BSL 式

C. 元器件插拔式　　D. 抽屉式

207. 以下关于电力线路叫法是按照结构特点分类的是(C)。

A. 输电线路和配电线路　　B. 低压线路和高压线路

C. 架空线路和电缆线路　　D. 交流线路和直流线路

208. 电缆型号及规格为 YJV-6/6kV-3×120mm^2，其中“YJV”代表(C)。

A. 铜芯聚氯乙烯绝缘电力电缆

B. 铜芯油浸纸绝缘电力电缆

C. 铜芯交联聚乙烯绝缘聚氯乙烯护套电力电缆

D. 铜芯橡皮绝缘电力电缆

209. 交联聚乙烯绝缘电力电缆的芯线保护绝缘层内外两侧各有一层半导电层，其作用(B)。

A. 消除电缆芯线的尖角电场　　B. 消除绝缘层的尖角电场

C. 减小泄漏电流　　D. 增加电缆绝缘电阻

210. 以下照明光源属于热辐射光源的是(C)。

A. 高压汞灯　　B. 日光灯　　C. 白炽灯　　D. 金属卤化物灯

211. 防水防尘灯属于(C)类型灯具。

A. 开启型　　B. 闭合型　　C. 密闭型　　D. 防爆型

212. 荧光灯与白炽灯比较，荧光灯优点是 (A)。

A. 发光效率高　　B. 显色指数高

C. 瞬时启动性　　D. 没有频闪

213. 如图所示为日光灯接线图，元件的名称标注正确的是(B)。

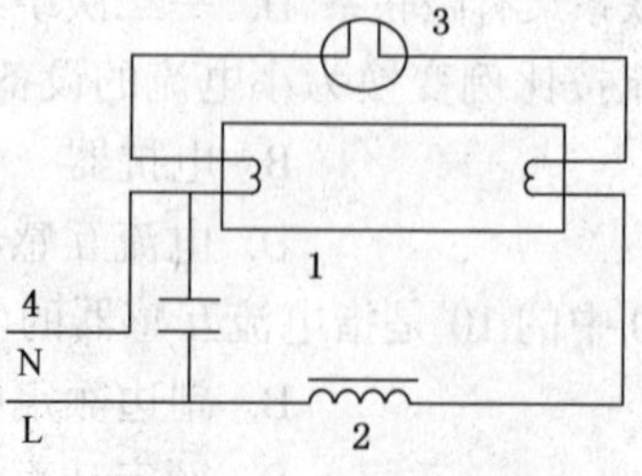

A. 1—灯管；2—起辉器；3—镇流器；4—交流电源

B. 1—灯管；2—镇流器；3—起辉器；4—交流电源

C. 1—交流电源；2—镇流器；3—起辉器；4—灯管

D. 1—镇流器；2—灯管；3—起辉器；4—交流电源

214. 开关频繁，需要调光的场所应首先选用(A)。

A. 白炽灯　B. 碘钨灯　C. 高压汞灯　D. 金属卤化物灯

215. 车间空气潮湿应首先选用(C)灯具。

A. 开启型　B. 闭合型　C. 密闭型　D. 隔爆型

216. YB-112S-6 电机型号中的“6”代表(C)。

A. 设计序号　B. 电机电压　C. 极数　D. 极对数

217. 在灰砂较多的场所，应选用(B)电动机。

A. 防护式　B. 封闭式　C. 开启式　D. 绕线式

218. 有一台进口的三相异步电动机额定频率为 60Hz，今接在频率为 50Hz 的电源上，则电动机的额定转速将(B)。

A. 有所提高　B. 有所降低

C. 基本保持不变　D. 不能使用

219. 异步电动机在正常运转中，其转子电流的频率(C)。

A. 大于定子电流频率　B. 等于定子电流频率

C. 小于定子电流频率　D. 等于零

220. 电容启动是(D)电动机常用的启动方法之一。

A. 他励　B. 自励　C. 同步　D. 单相异步

221. 单相电容启动异步电动机中的电容应(B)。

A. 并联在启动绕组两端　B. 串联在启动绕组

C. 并联在运行绕组两端　D. 串联在运行绕组

222. 某三相异步电动机的功率因数为 0.86，效率为 88%，额定电压为 380V，输出功率为 2.2kW，该电动机从电源取用(D)A 电流。

A. 2.6　B. 3.2　C. 4　D. 4.4

223. 电动机的效率为(B)。

A. 大于 1　B. 表示输出功率除以输入功率

C. 表示输入功率除以输出功率　D. 等于 1

224. 三相异步电动机的转差率 $S=1$ 时，则其转速为(A)(n_1—同步转速，n_e—额定转速)。

A. $n=0$　B. $n=n_1$　C. $n=n_e$　D. $0<n<n_e$

225. 盘柜上模拟母线的颜色标志“黄褐色”表示的电压等级是(B)kV。

A. 0.23　B. 0.4　C. 6　D. 10

226. 低压配电盘安装母线时，应做工频交流耐压试验，试验电压 1kV，当绝缘电阻大于(D)MΩ 时，可以用 2500V 兆欧表摇测代替。

A. 0.5　B. 1　C. 5　D. 10

227. 低压配电盘二次配线的线间、线对地的绝缘电阻的标准是不小于(C)MΩ。

A. 10　B. 5　C. 1　D. 0.5

228. 低压配电柜端子排安装时，电流回路必须经过(A)端子配出。

A. 试验　B. 电压　C. 普通　D. 熔断器

229. 盘柜配线，电子元件控制回路导线最小截面是(D)mm^2。

A. 2.5　　B. 1.5　　C. 1　　D. 0.5

230. 电力系统中发生下面(C)运行状态时，继电保护装置会使断路器跳闸。

A. 小电流系统的单相接地故障　　B. 变压器的过负荷

C. 大电流接地系统单相接地故障　　D. 电压互感器装置单相断线

231. 为了限制故障的扩大，减轻设备的损坏，提高系统供电的稳定性，要求继电保护装置具有(B)。

A. 灵敏性　　B. 快速性

C. 可靠性　　D. 选择性

232. 继电保护装置是由(D)组成的。

A. 测量部分　　B. 逻辑部分

C. 执行部分　　D. 测量部分、逻辑部分、执行部分

233. 继电保护装置按反映的物理量分为(D)。

A. 电磁型保护、整流型保护、微机型保护

B. 输电线保护、发电机保护、变压器保护

C. 主保护、后备保护、专用辅助保护

D. 电流保护、电压保护、差动保护、瓦斯保护、零序保护

234. 下面对低电压继电器的说法正确的是(C)。

A. 低电压继电器非动作状态是常闭接点闭合

B. 继电器的线圈匝数多而且导线粗

C. 低电压继电器动作时，常闭接点闭合

D. 低电压继电器的返回系数小于 1

235. 常被用来作为保护回路中的测量和启动元件是(C)继电器。

A. 时间　　B. 中间　　C. 电流　　D. 信号

236. 低压电动机的短路保护通常用(D)来实现。

A. 热继电器　　B. 真空接触器

C. 漏电继电器　　D. 空气开关或熔断器

237. 对于电流速断保护中说法正确的是(A)。

A. 实现的是保护的瞬动，只能保护线路的一部分

B. 只能作为线路中的主保护

C. 时间上要考虑与下一级线路的配合

D. 保护线路的长短与系统的运行方式无关

238. 定时限过流保护的时限级差一般为(C)s。

A. 0.1　　B. 0.2　　C. 0.5　　D. 1.0

239. 对反时限过流保护说法错误的是(B)。

A. GL 型感应式电流继电器是反时限继电器

B. 继电器误差小，上下级时限配合简单

C. 通常用于电动机保护

D. 保护接线比较简单

240. 采用三只电流互感器用于零序电流保护，其接线方式一般采用(C)。

A. 两相差接线　　B. 不完全星形接线

C. 三只电流互感器二次并联接线　　D. 三角形接线

241. 若变压器的高压套管侧发生相间短路，则(D)应动作跳闸。

A. 轻瓦斯保护　　B. 重瓦斯保护

C. 过流保护　　D. 电流速断保护

242. 对于6300kVA及以上容量并联运行的变压器，其内部绕组、绝缘套管及引出线上相间短路的主保护是(C)。

A. 重瓦斯保护　　B. 过流保护

C. 纵联差动　　D. 电流速断

243. 通常采用(A)作为变压器主保护的后备保护，保护一般安装在变压器的(A)侧。

A. 过电流，电源　　B. 过电流，负荷

C. 电流速断，电源　　D. 电流速断，负荷

244. 装有远距离测温装置的变压器的最小容量应为(D)kV · A及以上。

A. 1000　　B. 2000　　C. 6300　　D. 8000

245. 继电器进行定期绝缘检查时，一般不需要对单个继电器作绝缘检查，而是对全部保护接线回路用1000V兆欧表测定绝缘电阻，其值不应小于(A)MΩ。

A. 1　　B. 5　　C. 10　　D. 20

246. 继电器进行动作值试验时，整定点动作值的测量应重复(B)次，每次测量值的误差都不应超出所规定的误差范围。

A. 2　　B. 3　　C. 4　　D. 5

247. 直流小母线和控制屏的电压小母线在断开所有其他联接支路时，应不小于(C)MΩ。

A. 1　　B. 5　　C. 10　　D. 50

248. 操作电源应保证在正常情况下和事故情况下不间断供电，当电网发生故障时，能保证(A)可靠动作。

A. 继电保护和断路器　　B. 一次设备

C. 二次设备　　D. 遥控装置

249. 直流屏上合闸馈线的熔断器熔体的额定电流应比断路器合闸回路熔断器熔体的额定电流大(B)级。

A. 1~2　　B. 2~3　　C. 3~4　　D. 4~6

250. 直流母线排列顺序(从设备前正视)是(B)。

A. 正负由外向内　　B. 正负由内向外

C. 由设计人员决定　　D. 顺序没有规定，由颜色来加以区别

251. 目前，一般35kV以下工厂变电所的操作电源广泛应用 (D)操作电源。

A. 蓄电池直流　　B. 高频开关整流

C. 交流　　D. 装设补偿电容器的硅整流或复式整流

252. 当电气设备发生故障和不正常运行方式时，(B)能及时地通知运行人员判断和处理。

A. 控制回路装置　　B. 信号回路装置

C. 测量回路装置　　D. 继电保护装置

253. 信号装置的重复动作是利用(D)继电器来实现的。

A. 时间　　B. 电压　　C. 电流　　D. 冲击

254. 断路器的跳合闸回路是按(B)通电设计的，操作完成后，应迅速切断合、跳闸回路，以免烧坏合、跳闸线圈，因此常将断路器的辅助触点的(B)接点串入合闸回路，常开接点串入跳闸回路。

A. 短时，常开　　B. 短时，常闭

C. 长时间，常闭　　D. 长时间，常开

255. 当断路器的控制开关SA装于主控室的控制屏上时，断路器即能在远方由控制开关SA进行(C)合闸和跳闸，又能在自动装置和继电保护作用下进行(C)合闸与跳闸。

A. 手动，手动　　B. 自动，手动

C. 手动，自动　　D. 自动，自动

256. 以下所列的电器设备中属于二次设备的是(D)。

A. 电力变压器　　B. 断路器

C. 电力电缆　　D. 自动重合闸装置

257. 二次回路中，(B)是由各种测量仪表及其相关回路组成的。其作用是指示或记录一次设备的运行参数。

A. 调节回路　　B. 测量回路

C. 控制回路　　D. 信号回路

258. 通常将(C)划分为二次回路，其作用是向其他二次回路提供工作电源。

A. 调节回路　　B. 信号回路

C. 操作电源系统　　D. 控制回路

259. 交流回路的标号一般采用三位数，前面还应加注文字符号。交流电流回路数字标号范围是(A)。

A. 400~599　　B. 600~799　　C. 01~099　　D. 1~599

260. 二次控制回路标号原则中，数字标号一般按熔断器所属的回路进行分组，每100个数为一组，(B)表示正极性回路，(B)表示负极性回路。

A. 偶数，奇数　　B. 奇数，偶数

C. 奇数，奇数　　D. 偶数，偶数

261. 二次信号回路标号范围为(C)。

A. 400~599　　B. 600~799　　C. 701~999　　D. 880~899

262. 二次原理图中，电流继电器常用以下(B)文字符号表示。

A. kV　　B. kA　　C. kI　　D. kW

263. 继电保护技术发展历史过程中，(B)可称为第四代产品。

A. 电磁型继电保护

B. 计算机型(微机型)继电保护

C. 晶体管型(又称半导体型或分立元件型)继电保护

D. 集成电路型继电保护

264. 利用微机保护装置的(D)特点，可以对故障发生时的全部暂态现象进行故障录波

和记录，通过计算机网络、通信系统实现与厂站监控交换信息。

A. 可靠性高　　B. 灵活性强

C. 调试维护工作量小　　D. 扩充其他辅助功能方便

265. 微机保护系统的模拟量输入是经过(B)转换为数字量的。

A. 调制解调器　　B. A/D 转换器

C. D/D 转换器　　D. D/A 转换器

266. 变电站综合自动化系统可以利用软件实现在线自检，具有故障诊断功能。这主要体现了变电站综合自动化(A)的优越性。

A. 在线运行可靠性高　　B. 供电质量高

C. 减少控制电缆，缩小占地面积　　D. 维护调试方便

267. 变电站实现综合自动化后，操作人员可以通过计算机上的 CRT 显示器，来监视全变电站的实时运行情况和对各开关设备的操作控制，这充分体现了变电站综合自动化的(C)基本特征。

A. 功能综合化　　B. 结构分布、分层化

C. 操作监视屏幕化　　D. 运行管理智能化

268. 目前，变电站综合自动化系统的内容一般不包括下面所述(C)的监视信息。

A. 模拟量、开关量、脉冲量等电气量的采集

B. 电器设备(如断路器等)运行状态监视、控制

C. 高压电气设备本身的绝缘状态

D. 自动装置和继电保护动作

269. 电力变压器应定期进行外部检查，有人值班的，至少每(B)检查一次。

A. 2 小时　　B. 1 班　　C. 1 天　　D. 1 星期

270. 变压器上层油温要比中、下层油温(B)。

A. 低　　B. 高　　C. 不变　　D. 相等

271. 电气设备现场巡视检查时间为 6 时、10 时、14 时、20 时、24 时，其中(B)为闭灯巡视。

A. 6 时　　B. 20 时　　C. 24 时　　D. 随意

272. 变压器带(A)负荷时电压最高。

A. 容性　　B. 感性　　C. 阻性　　D. 线性

273. 油浸电力变压器的呼吸器硅胶的潮解不应超过(B)。

A. 2/3　　B. 1/2　　C. 1/3　　D. 1/4

274. 一般变压器的最高效率大致出现在负荷率为(A)的时候。

A. 0.5~0.6　　B. 0.8　　C. 0.9　　D. 1.0

275. 变压器过负荷时，应(C)变压器。

A. 立即停运　　B. 运行 2h

C. 密切监察　　D. 继续运行

276. 干式变压器的过负荷能力与变压器的(D)有关。

A. 额定电压　　B. 额定电流

C. 负荷性质　　D. 绝缘散热情况

277. 加速绝缘老化的主要原因是(C)。
A. 加在绝缘材料上的电压过高　B. 使用的电流过大
C. 绝缘温度过高　D. 频繁冲击

278. 强迫油循环风冷变压器冷却装置投入的数量应根据变压器(A)来决定。
A. 温度、负荷情况　B. 过电压情况
C. 额定容量　D. 运行时间

279. 变压器正常运行时，也会不断发出(C)响声。
A. 吱吱　B. 间断嗡嗡　C. 连续嗡嗡　D. 噼啪

280. 变压器的最高运行温度受(A)耐热能力的限制。
A. 绝缘材料　B. 绕组　C. 油类　D. 铁芯

281. 电力变压器 A 级绝缘绕组最高允许温度为(B)℃。
A. 115　B. 105　C. 75　D. 80

282. 绝缘油的老化主要与(C)有关。
A. 水分　B. 杂质
C. 运行温度升高　D. 油中氢气偏高

283. 新装投运的断路器在投运后(A)h 内每小时巡视一次。
A. 3　B. 6　C. 8　D. 24

284. 断路器大修后应进行(B)。
A. 正常巡视　B. 特巡　C. 加强巡视　D. 一般巡视

285. 巡检电气设备时，人体与带电导体之间的距离，对于 35kV 及以下为(C)m。
A. 0.6　B. 0.8　C. 1.0　D. 1.2

286. 三相交流电 A 相母线绝缘漆涂为(C)色。
A. 红　B. 绿　C. 黄　D. 红或黄

287. 高压隔离开关在运行中，若发现绝缘子表面严重放电或绝缘子破裂，应(D)。
A. 加强巡检，继续运行
B. 等待处理
C. 密切观察
D. 立即联系，设法将高压隔离开关退出运行

288. 断路器操作把手在(C)位置时红灯闪光。
A. 合闸　B. 分闸　C. 预备分闸　D. 预备合闸

289. 电流互感器额定二次电流一般为(B)A。
A. 2　B. 5　C. 10　D. 15

290. 互感器呼吸器中的硅胶受潮后应变成(B)。
A. 白色　B. 粉红色　C. 蓝色　D. 黄色

291. 当电流互感器发生(B)故障时，应报告领导并切断电源。
A. 电流互感器微热　B. 内部发出异味、冒烟、着火
C. 接线端子松动　D. 电流表指示偏低

292. 电流互感器(C)，会引起铁芯发热。
A. 绝缘不良　B. 一次断线　C. 二次开路　D. 二次短路

293. 为保证电缆有足够的绝缘强度，要求正常运行中的电缆必须在不超过额定电压(C)的情况下运行。

A. 5%　　B. 10%　　C. 15%　　D. 20%

294. 相同截面的两根导线并接后的载流量(C)一根导线载流量的 2 倍。

A. 等于　　B. 大于　　C. 小于　　D. 接近于

295. 多根电缆并列运行，要检查(B)和电缆外皮的温度情况，防止因某个接线端子接触不良引起电缆过负荷。

A. 电源电压　　B. 电流分配　　C. 总电流　　D. 功率因数

296. 架空线路发生故障跳闸后，如开关的断流容量允许，(B)试合一次。

A. 不可以　　B. 可以

C. 必须经过巡线检查后　　D. 一般不可

297. 断路器的“冷备用”状态是指(A)。

A. 刀闸在“断”位，开关在“断”位

B. 刀闸在“合”位，开关在“断”位

C. 刀闸在“断”位，开关在“断”位，已挂接地线

D. 刀闸在“合”位，开关在“合”位

298. 操作转换开关用术语是(D)。

A. 投入、退出　　B. 拉开、合上

C. 取下、给上　　D. 切至

299. 操作断路器用术语是(B)。

A. 投入、退出　　B. 拉开、合上

C. 取下、给上　　D. 断开、给上

300. 倒闸操作时，监护人唱票，操作人手指设备名称、编号，复诵核对无误后，监护人发出(B)的执行命令，操作人方可解锁操作。

A. 对，可以执行　　B. 对，可以操作

C. 对，可以干　　D. 对，你干吧

301. 在环境温度 30℃时启动电动机，运行后测得电动机绕组温度为 100℃，则电动机的温升是(B)℃。

A. 100　　B. 70　　C. 30　　D. 50

302. 鼠笼式电动机应避免频繁启动。电动机在冷态情况下，空载连续启动次数不得超过(A)次。

A. 2　　B. 3　　C. 4　　D. 5

303. 三相异步电动机，其滚动轴承允许的最高温度为(C)℃。

A. 80　　B. 90　　C. 100　　D. 110

304. 接法的三相异步电动机的定子绕组有一相开路时，电动机转速降低，其容量降为原来的(B)。

A. 1/2　　B. 1/3　　C. 1/4　　D. 1/5

305. 在刀开关、熔断器、接触器、热继电器、电动机接线的主回路中，电动机送电步骤是(B)。

A. 先给上控制保险，再合入刀闸，最后给上熔断器
B. 先给上熔断器，再合入刀闸，最后给上控制保险
C. 先给上控制保险，再给上熔断器，最后合入刀闸
D. 先合入刀闸，再给上熔断器，最后给上控制保险

306. 在三相交流异步电动机接线中，任意对调(B)电源接线即可改变电动机的旋转方向。
A. 一相　B. 二相　C. 三相　D. L-N

307. 380V 的三相异步机的绝缘电阻最低允许值为(A)MΩ。
A. 0.5　B. 1　C. 2　D. 10

308. Y 接法的三相异步电动机，在空载运行时，若定子一相绕组突然断路，则电机(C)。
A. 有可能停止运行　B. 停止运行
C. 继续运行　D. 转速减慢

309. 电动机的“抱轴”故障多是由于(C)所致。
A. 绕组绝缘下降　B. 电机扫膛
C. 轴承碎裂　D. 单相运转

310. 一台异步电动机连续工作时，其保险丝的额定电流按(B)选择。
A. 电机的额定电流　B. 额定电流的 2.3~3.2 倍
C. 启动电流　D. 最大电流

311. 对正常运行虽有影响，但尚能坚持不需要马上停电处理者为(A)。
A. 一般缺陷　B. 三类缺陷
C. 异常现象　D. 二类缺陷

312. 手车式断路器隔离插头检修后，其接触面(A)。
A. 应涂电力复合脂　B. 应涂润滑油
C. 应涂润滑脂　D. 不涂任何物质

313. 配线过程中当需要把铜导线和铝导线压接在一起时，必须采用(C)。
A. 铜联接管　B. 铝联接管
C. 铜铝联接管　D. 铜焊接管

314. 利用干电池和万用表的(D)，可判别三相异步电动机定子绕组首、尾端。
A. 电压挡　B. 电阻挡　C. 安培挡　D. 毫安挡或微安挡

315. 用兆欧表摇测电动机绝缘时，应以(C)r/min 左右的转速摇动手柄。
A. 60　B. 90　C. 120　D. 150

316. 增安型电动机检修后，各部结合面要均匀地抹上一层(C)。
A. 润滑油　B. 防锈油　C. 密封胶　D. 电力复合脂

317. 属于电动机小修项目的是(C)。
A. 检查鼠笼有无断条、断环　B. 检查电机转动部分，补充轴承油
C. 清除电机外部灰尘、油垢　D. 更换电动机轴承

318. 2 极低压电动机的轴承润滑脂，应添满轴承室容积的(A)左右。
A. 1/2　B. 2/3　C. 3/4　D. 全部

319. 绝缘电阻是指加于试品上的直流电压与流过被试品的(B)之比。

A. 电容电流　B. 泄漏电流　C. 吸收电流　D. 接地电流

320. 吸收比是指摇测设备绝缘时，60s 时的绝缘电阻与(B)s 时的绝缘电阻值之比。

A. 10　B. 15　C. 20　D. 30

321. 大型同步发电机和电力变压器绕组绝缘受潮后，其极化指数(B)。

A. 变大　B. 变小　C. 不变　D. 不稳定

322. 为克服测量吸收比可能产生的误判断，常采用对吸收比小于(C)的试品测量其极化指数的方法来判断绝缘优劣。

A. 1.1　B. 1.2　C. 1.3　D. 1.4

323. 测 3kV 以下交流电动机的绕组绝缘电阻，宜采用（ B ）V 兆欧表。

A. 250　B. 1000　C. 2500　D. 5000

324. 油断路器中绝缘油的作用有(D)。

A. 绝缘　B. 散热　C. 润滑　D. 灭弧和绝缘

325. 绝缘油中用量最大、用途最广的是(C)。

A. 植物油　B. 合成油　C. 矿物油　D. 动物油

326. 绝缘油在电弧作用下产生的气体大部分是(B)。

A. 甲烷、乙烯　B. 氢、乙炔　C. 一氧化碳　D. 二氧化碳

327. TN－S 和 TN－C－S 供电系统中，施工用电动机械设备，应采用的保护措施为(C)。

A. 重复接地　B. 保护接零　C. 专用保护(PE)线　D. 工作接地

328. 用手触摸变压器的外壳时，如有麻电感，可能是(B)。

A. 线路接地引起　B. 外壳接地不良

C. 过负荷引起　D. 铁芯接地不良

329. 防雷保护装置的接地属于(A)。

A. 工作接地　B. 保护接地　C. 防雷接地　D. 保护接零

330. 以下生产机械转矩与转速的平方成正比的是(C)。

A. 起重机　B. 离心式空气压缩机

C. 水泵　D. 车床

331. 电动机的最大转矩小于或等于负载转矩时其(D)。

A. 转速上升一些　B. 转速不变

C. 转速下降一些　D. 转速下降至零

332. 电动机的最大转矩 T_M 与额定转矩 T_N 之比称为(B)。

A. 短路比　B. 过载系数

C. 安全系数　D. 可靠系数

333. 异步电动机在启动过程中，使电动机转子转动并能加速达到额定转速的条件之一是(B)。

A. 电磁力矩等于阻力矩　B. 电磁力矩大于阻力矩

C. 电磁力矩小于阻力矩　D. 电磁力矩不等于阻力矩

334. 一台四极绕线式异步电动机铭牌参数为：$n_N = 1470\text{r/min}$，$K_m = 2.4$，则临界转差率

为(A)。

A. 9.6%　　B. 8.4%　　C. 5.3%　　D. 3%

335. 在绕线式异步电动机转子启动回路中，串入电阻目的是(A)。

A. 为了改善电动机的启动特性　　B. 为了调整电动机转子的频率

C. 为了正常运行时减小工作电流　　D. 为了减小启动电压

336. 三相鼠笼式电动机降压启动主要是为了(A)。

A. 限制启动电流　　B. 增加启动转矩

C. 节约电能　　D. 延长电动机寿命

337. 绕线式异步电动机启动方式时，转子串电阻后会使(B)。

A. 启动电流不变，启动转矩增加　　B. 启动电流减小，启动转矩增加

C. 启动电流和启动转矩均增加　　D. 启动电流和启动转矩均减小

338. 规定为三角形接线的电动机而误接成星形，投入运行后(C)明显增大。

A. 启动电流　　B. 运行频率

C. 运行电流　　D. 三相不平衡电流

339. 三相鼠笼式异步电动机 Y 接法，A，B 两相定子绕组烧毁变黑，C 相绕组正常，其原因是(C)。

A. 过载　　B. C 相电源断路

C. AB 两相间短路　　D. A 相电源断路

340. 双速异步电动机，在 Δ 形接线下开始低速运行，当定子绕组接成 (C)形接线时便开始高速启动运行。

A. Δ　　B. Y　　C. YY　　D. Δ 或 YY

341. 10kV 及其以下户内设备用绝缘棒绝缘部分的最小长度为(D)m。

A. 0.4　　B. 0.5　　C. 0.6　　D. 0.7

342. 属于基本安全用具的是(B)。

A. 绝缘手套　　B. 高压验电器

C. 临时遮栏　　D. 携带型接地线

343. 绝缘台是一种用在任何电压等级的电力装置中作为带电工作时的(B)。

A. 基本安全用具　　B. 辅助安全用具

C. 一般防护安全用具　　D. 特殊安全用具

344. 绝缘手套和绝缘靴(C)检查有否破、漏现象。

A. 使用后应　　B. 使用中应

C. 使用前应　　D. 不必

345. 高压设备及线路拉、合闸与上、落熔断器时，操作人应(C)。

A. 穿绝缘靴、戴干燥线手套

B. 穿绝缘靴并使用合格专用工具

C. 穿绝缘鞋、戴绝缘手套并使用合格专用工具

D. 穿绝缘鞋、戴干燥线手套并使用合格专用工具

346. 绝缘棒用完应擦拭干净，(B)放在干燥的支架上。

A. 靠墙　　B. 垂直　　C. 水平　　D. 随意

347. 在光滑、坚硬的地面上使用梯子，梯脚应加垫(C)。
A. 砖头　B. 石块　C. 胶套或胶垫　D. 其他硬物
348. 携带型接地线应为(D)，其截面不小于 25mm²。
A. 裸铜线　B. 橡套软线
C. 塑套软线　D. 柔软裸铜线
349. 使用高压验电器检测线路或设备时，应(B)靠近被试线路或设备。
A. 直接　B. 逐渐　C. 快速　D. 间接
350. 低压验电器只能在电压为(C)V 范围内使用。
A. 0~50　B. 50~100　C. 100~500　D. 500~1000
351. 重复接地的接地电阻要求(C)Ω。
A. ≤0.5　B. ≤4　C. ≤10　D. ≤30
352. 高压设备发生接地时，室内不得接近故障点(C)m 以内。
A. 6　B. 8　C. 4　D. 5
353. 一般情况下距离接地体(B)，跨步电压可视为零。
A. 10m 以外　B. 20m 以外　C. 30m　D. 40m
354. 检查高压设备接地故障时，室外不得接近故障点(D)m 以内。
A. 5　B. 6　C. 4　D. 8
355. 选用漏电保护器动作的时间，在一般情况下，不应大于(D)s。
A. 1　B. 0.5　C. 0.3　D. 0.1
356. 触电电流达到(A)mA 以上就会引起心室颤动，有生命危险。
A. 50　B. 60　C. 30　D. 40
357. 被电击的人能否获救，关键在于(C)。
A. 触电的形式　B. 触电电压的高低
C. 能否尽快脱离电源和施行紧急救护　D. 触电时间长短
358. 口对口人工呼吸时，先连续大口吹气两次，每次(D)s。
A. 1~2　B. 2~3　C. 1.5~2.5　D. 1~1.5
359. 当发现有人触电时，首要工作是(C)。
A. 迅速通知医院　B. 迅速做人工呼吸
C. 迅速脱离电源　D. 迅速报警
360. 通畅气道、人工呼吸和(B)，是心肺复苏支持生命的三项基本措施。
A. 立位胸部猛压　B. 胸外心脏按压
C. 膈下腹部猛压　D. 俯卧压背法
361. 单相三孔插座，保护接地、零线、相线分别在(D)孔。
A. 右、上、左　B. 上、右、左　C. 左、上、右　D. 上、左、右
362. 保证安全的组织措施的内容是(A)。
A. 工作票制度、工作许可制度、工作监护制度、工作间断与终结制度
B. 工作票制度、工作许可制度、封挂地线
C. 工作监护制度、工作间断与终结制度、验电、断路器
D. 工作许可制度、工作监护制度、悬挂标示牌

363. 对要停电的设备和线路要断开(C)，而且要有明显断开点。

A. 熔断器　　B. 隔离开关

C. 所有的电源开关　　D. 断路器

364. 工作人员在控制盘和低压配电盘、配电箱、电源干线上工作，须填用(B)。

A. 第一种工作票　　B. 第二种工作票

C. 倒闸操作票　　D. 临时用电票

365. 工作票由(C)提前填写，经主管部门审批后方可依次办理停电。

A. 操作人　　B. 班长　　C. 工作负责人　　D. 监护人

366. 工作负责人可以(C)。

A. 签发工作票　　B. 代理签发工作票

C. 填写工作票，但不能签发　　D. 不能填写工作票

367. 对已停电的设备及线路，在完成现场安全技术措施后，工作负责人应进行(C)，无误后方准开始检修工作。

A. 一般检查　　B. 分配工作　　C. 全面检查　　D. 布置任务

368. 工作监护人的职责是(D)。

A. 应向工作人员交代带电部位

B. 办理工作票

C. 承担部分检修工作

D. 对工作班人员的安全进行认真监护，及时纠正违反安全的行动

369. 挂接地线要先挂(B)。

A. 边相，后装中相　　B. 接地端，后挂导体端

C. 导体端，后挂接地端　　D. 随意挂

370. 电气设备检修工作人员，其正常活动范围与带电设备的安全距离，对于 35kV 电压等级为(C)m。

A. 1.2　　B. 0.8　　C. 0.6　　D. 0.4

371. 悬挂标示牌和装设遮栏，目的是(C)。

A. 防止动物进入

B. 防止人进入

C. 提醒有关人员及时纠正将要进行的错误操作与做法

D. 防设备损坏

372. 更换高压熔断器时应戴(C)。

A. 线手套　　B. 手套　　C. 绝缘手套　　D. 医用手套

373. 架设临时电源或安装移动式电气设备，为保证人身安全必须装(C)。

A. 刀开关　　B. 断路器　　C. 漏电保护器　　D. 隔离开关

374. 手持式电动工具标有“回”字符号的属于(B)。

A. Ⅰ类　　B. Ⅱ类　　C. Ⅲ类　　D. Ⅱ类和Ⅲ类

375. 爆炸和火灾环境危险区域的分区中，0 区是指(A)。

A. 连续出现或长期出现爆炸性气体混合物的环境

B. 在正常运行时可能出现爆炸性气体混合物的环境

C. 在正常运行时不可能出现爆炸性气体混合物的环境

D. 在正常运行时，仅是短时存在的爆炸性气体混合物的环境

376. 按适用于爆炸性气体混合物分级，属于 B 级的是(A)。

A. 乙烯　　B. 石脑油　　C. 柴油　　D. 水煤气

377. 爆炸性粉尘环境的分区中，10 区是指(A)。

A. 连续出现或长期出现爆炸性粉尘的环境

B. 有时会将积留下的粉尘扬起而偶然出现爆炸性粉尘混合物的环境

C. 一般不会出现爆炸性粉尘的环境

D. 在事故情况下才存在的爆炸性气体混合物的环境

378. 10kV 及以下架空线路，严禁跨越火灾危险环境，架空线路与火灾危险环境的水平距离不应小于杆塔高度的(B)。

A. 1.0 倍　　B. 1.5 倍　　C. 2.0 倍　　D. 2.5 倍

379. 电气开关和正常运行产生火花或外壳表面温度较高的电气设备，应远离可燃物质的存放地点，其最小距离不应小于(C)m。

A. 1　　B. 2　　C. 3　　D. 4

380. 爆炸危险区域内的钢管配线，钢管之间、钢管与钢管附件、钢管与电气设备引入装置的联接，应采用螺纹联接，其有效啮合扣数应不少于(C)。

A. 4 扣　　B. 5 扣　　C. 6 扣　　D. 8 扣

381. 正常运行条件下，不会产生点燃爆炸性混合物的火花或危险温度，并在结构上采取措施，提高其安全程度，以避免在正常和规定过载条件下出现点燃现象的电气设备，称为(A)。

A. 增安型　　B. 密闭型　　C. 正压型　　D. 隔爆型

382. 灌注易燃液体、闪点低于或等于场所环境温度的可燃性液体的注送站，其厂房内部空间，以及开敞面外水平距离(A)m，垂直高度 3m 以内的空间为 1 区。

A. 15　　B. 12　　C. 10　　D. 8

383. 隔爆型电气设备的最高表面温度是指外壳表面温度，对其余各防爆类型是指(B)温度。

A. 设备内部　　B. 可能与爆炸性混合物接触的表面

C. 绕组线圈　　D. 导磁铁芯

三、技能操作鉴定要素细目表

鉴定范围						鉴定点	
一级		二级		三级		代码	名称
代码	名称	代码	名称	代码	名称		
A	技能要求	A	设计安装调试	A	电工基本操作	001	剥导线绝缘并弯环
						002	聚氯乙烯绝缘护套线配电线路的安装
						003	PVC 线槽配电线路的安装
						004	导线的联接与绝缘的恢复

续表

鉴定范围						鉴定点	
一级		二级		三级		代码	名称
代码	名称	代码	名称	代码	名称		
						005	日光灯具的组装
						006	多芯铝导线的联接与绝缘恢复
				B	配电盘制作调试	001	依据电气原理图，制作带电流互感器的单相电度表配电盘
				C	电动机控制线路的安装调试	001	制作具有过载保护接触器自锁电动机单转向控制盘
				D	电子电路安装调试	001	判别三极管的类型与极性
						002	在面包板(实验板)上装接单相全波整流滤波电路
		B	运行维护与事故处理	A	设备巡视与检查	001	SFS-31500/100 电力变压器正常巡视与检查
						002	高压少油断路器的巡视与检查
						003	高压手车式开关柜的巡视与检查
						004	高压真空断路器的巡视与检查
				B	变配电系统故障处理	001	单相电度表电压、电流接线回路故障处理(不带互感器)
						002	电流互感器二次回路故障的判断和处理
						003	6kV 架空线路短路故障处理
						004	DW_8-35 型断路器控制回路故障处理
						005	6kV 变压器柜电流测量回路故障的判断与处理
						006	抽屉式低压成套柜配出间隔故障处理
						007	6kV 电压互感器柜二次熔断器熔断故障的判断与处理
						008	6kV 馈出线柜保护动作后的操作与处理
						009	6kV 馈出线柜零序保护动作后的操作与处理
						010	低压电动机控制柜跳闸事故的处理
				C	倒闸操作票填写与执行	001	低压电动机由运行转检修
						002	单电源 10kV 变压器由运行转检修操作
						003	固定高压开关柜馈出线路由检修转运行
				D	电动机故障处理	001	三相交流异步电动机反转故障的分析和处理
						002	根据给定的工作电压判断电动机接线端子联接的正确性
		C	电气检修	A	变配电设备检修	001	填写单电源 10kV 变压器检修工作票
						002	填写 380V 交流接触器故障检修工作票
						003	CD_{10}电磁操动机构合闸时出现“跳跃”机械故障的检修
						004	成套高压柜断路器红、绿指示灯发光不正常故障的检修

续表

鉴定范围						鉴定点	
一级		二级		三级		代码	名称
代码	名称	代码	名称	代码	名称		
						005	JYN_2-10高压柜的手车“工作位”位置开关动作不正常的故障检修
				C	低压电动机及控制回路检修	001	电动机的拆装和轴承清洗
						002	电动机引出线首尾端测试与判断
		D	电气试验	A	试验仪器仪表的使用	001	变压器一、二次绕组绝缘测试
						002	380V交流电动机绕组绝缘测试
						003	高压电力电缆吸收比测试
		E	电工测量仪器仪表及安全用具	A	电工测量仪表使用	001	用指针式万用表测交、直流电压、电流及电阻值
						002	用兆欧表测量高压电缆绝缘电阻
						003	用钳形表测量低压馈出回路的三相电流值
						004	用万用表简单判断电解电容器的容量
				C	安全用具使用	001	高压验电器验电操作
		F	电气绘图与计算	A	变配电	001	画出日光灯接线原理图
						002	画出电流互感器V形接线原理图
						003	画出带电流互感器三相两元件有功电度表原理接线图
						004	画出馈出线路零序保护原理图
						005	画出固定式高压开关柜6kV单母线分段一次主接线图
				C	电子电路	001	画出单相全波整流电路图

四、技能操作试题

试题1：聚氯乙烯绝缘护套线配电线路的安装

（考核时间：10min）

序号	考核内容	考核要点	配分	评分标准	检测结果	扣分	得分	备注
1	准备工作	穿戴劳保用品	5	未穿戴整齐扣5分				
2	操作程序	定位划线	5	不定位划线，扣5分				
			20	划线不能横平竖直，每处扣2分				
3		固定轧片	30	钢精轧片位置不符合工艺要求，每处扣2分				
				钢精轧片固定歪斜，每处扣3分				
4		敷设、固定导线	35	导线敷设较松或凸起，每处扣5分				

续表

序号	考核内容	考核要点	配分	评分标准	检测结果	扣分	得分	备注
				钢精轧片固定太松或太紧造成伤线，每处扣5分				
				拐角半径不符合要求，每处扣10分				
				拐弯轧头大于100mm，每处扣5分				
5	使用工具	正确使用工具	3	工具使用不正确扣3分				
		正确维护工具	2	工具乱摆乱放扣2分				
6	安全及其他	按《电力安全工作规程》操作		违规一次从总分中扣5分；严重违规停止操作			—	
		在规定时间内完成操作		每超时1min总分扣5分，超时3min停止操作			—	
		合　计	100					

试题2：PVC线槽配电线路的安装

（考核时间：15min）

序号	考核内容	考核要点	配分	评分标准	检测结果	扣分	得分	备注
1	准备工作	穿戴劳保用品	5	未穿戴整齐扣3分				
2	操作程序	定位划线	10	划线不能横平竖直每处扣2分				
3		固定槽底板	35	拐角大于或小于90°，扣5分				
				拐角接头不齐，扣5分				
				分支接头不齐，扣5分				
4		敷设、固定槽盖板	45	导线敷设不平直，扣5分				
				分支槽盖板角度不符合要求，扣5分				
				拐角接头不齐，扣5分				
				槽盖板未盖好，扣2分				
5	使用工具	正确使用工具	3	工具使用不正确扣3分				
		正确维护工具	2	工具乱摆乱放扣2分				
6	安全及其他	按《电力安全工作规程》操作		违规一次从总分中扣5分；严重违规停止操作			—	
		在规定时间内完成操作		每超时1min总分扣5分，超时3min停止操作			—	
		合　计	100					

试题3：日光灯具的组装

（考核时间：20min）

序号	考核内容	考核要点	配分	评分标准	检测结果	扣分	得分	备注
1	准备工作	穿戴劳保用品	5	未穿戴整齐扣3分				
2	操作程序	识读原理图	10	不会识图，扣5分				
				不清楚元器件作用，每个扣3分				
3		元器件安装	30	元器件安装不规整，每个扣5分				
				元器件安装不牢固，每个扣5分				
				镇流器安装位置不正确，扣5分				
4		接线	20	接线不正确，扣10分				
				接线不牢固，扣5分				
				绝缘包扎不符合要求，扣5分				
				布线不整齐，扣5分				
				开关未控制火线，扣5分				
5		试亮	30	试亮一次不成功，扣20分				
				试亮两次不成功，加扣10分，并终止操作				
6	使用工具	正确使用工具	3	工具使用不正确扣3分				
		正确维护工具	2	工具乱摆乱放扣2分				
7	安全及其他	按《电力安全工作规程》操作		违规一次从总分中扣5分；严重违规停止操作			—	
		在规定时间内完成操作		每超时1min总分扣5分，超时3min停止操作			—	
		合　计	100					

试题4：依据电气原理图，制作带电流互感器的单相电度表配电盘

（考核时间：40min）

序号	考核内容	考核要点	配分	评分标准	检测结果	扣分	得分	备注
1	准备工作	穿戴劳保用品	3	未穿戴整齐扣3分				
		工具、用具准备	2	工具选择不正确扣2分				
2	操作程序	分析电路图控制原理	5	不会分析电路图扣5分				
3		安装前检查	5	元器件错检每处扣1分				
4		安装元件	20	元件安装不牢固，每只扣3分				
				元件安装不整齐、不合理，每只扣3分				
				损坏元件，每只扣5分				
				不按图安装扣10分				

续表

序号	考核内容	考核要点	配分	评分标准	检测结果	扣分	得分	备注
5		配线	50	不按电路图接线扣20分				
				接点松动、露铜过长、压绝缘、反圈等，每处扣3分				
				损伤导线绝缘或线芯，每根扣5分				
				导线交叉、悬空太多扣2~10分				
				布线不平不直每处扣2分				
				选线不符合标准规定扣5分				
				一、二次线走线不合理扣5~10分				
				编码套管编号不正确，每处扣1分				
6		通电调试	10	一次调试不成功扣5分				
				调试二次不成功再加扣5分，并终止操作				
7	使用工具	正确使用工具	3	工具使用不正确扣3分				
		正确维护工具	2	工具乱摆乱放扣2分				
8	安全及其他	按《电力安全工作规程》操作		违规一次从总分中扣5分；严重违规停止操作			—	
		在规定时间内完成操作		每超时1min总分扣5分，超时3min停止操作			—	
		合　计	100					

试题5：制作具有过载保护接触器自锁电动机单转向控制盘

（考核时间：120min）

序号	考核内容	考核要点	配分	评分标准	检测结果	扣分	得分	备注
1	准备工作	穿戴劳保用品	3	未穿戴整齐扣3分				
		工具、用具准备	2	工具选择不正确扣2分				
2	操作程序	分析电路图控制原理	5	不会分析电路图扣5分				
3		安装前检查	5	元器件错检每处扣1分				
				电动机引线接线错检扣3分				
4		安装元件	20	元器件安装不牢固，每只扣3分				
				元器件安装不整齐、不合理，每只扣3分				
				损坏元器件，每只扣5分				
				不按图安装扣10分				
5		配线	50	不按电路图接线扣5~10分				
				接点松动、露铜过长、压绝缘、反圈等，每处扣3分				
				损伤导线绝缘或线芯，每根扣5分				

续表

序号	考核内容	考核要点	配分	评分标准	检测结果	扣分	得分	备注
				导线交叉、悬空太多扣2~10分				
				布线不平不直每处扣2分				
				选线不符合标准规定扣5分				
				一、二次线走线不合理扣5~10分				
				编码套管编号不正确，每处扣1分				
				漏接接地线扣2分				
6		通电试车	10	熔体选用不合理扣5分				
				热继电器整定不当扣5分				
				第一次试车不成功从总分中扣5分				
				第二次试车不成功从总分中再加扣5分，并终止操作				
7	使用工具	正确使用工具	3	工具使用不正确扣3分				
		正确维护工具	2	工具乱摆乱放扣2分				
8	安全及其他	按《电力安全工作规程》操作		违规一次从总分中扣5分；严重违规停止操作			—	
		在规定时间内完成操作		每超时1min总分扣5分，超时3min停止操作			—	
		合　计	100					

试题6：在面包板(实验板)上装接单相全波整流滤波电路

（考核时间：15min）

序号	考核内容	考核要点	配分	评分标准	检测结果	扣分	得分	备注
1	准备工作	穿戴劳保用品	3	未穿戴整齐扣3分				
		工具、用具准备	2	工具选择不正确扣2分				
2	操作程序	识读电路图	10	不能正确识读电路图扣2~10分				
3		安装前元器件检查	15	不能正确使用仪表扣10分				
				元器件错检、漏检每个扣5分				
4		按图接线	45	元件安装不牢固，每只扣5分				
				元件安装不整齐、布置不合理，每只扣5分				
				不按图安装接线扣20分				
				损坏元器件每只扣10分				
				接线错误每处扣5分				
5		通电检测	20	第一次通电测试结果不正确扣10分				
				第二次通电测试结果不正确再加扣10分，并终止操作				

续表

序号	考核内容	考核要点	配分	评分标准	检测结果	扣分	得分	备注
6	使用工具	正确使用工具	3	工具使用不正确扣3分				
		正确维护工具	2	工具乱摆乱放扣2分				
7	安全及其他	按《电力安全工作规程》操作		违规一次从总分中扣5分；严重违规停止操作			—	
		在规定时间内完成操作		每超时1min总分扣5分，超时3min停止操作			—	
		合　计	100					

试题7：SFS-31500/110电力变压器正常巡视与检查

（考核时间：10min）

序号	考核内容	考核要点	配分	评分标准	检测结果	扣分	得分	备注
1	准备工作	穿戴劳保用品、带安全帽	3	未穿戴整齐扣3分				
		工具、用具准备	2	工具选择不正确扣2分				
2	检查项目	注油设备： 瓦斯继电器油位正常，无假油位、油色正常，无渗漏	8	答不全扣1~8分，未答0分				
3		磁套管： 清洁、无破损、无裂纹、无放电烧痕	7	答不全扣1~7分，未答0分				
4		上层油温： 油温正常，温度表良好	7	答不全扣1~7分，未答0分				
5		引线接头处： 接触良好，无过热，完整，无搭挂杂物，导线无破损	7	答不全扣1~7分，未答0分				
6		冷却装置： 完好，风机、油泵运行正常，手触不偏热	7	答不全扣1~7分，未答0分				
7		呼吸器： 硅胶不潮解，不变色，油封正常，不破裂	7	答不全扣1~7分，未答0分				
8		防爆装置： 无喷油，破裂	8	答不全扣1~8分，未答0分				
9		调压装置： 调压开关位置，无破损	8	答不全扣1~8分，未答0分				
10		变压器主体： 声音正常，无异音	8	答不全扣1~8分，未答0分				
		设备接地线： 不断股，不松动	5	答不全扣1~5分，未答0分				
11		基础架构： 不下沉、不倾斜、无裂纹、无风化、无锈蚀	6	答不全扣1~6分，未答0分				
12		设备标志： 齐全，明显正确	7	答不全扣1~7分，未答0分				

续表

序号	考核内容	考核要点	配分	评分标准	检测结果	扣分	得分	备注
13	巡检报告	巡检报告的格式、内容	10	未写出巡检报告扣10分				
				巡检报告缺项、漏项每处扣2分				
				未对巡检结果作出分析扣5分				
14	安全及其他	按《电力安全工作规程》操作		违规一次从总分中扣5分；严重违规停止操作			—	
		在规定时间内完成操作		每超时1min总分扣5分，超时3min停止操作			—	
		合　计	100					

试题8：高压手车式开关柜的巡视与检查

（考核时间：10min）

序号	考核内容	考核要点	配分	评分标准	检测结果	扣分	得分	备注
1	准备工作	穿戴劳保用品、带安全帽	3	未穿戴整齐扣3分				
		工具、用具准备	2	工具选择不正确扣2分				
2	检查项目	开关柜主体：声音无异常，手车位置正常，照明系统完好	10	答不全扣1~10分，未答0分				
3		开关柜室内：温度与湿度的变化情况	5	答不全扣1~5分，未答0分				
4		开关柜零部件：绝缘隔板、活门、手车绝缘件、母线应清洁，无脱落	10	答不全扣1~10分，未答0分				
5		开关柜一次电缆室：封堵严密、电缆固定完好	5	答不全扣1~5分，未答0分				
6		保护继电器：信号继电器无掉牌、无异常声响，计量仪表工作状况正常	15	答不全扣1~15分，未答0分				
7		操动机构：信号灯指示、分合闸指示正确	10	答不全扣1~10分，未答0分				
8		保护压板：投退位置正常	5	答不全扣1~5分，未答0分				
9		磁套管：清洁、无裂痕、无放电	10	答不全扣1~10分，未答0分				
10		接地刀闸：位置正常	5	答不全扣1~5分，未答0分				
11		设备标志：齐全，明显正确	5	答不全扣1~5分，未答0分				

续表

序号	考核内容	考核要点	配分	评分标准	检测结果	扣分	得分	备注
12	巡检报告	巡检报告的格式、内容	15	未写出巡检报告扣15分				
				巡检报告缺项、漏项每处扣2分				
				未对巡检结果作出分析扣5分				
13	安全及其他	按《电力安全工作规程》操作		违规一次从总分中扣5分；严重违规停止操作			—	
		在规定时间内完成操作		每超时1min总分扣5分，超时3min停止操作			—	
		合　计	100					

试题9：高压真空断路器的巡视与检查

（考核时间：10min）

序号	考核内容	考核要点	配分	评分标准	检测结果	扣分	得分	备注
1	准备工作	穿戴劳保用品、带安全帽	3	未穿戴整齐扣3分				
		工具、用具准备	2	工具选择不正确扣2分				
2	检查项目	开关本体： 真空灭弧室有无异常	15	答不全扣1～15分，未答0分				
3		磁套管： 清洁、无破损、无裂纹、无放电	15	答不全扣1～15分，未答0分				
4		引线接头： 端子处接触良好，无过热，不松动，无搭挂杂物	15	答不全扣1～15分，未答0分				
5		操作机构： 分、合位置指示器正确，机械传动部分完整	15	答不全扣1～15分，未答0分				
6		设备接地线： 完好，不断股、不松动	10	答不全扣1～10分，未答0分				
7		设备标志： 齐全，明显正确	10	答不全扣1～10分，未答0分				
8	巡检报告	巡检报告的格式、内容	15	未写出巡检报告扣15分				
				巡检报告缺项、漏项每处扣2分				
				未对巡检结果做出分析扣5分				
9	安全及其他	按《电力安全工作规程》操作		违规一次从总分中扣5分；严重违规停止操作			—	
		在规定时间内完成操作		每超时1min总分扣5分，超时3min停止操作			—	
		合　计	100					

试题10：单相电度表电压、电流接线回路故障处理(考评员设置电度表反转或不转故障)

(考核时间：10min)

序号	考核内容	考核要点	配分	评分标准	检测结果	扣分	得分	备注
1	准备工作	穿戴劳保用品	3	未穿戴整齐扣3分				
		工具、用具准备	2	工具选择不正确扣2分				
2	操作程序	分析电路图的工作原理	5	不会分析电路图扣5分				
3		接线与送电检测	5	接线未检查扣3分				
				送电不执行操作规程，扣3分				
4		故障现象分析与判断	30	故障原因判断错误，扣10分				
				结果判断错误，扣20分				
5		故障处理	30	处理方法错误扣10分				
				处理结果错误，扣20分				
6		通电测试	20	检查设备及电路，每漏一项扣2分				
				第一次测试不成功从总分中扣10分				
				第二次测试不成功从总分中再加扣10分，并终止操作				
7	使用工具	正确使用工具	3	工具使用不正确扣3分				
		正确维护工具	2	工具乱摆乱放扣2分				
8	安全及其他	按《电力安全工作规程》操作		违规一次从总分中扣5分；严重违规停止操作			—	
		在规定时间内完成操作		每超时1min总分扣5分，超时3min停止操作			—	
		合　计	100					

试题11：6kV变压器柜电流测量回路故障的判断与处理

(考核时间：15min)

序号	考核内容	考核要点	配分	评分标准	检测结果	扣分	得分	备注
1	准备工作	穿戴劳保用品	3	未穿戴整齐扣3分				
		工具、用具准备	2	工具选择不正确扣2分				
2	操作程序	分析二次原理图的工作原理	20	不分析原理图扣10分				
				原理图分析错误扣10分				
3		故障现象分析与判断	40	不检查表计扣10分				
				故障现象记录不清，扣10分				
				逻辑分析错误，扣10分				
				故障原因测试判断错误，扣10分				
				结果判断错误，扣20分				

续表

序号	考核内容	考核要点	配分	评分标准	检测结果	扣分	得分	备注
4		故障处理	30	处理方法错误扣10分				
				处理结果错误或扩大事故，扣20分				
				送电前检查设备及电路，每漏一项扣5分				
				第一次试车不成功扣10分				
				第二次试车不成功再加扣10分，并终止操作				
				处理完成后未及时汇报扣5分				
5	使用工具	正确使用工具	3	工具使用不正确扣3分				
		正确维护工具	2	工具乱摆乱放扣2分				
6	安全及其他	按《电力安全工作规程》操作		违规一次从总分中扣5分；严重违规停止操作			—	
		在规定时间内完成操作		每超时1min总分扣5分，超时3min停止操作			—	
		合　计	100					

试题12：6kV电压互感器柜二次熔断器熔断故障的判断与处理

（考核时间：15min）

序号	考核内容	考核要点	配分	评分标准	检测结果	扣分	得分	备注
1	准备工作	穿戴劳保用品	3	未穿戴整齐扣3分				
		工具、用具准备	2	工具选择不正确扣2分				
2	操作程序	分析二次原理图的工作原理	10	不分析原理图扣5分				
				原理图分析错误扣5分				
3		故障现象分析与判断	40	未及时消除音响报警扣5分				
				不检查光字牌扣5分				
				不检查表计扣5分				
				不检查熔断器扣5分				
				故障现象记录不清，扣10分				
				逻辑分析错误，扣10分				
				故障原因判断错误，扣10分				
				结果判断错误，扣20分				
4		故障处理	30	未落实安全措施扣10分				
				处理方法错误扣5~10分				
				扩大事故，扣10分				
				处理结果错误，扣20分				

续表

序号	考核内容	考核要点	配分	评分标准	检测结果	扣分	得分	备注
5		通电试车	10	送电前检查设备及电路，每漏一项扣5分				
				不向上级申请恢复送电扣5分				
				第一次试车不成功扣5分				
				第二次试车不成功再加扣5分并终止操作				
				处理完成后未及时汇报扣5分				
6	使用工具	正确使用工具	3	工具使用不正确扣3分				
		正确维护工具	2	工具乱摆乱放扣2分				
7	安全及其他	按《电力安全工作规程》操作		违规一次从总分中扣5分；严重违规停止操作			—	
		在规定时间内完成操作		每超时1min总分扣5分，超时3min停止操作			—	
		合　计	100					

试题13：6kV馈出线柜速断动作后的操作与处理(仿真机)

(考核时间：15min)

序号	考核内容	考核要点	配分	评分标准	检测结果	扣分	得分	备注
1	准备工作	穿戴劳保用品	3	未穿戴整齐扣3分				
		工具、用具准备	2	工具选择不正确扣2分				
2	操作程序	分析二次原理图的工作原理	10	未分析原理图扣5分				
				原理图分析错误扣5分				
3		确认故障现象	20	未及时消除音响报警扣5分				
				不检查指示灯扣5分				
				不检查表计扣5分				
				不检查信号继电器掉牌扣5分				
				不检查光字牌扣5分				
4		故障现象分析与故障判断	30	故障现象记录不清，扣5分				
				逻辑分析错误，扣10分				
				故障原因判断错误，扣10分				
				判断结果错误，扣10分				
5		故障处理	30	未落实安全措施扣10分				
				设备未及时退出，扣5分				
				处理结果错误，扣20分				
				送电前设备及电路检查，每漏一项扣5分				
				第一次试车故障未消除扣10分				

续表

序号	考核内容	考核要点	配分	评分标准	检测结果	扣分	得分	备注
				第二次试车故障未消除再加扣10分，并终止操作				
				处理完成后未及时汇报扣10分				
				扩大事故从总分中扣除40分，并终止考生考试				
6	使用工具	正确使用工具	3	工具使用不正确扣3分				
		正确维护工具	2	工具乱摆乱放扣2分				
7	安全及其他	按《电力安全工作规程》操作		违规一次从总分中扣5分；严重违规停止操作			—	
		在规定时间内完成操作		每超时1min总分扣5分，超时3min停止操作			—	
		合　计	100					

试题14：6kV馈出线柜零序保护动作后的操作与处理(仿真站)(设备故障点由考评员设定)

(考核时间：15min)

序号	考核内容	考核要点	配分	评分标准	检测结果	扣分	得分	备注
1	准备工作	穿戴劳保用品	3	未穿戴整齐扣3分				
		工具、用具准备	2	工具选择不正确扣2分				
2	操作程序	分析二次原理图的工作原理	10	未分析原理图扣5分				
				原理图分析错误扣5分				
3		确认故障现象	20	未及时消除音响报警，扣5分				
				不检查指示灯扣5分				
				不检查表计扣5分				
				不检查信号继电器掉牌扣5分				
				不检查光字牌扣5分				
				故障现象记录不清，扣10分				
4		故障现象分析与判断	30	逻辑分析错误，扣10分				
				测试判断故障错误，扣10分				
				判断结果错误，扣20分				
5		故障处理	30	未落实安全措施扣10分				
				设备未及时退出，扣5分				
				处理结果错误，扣20分				
				处理完成后未及时汇报扣10分				
				扩大事故从总分中扣除40分，并终止考生考试				

续表

序号	考核内容	考核要点	配分	评分标准	检测结果	扣分	得分	备注
6	使用工具	正确使用工具	3	工具使用不正确扣3分				
		正确维护工具	2	工具乱摆乱放扣2分				
7	安全及其他	按《电力安全工作规程》操作		违规一次从总分中扣5分；严重违规停止操作			—	
		在规定时间内完成操作		每超时1min总分扣5分，超时3min停止操作			—	
		合　计	100					

试题15：低压电动机控制柜跳闸事故的处理（由考评员设定短路或过负荷故障）

（考核时间：15min）

序号	考核内容	考核要点	配分	评分标准	检测结果	扣分	得分	备注
1	准备工作	穿戴劳保用品	3	未穿戴整齐扣3分				
		工具、用具准备	2	工具选择不正确扣2分				
2	操作程序	分析二次原理图的工作原理	10	未分析原理图扣5分				
				原理图分析错误扣5分				
3		故障现象分析与判断	40	故障现象说明不清，每处扣2分				
				逻辑分析错误扣10分				
				故障原因判断错误扣10分				
				判断结果错误扣20分				
4		故障处理	30	未落实安全措施扣10分				
				处理方法错误扣10分				
				处理结果错误扣20分				
5		通电试车	10	设备及电路检查，每漏一项扣5分				
				第一次试车故障未消除扣5分				
				第二次试车故障未消除再加扣5分并终止操作				
6	使用工具	正确使用工具	3	工具使用不正确扣3分				
		正确维护工具	2	工具乱摆乱放扣2分				
7	安全及其他	按《电力安全工作规程》操作		违规一次从总分中扣5分；严重违规停止操作			—	
		在规定时间内完成操作		每超时1min总分扣5分，超时3min停止操作			—	
		合　计	100					

试题16：低压电动机由运行转检修

（考核时间：5min）

序号	考核内容	考核要点	配分	评分标准	检测结果	扣分	得分	备注
1	准备工作	穿戴劳保用品	3	未穿戴整齐扣3分				
		工具、用具准备	2	工具选择不正确扣2分				
2	操作程序	确认电动机已停运	5	电动机未停运就进行操作扣5分				
		操作顺序填写	40	字迹不清、关键字有涂改每处扣2分				
				操作术语不正确每处扣2分				
				操作项目不全扣2~10分				
				缺少操作质量检查每项扣2分				
				操作顺序不正确扣5分				
				操作顺序出现严重错误扣10~20分				
3		操作执行	50	出现误操作扣10~20分，操作中误操作造成事故不得分				
				操作漏项或跳项，每项扣5分				
4	安全及其他	按《电力安全工作规程》操作		违规一次从总分中扣5分；严重违规停止操作			—	
		在规定时间内完成操作		每超时1min总分扣5分，超时3min停止操作			—	
		合　计	100					

试题17：固定高压开关柜馈出线路由检修转运行

（考核时间：10min）

序号	考核内容	考核要点	配分	评分标准	检测结果	扣分	得分	备注
1	准备工作	穿戴劳保用品	3	未穿戴整齐扣3分				
		工具、用具准备	2	工具选择不正确扣2分				
2	操作程序	操作票填写	30	字迹不清、关键字有涂改每处扣2分				
				操作术语不正确每处扣2分				
				操作项目不全扣2~10分				
				票面不规范扣5分，未使用双编号扣5分				
				核对性检查漏一项扣5分				
				操作质量检验性检查每漏一项扣2分				
				不给上合闸保险扣2分，给上合闸保险的时间不对扣2分				
				不给上控制保险扣5分，给上控制保险的时间不对扣5分				

续表

序号	考核内容	考核要点	配分	评分标准	检测结果	扣分	得分	备注
				操作顺序不正确扣5~10分				
				操作票出现严重错误扣10~20分，造成事故不得分				
3		模拟预演	10	未进行模拟预演扣10分，模拟预演不执行复诵制度扣5分				
4		安全措施	15	未按顺序拆除接地线扣5分				
				未拆除接地线不得分，拆接地线违反规程规定扣5分				
5		操作执行	40	未通知用户扣5分				
				出现误操作扣10~20分，操作中误操作造成事故不得分				
				操作漏项或跳项每项扣5分				
				操作人与监护人的站位不符合要求扣5分				
				未执行监护制度扣5分				
				未执行复诵制度扣5分				
6	安全及其他	按《电力安全工作规程》操作		违规一次从总分中扣5分；严重违规停止操作			—	
		在规定时间内完成操作		每超时1min总分扣5分，超时3min停止操作			—	
		合　计	100					

试题18：三相交流异步电动机反转故障的分析与处理

（考核时间：5min）

序号	考核内容	考核要点	配分	评分标准	检测结果	扣分	得分	备注
1	准备工作	穿戴劳保用品	3	未穿戴整齐扣3分				
		工具、用具准备	2	工具选择不正确扣2分				
2	操作程序	断电	30	未切断电源扣30分				
				切断电源的操作方法、顺序错误扣5~10分				
				电源柜断电后未挂标示牌扣10分				
3		故障处理	60	不清楚电动机旋转磁场的概念扣10分				
				电动机主回路相序倒换错误扣30分				
				接线完成后未遥测绝缘扣5分				
				接线盒未扣紧扣5分				
				未送电试转扣10分				
				送电试转错误扣20分				

续表

序号	考核内容	考核要点	配分	评分标准	检测结果	扣分	得分	备注
4	使用工具	正确使用工具	3	工具使用不正确扣3分				
		正确维护工具	2	工具乱摆乱放扣2分				
5	安全及其他	按《电力安全工作规程》操作		违规一次从总分中扣5分；严重违规停止操作			—	
		在规定时间内完成操作		每超时1min总分扣5分，超时3min停止操作			—	
		合　计	100					

试题19：根据给定的工作电压判断电动机接线端子联接的正确性(由考评员给定工作电压)

(考核时间：5min)

序号	考核内容	考核要点	配分	评分标准	检测结果	扣分	得分	备注
1	准备工作	穿戴劳保用品	3	未穿戴整齐扣3分				
		工具、用具准备	2	工具选择不正确扣2分				
2	操作程序	识别电动机引线端子	40	电动机绕组首尾端判别不清扣5~20分				
				对联接片联接方式不清楚扣5~20分				
		电动机引线端子的联接	50	根据工作电压，不能判别电动机引线端子正确的联接方式扣30分				
				根据判别结果，不能正确联接扣50分				
3	使用工具	正确使用工具	3	工具使用不正确扣3分				
		正确维护工具	2	工具乱摆乱放扣2分				
4	安全及其他	按《电力安全工作规程》操作		违规一次从总分中扣5分；严重违规停止操作			—	
		在规定时间内完成操作		每超时1min总分扣5分，超时3min停止操作			—	
		合　计	100					

试题20：填写单电源10kV变压器检修工作票

(考核时间：15min)

序号	考核内容	考核要点	配分	评分标准	检测结果	扣分	得分	备注
1	操作程序	工作票选择	10	不清楚工作票的适用范围扣10分，工作票选择错误中断考核，考试成绩记0分				
2		工作票内容填写	50	工作票一式两份，只写一份扣5分				
				未填写工作票编号扣5分				
				字迹潦草不清扣5~10分				
				项目漏填或多填每处扣5分				
				项目内容有错误或遗漏、不明确每处扣2分				

续表

序号	考核内容	考核要点	配分	评分标准	检测结果	扣分	得分	备注
				未使用双重编号扣5分				
				操作术语不规范每个扣2分				
				未做安全措施扣10分，地线安装地点不明确扣5分				
				票面涂改每处扣5~10分				
3		工作票办理流程及主要内容	40	不清楚工作票的办理流程扣40分				
				办理工作票流程漏项扣5~20分				
				不清楚办理工作票流程各步骤的关键内容，每项扣2~5分				
				不清楚工作负责人的职责范围扣5分				
4	其他	在规定时间内完成		每超时1min从总分扣5分，超时3min停止操作				
		合　　计	100					

试题21：CD_{10}型电磁操动机构合闸时出现“跳跃”机械故障的检修

（考核时间：20min）

序号	考核内容	考核要点	配分	评分标准	检测结果	扣分	得分	备注
1	准备工作	穿戴劳保用品	3	未穿戴整齐扣3分				
		工具、用具准备	2	工具选择不正确扣2分				
2	操作程序	说明操动机构的结构与功能	20	不能说出主要构成部件名称扣5~20分				
				不能说明机构中各部件的动作原理扣5~20分				
3		故障分析与判断	20	不能正确分析“跳跃”故障的原因扣5~20分				
				不能判断“跳跃”的具体部位扣10分				
4		故障排除	50	未落实安全措施扣5分				
				排除故障方法错误扣5~10分				
				查出故障点不会排除扣10分				
				产生新的故障点不能排除扣30分，产生新的故障点并已排除扣10分				
				损坏部件每只扣5~20分				
				故障排除后通电测试一次不成功扣20分				
5	使用工具	正确使用工具	3	工具使用不正确扣3分				
		正确维护工具	2	工具乱摆乱放扣2分				

续表

序号	考核内容	考核要点	配分	评分标准	检测结果	扣分	得分	备注
6	安全及其他	按《电力安全工作规程》操作		违规一次从总分中扣5分；严重违规停止操作			—	
		在规定时间内完成操作		每超时1min总分扣5分，超时3min停止操作			—	
		合　计	100					

试题22：成套高压柜断路器红、绿指示灯发光不正常故障的检修

（考核时间：15min）

序号	考核内容	考核要点	配分	评分标准	检测结果	扣分	得分	备注
1	准备工作	穿戴劳保用品	3	未穿戴整齐扣3分				
		工具、用具准备	2	工具选择不正确扣2分				
2	操作程序	识读原理图	10	不会识图扣10分				
				不能正确分析原理图扣2~10分				
3		故障分析	30	故障分析思路不正确扣5~10分				
				故障范围确定过大扣10分，不能确定故障范围扣20分				
4		故障排除	50	不检查安全措施是否落实扣10分				
				仪表使用不当扣5分				
				排除故障顺序错误扣5~10分，方法错误扣5~10分				
				不能查出故障点扣20分，查出故障点不能排除扣10分				
				产生新的故障点不能排除扣20分，产生新的故障点并已排除扣10分				
				损坏元器件每只扣5~10分				
				故障排除后通电测试一次不成功扣20分				
5	使用工具	正确使用工具	3	工具使用不正确扣3分				
		正确维护工具	2	工具乱摆乱放扣2分				
6	安全及其他	按《电力安全工作规程》操作		违规一次从总分中扣5分；严重违规停止操作			—	
		在规定时间内完成操作		每超时1min总分扣5分，超时3min停止操作			—	
		合　计	100					

试题 23：JYN_2-10 高压柜的手车“工作位”位置开关动作不正常的故障检修

（考核时间：20min）

序号	考核内容	考核要点	配分	评分标准	检测结果	扣分	得分	备注
1	准备工作	穿戴劳保用品	3	未穿戴整齐扣 3 分				
		工具、用具准备	2	工具选择不正确扣 2 分				
2	操作程序	识读原理图	10	不会识图扣 5 分				
				不能正确分析原理图扣 2~10 分				
3		故障分析	30	未检查断路器工作位置指示信号扣 5 分				
				故障分析思路不正确扣 5~20 分				
				不能确定故障范围扣 15 分				
4		故障排除	50	未落实安全措施扣 10 分				
				仪表使用不当扣 5 分				
				排除故障顺序错误扣 5~10 分，方法错误扣 5~10 分				
				不能查出故障点扣 10 分，查出故障点不能排除扣 10 分				
				产生新的故障点不能排除扣 30 分，产生新的故障点并已排除扣 10 分				
				损坏元器件每只扣 5~20 分				
				故障排除后通电测试一次不成功扣 20 分				
5	使用工具	正确使用工具	3	工具使用不正确扣 3 分				
		正确维护工具	2	工具乱摆乱放扣 2 分				
6	安全及其他	按《电力安全工作规程》操作		违规一次从总分中扣 5 分；严重违规停止操作			—	
		在规定时间内完成操作		每超时 1min 总分扣 5 分，超时 3min 停止操作			—	
		合　计	100					

试题 24：电动机引出线首尾端测试与判断

（考核时间：10min）

序号	考核内容	考核要点	配分	评分标准	检测结果	扣分	得分	备注
1	准备工作	穿戴劳保用品	3	未穿戴整齐扣 3 分				
		工具、用具准备	2	工具选择不正确扣 2 分				
2	操作程序	检测各相绕组接线端子	40	万用表挡位选择错误扣 10 分，万用表使用方法错误每次扣 3 分				
				找错一相绕组扣 10 分，不能找出三相绕组扣 20 分				

续表

序号	考核内容	考核要点	配分	评分标准	检测结果	扣分	得分	备注
3		判别首尾端	50	万用表挡位选择错误扣10分				
				万用表量程选择错误扣5分				
				判别绕组首尾端的操作方法错误扣20分，操作方法不当扣10分				
				判断结果错误扣40分				
4	使用工具	正确使用工具	3	工具使用不正确扣3分				
		正确维护工具	2	工具乱摆乱放扣2分				
5	安全及其他	按《电力安全工作规程》操作		未清理现场从总分扣5分				
				违规一次从总分中扣5分；严重违规停止操作			—	
		在规定时间内完成操作		每超时1min总分扣5分，超时3min停止操作			—	
		合　　计	100					

试题25：变压器一、二次绕组绝缘测试

（考核时间：10min）

序号	考核内容	考核要点	配分	评分标准	检测结果	扣分	得分	备注
1	准备工作	穿戴劳保用品	3	未穿戴整齐扣3分				
		工具、用具准备	2	工具选择不正确扣2分				
		测前安全措施检查	10	未进行必要的安全检查扣10分				
2		兆欧表接线并检测性能	20	接线错误扣10分				
				未进行兆欧表开路试验扣5分				
				未进行短路试验扣5分				
3	操作程序	绝缘电阻测试	40	兆欧表选用错误扣10分，使用方法错误每项扣5分				
				分别测试变压器的高压绕组对地、低压绕组对地和高压绕组对低压绕组的绝缘电阻，方法错误扣5分/项，漏测扣10分/项				
				测前、测后未进行绕组放电扣10分				
				未做记录扣10分，记录项目不全扣2分/项				
4		结果判断	20	不知道变压器绕组绝缘标准扣10分，不能正确判断变压器绕组绝缘状况扣10分				
5	使用工具	正确使用工具	3	工具使用不正确扣3分				
		正确维护工具	2	工具乱摆乱放扣2分				

续表

序号	考核内容	考核要点	配分	评分标准	检测结果	扣分	得分	备注
6	安全及其他	按《电力安全工作规程》操作		损坏兆欧表从总分中扣20分			—	
				违规一次从总分中扣5分；严重违规停止操作			—	
		在规定时间内完成操作		每超时1min总分扣5分，超时3min停止操作			—	
		合　计	100					

试题26：380V交流电动机绕组绝缘测试

（考核时间：10min）

序号	考核内容	考核要点	配分	评分标准	检测结果	扣分	得分	备注
1	准备工作	穿戴劳保用品	3	未穿戴整齐扣3分				
		工具、用具准备	2	工具选择不正确扣2分				
		测前安全措施检查	10	未进行必要的安全检查扣10分				
2	操作程序	兆欧表接线并检测性能	20	接线错误扣10分				
				未进行开路试验扣5分				
				未进行短路试验扣5分				
3		绝缘电阻测试	40	兆欧表使用方法错误每项扣5分				
				分别测试单相绕组对地及绕组相间的绝缘电阻，方法错误扣5分/项，漏测扣10分/项				
				测前、测后未对绕组放电扣10分				
				未做记录扣10分，记录项目不全扣2分/项				
4		结果判断	20	不知道电动机绝缘电阻标准扣10分，不能正确判断电机绕组绝缘状况扣10分				
5	使用工具	正确使用工具	3	工具使用不正确扣3分				
		正确维护工具	2	工具乱摆乱放扣2分				
6	安全及其他	按《电力安全工作规程》操作		损坏兆欧表从总分中扣20分			—	
				违规一次从总分中扣5分；严重违规停止操作			—	
		在规定时间内完成操作		每超时1min总分扣5分，超时3min停止操作			—	
		合　计	100					

试题 27：高压电力电缆吸收比测试

（考核时间：15min）

序号	考核内容	考核要点	配分	评分标准	检测结果	扣分	得分	备注
1	准备工作	穿戴劳保用品	3	未穿戴整齐扣 3 分				
		工具、用具准备	2	工具选择不正确扣 2 分				
		测前安全措施检查	10	未进行必要的安全检查扣 10 分				
2	操作程序	兆欧表接线并检测性能	20	接线错误扣 10 分				
				未进行开路试验扣 5 分				
				未进行短路试验扣 5 分				
3		吸收比测试	40	兆欧表使用方法错误每项扣 5 分				
				分别测试单相绕组对地及绕组相间的绝缘电阻，方法错误扣 5 分/项，漏测扣 10 分/项				
				测前、测后未对绕组放电扣 10 分				
				未做记录扣 10 分，记录项目不全扣 2 分/项				
4		结果判断	20	不会计算吸收比扣 10 分				
				不知道标准扣 10 分，不能正确判断电缆绝缘状况扣 10 分				
5	使用工具	正确使用工具	3	工具使用不正确扣 3 分				
		正确维护工具	2	工具乱摆乱放扣 2 分				
6	安全及其他	按《电力安全工作规程》操作		损坏兆欧表从总分中扣 20 分			—	
				违规一次从总分中扣 5 分；严重违规停止操作			—	
		在规定时间内完成操作		每超时 1min 总分扣 5 分，超时 3min 停止操作			—	
		合　计	100					

试题 28：用指针式万用表测交、直流电压、电流及电阻值

（考核时间：10min）

序号	考核内容	考核要点	配分	评分标准	检测结果	扣分	得分	备注
1	准备工作	穿戴劳保用品	3	未穿戴整齐扣 3 分				
		工具、用具准备	2	工具选择不正确扣 2 分				
2	操作程序	检查元器件、仪表	5	未检查扣 5 分				
3		测量交、直流电压	30	测量前未进行机械调零扣 5 分				
				选择挡位或量程错误扣 10 分				
				测量方法错误扣 10 分，读数错误扣 10 分				
4		测量交、直流电流	35	选择挡位或量程错误扣 10 分				
				测量方法错误扣 10 分，读数错误扣 10 分				

续表

序号	考核内容	考核要点	配分	评分标准	检测结果	扣分	得分	备注
5		测量电阻	20	挡位选择错误扣10分，未调零扣5分				
				测量方法错误扣10分，读数错误扣10分				
				损坏元器件每个扣5分				
6	使用工具	正确使用工具	3	工具使用不正确扣3分				
		正确维护工具	2	工具乱摆乱放扣2分				
7	安全及其他	按《电力安全工作规程》操作		违规一次从总分中扣5分；严重违规停止操作			—	
		在规定时间内完成操作		每超时1min总分扣5分，超时3min停止操作			—	
		合　计	100					

试题29：用兆欧表测量高压电缆绝缘电阻

（考核时间：10min）

序号	考核内容	考核要点	配分	评分标准	检测结果	扣分	得分	备注
1	准备工作	穿戴劳保用品	3	未穿戴整齐扣3分				
		工具、用具准备	2	工具选择不正确扣2分				
2	操作程序	检查仪表、材料	10	未检查扣5分，选用兆欧表错误扣10分				
3		测量电缆各相对地绝缘	35	测量前未对电缆放电扣5分				
				测量前未对兆欧表进行开路、短路试验扣5~10分				
				测量接线错误扣10分，测量读数错误扣5分				
				使用兆欧表测试方法错误每项扣5分				
				少测一相扣5分				
				测量完毕后未对电缆放电扣10分				
4		测量电缆相间绝缘	35	测量接线错误扣10分				
				读数错误扣5分				
				使用兆欧表测试方法错误每项扣5分				
				少测一相扣5分				
				测量完毕后未对电缆放电扣10分				
5		依据测量结果判断电缆绝缘状况	10	不能判断或判断错误扣10分				
6	使用工具	正确使用工具	3	工具使用不正确扣3分				
		正确维护工具	2	工具乱摆乱放扣2分				

续表

序号	考核内容	考核要点	配分	评分标准	检测结果	扣分	得分	备注
7	安全及其他	按《电力安全工作规程》操作		损坏兆欧表从总分中扣 20 分			—	
				违规一次从总分中扣 5 分；严重违规停止操作			—	
		在规定时间内完成操作		每超时 1min 总分扣 5 分，超时 3min 停止操作			—	
		合　计	100					

试题 30：用钳型表测量低压馈出回路的三相电流值

（考核时间：5min）

序号	考核内容	考核要点	配分	评分标准	检测结果	扣分	得分	备注
1	准备工作	穿戴劳保用品	5	未穿戴整齐扣 5 分				
2	操作程序	估算被测回路电流值	15	未检查仪表扣 5 分				
				测量前未正确估算被测线路电流大小扣 10 分				
3		测量三相电流值	55	量程挡位选择错误扣 10 分				
				测量时被测导线未置于钳口中心并垂直于表面扣 10 分				
				钳口接触不良扣 10 分				
				测量进行中转换量程扣 15 分				
				测量读数错误扣 10 分				
				少测一相电流扣 10 分				
4		测量结果	25	测量结果错误每相扣 10 分				
5	安全及其他	按《电力安全工作规程》操作		损坏钳型表从总分中扣 40 分			—	
				违规一次从总分中扣 5 分；严重违规停止操作			—	
		在规定时间内完成操作		每超时 1min 总分扣 5 分，超时 3min 停止操作			—	
		合　计	100					

试题 31：高压验电器验电操作

（考核时间：5min）

序号	考核内容	考核要点	配分	评分标准	检测结果	扣分	得分	备注
1	准备工作	穿戴劳保用品	5	未穿戴整齐扣 5 分				
		工具、安全用具准备	15	未检查高压绝缘手套完好性扣 5 分，室外测试未检查绝缘靴完好状况扣 5 分				

续表

序号	考核内容	考核要点	配分	评分标准	检测结果	扣分	得分	备注
2	操作程序	检查高压验电器并组装	30	未对验电器的有效期进行检查扣10分				
				未对验电器的各部件完好性进行检查扣10分				
				验电器组装错误扣10分，未擦拭干净扣5分				
3		验电操作	50	未戴高压绝缘手套扣5分，室外测试未穿绝缘靴扣5分				
				验电时未用单手操作扣5分，手握验电器的位置错误扣5分				
				未先在带电设备上测试验电器的完好性扣10分				
				验电时直接接触带电体扣10分				
				验电操作程序错误扣10分				
				验电时无监护人扣10分				
4	安全及其他	验电结果判断		验电结果错误得0分，并取消考试资格				
		按《电力安全工作规程》操作		违规一次从总分中扣5分；严重违规停止操作			—	
		在规定时间内完成操作		每超时1min总分扣5分，超时3min停止操作			—	
		合　计	100					

试题32：画出日光灯接线原理图

（考核时间：10min）

序号	考核内容	考核要点	配分	评分标准	检测结果	扣分	得分	备注
1	准备工作	穿戴劳保用品	3	未穿戴整齐扣3分				
		工具、用具准备	2	工具选择不正确扣2分				
2	操作程序	对图形符号的要求	25	图形符号不规范每个扣3分				
				图形符号错误每个扣5分				
3		对文字符号的要求	25	文字符号不规范每个扣3分				
				文字符号错误每个扣5分				
4		画图	40	绘图错误每处扣5分				
5	使用工具	正确使用工具	3	工具使用不正确扣3分				
		正确维护工具	2	工具乱摆乱放扣2分				
6	安全及其他	按《电力安全工作规程》操作		违规一次从总分中扣5分；严重违规停止操作			—	
		在规定时间内完成操作		每超时1min总分扣5分，超时3min停止操作			—	
		合　计	100					

试题33：画出带电流互感器三相两元件有功电度表原理接线图

（考核时间：5min）

序号	考核内容	考核要点	配分	评分标准	检测结果	扣分	得分	备注
1	准备工作	穿戴劳保用品	3	未穿戴整齐扣3分				
		工具、用具准备	2	工具选择不正确扣2分				
2	操作程序	对图形符号的要求	25	图形符号不规范每个扣3分				
				图形符号错误每个扣5分				
3		对文字符号的要求	25	文字符号不规范每个扣3分				
				文字符号错误每个扣5分				
4		画图	40	绘图错误每处扣5分				
				接地位置不正确扣5分				
				接地符号不规范扣5分				
5	使用工具	正确使用工具	3	工具使用不正确扣3分				
		正确维护工具	2	工具乱摆乱放扣2分				
6	安全及其他	按《电力安全工作规程》操作		违规一次从总分中扣5分；严重违规停止操作			—	
		在规定时间内完成操作		每超时1min总分扣5分，超时3min停止操作			—	
		合　计	100					

试题34：画出固定式高压开关柜6kV单母线分段主接线图(每段母线带一台PT柜和两条馈出回路)

（考核时间：5min）

序号	考核内容	考核要点	配分	评分标准	检测结果	扣分	得分	备注
1	准备工作	穿戴劳保用品	3	未穿戴整齐扣3分				
		工具、用具准备	2	工具选择不正确扣2分				
2	操作程序	对图形符号的要求	25	图形符号不规范每个扣3分				
				图形符号错误每个扣5分				
3		对文字符号的要求	25	文字符号不规范每个扣3分				
				文字符号错误每个扣5分				
4		画图	40	绘图错误每处扣5分				
5	使用工具	正确使用工具	3	工具使用不正确扣3分				
		正确维护工具	2	工具乱摆乱放扣2分				
6	安全及其他	按《电力安全工作规程》操作		违规一次从总分中扣5分；严重违规停止操作			—	
		在规定时间内完成操作		每超时1min总分扣5分，超时3min停止操作			—	
		合　计	100					

试题35：画出单相全波整流电路图

（考核时间：5min）

序号	考核内容	考核要点	配分	评分标准	检测结果	扣分	得分	备注
1	准备工作	穿戴劳保用品	3	未穿戴整齐扣3分				
		工具、用具准备	2	工具选择不正确扣2分				
2	操作程序	对图形符号的要求	25	图形符号不规范每个扣3分				
				图形符号错误每个扣5分				
3		对文字符号的要求	25	文字符号不规范每个扣3分				
				文字符号错误每个扣5分				
4		画图	40	绘图错误每处扣5分				
5	使用工具	正确使用工具	3	工具使用不正确扣3分				
		正确维护工具	2	工具乱摆乱放扣2分				
6	安全及其他	按《电力安全工作规程》操作		违规一次从总分中扣5分；严重违规停止操作			—	
		在规定时间内完成操作		每超时1min总分扣5分，超时3min停止操作			—	
		合　计	100					

第二部分

中级工

一、理论知识鉴定要素细目表

行业通用理论知识鉴定要素细目表

鉴定范围						鉴定点		
一级		二级		三级		代码	名称	重要程度
代码	名称	代码	名称	代码	名称			
A	基本要求	B	基础知识	A	记录填写基础知识	001	岗位交接班记录的填写要求	X
						002	关键设备巡检记录的填写要求	X
				B	识图基础知识	001	正投影的特点	X
						002	三视图的特点	X
						003	三视图的作图方法	X
						004	零件图的作用	X
				C	安全环保基础知识	001	石化行业安全检查的内容	X
						002	尘毒物质危害人体的主要因素	X
						003	化工污染的控制方法	X
						004	清洁生产的理论基础	X
						005	清洁生产审计的目的	X
						006	灭火的机理	X
						007	ISO 14001 标准的特点	X
						008	ISO 14001 环境因素识别的状态、时态和类型	X
						009	ISO 14001 环境因素识别的步骤	X
						010	ISO 14001 识别环境因素的方法	X
						011	HSE 审核的概念	X
						012	HSE 审核的目的	X
						013	HSE 危害的概念	X
						014	废水治理的常识	X
						015	废气治理的常识	X
						016	废渣处理的常识	X
						017	防冻防凝的知识	X
						018	夏季四防的知识	X
						019	职业病的概念	X
						020	职业病的种类	X
						021	石化行业事故的分类	X
						022	石化行业事故分级的规定	X
						023	HSE 不符合的概念	X
						024	HSE 事故的定义	X

续表

鉴定范围						鉴定点		
一级		二级		三级		代码	名称	重要程度
代码	名称	代码	名称	代码	名称			
				D	质量基础知识	001	标准化的意义	X
						002	质量认证的概念	X
						003	全面质量管理的特点	X
						004	ISO 9000 质量管理体系基础的内容	X
						005	质量管理 PDCA 动态循环的意义	X
						006	ISO 9000 族标准的核心标准	X
						007	ISO 9000 族标准“质量”的意义	X
						008	ISO 9001 标准的八项管理原则	X
				E	计算机基础知识	001	Word 文字处理软件基础知识	X
						002	Word 表格处理知识	X
						003	Excel 工作表的建立	X
						004	Excel 的排版	X
				F	法律常识	001	合同的形式	X
						002	合同法关于无效合同的规定	X

工种理论知识鉴定要素细目表

鉴定范围						鉴定点		
一级		二级		三级		代码	名称	重要程度
代码	名称	代码	名称	代码	名称			
A	基本要求	B	基础知识	F	直流电路	001	欧姆定律的分析与计算	X
						002	混联电路的分析与计算	X
						003	基尔霍夫第一定律的应用	X
						004	基尔霍夫第二定律的应用	X
						005	支路电流法的内容	X
						006	支路电流法的应用	X
						007	电桥电路的基本概念	X
						008	负载获得最大功率的条件	X
						009	电容量的概念	X
						010	电容器充放电的特点	X
						011	电容器的选用	X
						012	电容器的检测	X
						013	电容器的串联	X
						014	电容器的并联	X
						015	电容器的混联	X

续表

鉴定范围						鉴定点		
一级		二级		三级		代码	名称	重要程度
代码	名称	代码	名称	代码	名称			
				G	电磁知识	001	法拉第电磁感应定律的应用	X
						002	楞次定律应用	X
						003	自感的概念	X
						004	常见电感线圈	X
						005	互感的概念	X
						006	涡流的概念	X
						007	磁场对通电导体的作用	X
						008	载流导体间的相互作用力	X
				H	交流电路	001	RLC 串联电路的分析与计算	X
						002	视在功率的概念	X
						003	有功功率的概念	X
						004	无功功率的概念	X
						005	RLC 并联电路的分析与计算	X
						006	LC 并联电路的分析与计算	X
						007	功率因数的概念	X
						008	提高功率因数的方法	X
						009	交流电路中的实际元件	X
						010	正弦交流电的符号法	X
						011	三相电源的计算	X
						012	三相负载的计算	X
						013	中性点的概念	X
						014	三相交流电路功率的计算	X
						015	单相交流电路功率的计算	X
						016	正序、负序、零序分量的概念	X
				I	电子电路基本知识	001	单相桥式整流电路的构成	X
						002	单相桥式整流电路的工作原理	X
						003	三相半波整流电路的构成	X
						004	三相半波整流电路的工作原理	X
						005	三相桥式整流电路的构成	X
						006	三相桥式整流电路的工作原理	X
						007	滤波电路的概念	X
						008	滤波电路的几种形式	X
						009	电容滤波电路	X
						010	电感滤波电路	X

续表

鉴定范围						鉴定点		
一级		二级		三级		代码	名称	重要程度
代码	名称	代码	名称	代码	名称			
						011	复式滤波电路	X
						012	电子滤波电路	X
						013	整流二极管的结构	X
						014	整流二极管的主要参数	X
						015	整流二极管的联接	X
						016	整流二极管的检测	X
						017	硅整流堆	X
						018	整流器件的保护	X
						019	二极管的开关特性	X
						020	三极管的开关特性	X
						021	基本逻辑门电路	X
						022	放大电路的组成	X
						023	共发射极放大电路的工作原理	X
						024	放大电路的基本分析方法	X
						025	分压式偏置电路	X
				J	晶闸管电路及应用	001	晶闸管的结构	X
						002	晶闸管的工作原理	X
						003	晶闸管的伏安特性	X
						004	晶闸管的主要参数	X
						005	单相半波可控整流电路的构成	X
						006	单相半波可控整流电路的工作原理	X
B	相关知识	A	电工材料知识	A	导电材料知识	001	选择导线截面的方法	X
				C	磁性材料知识	001	常用磁性材料及应用	X
		B	电工仪器仪表知识	A	常用电工测量仪器仪表的基本知识及工作原理	001	电压表的工作原理	X
						002	电流表的工作原理	X
						003	万用表的工作原理	X
						004	兆欧表的工作原理	X
						005	钳形电流表的工作原理	X
						006	电度表的工作原理	X
						007	功率表的工作原理	X
						008	功率因数表的工作原理	X
						009	频率表的工作原理	X
						010	单臂电桥的工作原理	X
						011	接地电阻测试仪的工作原理	X

续表

鉴定范围						鉴定点		
一级		二级		三级		代码	名称	重要程度
代码	名称	代码	名称	代码	名称			
				B	常用电工测量仪器仪表的使用方法	001	仪器仪表的误差与准确度	X
						002	电工测量误差的概念	X
						003	减少电工仪表测量误差的方法	X
						004	仪器仪表误差的计算	X
						005	单臂电桥的使用	X
						006	接地电阻测试仪的使用	X
		C	电力系统知识	B	电力系统中性点的接地方式	001	中性点不接地方式	X
						002	中性点经消弧线圈接地方式	X
						003	中性点直接接地方式	X
				C	工厂企业供电方式	001	电压的调整	X
				D	计算负荷的确定	001	计算负荷的概念	X
						002	需要系数法	X
						003	二项式法	X
				E	短路电流的计算	001	无限大容量电力系统的概念	X
						002	无限大容量电力系统发生三相短路时的有关物理量	X
						003	电力系统各元件的参数与等效电路	X
		D	电气设备	A	高压开关电器	001	高压断路器的基本结构	X
						002	高压隔离开关的基本结构	X
						003	少油断路器的基本特点	X
						004	少油断路器的适用范围	X
						005	真空断路器的基本特点	X
						006	真空断路器的适用范围	X
						007	高压断路器的操作机构的结构特点	X
						008	高压隔离开关的操作机构的结构特点	X
						009	高压断路器的参数及意义	X
						010	高压隔离开关的参数及意义	X
						011	高压负荷开关的主要参数	X
				B	低压开关电器	001	万能式低压断路器的结构	X
						002	低压断路器的主要技术参数	X
						003	低压断路器的选择	X
						004	电流型单相漏电保护器的工作原理	X
				C	电力变压器	001	三相电力变压器的接线组别	X
						002	电力变压器的工作原理	X

续表

鉴定范围						鉴定点		
一级		二级		三级		代码	名称	重要程度
代码	名称	代码	名称	代码	名称			
						003	油浸式变压器结构	X
						004	干式变压器的分类	X
						005	SC 系列干式变压器结构	X
						006	电力变压器的基本参数	X
						007	变压器的调压分接开关作用	X
				D	互感器	001	电流互感器的基本工作原理	X
						002	电压互感器的基本工作原理	X
						003	电流互感器的使用	X
						004	电压互感器的使用	X
				E	无功补偿装置	001	无功补偿的意义	X
						002	高压电力电容器的结构	X
						003	电容器的型号及分类	X
				F	成套配电装置及组合电器	001	高压开关柜的“五防”功能	X
				G	电力线路	001	架空线路的构成	X
						002	架空线路的类型	X
						003	架空线路五种杆型的应用	X
				H	电气照明	001	照明配电系统元器件的选择	X
						002	防爆照明灯具的种类与应用	X
				I	交流异步电动机	001	定子绕组磁场的特点	X
						002	三相异步电动机的基本工作原理	X
						003	单相异步电动机工作原理	X
						004	绕线式异步电动机的结构特点	X
						005	防爆电动机的结构特点	X
						006	电动机防护等级的划分	X
						007	三相异步电动机的效率	X
				J	同步电机	001	同步电动机的分类	X
						002	同步电动机的铭牌参数	X
		E	电气安装	A	高压变配电设备的安装	001	高压柜的安装要求	X
						002	高压柜的安装方法	X
						003	高压柜二次线配线的要求	X
				B	低压变配电设备的安装	001	固定式低压配电柜的安装要求	X
						002	抽屉式低压配电柜的安装要求	X
				C	电力线路施工及安装	001	架空线路的安装要求	X
						002	电缆线路的敷设要求	X

续表

鉴定范围						鉴定点		
一级		二级		三级		代码	名称	重要程度
代码	名称	代码	名称	代码	名称			
		F	继电保护及二次回路	B	常用保护继电器	001	电磁型继电器的工作原理	X
						002	继电器返回系数的概念	X
						003	感应式继电器的工作原理	X
						004	晶体管继电器的工作原理及特点	X
				C	低压断路器的保护	001	低压进线的基本保护方式	X
				D	高压线路继电保护	001	电流速断保护的工作原理	X
						002	带时限电流速断保护的工作原理	X
						003	带时限电流速断保护的适用范围	X
						004	定时限过电流保护的工作原理	X
						005	电流闭锁电压速断保护的工作原理	X
						006	反时限过电流保护的工作原理	X
						007	零序电流保护的工作原理	X
				E	电力变压器的继电保护	001	变压器瓦斯保护的工作原理	X
						002	变压器瓦斯保护的适用范围	X
						003	变压器过电流保护的工作原理	X
						004	变压器电流速断保护的特点	X
						005	变压器零序保护的用途	X
						006	变压器的保护配置原则	X
				F	高压电动机的继电保护	001	高压电动机的保护方式	X
						002	高压电动机的电流速断保护原理	X
						003	高压电动机的单相接地保护原理	X
						004	高压电动机的过负荷保护原理	X
						005	高压电动机的低电压保护原理	X
				G	高压电力电容器组的保护	001	高压电力电容器组的保护方式	X
						002	高压电力电容器组的过流保护原理	X
						003	高压电力电容器组过电压保护的原理	X
						004	高压电力电容器组单相接地保护的原理	X
				H	母线保护	001	母线故障的保护方式	X
						002	专用母线保护的构成原理	X
						003	专用母线保护的适用范围	X
				I	绝缘监察装置	001	直流系统绝缘监察工作原理	X
						002	小电流接地系统发生单相接地的特点	X
						003	绝缘监察装置的构成	X

续表

鉴定范围						鉴定点		
一级		二级		三级		代码	名称	重要程度
代码	名称	代码	名称	代码	名称			
				J	变配电所自动装置	001	馈出线自动重合闸装置的作用	X
						002	对馈出线自动重合闸装置的基本要求	X
						003	备用电源自动投入装置的概念	X
						004	对备用电源自动投入装置的基本要求	X
						005	常用备用电源自投的方式	X
				K	继电保护装置的校验	001	交流继电器校验的基本要求	X
						002	直流继电器校验的基本要求	X
				L	操作电源	001	蓄电池组直流电源的工作原理	X
						002	蓄电池组直流电源的特点	X
				M	断路器控制回路和信号回路	001	断路器的位置指示和跳、合闸监视控制回路构成	X
						002	断路器事故跳闸信号回路构成	X
						003	断路器防止"跳跃"控制回路的原理	X
						004	断路器闪光信号控制回路构成	X
				N	二次回路知识	001	电气图的分类	X
						002	电气原理展开图绘制原则	X
						003	交流二次回路的一般要求	X
						004	二次回路保护设备的选配原则	X
		G	变电所的微机保护和综合自动化	A	变电所微机保护	001	微机保护装置的硬件系统的构成	X
						002	微机保护装置的基本操作方法	X
				B	变电站综合自动化系统	001	变电站综合自动化系统的微机保护功能	X
						002	变电站综合自动化系统的监视控制功能	X
						003	变电站综合自动化系统的自动控制装置功能	X
						004	变电站综合自动化系统的远动与数据通信功能	X
		H	电气运行维护及事故处理	A	电力变压器的运行维护及事故处理	001	变压器温度异常的处理原则	X
						002	变压器油位异常的分析	X
						003	变压器分接开关故障处理原则	X
						004	变压器并列运行的基本条件	X
						005	变压器并列运行故障的分析	X
						006	变压器运行要点	X
						007	双电源并列前的核相	X
				B	开关电器及消弧线圈的运行维护及事故处理	001	隔离开关油断路器异常运行的故障分析	X
						002	电磁操动机构的特点	X
						003	少油断路器异常运行的故障处理	X
						004	隔离开关异常运行故障处理	X

续表

鉴定范围						鉴定点		
一级		二级		三级		代码	名称	重要程度
代码	名称	代码	名称	代码	名称			
						005	断路器跳合闸回路故障处理规定	X
						006	消弧线圈的巡视检查	X
				C	互感器的运行维护及事故处理	001	电压互感器异常运行的分析	X
						002	电压互感器异常运行故障处理	X
						003	电流互感器二次开路故障处理	X
				D	电容器及无功补偿装置的运行维护及事故处理	001	移相电容器运行规定	X
						002	运行中电容器易发生的异常现象	X
						003	电容器处理故障时的安全注意事项	X
				E	电力线路的运行维护及事故处理	001	架空线路运行要点	X
						002	电力线路运行规定	X
						003	影响电缆运行寿命的因素	X
						004	架空线路运行要求	X
						005	架空线路故障处理	X
				F	变电所倒闸操作知识	001	断路器的操作	X
						002	高压跌落式熔断器的操作顺序	X
						003	变压器的停、送电操作步骤	X
						004	倒闸操作要求	X
						005	隔离开关操作注意事项	X
				G	直流系统及二次回路的运行维护及事故处理	001	铅酸蓄电池运行注意事项	X
						002	铅酸蓄电池运行规定	X
						003	直流电源装置的巡视检查	X
				H	电机的运行维护及事故处理	001	电动机启动故障分析	X
						002	电动机启动的要求	X
						003	电动机运行不正常原因分析	X
		I	电气检修	A	变压器的检修	001	变压器的小修	X
				B	开关电器的检修	001	断路器检修与调整	X
						002	高压隔离开关的检修要点	X
						003	互感器检修要点	X
				C	电动机的检修	001	电动机检修常用材料	X
						002	电动机重绕接线后的质量标准	X
						003	电动机的干燥方法	X
						004	绕线式异步电动机滑环系统检修要点	X
				D	其他控制系统的检修	001	低压电器检修要求	X
						002	接触器导磁系统检修	X
						003	电子器件故障判断	X
						004	低压电器检修知识	X

续表

鉴定范围						鉴定点		
一级		二级		三级		代码	名称	重要程度
代码	名称	代码	名称	代码	名称			
		J	电气设备预防性试验	A	绝缘电阻试验	001	影响绝缘电阻的因素	X
						002	电力电缆绝缘电阻的测试	X
						003	电动机定子绕阻绝缘电阻的测试	X
				B	交、直流耐压试验	001	直流耐压试验	X
						002	交流耐压试验	X
						003	交、直流耐压试验的安全措施	X
				C	绝缘油试验	001	绝缘油的电气与化学分析试验	X
				D	直流电阻试验	001	直流电阻试验的意义	X
						002	直流电阻试验的应用范围	X
				E	介质损耗角试验	001	介质损耗角的概念	X
						002	测量介质损耗系数(tanδ)的意义与作用	X
		K	配电系统接地与过电压防护	A	接地与接零	001	接地装置安装规定	X
						002	接地极及接地线装设要求	X
				B	过电压的种类及产生	001	过电压的概念	X
						002	过电压的分类	X
				C	过电压防护设备	001	避雷器知识	X
						002	避雷器工作原理	X
						003	阀式避雷器使用要求	X
						004	氧化锌避雷器的特点及应用	X
				D	变电所及电气设备的过电压保护	001	架空线路的防雷措施	X
						002	内部过电压的防护	X
		L	电动机控制	A	异步电动机的控制	001	电动机线路控制的基本控制环节	X
						002	电动机基本控制方法	X
						003	三相电动机全压启动控制方法	X
						004	三相电动机正反转控制方法	X
						005	三相电动机两地控制方法	X
						006	三相电动机顺序启动控制方法	X
						007	三相异步电动机星-三角启动控制方法	X
						008	三相异步电动机自耦变压器启动控制方法	X
						009	绕线式异步电动机的控制方法	X
						010	低压电动机的低电压再启动控制原理	X
				C	直流电动机的拖动基础	001	直流电动机的工作特性	X
						002	他励直流电动机的启动方式	X
						003	他励直流电动机的制动方式	X

续表

鉴定范围						鉴定点		
一级		二级		三级		代码	名称	重要程度
代码	名称	代码	名称	代码	名称			
		M	电气安全	A	电工常用安全用具知识	001	安全用具的试验	X
						002	电工安全用具的概念	X
						003	电工安全用具使用规定	X
				B	电业安全工作规程	001	带电作业一般规定	X
						002	在高压电动机上维护时工作的一般规定	X
						003	在 SF_6 电气设备上工作的注意事项	X
				C	电气设备防火防爆知识	001	正压防爆型电气设备使用注意事项	X
						002	隔爆型电气设备在使用中的注意事项	X
						003	对爆炸危险环境的电气线路的一般要求	X
		P	相关工种基础知识	A	钳工基本知识	001	锯割基本要求	X
						002	钻孔基本要求	X
						003	攻丝和套丝基本要求	X
						004	锉削基本要求	X
						005	錾削基本要求	X
						006	电动机装配基本要求	X
						007	电动机安装后的校正	X

二、理论知识试题

行业通用理论知识试题

判断题

1. 交接班记录需要领导审阅签字。 (√)

2. 设备巡检包括设备停机过程中的检查。 (√)

3. 投影线都相互平行的投影称为中心投影。 (×)

正确答案：投影线都相互平行的投影称为平行投影。

4. 在三视图中，能够反映物体上下、左右位置关系的视图为俯视图。 (×)

正确答案：在三视图中，能够反映物体上下、左右位置关系的视图为主视图。

5. 画三视图时，左视图和俯视图的关系是长对正。 (×)

正确答案：画三视图时，左视图和俯视图的关系是宽相等。

6. 零件图的作用是读零件图与装配图关系。 (×)

正确答案：零件图的作用是直接指导制造零件和检验零件的图样。

7. 零件图是直接指导制造零件和检验零件的图样。 (√)

8. 综合性季度检查中，安全生产不仅是重要内容，还实行一票否决权。 (√)

9. 尘毒物质对人体的危害与个人体质因素无关。 (×)

正确答案：尘毒物质对人体的危害与个人年龄、身体健康状况等因素有关。

10. 因为环境有自净能力，所以轻度污染物可以直接排放。 (×)

正确答案：虽然环境有自净能力，轻度污染物也不可以直接排放。

11. 目前清洁生产审计中应用的理论主要是物料平衡和能量守恒原理。 (√)

12. 清洁生产审计的目的是：通过清洁生产审计判定生产过程中不合理的废物流和物、能耗部位，进而分析其原因，提出削减它的可行方案并组织实施，从而减少废弃物的产生和排放，达到实现本轮清洁生产目标。 (√)

13. 根据燃烧三要素，采取除掉可燃物、隔绝氧气(助燃物)、将可燃物冷却至燃点以下等措施均可灭火。 (√)

14. 在 HSE 管理体系中，评审是高层管理者对安全、环境与健康管理体系的适应性及其执行情况进行正式评审。 (√)

15. 第二方审核是直属企业作为受审方，由取得相应资格的单位进行 HSE 体系审核。 (×)

正确答案：第三方审核是直属企业作为受审方，由取得相应资格的单位进行 HSE 体系审核。

16. 含汞、铬、铅等的工业废水不能用化学沉淀法治理。 (×)

正确答案：含汞、铬、铅等的工业废水可以用化学沉淀法治理。

17. 一级除尘又叫机械除尘。 (√)

18. 废渣处理首先考虑综合利用的途径。 (√)

19. 陆地填筑法可避免造成火灾或爆炸。 (×)

正确答案：陆地填筑法有可能造成火灾或爆炸。

20. 在防冻防凝工作中，严禁用高压蒸汽取暖、严防高压蒸汽串入低压系统。 (√)

21. 对已冻结的铸铁管线、阀门等可以用高温蒸汽迅速解冻。 (×)

正确答案：对已冻结的铸铁管线、阀门等不得急剧加热，只允许温水或少量蒸汽缓慢解冻，以防骤然受热损坏。

22. 进入夏季，工业园区应对所有地沟、排水设施进行检查，清除排水障碍。备足防汛物资，遇到险情满足需求。 (√)

23. 从事办公室工作的人员不会形成职业病。 (×)

正确答案：从事办公室工作的人员也会形成相应的职业病。

24. 职业中毒不属于职业病。 (×)

正确答案：职业中毒属于职业病之一。

25. 急慢性中毒皆属于人身事故。 (×)

正确答案：急性中毒属于人身事故。

26. 在 HSE 管理体系中，一般不符合项是指能使体系运行出现系统性失效或区域性失效的问题。 (×)

正确答案：在 HSE 管理体系中，一般不符合项是指个别的、偶然的、孤立的、性质轻微的问题或者是不影响体系有效性的局部问题。

27. HSE 管理体系规定，公司应建立事故报告、调查和处理管理程序，所制定的管理程序应保证能及时地调查、确认事故(未遂事故)发生的根本原因。 (√)

28. 标准化的重要意义是提高产品、过程或服务的质量，防止贸易壁垒，并促进技术

合作。（×）

正确答案：标准化的重要意义是改进产品、过程或服务的适用性，防止贸易壁垒，并促进技术合作。

29. 企业应当具备法人的资格或是法人的一部分，才可以申请质量体系认证。（√）

30. 全面质量管理的核心是强调提高产品质量。（×）

正确答案：全面质量管理的核心是强调提高工作质量。

31. 生产制造过程的质量管理是全面质量管理的中心环节。（√）

32. 质量管理体系是指在质量方面指挥和控制组织的管理体系，它是组织若干管理体系的一个。（√）

33. PDCA 循环是全面质量管理的科学方法，可用于企业各个方面、各个环节的质量管理活动。（√）

34. ISO 9004：2000 标准是“指南”，可供组织作为内部审核的依据，也可用于认证和合同目的。（×）

正确答案：ISO 9004：2000 标准提供了超出 ISO 9001 要求的指南和建议，不用于认证或合同的目的。

35. ISO 9000 族标准中，质量仅指产品质量。（√）

36. ISO 9000 族标准质量管理八项原则是一个组织在质量管理方面的总体原则。（√）

37. 计算机应用软件 Word 字处理软件不仅可以进行文字处理，还可以插入图片、声音等，但不能输入数学公式。（×）

正确答案：Word 字处理软件不仅可以进行文字处理，还可以插入图片、声音等，也能输入数学公式。

38. 在应用软件 Word 表格操作中选定整个表格后，按格式工具栏上的左、右、居中对齐等按钮则单元格中的文字内容进行左、右、居中对齐。（×）

正确答案：选定整个表格后，按格式工具栏上的左、右、居中对齐等按钮则单元格中的文字内容不会进行左、右、居中对齐，整个工作表整体在页面中进行左、右、居中对齐。

39. 在应用软件 Word 表格操作中利用表格工作栏还可对表格内容进行垂直对齐。（√）

40. 在计算机应用软件 Excel 中选中不连续单元格的功能键是 Alt。（×）

正确答案：在计算机应用软件 Excel 中选中不连续单元格的功能键是 Ctrl。

41. 在计算机应用软件 Excel 中清除合并居中的格式可以通过键盘的删除（Delete）键来实现。（×）

正确答案：在计算机应用软件 Excel 中清除合并居中的格式可以通过编辑菜单中的清除格式来实现。

42. 在计算机应用软件 Excel 中的打印可实现放大或缩小比例打印。（√）

43. 不动产的买卖合同一般采用登记形式。（√）

44. 在实践中，口头形式是当事人最为普遍采用的一种合同约定形式。（×）

正确答案：在实践中，书面形式是当事人最为普遍采用的一种合同约定形式。

单选题

1. 不允许在岗位交接班记录中出现（ C ）。

A. 凭旧换新　　B. 划改内容　　C. 撕页重写　　D. 双方签字

2. 投影线都通过中心的投影称为(A)投影法。

A. 中心　B. 平行　C. 斜　D. 正

3. 在工程制图中应用较多的投影法是(D)投影法。

A. 中心　B. 平行　C. 斜　D. 正

4. 剖视图的剖切符号为断开的(D)线。

A. 细实　B. 点划　C. 虚　D. 粗实

5. 在三视图中，反映物体前后、左右位置关系的视图为(B)。

A. 主视图　B. 俯视图

C. 左视图　D. 在三个视图中都有可能

6. 在三视图中，反映物体前后、上下位置关系的视图为(C)。

A. 主视图　B. 俯视图

C. 左视图　D. 在三个视图中都有可能

7. 画三视图时，主视图和俯视图的关系是(A)。

A. 长对正　B. 高平齐　C. 宽相等　D. 无关系

8. 零件图的主要作用之一是(B)。

A. 指导读零件的结构　B. 直接指导制造零件

C. 读零件图与装配图关系　D. 读零件之间的配合情况

9. 毒物的沸点是(C)。

A. 越低毒性越小　B. 越高毒性越大

C. 越低毒性越大　D. 与毒性无关

10. 污染物的回收方法包括(D)。

A. 蒸发　B. 干燥　C. 排放　D. 吸收

11. 清洁生产涵盖有深厚的理论基础，但其实质是(A)。

A. 最优化理论　B. 测量学基本理论

C. 环境经济学基本理论　D. 资源经济学基本理论

12. 液体有机物的燃烧可以采用(C)灭火。

A. 水　B. 沙土　C. 泡沫　D. 以上均可

13. ISO 14001 标准其主要特点有强调(D)、强调法律、法规的符合性、强调系统化管理、强调文件化、强调相关方的观点。

A. 污染预防　B. 持续改进

C. 末端治理　D. 污染预防、持续改进

14. 在 ISO 14001 标准体系中，为了确保环境因素评价的准确性，在识别环境因素时应考虑的三种状态是(C)。

A. 开车、停机和检修状态　B. 连续、间歇和半连续状态

C. 正常、异常和紧急状态　D. 上升、下降和停止状态

15. 公司 HSE 管理体系的审核分为内部审核、(C)。

A. 第一方审核　B. 第二方审核

C. 第三方审核　D. 第四方审核

16. HSE 评审的目的是检验 HSE 管理体系的适宜性、(B)和有效性。

A. 充分性　　B. 公平性　　C. 权威性　　D. 必要性

17. 废水治理的方法有物理法、(A)法和生物化学法等。

A. 化学　　B. 过滤　　C. 沉淀　　D. 结晶

18. 可直接用碱液吸收处理的废气是(A)。

A. 二氧化硫　　B. 甲烷　　C. 氨气　　D. 一氧化氮

19. 废渣的处理大致采用(D)、固化、陆地填筑等方法。

A. 溶解　　B. 吸收　　C. 粉碎　　D. 焚烧

20. 为了作好防冻防凝工作，停用的设备、管线与生产系统联接处要加好(B)，并把积水排放吹扫干净。

A. 阀门　　B. 盲板　　C. 法兰　　D. 保温层

21. “夏季四防”包括防暑降温、防汛、(A)、防倒塌。

A. 防雷电　　B. 防霉变　　C. 防跌滑　　D. 防干旱

22. 属于石化行业职业病的是(B)。

A. 近视　　B. 尘肺病　　C. 肩周炎　　D. 哮喘

23. 与化工生产密切相关的职业病是(B)。

A. 耳聋　　B. 职业性皮肤病　　C. 关节炎　　D. 眼炎

24. 在 HSE 管理体系中，(A)是指组织在职业健康安全绩效方面所达到的目的。

A. 目标　　B. 事件　　C. 不合格　　D. 不符合

25. 在 HSE 管理体系中，(B)是指与组织的职业健康安全绩效有关的或受其职业健康安全绩效影响的个人或团体。

A. 目标　　B. 相关方　　C. 事件　　D. 不符合

26. 在 HSE 管理体系中，造成死亡、职业病、伤害、财产损失或环境破坏的事件称为(C)。

A. 灾害　　B. 毁坏　　C. 事故　　D. 不符合

27. 标准化的重要意义是改进产品、过程或服务的(C)，防止贸易壁垒，并促进技术合作。

A. 品质　　B. 性能　　C. 适用性　　D. 功能性

28. 产品质量认证活动是(D)开展的活动。

A. 生产方　　B. 购买方

C. 生产和购买双方　　D. 独立于生产方和购买方之外的第三方机构

29. 全面质量管理强调以(B)质量为重点的观点。

A. 产品　　B. 工作　　C. 服务　　D. 工程

30. 质量管理体系要求企业除应有(A)上的保证能力以外，还应有资源上的保证能力。

A. 管理　　B. 质量计划

C. 质量政策与程序　　D. 质量文件

31. 企业的质量方针是由(D)决策的。

A. 全体员工　　B. 基层管理人员

C. 中层管理人员　　D. 最高管理层人员

32. PDCA 循环的四个阶段八个步骤的第四个步骤是(B)。

A. 总结　　B. 拟订对策并实施

C. 分析问题原因　　　　　　　　　D. 效果的确认

33. ISO 9001 和 ISO 9004 的区别在于(D)。

A. 采用以过程为基础的质量管理体系模式

B. 建立在质量管理八项原则的基础之上

C. 强调与其他管理标准的相容性

D. 用于审核和认证

34. 下列各项中属于产品固有特性的是(B)。

A. 价格　　　B. 噪音　　　C. 保修期　　　D. 礼貌

35. PDCA 循环是实施 ISO 9000 族标准(B)原则的方法。

A. 系统管理　　　B. 持续改进　　　C. 过程方法　　　D. 以事实为决策依据

36. 在计算机应用软件 Word 中，不能进行的字体格式设置是(C)。

A. 文字的缩放　　　B. 文字的下划线　　　C. 文字的旋转　　　D. 文字的颜色

37. 计算机应用软件 Word 的菜单中，经常有一些命令是灰色的，这表示(B)。

A. 应用程序本身有故障　　　　　　B. 这些命令在当前状态不起作用

C. 系统运行故障　　　　　　　　　D. 这些命令在当前状态下有特殊的效果

38. 在计算机应用软件 Word 中，可用于计算表格中某一数值列平均值的函数是(C)。

A. Abs( )　　　B. Count( )　　　C. Average( )　　　D. Total( )

39. 在计算机应用软件 Excel 工作表中，可按需拆分窗口，一张工作表最多拆分为(B)个窗口。

A. 3　　　B. 4　　　C. 5　　　D. 任意多

40. 在计算机应用软件 Excel 中如图所示页面中的斜杠是通过(B)菜单中单元格里的边框来实现。

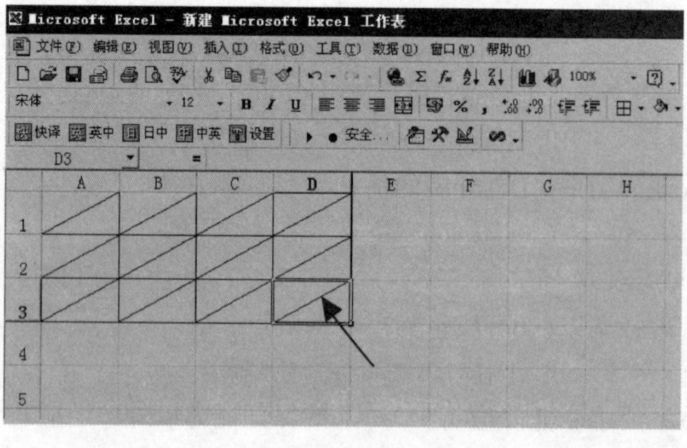

A. 编辑　　　B. 格式　　　C. 工具　　　D. 窗口

41. 当事人采用合同书形式订立合同的，自双方当事人(C)时合同成立。

A. 制作合同书　　　　　　　　　B. 表示受合同约束

C. 签字或者盖章　　　　　　　　D. 达成一致意见

42. 下列各种合同中，必须采取书面形式的是(D)合同。

A. 保管　　　B. 买卖　　　C. 租赁　　　D. 技术转让

多选题

1. 设备巡检时域分为(A，B，C，D)等检查。

A. 设备运行期间　　B. 设备停机过程中
C. 设备停运期间　　D. 设备开机过程中

2. 在三视图中，能够反映物体前后位置关系的视图为(B，C)。

A. 主视图　　B. 俯视图
C. 左视图　　D. 在三个视图中都有可能

3. 在三视图中，能够反映物体上下位置关系的视图为(A，C)。

A. 主视图　　B. 俯视图
C. 左视图　　D. 在三个视图中都有可能

4. 在三视图中，与高度有关的视图是(A，C)。

A. 主视图　　B. 俯视图　　C. 左视图　　D. 三个视图都有关系

5. 在三视图中，与宽度有关的视图是(B，C)。

A. 主视图　　B. 俯视图　　C. 左视图　　D. 三个视图都有关系

6. 零件图的主要作用是(A，C)。

A. 直接指导制造零件　　B. 指导读零件的结构
C. 检验零件的图样　　D. 读零件图与装配图关系

7. 安全检查中的"月查"由车间领导组织职能人员进行月安全检查，查领导、查思想、(A，B，D)。

A. 查隐患　　B. 查纪律　　C. 查产量　　D. 查制度

8. 尘毒物质对人体的危害与工作环境的(A，B，C)等条件有关。

A. 温度　　B. 湿度　　C. 气压　　D. 高度

9. 改革生产工艺是控制化工污染的主要方法，包括(A，B，C)等。

A. 改革工艺　　B. 改变流程
C. 选用新型催化剂　　D. 更新设备

10. 着火点较大时，有利于灭火措施的是(A，C，D)。

A. 抑制反应量　　B. 用衣服、扫帚等扑打着火点
C. 减少可燃物浓度　　D. 减少氧气浓度

11. 在 ISO 14001 标准体系中，为了确保环境因素评价的准确性，在识别环境因素时应考虑土地污染、对社区的影响、原材料与自然资源的使用、其他地方性环境问题外，还应考虑(A，B，C)问题。

A. 大气排放　　B. 水体排放　　C. 废物管理　　D. 材料的利用

12. 在 ISO 14001 标准体系中，环境因素识别的步骤包括(A，B，D)。

A. 划分和选择组织过程　　B. 确定选定过程中存在的环境因素
C. 初始环境评审　　D. 明确每一环境因素对应的环境影响

13. 在 ISO 14001 标准体系中，识别环境因素的方法除问卷调查、专家咨询、现场观察和面谈、头脑风暴、查阅文件及记录、测量、水平对比、纵向对比等方法外，还有(A，B，C)方法。

A. 过程分析法　　B. 物料衡算

C. 产品生命周期　　D. 最优化理论

14. 在 HSE 管理体系中，审核是判别管理活动和有关的过程(A，B)，并系统地验证企业实施安全、环境与健康方针和战略目标的过程。

A. 是否符合计划安排　　B. 是否得到有效实施

C. 是否已经完成　　D. 是否符合标准

15. HSE 管理体系中，危害主要包括(A，B，C，D)等方面。

A. 物的不安全状态　　B. 人的不安全行为

C. 有害的作业环境　　D. 安全管理缺陷

16. 工业废水的生物处理法包括(B，D)法。

A. 过滤　　B. 好氧　　C. 结晶　　D. 厌氧

17. 对气态污染物的治理主要采取(B，C)法。

A. 蒸馏　　B. 吸附　　C. 吸收　　D. 过滤

18. 可用于废渣处理方法的是(A，B，C)。

A. 陆地填筑　　B. 固化　　C. 焚烧　　D. 粉碎

19. 为了做好防冻防凝工作，应注意(A，B，C)。

A. 加强报告制度　　B. 加强巡检力度

C. 有情况向上级或领导汇报　　D. 独立解决问题

20. 不属于夏季四防范畴的是(A，B，D)。

A. 防滑　　B. 防冰雹　　C. 防雷电　　D. 防干旱

21. HSE 管理体系规定，事故的报告、(A，B，C)、事故的调查、责任划分、处理等程序应按国家的有关规定执行。

A. 事故的分类　　B. 事故的等级　　C. 损失计算　　D. 事故的赔偿

22. 标准化的重要意义可概括为(A，B，C，D)。

A. 改进产品、过程或服务的适用性　　B. 防止贸易壁垒，促进技术合作

C. 在一定范围内获得最佳秩序　　D. 有一个或多个特定目的，以适应某种需要

23. 企业质量体系认证(A，C，D)。

A. 是一种独立的认证制度

B. 依据的标准是产品标准

C. 依据的标准是质量管理标准

D. 是第三方对企业的质量保证和质量管理能力依据标准所做的综合评价

24. 产品的质量特性包括(A，B，C，D)。

A. 性能　　B. 寿命　　C. 可靠性　　D. 安全性

25. PDCA 循环中，处置阶段的主要任务是(B，D)。

A. 明确目标并制定实现目标的行动方案

B. 总结成功经验

C. 对计划实施过程进行各种检查

D. 对质量问题进行原因分析，采取措施予以纠正

26. 下列哪些标准应用了以过程为基础的质量管理体系模式的结构(B，C)。

A. ISO 9000：2000《质量管理体系基础和术语》

B. ISO 9001：2000《质量管理体系要求》

C. ISO 9004：2000《质量管理体系业绩改进指南》

D. ISO 19011：2002《质量和环境管理体系审核指南》

27. ISO 9000 族标准中，质量具有(B，C)性等性质。

A. 适用　　B. 广义　　C. 相对　　D. 标准

28. 在计算机应用软件 Word 的“页面设置”对话框中，可以设置的选项为(B，C，D)。

A. 字体　　B. 位置　　C. 纸型　　D. 纸张大小

29. 在计算机应用软件 Word 表格中，关于数据排序的叙述，不正确的是(A，B，C)。

A. 表格中数据的排序只能按升序进行　　B. 表格中数据的排序只能按降序进行

C. 表格中数据的排序依据只能是行　　D. 表格中数据的排序依据可以是列

30. 在计算机应用软件 Excel 工作表中，选定某单元格，单击“编辑”菜单下的“删除”选项，可能完成的操作是(A，B，C)。

A. 删除该行　　B. 右侧单元格左移

C. 删除该列　　D. 左侧单元格右移

31. 在 Excel 工作簿中，对工作表可以进行的打印设置是(A，B，D)。

A. 打印区域　　B. 打印标题　　C. 打印讲义　　D. 打印顺序

32. 合同可以以(A，B，C，D)形式存在。

A. 口头　　B. 批准　　C. 登记　　D. 公正

33. 下列说法中属于无效合同特征的有(A，B，C，D)。

A. 无效合同自合同被确认无效时起无效

B. 对无效合同要进行国家干预

C. 无效合同具有不得履行性

D. 无效合同的违法性

工种理论知识试题

判断题

1. “220V，50W”与“220V，100W”并联接于 220V 的电源上，50W 的灯亮。　(×)

正确答案：“220V，50W”与“220V，100W”并联接于 220V 的电源上，100W 的灯亮。

2. 电路中既有电阻串联又有电阻并联的联接方式叫做电阻的混联。　(√)

3. 根据电流方向，能够判断电动势的状态(电动机状态或发电机状态)。　(√)

4. 有多少条回路就可以列出多少个独立的电压方程。　(×)

正确答案：有多少个网孔就可以列出多少个独立的电压方程。

5. 应用支路电流法时，有多少条支路就列多少个独立的方程联立求解出各支路电流。　(√)

6. 运用支路电流法求解复杂直流电流时，不一定以支路电流为未知量。　(×)

正确答案：运用支路电流法求解复杂直流电流时，一定以支路电流为未知量。

7. 电桥电路是复杂电路，平衡时又是简单电路。　(√)

8. 要使负载获得最大功率必须是电源内阻为零。　(×)

正确答案：要使负载获得最大功率必须是负载电阻等于等效电源内阻。

9. 两个金属板之间电容量的大小与外加的电压有关。　(×)

正确答案：两个金属板之间电容量的大小与外加的电压无关。

10. 在电容器的两端加上直流电时，阻抗为无限大，相当于开路。 (√)

11. 一般电容器可采用增大极板有效截面积或减少极板间距离的办法来增大平行板电容器的电容。 (√)

12. 用万用表测量较大容量电容器时，表针摆幅越大，表明电容器的容量越大。 (√)

13. 串联电容越多，等效电容就越大。 (×)

正确答案：串联电容越多，等效电容就越小。

14. 电容并联时，总电容的倒数等于各电容倒数之和。 (×)

正确答案：电容并联时，总电容等于各并联电容之和。

15. 在电路中并联的电容器越多，容抗越小。 (√)

16. 并联电容器越多，总的等效电容量越小。 (×)

正确答案：并联电容器越多，总的等效电容量越大。

17. 产生电磁感应的条件是穿越线圈的磁通必须发生变化。 (√)

18. 感应电动势的方向永远与磁通变化趋势一致。 (×)

正确答案：感应电动势的方向永远与磁通变化趋势相反。

19. 电感具有通交流隔直流的作用。 (×)

正确答案：电感具有通直流隔交流的作用。

20. 涡流是一种特殊的电磁感应现象。 (√)

21. 当导体与磁场方向的夹角为90°时，导体所受的电磁力最小。 (×)

正确答案：当导体与磁场方向的夹角为90°时，导体所受的电磁力最大。

22. RLC 串联电路，当 $X_C<X_L$ 使电路成容性。 (×)

正确答案：RLC 串联电路，当 $X_C>X_L$ 使电路成容性。

23. 视在功率是指电路中电压与电流的乘积，它既不是有功功率也不是无功功率。 (√)

24. 在三相对称电路中，总的有功功率等于线电压，线电流和功率因数三者相乘积的$\sqrt{3}/3$倍。 (×)

正确答案：在三相对称电路中，总的有功功率等于线电压，线电流和功率因数三者相乘积的$\sqrt{3}$倍。

25. 无功功率简称“无功”，即可从字面上理解为“无用”之功。 (×)

正确答案：无功功率简称“无功”，并非是“无用”之功。

26. 无功功率对负载来说是无用的，故称这为无用功率。 (×)

正确答案：单位时间内能量转换的最大值称为无功功率。

27. 单相交流电路中，在电感线圈两端并联一电容后，电路仍为感性。 (×)

正确答案：单相交流电路中，在电感线圈两端并联一电容后，电路可能呈感性。

28. 电流的功率因数是视在功率与有功功率的比值。 (×)

正确答案：电流的功率因数是有功功率与视在功率的比值。

29. 并联电容器能提高感性负载本身的功率因数。 (×)

正确答案：并联电容器不能提高感性负载本身的功率因数。

30. 交流电路中的阻抗包括电阻和电抗，而电抗又分为感抗和容抗。 (√)

31. 某电气元件两端交流电压的相位超前于流过它上面的电流，则该元件为容性负载。(×)

正确答案：某电气元件两端交流电压的相位超前于流过它上面的电流，则该元件为感性负载。

32. 在中性点直接接地系统中，零序电流互感器一般接在中性点的接地线上。（√）

33. 凡三相绕组的首端(或尾端)联接在一起的共同联接点，称电源中性点。（√）

34. 在功率三角形中，功率因数角所对的直角边是 P 而不是 Q。（×）

正确答案：在功率三角形中，功率因数角所对的直角边是 Q 而不是 P。

35. 单相桥式整流电路中需要 2 只二极管。（×）

正确答案：单相桥式整流电路中需要 4 只二极管。

36. 单相桥式整流电路在输入交流电压的每半个周期内都有 2 只二极管导通。（√）

37. 单相桥式整流电路由 4 个二极管组成，所以流过每个整流管的电流为流过负载电流的 1/4，即 $I_o/4$。（×）

正确答案：单相桥式整流电路由 4 个二极管组成，所以流过每个整流管的电流为流过负载电流的 1/2，即 $I_o/2$。

38. 三相半波整流中，每个二极管导通的时间是半个周期。（×）

正确答案：三相半波整流中，每个二极管导通的时间是 1/3 个周期。

39. 三相桥式整流电路实质上是两个三相半波整流电路的组合。（√）

40. 在三相桥式整流中，若 3 只整流二极管接反，仍为三相桥式整流。（×）

正确答案：在三相桥式整流中，若 3 只整流二极管接反，将发生电路短路。

41. 三相桥式整流电路线电压的正交点，同样是自然换相点。（√）

42. 所谓滤波就是保留脉动直流电中的直流成分，尽可能滤除其中的交流成分，把脉动直流电变成较平滑直流电的过程。（√）

43. 滤波电路一般接在整流电路的后面，常用的滤波电路有电容式滤波电路、电感式滤波电路、复式滤波电路等几种。（√）

44. 在二极管的单相半波整流电路中，加电容 C 滤波后，二极管承受的最高反向电压值与不加电容滤波时一样。（×）

正确答案：在二极管的单相半波整流电路中，加电容 C 滤波后，二极管承受的最高反向电压值与不加电容滤波时不一样。

45. 在滤波电路中，电感 L 应与负载串联。（√）

46. 复式滤波电路输出的电压波形比一般滤波电路输出的电压波形平直。（√）

47. 电子滤波电路常用在整流电流不很大但滤波要求高的场合。（√）

48. 电子滤波电路工作时，它采用的三极管工作在放大状态。（√）

49. 整流二极管包含一个 PN 结。（√）

50. 整流二极管的最大反向工作电压等于击穿电压。（×）

正确答案：整流二极管的最大反向工作电压等于击穿电压的一半。

51. 用万用表的“R×1k”或“R×100”挡测量整流二极管的正反向阻值，如果阻值一大，一小，则说明整流二极管基本正常。（√）

52. 将单个硅整流元件进行串联，或按某种整流方式组合起来，用绝缘瓷、环氧树脂等封装成一体，就制成整流堆。（√）

53. 判断整流堆的好坏，主要检查它的正反向电阻和反向击穿电压。（√）

54. 在大功率的整流电路中，为了防止故障，通常采用在输入端、输出端与二极管并联阻容电路、压敏电阻等元件来吸收或泄放过电压，作过压保护。(√)

55. 理想二极管的导通、截止两种状态相当于开关接通、断开两种状态，可当作开关使用。(√)

56. 当三极管的发射结和集电结都处于正向偏置时，三极管截止，相当于开关断开。(×)

正确答案：当三极管的发射结和集电结都处于反向偏置时，三极管截止，相当于开关断开。

57. 三种基本的逻辑门电路是与门、或门和非门。(√)

58. 晶体管放大电路中，集电极电阻 R_c 的主要作用是向三极管提供集电极电流。(×)

正确答案：晶体管放大电路中，集电极电阻 R_c 的主要作用是将三极管的电流放大转化为电压放大。

59. 模拟放大电路设置静态工作点的目的是减小其波形失真。(√)

60. 晶体三极管组成的放大器采用电阻法、电流法、电压法三种分析方法。(×)

正确答案：晶体三极管组成的放大器的两种基本分析方法是图解法和微变等效电路法。

61. 分压式偏置放大电路，可以稳定静态工作点，因此广泛应用于阻容耦合交流放大电路。(√)

62. 晶闸管的三个电极是阳极、阴极、基极。(×)

正确答案：晶闸管的三个电极是阳极、阴极、控制极。

63. 当晶闸管的控制极触发使晶闸管导通后，一旦控制极断开，晶闸管也就由导通变为截止。(×)

正确答案：当晶闸管的控制极触发使晶闸管导通后，一旦控制极断开，晶闸管还处在导通状态。

64. 晶闸管由导通变为阻断，必须使其电流下降到小于维持电流才能实现。(√)

65. 需要系数恒小于1。(√)

66. 在确定用电设备台数较少而容量相差悬殊的低压分支线和干线的计算负载时，常按需要系数法计算。(×)

正确答案：在确定用电设备台数较少而容量相差悬殊的低压分支线和干线的计算负载时，常按二项式法计算。

67. 无限大容量电力系统在短路过程中，系统的频率不是恒定的。(×)

正确答案：无限大容量电力系统在短路过程中，可以认为无限大容量电力系统的频率是恒定的。

68. 相对于工厂变配电所的容量来说，电力系统的容量可以认为是无穷大。所以，在计算短路电流时，认为系统阻抗为无穷大。(×)

正确答案：相对于工厂变配电所的容量来说，电力系统的容量可以认为是无穷大。所以，在计算短路电流时，认为系统阻抗为零。

69. 线路的电感以电纳形式计算，而线路的电容以电抗形式计算。(×)

正确答案：线路的电感以电抗形式计算，而线路的电容以电纳形式计算。

70. 隔离开关主闸刀和接地闸刀之间有机械联锁，当主闸刀未分开时，接地闸刀不能合闸。(√)

71. SN10-10 型少油断路器的灭弧室中，横吹起主要作用，纵吹只起辅助作用，是与横吹结合进行灭弧的。（√）

72. 真空断路器开断小电感电流时，比较适合。（×）

正确答案：真空断路器开断小电感电流时，有可能产生较高的过电压，在应用上应采取过电压措施。

73. 高压隔离开关操动机构采用手动操动机构时，可实现远方控制和自动控制。（×）

正确答案：高压隔离开关操动机构采用电动操动机构时，可实现远方控制和自动控制。

74. 高压断路器的额定电压指的是相电压。（×）

正确答案：高压断路器的额定电压指的是线电压。

75. 负荷开关不但能关合和开断规定的负荷电流，一般情况下也允许在短路状态下操作。（×）

正确答案：负荷开关性质决定它只能关合和开断规定的负荷电流，一般不允许在短路状态下操作。

76. 万能式低压断路器用于电动机控制时，欠压脱扣器在运行中因低电压而动作主要保护上口设备。（×）

正确答案：万能式低压断路器用于电动机控制时，欠压脱扣器在运行中因低电压而动作主要保护电动机不受破坏。

77. 低压断路器的分断能力主要指在规定条件下能够断开的短路电流值。（√）

78. 低压断路器过流脱扣器选择时，过流脱扣器的整定电流要小于线路的计算电流。（×）

正确答案：低压断路器过流脱扣器选择时，过流脱扣器的整定电流要不小于线路的计算电流。

79. 电流型单相漏电保护器在使用中，零线可以接到设备外壳，以保护人身安全。（×）

正确答案：电流型单相漏电保护器在使用中，零线严禁接到设备外壳。需由专门的保护零(地)接于外壳。

80. 变压器输出电压低于电压标准时，应向指示电压高的方向调整分接头。（×）

正确答案：变压器输出电压低于电压标准时，应向指示电压低的方向调整分接头。

81. 电流互感器的正常运行状态相当于变压器的短路状态。（√）

82. 电压互感器经常工作在相当于短路的工作状态下。（×）

正确答案：电压互感器经常工作在相当于空载的工作状态下。

83. 电力线路中的串联电力电容是用来补偿有功功率，提高电力系统的功率因数的。（×）

正确答案：电力线路中的并联电力电容是用来补偿无功功率，提高电力系统的功率因数的。

84. 具有“五防”功能的高压开关柜，当地线开关投在“合闸”位置时，断路器才能合闸。（×）

正确答案：具有“五防”功能的高压开关柜，当地线开关投在“合闸”位置时，断路器不能合闸。

85. 拉线的作用是作为架空线的避雷线的引下线。（×）

正确答案：拉线的作用是为了使电杆受力平衡。

86. 防爆照明灯具分为隔爆型和增安型两种。(√)

87. 在三相四极电机中，旋转磁场绕定子旋一周的电角度是720°。(√)

88. 单相异步电动机只有工作绕组接通电源时，其磁场属于脉振磁场，其振幅随时间变化，但其空间位置始终在启动绕组的中心线上。(×)

正确答案：单相异步电动机只有工作绕组接通电源时，其磁场属于脉振磁场，其振幅随时间变化，但其空间位置始终在工作绕组的中心线上。

89. 绕线式电动机转子绕组引线一般经过滑环引出后接成星形。(√)

90. 隔爆电动机的紧固零件必须有防松装置，螺栓间相隔距离没要求。(×)

正确答案：隔爆电动机的紧固零件必须有防松装置，螺栓间相隔距离不能太大。

91. 铁芯中通过磁通就会发热，这是由于铁芯中有了交变磁通后产生的磁滞损耗。(×)

正确答案：铁芯中通过磁通就会发热，这是由于铁芯中有了交变磁通后产生的两种损耗：涡流损耗和磁滞损耗。

92. 同步电动机按结构分为旋转电枢式和旋转磁极式。(√)

93. 高压柜安装应制定相应的安全措施，重要工序应详细列入施工方案。(√)

94. 水平布置的交流母线，从盘后向盘前排列为A、B、C相。(√)

95. 用于联接柜门上的电器、控制面板等可动部位的导线只要是铜导线即可使用。(×)

正确答案：用于联接柜门上的电器、控制面板等可动部位的导线必须使用多股软导线，并敷设长度要留有裕度。

96. 低压抽屉柜安装要保证抽屉推拉灵活，抽屉应能互换，二次线接触良好。(√)

97. 电缆采用直埋方式施工中，电缆表面距地面的距离不应小于0.3m。(×)

正确答案：电缆采用直埋方式施工中，电缆表面距地面的距离不应小于0.7m。

98. 电磁型过电流继电器是瞬间动作的，只适用于线路和设备的速断保护。(×)

正确答案：电磁型过电流继电器是瞬间动作的，适用于线路和设备的过电流保护或速断保护。

99. 继电器的返回电流与动作电流之比叫作返回系数。(√)

100. 晶体管保护装置与其他集中保护相比，有动作快，抗干扰性强等优点。(×)

正确答案：晶体管保护装置与其他集中保护相比，有动作快，可靠性强的优点，但其抗干扰性较差。

101. 电流速断保护中，计算动作电流时，DL型继电器一般为1.5~1.6，GL型继电器一般为1.2~1.3。(×)

正确答案：电流速断保护中，计算动作电流时，DL型继电器一般为1.2~1.3，GL型继电器一般为1.5~1.6。

102. 带时限电流速断又称延时电流速断，和瞬时速断一样具有相同的保护范围，只是时间有所差别。(×)

正确答案：带时限电流速断又称延时电流速断，可以保护线路的全长，时间上也有所差别。

103. 采用电流速断保护的高压线路，在其末端是有一段“死区”不能保护的，为了能使“死区”内发生故障时也能得到保护，要与带时限过电流保护配合使用。(√)

104. 定时限过流保护一般由启动元件、时间元件和执行元件组成。 (√)

105. 在某些情况下，线路的始端和末端的短路电流差异不大时，为了满足保护装置的灵敏度和保护范围的要求，常装设电流闭锁电压速断保护。 (√)

106. 反时限过流保护装置的主要元件是感应电流继电器，它既是启动元件又是时间元件，但其触点容量不够，必须采用中间继电器接通跳闸回路。 (×)

正确答案：反时限过流保护装置的主要元件是感应电流继电器，它既是启动元件又是时间元件，且触点容量足够大不必接入中间继电器接通跳闸回路。

107. 零序电流保护是根据线路中有非全相运行或发生单相接地时有零序电流流过且故障线路零序电流小于非故障线路的特点而构成的。 (×)

正确答案：零序电流保护是根据线路中有非全相运行或发生单相接地时有零序电流流过且故障线路零序电流大于非故障线路的特点而构成的。

108. 瓦斯保护装置的特点是动作迅速、灵敏度高，能反应变压器油箱内部的各种类型故障，也能反应外部的一些故障。 (×)

正确答案：瓦斯保护装置的特点是动作迅速、灵敏度高，能反应变压器油箱内部的各种类型故障，但不能反应外部故障。

109. 变压器瓦斯保护能反映其内部任何故障，对外部的绝缘套管也有一定的保护作用。 (×)

正确答案：变压器瓦斯保护能反映其内部任何故障，但不能保护外部的绝缘套管和引线上的故障。

110. 110kV 及以上变压器的零序保护常用作线路的后备保护。 (√)

111. 电动机都有一定的过负荷能力，过载的电流值越小，允许过载的时间越短。 (×)

正确答案：电动机都有一定的过负荷能力，过载的电流值越大，允许过载的时间越短。

112. 容量在 400kvar 以上的电容器组，可采用负荷开关操作，其负荷开关至电容器组馈电线短路的保护相应的由 RN_1 型熔断器来实现。 (×)

正确答案：容量在 400kvar 及以下的电容器组，可采用负荷开关操作，其负荷开关至电容器组馈电线短路的保护相应地由 RN_1 型熔断器来实现。

113. 当电力电容器组过电压保护装置无专用电压互感器时，可将过电压继电器接于母线电压互感器二次侧。 (√)

114. 对中小容量的 35/6(10)kV 企业降压变电所的 35kV 单母线或正常分列运行的分段单母线，必须装设专用母线装置来实现母线故障的切除。 (×)

正确答案：对中小容量的 35/6(10)kV 企业降压变电所的 35kV 单母线或正常分列运行的分段单母线，一般由供电线路电源侧的过流保护来实现母线故障的切除。

115. 对于小接地电流系统，专用母线保护装置常采用三相式接线，因为此时只要反应母线相间短路故障，对其单相接地故障由绝缘监察装置发出信号。 (×)

正确答案：对于小接地电流系统，专用母线保护装置常采用两相式接线，因为此时只要反应母线相间短路故障，对其单相接地故障由绝缘监察装置发出信号。

116. 下图为一简易绝缘监察装置。如果正极接地，按下按钮 SE_2，H_{12} 信号灯亮；如果是负极接地，H_{12} 信号灯不亮。 (√)

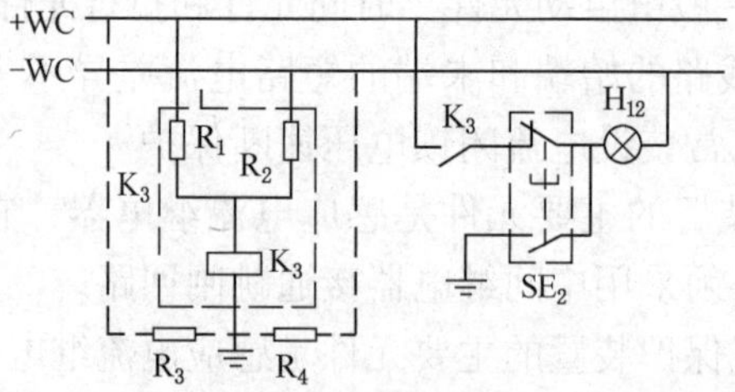

117. 一般小接地电流系统发生单相接地故障时，保护装置动作，断路器跳闸。 (×)

正确答案：一般小接地电流系统发生单相接地故障时，保护装置动作，只发出信号，断路器不跳闸。

118. 通常采用的绝缘监视装置一般是一段母线共用的，只要在该母线上任一联接元件发生接地时，它都要动作，所以动作是无选择性的。 (√)

119. 自动重合闸装置既可以使用在馈电线路的馈出开关上，也能在一般电动机、变压器上使用，用途广泛。 (×)

正确答案：自动重合闸装置一般多用于馈电线路为架空线路的馈出开关上。

120. 在满足故障点去游离和断路器消弧室以及操作机构准备好再次动作所需时间的前提下，自动重合闸装置的动作时间应尽量短。一般重合闸动作时间为 0.5~1.5s。 (√)

121. 当电压互感器的熔断器之一熔断时，备用电源自动投入装置不应误动作。 (√)

122. GL-10 系列电流继电器检验感应元件的动作值和返回系数，要求动作电流与整定值误差不超过±3%，返回系数为 0.85~0.95 之间。 (×)

正确答案：GL-10 系列电流继电器检验感应元件的动作值和返回系数，要求动作电流与整定值误差不超过±5%，返回系数为 0.8~0.9 之间。

123. 检验 DX-11、DXM-2A 型电流信号继电器的动作电流应不大于继电器铭牌的额定电流，电压信号继电器的动作电压不大于 70%的额定电压值。 (√)

124. 每个断路器都装有音响信号，引至中央信号装置。 (×)

正确答案：所有断路器共用一套音响信号，引至中央信号装置。

125. 跳闸回路上防跳继电器的常开触点的作用是对保护出口继电器的跳闸接点起到保护作用，防止其烧毁。 (√)

126. 原理接线图包括屏面布置图、屏后接线图和端子排图三部分。 (×)

正确答案：安装接线图包括屏面布置图、屏背面接线图和端子排图三部分。

127. 测量仪表和继电保护共用一组电流互感器时，若受条件限制，也可共用同一个二次绕组。此时测量仪表应接在保护装置之前。 (×)

正确答案：测量仪表和继电保护共用一组电流互感器时，若受条件限制，也可共用同一个二次绕组。此时测量仪表应接在保护装置之后，以避免校验仪表时影响保护装置工作。

128. 二次回路的保护设备用来切除二次回路短路故障，并作为二次回路检修和调试时断开交、直流电源用。保护设备可用熔断器，也可采用低压断路器。 (√)

129. 微机保护装置的键盘多数已被简化为 7 至 9 个键，即“+、-、←、→、↑、↓、RST(复位)、SET(确认)、Q 或 ESC(退出)”。 (√)

130. 变电站综合自动化系统中，CRT 屏幕操作闭锁功能，不需要操作口令就可以进行

操作控制。（×）

正确答案：变电站综合自动化系统中，CRT 屏幕操作闭锁功能，只有输入正确的操作口令和监护口令才有权进行操作控制。

131. 具有保证安全、可靠供电和提高电能质量的自动控制功能是变电站综合自动化系统必须具备的一个重要功能。（√）

132. 变电站综合自动化的通信功能只能实现系统内部的现场级间的通信。（×）

正确答案：变电站综合自动化的通信功能既能实现系统内部的现场级间的通信，又能实现自动化系统与上级调度的通信。

133. 变压器温度升高时绝缘电阻值增大。（×）

正确答案：变压器温度升高时绝缘电阻值降低。

134. 正常运行时，变压器的油位是不随其周围环境温度的变化而变化的。（×）

正确答案：正常运行时，变压器的油位是随其周围环境温度的变化而变化的。

135. 为了减少有载调压装置的分接开关的磨损，防止频繁动作，自动调压控制器的整定要根据运行电压要求正确地进行。（√）

136. 变比不相同的变压器可以并列运行。（×）

正确答案：变比不相同的变压器不能并列运行。

137. 电力变压器并列运行，常遇到电压比、短路电压不完全相同的情况，往往采用调节分接开关的方法加以改善。（√）

138. 变压器不对称运行，对变压器本身危害极大。（√）

139. 当电压表接于不同电源的两个相线时，如电压表的指示值接近于零值，表明这两相是属于同相位的。（√）

140. 断路器油量过多或过少在遮断故障时都不会受影响。（×）

正确答案：断路器油量过多或过少在遮断故障时都将会引起断路器爆炸。

141. 隔离开关接触部分过热的重要原因是接触部分压力不足或接触表面氧化有污垢。（√）

142. 发现隔离开关过热时，应采用倒闸的方法，将故障隔离开关退出运行，如不能倒闸则应停电处理。（√）

143. 110kV 少油断路器缺油时可以继续运行。（×）

正确答案：发现 110kV 少油断路器缺油时要立即联系停电处理。

144. 消弧线圈正常运行时会发出嗡嗡声，但无杂音。（×）

正确答案：消弧线圈正常运行时应无响声，系统故障通过补偿电流时，便有嗡嗡声，也无杂音。

145. 运行中的电压互感器溢油时，应联系停止运行。（√）

146. 电容器加装放电装置，是为了在电容器停电后，尽快地放尽电容器的残余电荷，确保人员安全。（√）

147. 合入断路器之前，应先检查隔离开关在合入位置，并经核对编号无误后，方可操作。（√）

148. 在三相负荷较平衡情况下，操作高压跌开熔断器时，从操作顺序来讲，拉开或合上第二相时产生的弧光较操作第一相时小。（×）

正确答案：在三相负荷较平衡情况下，操作高压跌开熔断器时，从操作顺序来讲，操作第一相时产生的弧光较操作第二相时产生的电弧光小。

149. 倒闸操作票上的关键字，如拉、合、投、退、装、拆等，最好不要修改。(×)

正确答案：倒闸操作票上的关键字严禁修改。

150. 拉开隔离开关前，必须先检查断路器在断开位置，并经核对编号无误后，方可操作。(√)

151. 当蓄电池电解液温度超过35℃时，其容量会下降。(√)

152. 直流控制母线电压降低后，储能电容器组的容量降低。(√)

153. 铅酸蓄电池经常欠充电，将会造成正极板硫化，容量降低。(×)

正确答案：铅酸蓄电池经常欠充电，将会造成负极板硫化，容量降低。

154. 三相异步电动机在电源缺相时送电，电动机则低速转动。(×)

正确答案：三相异步电动机在电源缺相时送电，电动机不能启动并出现过热。

155. 三相异步电动机全压启动时的启动电流，通常是额定电流的2~2.5倍。(×)

正确答案：三相异步电动机全压启动时的启动电流，通常是额定电流的4~7倍。

156. 变压器大盖垫料缝渗漏油的原因，大多是由于变压器大盖螺丝压接不紧密所致。(√)

157. 液压操动机构的油泵启动或停止，是通过储压筒活塞连杆的移动操纵微动开关来实现的。(√)

158. 瓷质绝缘易发生闪络是因为瓷质绝缘表面光滑而造成的。(×)

正确答案：瓷质绝缘易发生闪络是因为瓷质绝缘表面污湿或瓷质有机械损伤而造成的。

159. 电压互感器的隔离开关检修时，应先取下二次侧熔丝，防止反充电造成高压触电。(√)

160. 修理电机时常用的3020酚醛层压纸板的耐热等级是E级。(√)

161. 如改变电容启动式单相异步电动机的转向，只要将电源的相线与零线对调即可。(×)

正确答案：如改变电容启动式单相异步电动机的转向，需要将主绕组或副绕组中的任一个首尾端对调。

162. 绕线式异步电动机电刷单位面积的压力为14.71~24.52kPa。(√)

163. 在照明回路作业时，断电的次序是：先断开零线，再断开火线。(×)

正确答案：在照明回路作业时，断电的次序是：应先断开火线，再断开零线。

164. 交流接触器噪声大的原因，可能是短路环断裂、触头弹簧压力过大或铁芯接触面有污垢。(√)

165. 用万用表“$R\times100\Omega$”挡测量电解电容器时，万用表指针摆动越大，说明所测电容器的电容量就越小。(×)

正确答案：用万用表“$R\times100\Omega$”挡测量电解电容器时，万用表指针摆动越大，说明所测电容器的电容量就越大。

166. 电力设备的表面脏污会使设备绝缘电阻升高。(×)

正确答案：电力设备的表面脏污会使设备绝缘电阻降低。

167. 测量电缆绝缘电阻时，当电缆较长，充电电流较大时，兆欧表开始时指示数值为零。(×)

正确答案：测量电缆绝缘电阻，当电缆较长，充电电流较大时，兆欧表开始时指示数值很小。

168. 电动机定子绕组匝间绝缘的冲击电桥试验方法可查出电机匝间绝缘已破坏或很脆弱的缺陷。(√)

169. 直流耐压试验中升压应均匀分级进行，不可太快。(√)

170. 进行工频交流耐压试验时，冲击合闸电流不大，因此升压可不从零开始。(×)

正确答案：进行工频交流耐压试验时，升压应从零开始，不可冲击合闸。

171. 一般情况下，变压器油越老化，其 $\tan\delta$ 值随温度变化越显著。(√)

172. 测量变压器直阻不能检查出变压器引线与绕组的焊接质量。(×)

正确答案：测量变压器直阻能检查出变压器引线与绕组的焊接质量。

173. 测量电缆直阻可发现电缆相间短路。(×)

正确答案：测量电缆各芯间的绝缘电阻可发现电缆相间短路。

174. 同一台设备，绝缘越好，介质损耗就越大。(×)

正确答案：同一台设备，绝缘越好，介质损耗就越小。

175. 介质损耗因数 $\tan\delta$ 试验，可以发现设备绝缘整体受潮、劣化变质，以及小体积设备绝缘的某些局部缺陷。(√)

176. 通过测 $\tan\delta$ 判断绝缘状况时，$\tan\delta$ 不超过标准，则绝缘无问题。(×)

正确答案：通过测 $\tan\delta$ 判断绝缘状况时，必须着重于与该设备历年的 $\tan\delta$ 值相比较，并和处于同样运行条件下的同类设备相比较。

177. 爆炸危险环境内的接地或接零用的螺栓应有防松装置；接地线紧固前，其接地端子及上述紧固件，均应涂电力复合脂。(√)

178. 供电系统中，雷电过电压又称为大气过电压或外部过电压。(√)

179. 氧化锌避雷器是由非线性较好的氧化锌电阻片组合而成。(√)

180. FZ 型避雷器在非雷雨季节也不能退出运行。(×)

正确答案：FZ 型避雷器在非雷雨季节可以退出运行。

181. 6~10kV 配电线路一般应选择 FZ 型避雷器。(×)

正确答案：6~10kV 配电线路一般应选择 FS 型避雷器。

182. 避雷器的安装要求，与被保护的设备距离越近越好。(√)

183. 选择避雷器时，避雷器击穿电压越低越好。(×)

正确答案：选择避雷器时，避雷器击穿电压要视设备的绝缘水平而定。

184. 电力系统的内部过电压的产生是由于系统的电磁能量发生瞬间突变引起的。(√)

185. 一台低压电动机启动后，才允许另一台低压电动机启动可用顺序控制方式实现。(√)

186. 电动机逻辑控制方法中时间控制有通电延时动作和断电延时动作两种。(√)

187. 三相电动机全压启动控制方法适用于电网容量太小时使用。(×)

正确答案：三相电动机全压启动控制方法适用于电网容量允许时使用。

188. 石化生产装置中，电动机的两地控制为安全起见一般在电机就地设有“手-自动”控制开关。手动时，就地利用操作按钮实现起停；自动时，利用仪表 DCS 实现控制。(√)

189. 在多机拖动系统中，如润滑油泵和主机之间，常采用顺序控制来实现系统的自动控制。(√)

190. 三相异步电动机星-三角启动控制指的是角形启动，星形运行的一种降压启动的控

制方法。 (×)

正确答案：三相异步电动机星-三角启动控制指的是星形启动，角形运行的一种降压启动的控制方法。

191. 三相异步电动机自耦减压器启动控制中的自耦变压器一般接成角接。 (×)

正确答案：三相异步电动机自耦减压器启动控制中的自耦减压器一般接成星接。

192. 绕线式异步电动机串电阻启动时，启动电阻一般角接。 (×)

正确答案：绕线式异步电动机串电阻启动时，启动电阻一般星接。

193. 绕线式异步电动机转子串电阻启动控制中；启动前，所有电阻全部投入电路中，启动过程中，启动电阻逐级被短路切除，在正常运行时所有外接电阻全部切除。 (√)

194. 低压电动机的低电压再启动控制主要应对电网电压波动和断电再来电尽快恢复生产而设置。 (√)

195. 他励直流电动机的串电阻启动开始时，机械特性最硬。 (×)

正确答案：他励直流电动机的串电阻启动开始时，机械特性最软。

196. 他励直流电动机的电磁制动方式的回馈制动是利用直流电动机的可逆原理变成直流发电机状态。 (√)

197. 6~10kV 验电器的交流耐压试验：电压为 40kV，时间为 5min。 (√)

198. 绝缘夹钳主要用来操作跌落式熔断器。 (×)

正确答案：绝缘夹钳主要用于拆换熔断器。

199. 绝缘手套和绝缘靴不能放在过冷过热、阳光暴晒或有酸、碱、油的地方。 (√)

200. 吊车在线路一侧工作时，不论在任何情况下，起重臂，钢丝绳或重物与 10kV 架空线路的最近距离应不小于 1.5m。 (×)

正确答案：吊车在线路一侧工作时，不论在任何情况下，起重臂，钢丝绳或重物等与 10kV 架空线路的最近距离应不小于 2m。

201. 待高压电动机停电后，经验电、挂接地线，在操作把手或按钮处悬挂“禁止合闸，有人工作!”的标示牌后，方可工作。 (√)

202. 正压型防爆电气设备停用后，即可停止送风。 (×)

正确答案：正压型防爆电气设备停用后，应延时停止送风。

203. 爆炸危险场所使用的防爆电气设备，在运行过程中，必须具备不引燃周围爆炸性混合物的性能。 (√)

204. 电气线路使用的联接件，如接线盒、挠性联接管等，1 区范围内可用密封型。 (×)

正确答案：1 区范围内应选用隔爆型或增安型。

205. 锯条安装绷得过紧，锯条会因受力而失去弹性，锯割时容易崩断，同时锯缝易歪斜。 (×)

正确答案：锯条安装过松，锯割时不但容易弯曲造成折断，而且锯缝易出现歪斜。

206. 为了使钻头散热冷却，减小钻削时钻头与工件、切屑间的摩擦，钻孔时要加注足够的冷却润滑液。 (√)

207. 板牙是加工外螺纹的工具，常用的有圆板牙和圆柱管板牙两种。 (√)

208. 锉平直的平面，锉刀推进时右手压力要随锉刀的推进而逐渐增大，回程中右手压力要随锉刀的收回而逐渐减小。 (×)

正确答案： 锉刀推进时右手压力要随锉刀的推进而逐渐增大，回程中不加压力。

209. 电动机安装后的直尺校正法，是用直尺测量两联轴器之间的径向间隙和水平间隙，直至各个位置上测得的数值都近似相等为止。 (√)

单选题

1. “220V，40W”的灯泡接入 110V 的电源，实际功率为(A)W。

A. 10　　B. 20　　C. 5　　D. 30

2. 若将一“10V，20W”的灯泡接入 220V 的电路，应串(C)Ω 电阻。

A. 100　　B. 200　　C. 105　　D. 110

3. 如图 AB 之间的等效电阻为(B)。

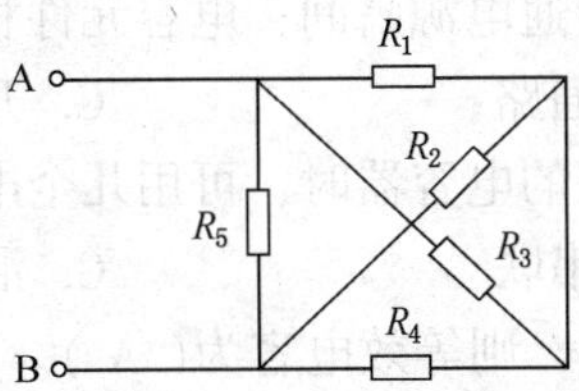

A. $R_{AB}=(R_3+R_1)/\!/(R_2+R_4)/\!/R_5$　　B. $R_{AB}=(R_3/\!/R_1+R_2/\!/R_4)/\!/R_5$

C. $R_{AB}=(R_3+R_1+R_2+R_4)/\!/R_5$　　D. $R_{AB}=(R_3/\!/R_1+R_2/\!/R_4)+R_5$

4. 如图所示电路中的节点数为(A)。

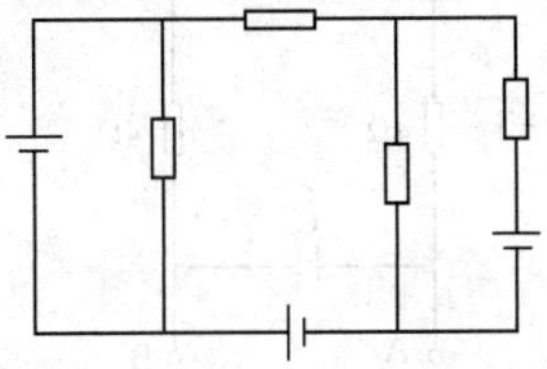

A. 4　　B. 5　　C. 6　　D. 7

5. 如图所示电路中的网孔数为(A)。

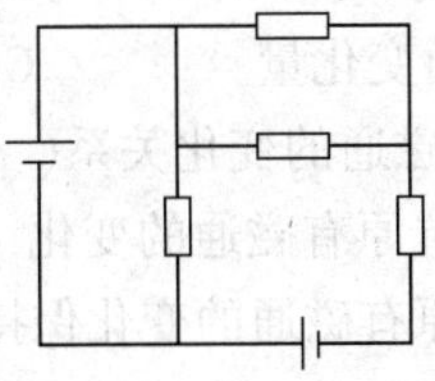

A. 2　　B. 3　　C. 4　　D. 5

6. 在计算复杂电路的各种方法中，最基本的方法是(A)法。

A. 支路电流　　B. 回路电流　　C. 叠加原理　　D. 戴维南原理

7. 如图所示，$I_1=2A$，$I_2=1A$，$I_3=4A$，$I_4=3A$，则 $I_5=$(C)A。

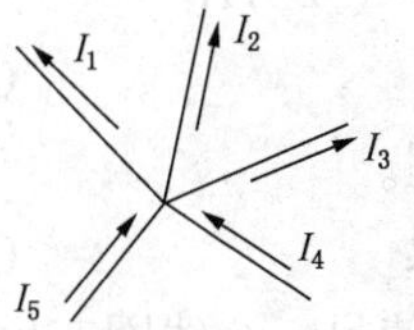

A. 2　　B. 10　　C. 4　　D. -4

8. 电桥电路中接检流计的桥支路中没有电流时，称为(D)。

A. 电桥对称　B. 电桥不对称　C. 电桥不平衡　D. 电桥平衡

9. 负载获得最大功率为(D)。

A. $P_{max}=E_0^2/R_0^2$　B. $P_{max}=E_0/4R_0$　C. $P_{max}=E_0/4R$　D. $P_{max}=E_0^2/4R_0$

10. 电容器的电容量与加在电容器上的电压(C)。

A. 成正比　B. 成反比　C. 无关　D. 无规则变化

11. 电容器充电和放电过程中，瞬间充、放电电流与(B)。

A. 电容器两端电压成正比　B. 电容器两端电压的变化率成正比

C. 电容器两端电压的变化量成正比　D. 电容器两端电压无关

12. 在零初始条件下，刚一接通电源瞬间，电容元件相当于(D)。

A. 断路　B. 通路　C. 开路　D. 短路

13. 选用耐压值高于工作电压的电容器时，可用几个电容器(B)方式来提高耐压值。

A. 并联　B. 串联　C. 混联　D. 既并联又混联

14. n 支均为 C_0 的电容器串联，则等效电容为(A)。

A. C_0/n　B. nC_0　C. C_0^2/n　D. C_0/n^2

15. 如图所示，A、B 两点间的电压 U_{AB} =(A)V。

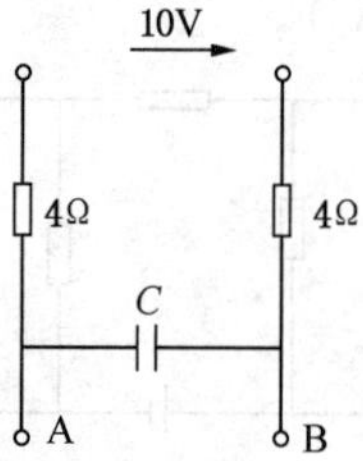

A. 10　B. 5　C. 0.1　D. 0.5

16. 回路中感应电动势的大小与穿过回路的(A)成正比。

A. 磁通变化率　B. 磁通变化量　C. 磁通　D. 匝数

17. 感生电流的磁通总是与原有磁通的变化关系(A)。

A. 感生电流的磁通总是反抗原有磁通的变化

B. 感生电流的磁通总是与原有磁通的变化保持一致

C. 感生电流的磁通与原有磁通的变化相反

D. 感生电流的磁通与原有磁通的变化无关

18. 由于线圈自身所通过的电流发生变化而产生的感应电动势的电磁感应现象为(B)。

A. 互感　B. 自感　C. 磁化　D. 磁滞

19. 电感量单位换算关系为 1mH =(D)H。

A. 10^3　B. 10^6　C. 10^{-6}　D. 10^{-3}

20. 日光灯镇流器应用(B)原理。

A. 互感　B. 自感　C. 磁化　D. 磁滞

21. 由于一个线圈的电流变化而使另一个线圈产生的感应电动势的现象为(A)。

A. 互感　B. 自感　C. 磁化　D. 磁滞

22. 互感电动势的大小与(B)。
A. 电流的变化成正比　B. 电流的变化率成正比
C. 电流的大小成正比　D. 磁通的变化成正比
23. 涡流产生的损耗对(A)具有阻碍作用。
A. 原磁通的变化　B. 原磁通的变化趋势
C. 原磁通　D. 电流的变化
24. 放在磁场中的导体通以电流后，立即受到力的作用，这种作用力称为(B)。
A. 电场力　B. 电磁力　C. 外力　D. 电动力
25. 两平行直导体中通过相反的电流时，产生(B)。
A. 相互吸引的电磁力　B. 相互排斥的电磁力
C. 既不吸引又不排斥的电磁力　D. 不产生任何力的作用
26. 在 RLC 串联电路中，当 $X_L = X_C$ 时，电路中电流达到(A)。
A. 最大　B. 最小　C. 不变　D. 无法确定
27. 在 RLC 串联电路中，电阻、电感、电容两端的电压都是 100V，则电路的端电压是(A)V。
A. 100　B. 200　C. 300　D. $100\sqrt{3}$
28. 若单相正弦交流电压和电流的最大值分别是 U_m、I_m 时，则视在功率的表达式为(A)。
A. $U_m I_m / 2$　B. $U_m / I_m / \sqrt{2}$　C. $\sqrt{2} U_m I_m$　D. $\sqrt{3} U_m I_m$
29. 同一个三相对称负载接在同一电源上，作三角形联接时的总有功功率是作星形联接时的(B)倍。
A. 1　B. 3　C. $\sqrt{3}$　D. $1/\sqrt{3}$
30. 对称三相交流电路的总功率等于单相功率的(D)倍。
A. 1　B. $\sqrt{2}$　C. $\sqrt{3}$　D. 3
31. 通常我们讲白炽灯的功率是 40W，电动机的功率为 10kW 等，都指的是(A)的大小。
A. 平均功率　B. 瞬时功率
C. 无功功率　D. 最大功率
32. 单相正弦交流电路中无功功率的表达式是(D)。
A. UI　B. $\sqrt{3} UI$　C. $UI\cos\phi$　D. $UI\sin\phi$
33. 一个 RLC 并联电路，已知 $R = 100\Omega$，$L = 0.001H$，$C = 0.00001F$，则此电路共振频率为(D)rad/s。
A. 10　B. 100　C. 1000　D. 10000
34. 在下图电路中已知各支路的电流 $I_1 = I_2 = 10A$，则电路的总电流是(B)A。

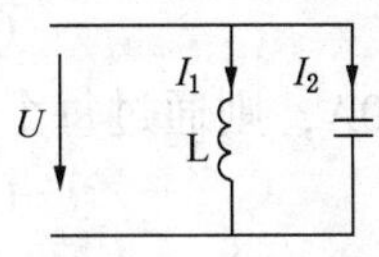

A. 20　B. 0　C. 10　D. $10\sqrt{2}$
35. (D)是有功功率 P 和视在功率 S 的比值。
A. $\tan\phi$　B. $\cot\phi$　C. $\sin\phi$　D. $\cos\phi$

36. 在感性负载两端并联电容使电路的功率因数提高后，负载所消耗的电能将(C)。

A. 增大　B. 减小　C. 不变　D. 不能确定

37. 交流电路中，在感性负载两端，并联一适合电容器，以下说法正确的是(B)。

A. 感性负载电流增加　B. 功率因数增加

C. 无功功率增加　D. 视在功率增加

38. 交流电势 E 的复数式 E=(C)V。

A. $E_m\angle\omega t+90°$　B. $E\angle\omega t$　C. $E\angle 90°$　D. $E\angle 0°$

39. 在纯电感电路中，设 $I=I\angle 0°$A，相量 U=(D)。

A. $U_m\angle 0°$　B. $U\angle 0°$　C. $U\angle -90°$　D. $U\angle 90°$

40. 三相对称电源星形联接，已知 $U_B=220\angle -10°$V，其 U_{AB}=(C)V。

A. $220\angle 20°$　B. $220\angle 140°$　C. $380\angle 140°$　D. $380\angle 20°$

41. 三相对称电源星形联接，已知 $U_B=220\angle 15°$V，则 U_{AB}=(D)V。

A. $220\angle 45°$　B. $220\angle -75°$　C. $380\angle 45°$　D. $380\angle 165°$

42. 同一个三相对称负载接在同一电源上，作三角形联接时的总有功功率是作星形联接时的(B)倍。

A. 1　B. 3　C. 4　D. 1/2

43. 三相对称负载 Δ 接法，电路中总的有功功率为(A)。

A. $P=3UI\cos\phi$　B. $P=3U_LI_L\cos\phi$　C. $P=3UI\sin\phi$　D. $P=3U_LI_L\sin\phi$

44. 一个对称三相负载当电源电压为 380V 时作星形联接，为 220V 时，作三角形联接，则三角形联接的功率是星形联接的(D)倍。

A. 3　B. $\sqrt{3}$　C. $\sqrt{2}$　D. 1

45. 对称三相交流电路的总有功功率等于单相有功功率的(D)倍。

A. 1　B. $\sqrt{2}$　C. $\sqrt{3}$　D. 3

46. 在功率三角形中，如果 P 为 4kW，Q 为 3kvar，S 为(C)kV·A。

A. 3　B. 4　C. 5　D. 7

47. 在电力系统中发生不对称故障时，短路电流中的各序分量，其中受两侧电动势相角差影响的是(A)。

A. 正序分量　B. 负序分量

C. 正序分量和负序分量　D. 零序分量

48. 发生两相短路时，短路电流中含有(C)分量。

A. 正序　B. 负序　C. 正序和负序　D. 正序和零序

49. 如以二极管来组成单相桥式整流电路，最少须使用(C)个二极管。

A. 2　B. 3　C. 4　D. 以上皆可

50. 如单相桥式整流直流电流为 20A，则通过每个硅元件上的电流为(B)A。

A. 20　B. 10　C. 5　D. 4

51. 三相半波整流电路的输入电源必须为(B)。

A. Δ 接线　B. Y 接线　C. 二者皆可　D. Y-Y 接线

52. 三相半波整流电路中，3 只二极管均接反，整流电路将变成(B)。

A. 单相半波电路　B. 三相半波电路　C. 断路　D. 短路

53. 三相半波整流中，在一个周期内每相轮流导通(A)次。

A. 1　　B. 2　　C. 3　　D. 4

54. 三相桥式整流电路，一般使用(D)个二极管构成。

A. 1　　B. 2　　C. 3　　D. 6

55. 三相桥式整流中，每个二极管导通的时间是(C)周期。

A. 1/4　　B. 1/6　　C. 1/3　　D. 1/2

56. 在下列整流电路中，(D)整流电路输出的直流脉动最小。

A. 单相半波　　B. 单相全波

C. 单相桥式　　D. 三相桥式

57. 滤波电路的目的是(A)。

A. 改善输出电压的脉动程度　　B. 稳定输出电压

C. 稳定输出电流　　D. 减少功耗

58. 电路简单，负载直流电压较高，纹波也较小，输出特性较差，适用于负载电压较高，负载变动较小场合的滤波电路是(B)滤波电路。

A. 电感式　　B. 电容式　　C. 复式　　D. 有源

59. 交流电源电压 $U=10$V，采用二极管半波整流电路，并用电容 C 滤波，二极管承受的最大反向电压约为(A)V。

A. 28　　B. 14　　C. 12　　D. 2

60. 分析下图中的电路，接入滤波电容后，二极管的导通角 (B)。

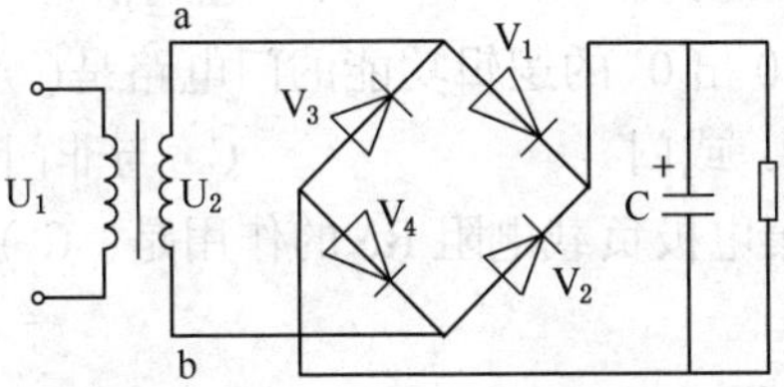

A. 加大　　B. 减小　　C. 不变　　D. 为零

61. 分析 60 题图中的电路，若 V_1 短路，则(D)。

A. U_1 减小一半　　B. U_1 不变

C. V_3、V_4 发热　　D. V_2 或变压器烧坏

62. 负载电流较大且经常变化的电气设备中应选用(B)滤波电路。

A. 电容式　　B. 电感式　　C. 复式　　D. 电子

63. 整流二极管包含(A)个 PN 结。

A. 1　　B. 2　　C. 3　　D. 4

64. 整流二极管参数中的最大整流电流的“整流电流”是指允许(A)。

A. 通过二极管的最大正向电流的平均值

B. 通过二极管的脉动电流中的交流分量

C. 通过二极管的脉动电流的最大值

D. 通过二极管的脉动电流的有效值

65. 如图所示，稳压管 V_{w1} 和 V_{w2} 的稳压值分别是 6V 和 7V，且工作在稳压状态，由此可

知，输出电压 U_0 为(D)V。

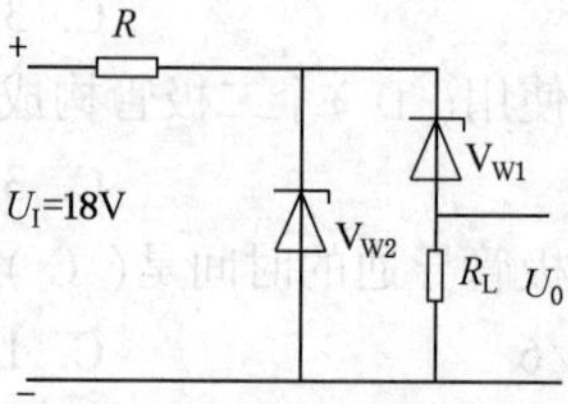

A. 6　　B. 7　　C. 0　　D. 1

66. 整流二极管并联使用时，应串联(B)电阻。

A. 均压　　B. 均流　　C. 大　　D. 小

67. 用万用表欧姆挡测某整流二极管时，调换二次表笔，测得二次电阻值都为无穷大，则该二极管为(A)。

A. 断路　　B. 击穿短路

C. 没有坏，但是性能不好　　D. 性能良好

68. 如图所示的电路中，设二极管为硅管，正向压降为 0.7V，则 Y=(A)V。

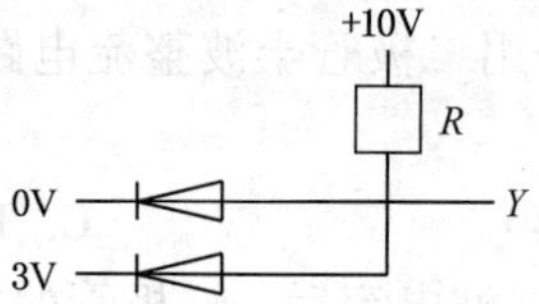

A. 0.7　　B. 3.7　　C. 10　　D. 1.5

69. 能实现“全 1 出 1，有 0 出 0”的逻辑功能的门电路是(A)。

A. 与门　　B. 或门　　C. 与非门　　D. 或非门

70. 在模拟放大电路中，集电极负载电阻 Rc 的作用是(C)。

A. 限流

B. 减小放大电路的失真

C. 把三极管的电流放大作用转变为电压放大作用

D. 把三极管的电压放大作用转变为电流放大作用

71. 在放大电路中，静态工作点 Q 过高容易产生(C)失真。

A. 截止　　B. 放大　　C. 饱和　　D. 线性

72. 共发射极放大电路的特点是(B)。

A. 电压放大倍数小于等于 1　　B. 输出电压与输入电压相位相反

C. 输出电压与输入电压相位相同　　D. 输入电阻输出电阻均较小

73. 共发射极电路的输入电阻 R_i 和输出电阻 R_o 分别为(A)。

A. $R_B//r_{be}$，R_C　　B. $R_E//r_{be}$，R_C　　C. $R_B//r_{be}$，R_E　　D. $R_E//r_{be}$，R_E

74. 在实际调整模拟放大电路的静态工作点时，一般是以(B)为准。

A. I_B　　B. I_C　　C. U_{CE}　　D. U_{BE}

75. 如果断开分压式偏置电路的发射极电容，则电路的静态工作点(A)。

A. 不变　　B. 截止

C. 饱和　　D. 放大，但静态电流减小

76. 可控硅有(C)个 PN 结组成。

A. 1　B. 2　C. 3　D. 4

77. 当晶闸管承受反向阳极电压时，不论门极加何种极性触发电压，管子都将工作在(B)。

A. 导通状态　B. 关断状态　C. 饱和状态　D. 不定

78. 晶闸管由导通变为截止的条件是(D)。

A. 控制电压减小　B. 控制电压反向

C. 控制电压为零　D. 阳极电压为零

79. 当晶闸管阳极电流减小到(B)以下时，晶闸管就由导通变为截止。

A. 正向平均电流 I_T　B. 维持电流 I_H　C. 触发电流 I_G　D. 阴极电流 I_c

80. 单相半波可控整流电路需要(A)只晶闸管。

A. 1　B. 2　C. 3　D. 4

81. 单相桥式可控整流电路中 1 只晶闸管开路时，整流电路将变成单相(A)可控整流电路。

A. 半波　B. 全波　C. 桥式　D. 倍压

82. 晶闸管单相半波电感性负载可控整流电路中，续流二极管的作用是(B)。

A. 防止晶闸管烧坏

B. 使晶闸管在电压波形变负时承受反向电压断开

C. 使晶闸管由阻断变为导通状态

D. 对晶闸管进行过流保护

83. 1.5mm² 的 BX 型铜芯橡皮绝缘导线明敷设时，室温 30℃下，其安全载流量为(A)A。

A. 25　B. 30　C. 35　D. 40

84. 2.5mm² 的 BLX 型铝芯橡皮绝缘导线明敷设时，室温 30℃下其安全载流量为(A)A。

A. 25　B. 30　C. 35　D. 40

85. 我国常用的导线标称截面(mm^2)按大小顺序排列为：…，16，25，35，50，70，(C)，120，150，185，…。

A. 80　B. 90　C. 95　D. 110

86. 常见的硬磁材料有(D)。

A. 硅钢片　B. 坡莫合金　C. 铁淦氧　D. 碳钢

87. 真空的磁导率为(A)H/m。

A. $4\pi\times10^{-7}$　B. $4\pi\times10^{-8}$　C. $4\pi\times10^{-10}$　D. $4\pi\times10^{-12}$

88. 要把一满偏电流为 500μA，内阻 500Ω 的磁电系测量机构，改制成电压量限为 25V 的电压表，应串联(B)Ω 的附加电阻。

A. 49000　B. 49500　C. 50000　D. 25000

89. 测量直流电流常采用(D)的电流表。

A. 电磁系测量机构　B. 感应系测量机构

C. 铁磁电动系测量机构　D. 磁电系测量机构

90. 有些万用表在表头支路两端接上一对双向二极管，主要用于(B)。

A. 进行交流整流　　B. 防止表头过电压
C. 改善标尺线性　　D. 提高测量灵敏度

91. 用钳型电流表测量三相平衡负载电流时，钳口中放入三相导线，该表的指示值为(A)。
A. 零　　B. 一相电流值
C. 三相电流的代数和　　D. 无穷大

92. 用“二表跨相法”测量三相对称负载的无功功率时，当 P_{W1} 读数为 P_1，P_{W2} 读数为 P_2 时，那么三相无功功率等于(B)。
A. P_1+P_2　　B. $\sqrt{3}\ (P_1-P_2)$　　C. $2(P_1+P_2)$　　D. $0.866(P_1+P_2)$

93. 用于工频测量的变换式频率表，其测量范围通常是(C)Hz。
A. 40~50　　B. 40~55　　C. 45~55　　D. 45~65

94. 在直流电桥测量臂中，以 10 的整数幂变化的那个桥臂称为(A)。
A. 比例臂　　B. 比较臂　　C. 测量臂　　D. 读数臂

95. 单臂电桥不能测量小电阻的原因是(B)。
A. 桥臂电阻过大　　B. 导线电阻的影响
C. 检流计灵敏度不够　　D. 直流电源的影响

96. 通常接地电阻表的量程是按(A)的比例进行递减的。
A. 1/10　　B. 1/5　　C. 1/100　　D. 1/50

97. 由于仪表在设计、结构、工艺上的缺陷所造成的仪表误差属于(A)。
A. 基本误差　　B. 绝对误差　　C. 附加误差　　D. 系统误差

98. 仪表离开了规定的工作条件(指温度、放置方式、频率、外电场和外磁场等)而产生的误差属于(C)。
A. 相对误差　　B. 基本误差　　C. 附加误差　　D. 疏失误差

99. 若电阻真值是 1000Ω，测量结果是 1002Ω，则(B)。
A. 该电阻的误差是 0.2%　　B. 测量结果的误差是 0.2%
C. 计量器具的准确度等级是 0.2%　　D. 绝对误差是 0.2%

100. 利用直流单臂电桥测量电阻，如被测电阻 R_x 约为几欧姆时，应选用(B)的比率，这样测出的数据误差较小。
A. 0.01　　B. 0.001　　C. 0.1　　D. 1

101. ZC-8 型接地电阻测量仪是根据(C)原理制成的。
A. 电流表-电压表法　　B. 电桥法
C. 补偿法　　D. 电容法

102. 在正常运行情况下，中性点不接地系统的中性点位移电压不得超过额定电压的(D)。
A. 5%　　B. 7.5%　　C. 10%　　D. 15%

103. 在中性点经消弧线圈接地系统中，当发生一相接地故障时(B)。
A. 三相线电压不再对称　　B. 三相线电压仍保持对称
C. 故障相对地电压将升为线电压　　D. 应立即处理，不得短时间运行

104. 在中性点直接接地系统中，发生单相接地故障时，故障相的对地电压(A)。
A. 为零　　B. 先下降后升高

C. 升高到$\sqrt{3}$倍　　D. 先升高后下降

105. 中性点直接接地系统时，当系统中发生一相接地故障时(B)。

A. 非故障相与大地间的电压升为线电压

B. 非故障相与大地间的电压仍为相电压

C. 故障相与大地间的电压升为线电压

D. 故障相对地电压仍为相电压

106. 通常取(D)中负荷最大的工作班内的半小时最大负荷作为计算负荷。

A. 1天　　B. 1周　　C. 1月　　D. 1年

107. 为了计算方法一致，对按温升选择的供电元件均采用(C)作为计算负荷。

A. 5min 最大负荷　　B. 10min 最大负荷

C. 半小时最大负荷　　D. 年平均负荷

108. 需要系数与用电设备的(D)无关。

A. 同时系数　　B. 负载系数

C. 设备的平均功率　　D. 设备的额定电压

109. 按二项式系数法确定计算负荷时，当最大容量设备台数超过总设备台数的一半时，最大容量设备的台数适当取小，一般取(B)，并按“四舍五入”的修约规则取为整数。

A. 总设备台数的三分之一　　B. 总设备台数的一半

C. 总设备台数的四分之一　　D. 总设备台数的五分之一

110. 110kV 及以上断路器采用多断口是为了(A)。

A. 提高遮断灭弧能力　　B. 用于绝缘

C. 提高分合闸速度　　D. 使各断口均压

111. 隔离开关(B)灭弧能力。

A. 有　　B. 没有　　C. 有少许　　D. 不一定

112. 少油断路器中的油主要用于(C)。

A. 绝缘　　B. 灭弧　　C. 绝缘和灭弧　　D. 冷却

113. SN10 型少油断路器主要用于 (C)变配电设备中。

A. 6kV　　B. 10kV 以下　　C. 6~35kV　　D. 110kV 以下

114. SW6-110 型少油断路器主要用于(D)变配电设备中。

A. 6kV　　B. 6~10kV　　C. 6~35kV　　D. 110kV

115. ZN12-10 型真空断路器主要用于(C)。

A. 110kV 以下　　B. 6~35kV　　C. 6~10kV　　D. 6kV

116. CD 型操动机构属于(A)。

A. 电磁式　　B. 弹簧式　　C. 液压式　　D. 气动式

117. CT 型操动机构属于(B)。

A. 电磁式　　B. 弹簧式　　C. 液压式　　D. 气动式

118. 操作 GW5 型隔离开关断开时，操动机构带动一个绝缘子柱应转动(C)，经过齿轮转动，另一个绝缘子沿相反方向转动同样的角度，才能操作到位。

A. 45°　　B. 60°　　C. 90°　　D. 180°

119. 三相断路器的额定开断容量等于额定电压乘以额定电流，再乘以一个线路系数，其中线路系数为是(C)。

A. 1　B. $\sqrt{2}$　C. $\sqrt{3}$　D. 3

120. 高压隔离开关额定电压指(C)。

A. 所能承受的最高电压　B. 正常工作相电压

C. 正常工作线电压有效值　D. 正常工作线电压最大值

121. 高压隔离开关额定电流指(D)。

A. 所能承受的最大电流　B. 动稳定电流

C. 热稳定电流　D. 正常工作允许通过的最大电流

122. 断路器负荷侧短路电流 I_D 与断路器的额定运行短路分断电流 I_{CS} 的关系是(A)。

A. $I_{CS}>I_D$　B. $I_{CS}<I_D$　C. $I_{CS}=I_D$　D. 不确定

123. 电流型单相漏电保护器的工作原理上是利用(B)制成的。

A. 欧姆定律　B. 基尔霍夫电流定理

C. 基尔霍夫电压定理　D. 楞次定律

124. Yd11 接线的变压器，一次侧的线电压与对应二次侧线电压的电角度差是(B)。

A. 330°　B. 30°　C. 300°　D. 60°

125. 变压器绕组产生匝间短路后，将产生一个闭合的短路环路。短路环路内流着由交变磁通感应出来的短路电流，将产生(C)的后果。

A. 对变压器运行无什么危害　B. 会改变变压器的电压比

C. 高热并可能导致变压器烧毁　D. 改变变压器的极性

126. 从标幺值上讲，变压器短路电压和(C)相等。

A. 空载损耗　B. 短路损耗

C. 短路阻抗　D. 短路电流标幺值

127. 变压器采用多根导线并绕的绕组，其换位的目的是(B)。

A. 减少导线的涡流损耗　B. 减少电动势差引起的导线损耗

C. 改善对地电容　D. 减少趋表现象引起的附加损耗

128. 变压器的主绝缘是指(D)。

A. 一、二次绕组的层间绝缘　B. 匝间绝缘

C. 相间绝缘　D. 绕组对地绝缘

129. 属于浸渍绝缘干式变压器的型号是(A)。

A. SG3-1000/10　B. SC-1250/10

C. SL-500/10　D. OSSPSZL-120000/220

130. SC 系列干式变压器的绕组耐热等级通常采用 B 级或 H 级。采用 B 级时，绕组的最热点温度限为(C)℃。

A. 105　B. 120　C. 130　D. 180

131. 通常变压器的空载电流 I_0 是(C)。

A. 交流有功电流

B. 交流无功电流

C. 交流电流的有功分量与无功分量的相量和

D. 直流电流

132. 规程规定：变压器的外加电压(一次电压)一般不得超过分接头额定值的(A)。

A. 105%　B. 110%　C. 120%　D. 130%

133. 电流互感器二次回路中的仪表和继电器必须(A)在回路中。

A. 串联　B. 并联　C. 混联　D. 可任意联接

134. 电压互感器二次负载变大时，二次电压(C)。

A. 变大　B. 变小　C. 基本不变　D. 不确定

135. 三相五柱式电压互感器二次侧辅助绕组接线为开口三角形，所反映的是(C)电压。

A. 相　B.线　C. 零序　D. 瞬时

136. 在不断电拆装电流互感器副边的仪表时，必须(D)。

A. 先将副绕组断开　B. 先将原绕组接地

C. 直接拆装　D. 先将副绕组短接

137. 三相五柱式电压互感器二次辅助绕组开口三角形是用作反映(B)时的零序电压的。

A. 三相对称　B. 三相不对称　C. 两相短路　D. 过流

138. 电力系统无功容量不足必将引起电压(A)。

A. 普遍下降　B. 升高　C. 边远地区下降　D. 边远地区升高

139. 企业设备中属于感性负载的设备(A)。

A. 异步电动机　B. 电力电容器　C. 白炽灯　D. 电加热器

140. 1000V 以上电力电容器引出端并接放电电阻，一般规定的时间(10min)断电后，电容器残留电压不大于(C)V，以保证操作人员安全。

A. 100　B. 80　C. 50　D. 36

141. 以下电力电容器的分类使按照相数分类的是(B)。

A. 户内式、户外式　B. 单相电容器、三相电容器

C. 高压电容器、低压电容器　D. 并联电容器和串联电容器

142. 四方拉线一般用于(D)型。

A. 终端杆　B. 转角杆　C. 直线杆　D. 耐张杆

143. 架空线使用 LJ 型，在 35kV 以下线路中，截面积不得小于(B)mm^2。

A. 16　B. 25　C. 35　D.50

144. 悬垂线夹主要用于(A)。

A. 直线杆塔　B. 耐张杆塔　C. 转角杆塔　D. 终端杆塔

145. 线路的转弯处应用(A)。

A. 转角杆　B. 耐张杆　C. T 接杆　D. 终端杆

146. 照明系统采用白炽灯做光源，短路保护用空气开关时，应按照负荷的(A)倍选用空气开关。

A. 1　B. 1.3　C. 1.7　D. 1.3~1.7

147. 照明系统保护开关用空气开关，当空气开关用带瞬时脱扣器时应按照负荷的(B)倍选用。

A. 1　B. 1.1　C. 1.7　D. 6

148. 隔爆型照明灯具型号为 dⅡB 型时，可以用于(D)场所。

A. 临氢　B. 水煤气　C. 乙炔　D. 乙烯

149. 三相异步电动机为了保持磁场和转子导体之间有相对运动，转子的转速总是(C)旋转磁场的转速。

A. 大于 B. 等于 C. 小于 D. 小于等于

150. 一台2极，50Hz的三相异步电动机，额定转速2850r/min，问达到额定转速时，转子感生的电流频率是（ C ）Hz。

A. 25 B. 12.5 C. 2.5 D. 1.2

151. 绕线式异步电动机要求的转子绕组极数(B)定子绕组极数。

A. 大于 B. 等于 C. 小于 D. 大于或小于均可

152. 虽然增安型防爆电动机温升设计已留有余量，但使用中切断电源时间必须(C)电机允许堵转时间。

A. 大于 B. 等于 C. 小于 D. 小于等于

153. “IP56”是表示电气设备的外防护等级的一种代号，下列行为能在第二个数字表示的是(D)。

A. 固体异物进入设备内部 B. 人体触及内部带电部分
C. 人体触及电机运动部分 D. 水等液体进入设备内部

154. 有一台Y132S-4的三相异步电动机，功率为5.5kW，接入电源电压为380V，测得电流11.3A，转速为1440r/min，采用三角形联接，功率因数为0.86，在额定工况下电动机的效率是(D)。

A. 80% B. 81% C. 83% D. 86%

155. 以下同步电动机是按照励磁方式分类的是(A)。

A. 有刷式和无刷式 B. 凸极式和隐极式
C. 立式和卧式 D. 轴流泵用和压缩机用

156. 型号为“T1250-4/1280”的同步电动机的功率是(A)。

A. 1250kW B. 4MW C. 1280kW D. 1250kV·A

157. 同步电动机铭牌上的“温升”，指的是(A)的允许温升。

A. 定子绕组 B. 定子铁芯
C. 转子 D. 转子铁芯

158. 母线平置时，贯穿螺栓应由下往上穿，其余情况下，螺母置于维护侧，螺栓长度宜露出(B)扣。

A. 1 B. 2~3 C. 4~5 D. 5~7

159. 屏顶上小母线裸露载流部分与未绝缘的金属导体之间，电气间隙不得小于(C)mm。

A. 8 B. 10 C. 12 D. 14

160. 安装低压开关及其操作机构时，其操作手柄中心距离地面一般为(C)mm。

A. 500~800 B. 1000~1200 C. 1200~1500 D. 1500~2000

161. 为使母线在温度变化时能自由伸缩，长度大于(B)m的母线应加装伸缩节。

A. 10 B. 20 C. 30 D. 40

162. 低压抽屉柜成列安装时，柜间接缝允许偏差为(B)mm。

A. 3 B. 2 C. 1 D. 5

163. 电杆定位时，最后确定的是(B)杆位。

A. 起点杆　B. 中间杆　C. 转角杆　D. 终端杆

164. 一般正常情况下，电杆的埋设深度约为杆长的(B)。

A. 1/5　B. 1/6　C. 1/7　D. 1/8

165. 每根电缆管的弯头不应超过(B)个，直角弯不应超过(B)个。

A. 2；2　B. 3；2　C. 4；3　D. 5；3

166. 电缆管的内径与电缆外径之比不得小于(B)。

A. 1.2　B. 1.5　C. 1.8　D. 2

167. 下述关于电磁型电流继电器的线圈接线，说法正确的是(C)。

A. 只有串联

B. 只有并联

C. 串联改为并联时，可将继电器的启动电流增加一倍

D. 并联改为串联时，可将继电器的启动电流增加一倍

168. DL-10 型电流继电器的返回系数应不小于(B)。

A. 0.80　B. 0.85　C. 0.9　D. 1

169. 感应式电流继电器的电磁元件的动作电流可以通过(C)来调整。

A. 线圈抽头　B. 弹簧拉力

C. 铁芯气隙　D. 线圈抽头和弹簧拉力

170. 对于电感型继电器当线圈通入(C)的启动电流时，内部圆盘就可以克服摩擦力开始启动。

A. 5%~10%　B. 10%~20%

C. 20%~40%　D. 50%以上

171. 低压框架式断路器瞬时脱扣的动作电流一般在 0.02s 以上的断路器的可靠系数为(C)。

A. 1.1~1.2　B. 1.2~1.3　C. 1.3~1.35　D. 1.2~1.4

172. 低压断路器过电流保护灵敏度是(C)。

A. 保护线路首端在系统最小运行方式下的单相短路电流与动作电流之比

B. 保护线路末端的单相短路电流与动作电流之比

C. 保护线路末端在系统最小运行方式下的单相短路电流与动作电流之比

D. 保护线路首端的单相短路电流与动作电流之比

173. 电流速断保护的动作电流值必须大于下一线路首端的短路的最大短路电流值，其目的是满足继电保护的(C)。

A. 快速性　B. 可靠性　C. 选择性　D. 灵敏性

174. 对带时限电流速断的基本要求是(C)。

A. 保护线路的一部分，有一定的时限

B. 要求对下一级的过电流保护能构成后备保护

C. 在任何时候都能保护全线路，有尽可能短的动作时限

D. 灵敏度一般可以不做校验

175. 线路的定时限过电流保护，对于已经启动的保护装置，当外部故障切除后，线路

电流下降到(C)时，应能可靠返回。

A. 额定负荷电流　　B. 最小负荷电流

C. 最大负荷电流　　D. 两相短路电流

176. 电流闭锁电压速断保护装置中低电压继电器触点相互(A)并与电流继电器触点构成(A)回路的位置关系。

A. 串联，“与”　　B. 并联，“与”

C. 并联，“或”　　D. 串联，“或”

177. 关于反时限过流保护的动作时限，说法不正确的是(B)。

A. 按阶梯形时限特性原则来确定　　B. 随故障电流的增大而增大

C. 随故障电流的增大而减小　　D. 与线路短路电流的大小关系不大

178. 零序电流，只有发生(C)才会出现。

A. 相间故障　　B. 振荡时

C. 接地故障或非全相运行时　　D. 短路

179. 容量在(B)kV · A 以上的油浸式变压器一般应装设瓦斯保护。

A. 400　　B. 800　　C. 1000　　D. 1250

180. 对于 35kV 降压变压器为了提高保护装置的灵敏度，通常采用(B)接线方式。

A. 两相两继电器　　B. 三相星形接线

C. 两相不完全星形　　D. 两相电流差接线

181. 变压器过电流保护是按躲过（ B)整定的。

A. 变压器二次额定电流　　B. 可能出现的最大负荷电流

C. 线路末端短路电流　　D. 电机的最大启动电流

182. 变压器速断保护动作电流按躲过(A)来整定。

A. 二次侧母线短路的最大短路电流整定

B. 二次侧最大负荷电流整定

C. 保护安装处的最小两相金属性短路电流整定

D. 保护安装侧的额定电流

183. 110kV 等级的变压器零序过电流保护用的电流互感器一般接于变压器(C)。

A. 高压侧　　B. 低压侧

C. 中性点直接接地侧　　D. 所在母线的 PT 上

184. 对于容量在 10000kV · A 及以下的变压器，当其过电流保护时限大于 0.5s 时，可装设(A)保护代替差动保护。

A. 电流速断　　B. 电流闭锁电压速断

C. 零序电压　　D. 零序电流

185. 纵联差动保护作为变压器的主保护之一，一般适用于(D)kV · A 容量及以上的变压器。

A. 1600　　B. 2000　　C. 6300　　D. 10000

186. 由于生产工艺要求考虑人身安全，限制电动机自启动采用(D)保护装置。

A. 速断　　B. 过流保护

C. 纵差　　D. 低电压

187. 如图所示的高压电动机电流速断保护原理接线图属于(C)。

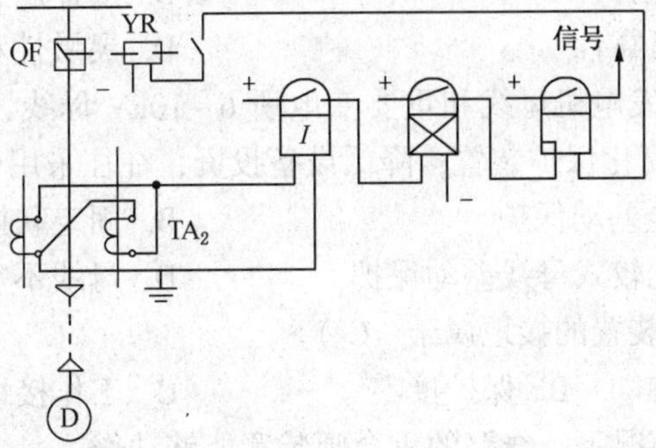

A. 由 GL 型继电器组成的三相完全星形接线

B. 由 GL 型继电器组成的两相不完全星形接线

C. 由 DL 型继电器组成的两相电流差接线

D. 由 DL 型继电器组成的三角形接线

188. 高压电动机的单相接地保护装置由(C)构成。

A. 测量保护电流互感器和与之相连的电流继电器

B. 零序电压互感器和与之相连的电流继电器

C. 零序电流互感器和与之相连的电流继电器

D. 零序电压互感器和与之相连的电压继电器

189. 高压电动机常采用(C)保护装置做过负荷保护。

A. 电流速断　B. 定时限过流　C. 反时限过流　D. 热过载

190. 具有低电压保护功能的重要且参加自启动的高压电动机，其保护装置动作时限一般取(C)s。

A. 0.5　B. 0.5~1.5　C. 9~10　D. 15 以上

191. 对于电容器组和断路器之间连线的短路故障，一般应装设(A)保护，保护装置动作于断路器跳闸。

A. 瞬时或短延时过电流　B. 过电压

C. 单相接地　D. 欠电压

192. 电容器组的过电流保护反应电容器的(B)故障。

A. 内部　B. 外部短路　C. 单相接地　D. 过电压

193. 电容器组的过电压保护可作用于信号或带(C)时限动作于跳闸。

A. 30s　B. 60s　C. 3~5min　D. 15min

194. 电容器组的单相接地保护采用定时限零序过电流保护时，其动作时间整定不应超过(B)s。

A. 0.2　B. 0.5　C. 1　D. 1.5

195. 利用供电元件的保护来保护母线故障，实际上都能满足保护的(A)，并且简单、经济，不需要外增加设备，但缺点是切除母线故障时间往往较长，有时不能满足系统运行要求。

A. 选择性　B. 快速性　C. 灵敏性　D. 可靠性

196. 专用母线保护为满足(A)的要求，一般都按差动原理构成。

A. 速动性和选择性　　B. 选择性和灵敏性

C. 速动性和可靠性　　D. 灵敏性和可靠性

197. 企业自备电站发电机母线和重要变电所 6~10kV 母线，根据运行要求，需要装设专用母线保护时，为了简化保护装置，降低设备投资，往往采用(D)保护。

A. 单母线完全差动保护　　B. 固定联接的双母线差动保护

C. 电流相位比较式母线差动保护　　D. 母线不完全差动保护

198. 直流绝缘监察装置的接地属于(C)。

A. 保护接地　　B. 保护接零　　C. 工作接地　　D. 重复接地

199. 在以下(B)情况下，线路的重合闸装置能够动作。

A. 绝缘子击穿，保护未动作

B. 雷电引起绝缘子表面闪络，而保护动作

C. 由值班人员操作合闸，线路故障随即跳开

D. 值班人员手动断开断路器

200. 在下列情况中，备用电源允许自动投入的是(C)。

A. 电压互感器一相熔丝熔断　　B. 备用电源无电

C. 正常工作电源跳闸后且备用电源有电　　D. 正常工作电源跳闸前

201. 备用电源自动投入装置按要求可以允许动作(A)。

A. 1 次　　B. 2 次　　C. 3 次　　D. 多次

202. 工厂企业的6(10)kV 变电所单母线分段供电系统，常采用(C)带 APD 装置的模式，此类 APD 属于(C)。

A. 电源进线，明备用　　B. 电源进线，暗备用

C. 母线分段断路器，暗备用　　D. 母线分段断路器，明备用

203. 电磁型电流继电器和电压继电器进行校验时，其整定点的动作值与整定值误差不应超过(B)。

A. ±1%　　B. ±3%　　C. ±5%　　D. ±8%

204. DS-110、DS-120 系列直流时间继电器作为继电保护和自动装置中的时间元件，进行动作电压和返回电压检验时，其动作电压应不大于 70% 额定电压值，返回电压应不小于(C)额定电压值。

A. 15%　　B. 10%　　C. 5%　　D. 1%

205. 常用的四种充电方式中，目前国内外普遍采用的是(C)。

A. 一段定电流　　B. 两段定电流

C. 两段定电流、定电压　　D. 低定电压

206. 蓄电池组直流电源具有直流电压监察装置，其过电压继电器的动作值一般选取(B)倍 Ue。

A. 1. 1　　B. 1. 15　　C. 1. 2　　D. 1. 25

207. 断路器的跳、合闸位置监视灯串联一个电阻的目的是(D)。

A. 限制通过跳闸线圈的电流　　B. 补偿灯泡的额定电压

C. 保护灯泡　　D. 防止因灯座短路造成断路器误跳闸

208. 断路器控制回路防止“跳跃”的电气措施通常是靠“防跳”继电器来实现的。该继电器通常有(A)个线圈，其中防止“跳跃”是靠防跳继电器的(A)来启动并由(A)来闭锁合闸并自保持。

A. 2，电流线圈，电压线圈　　B. 2，电压线圈，电流线圈

C. 1，电流线圈，电流线圈　　D. 1，电压线圈，电压线圈

209. 如图所示，原理图中未画出的防跳继电器的接点 KCF_1 和 KCF_2 应分别为(C)接点。

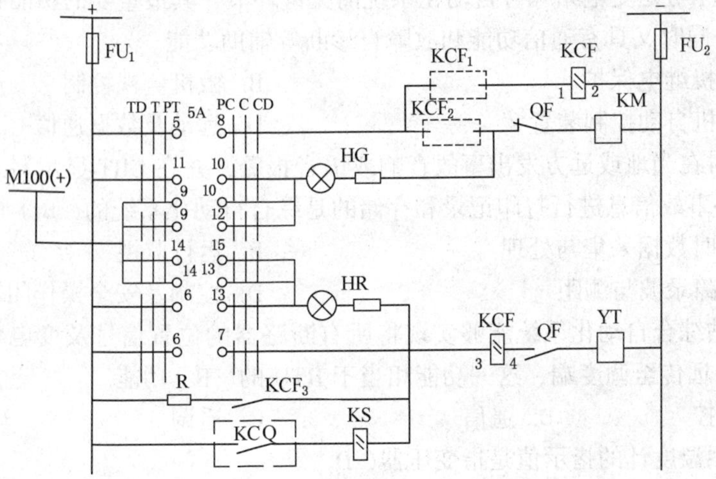

A. 常闭，常闭　　B. 常开，常开

C. 常开，常闭　　D. 常闭，常开

210. 正常操作时，断路器的控制开关在(C)位置时绿灯闪光，在(C)位置时红灯发平光。

A. 预备合闸，预备分闸　　B. 预备分闸，预备合闸

C. 预备合闸，合闸后　　D. 预备分闸，合闸后

211. 下述(B)简称原理图，以整体的形式表示各二次设备之间的电气联接，一般与一次回路的有关部分画在一起。

A. 展开式原理接线图　　B. 归总式原理接线图

C. 安装接线图　　D. 屏后接线图

212. 原理展开图垂直布置时，展开图中的每一条“支路”都是依次按(C)顺序排列成若干列。

A. 从上到下　　B. 从下到上　　C. 从左到右　　D. 从右到左

213. 二次原理图中，测量仪表通常接在(C)回路中。

A. 交流电压和信号　　B. 交流电流和控制

C. 交流电压和交流电流　　D. 控制和信号

214. 当二次回路电压为 110～220V 时，断路器的控制保护回路熔断器熔体额定电流一般选用(C)A。

A. 1～2　　B. 3～4　　C. 4～6　　D. 6～10

215. 微机保护系统软件的功能程序一般存储在主机系统的(B)部分。

A. 中央处理单元 CPU　　B. 只读存储器(EPROM)

C. 随机存储器(RAM)　　D. 定时器

216. 数据采集系统采集的原始数据一般存储在主机系统的(D)部分。

A. 只读存储器(EPROM)　　B. 中央处理单元 CPU

C. 定时器　　D. 随机存储器(RAM)

217. 微机保护装置的液晶显示屏在保护动作时一般显示(A)。

A. 最新一次的跳闸报告　　B. 实时负荷电流

C. 实时负荷电压　　D. 保护定值

218. 下述(A)是变电站综合自动化系统的关键环节，其最重要的功能特点就是要有独立性和完整性，同时又具有通信功能和故障自诊断等辅助功能。

A. 微机继电保护　　B. 微机监视控制

C. 微机自动控制装置　　D. 远动及数据通信

219. 能及时在当地或远方发出事故音响或语音报警，并在 CRT 显示器上自动推出报警画面，同时可将事故信息进行打印记录和存储的是综合自动化系统的(B)子系统。

A. 实时数据采集与处理　　B. 运行监视

C. 故障录波与测距　　D. 控制及安全操作闭锁

220. 变电站综合自动化系统能够实现将所有断路器的位置信号及变电站继电保护、事故总信号等信息远传至调度端，这一功能相当于 RTU 的(B)功能。

A. 遥控　　B. 遥信　　C. 遥调　　D. 遥测

221. 变压器温度计的指示值是指变压器(D)。

A. 绕组温度　　B. 下层油温　　C. 中层油温　　D. 上层油温

222. 夏季运行中的电力变压器油位应保持在油标指示器的(C)处。

A. 1/4　　B. 1/3　　C. 1/2　　D. 3/4

223. 变压器分接开关接触不良，会使(A)不平衡。

A. 三相绕组的直流电阻　　B. 三相绕组的泄漏电流

C. 三相电压　　D. 三相绕组的绝缘电阻

224. 两台短路阻抗不相等的变压器并列运行时，在负荷分配上是(A)。

A. 短路阻抗大的变压器负荷小　　B. 短路阻抗小的变压器负荷小

C. 负荷分配不受影响　　D. 一样大

225. 新装变压器的瓦斯保护，在变压器投运(D)h 无问题后，再投入“跳闸”保护。

A. 1　　B. 8　　C. 12　　D. 24

226. CD-10 电磁型操作机构，合闸线圈动作电压不应低于额定电压的(D)。

A. 50%　　B. 60%　　C. 70%　　D. 85%

227. 断路器采用降压运行时，其遮断容量会(C)。

A. 相应增加　　B. 不变　　C. 相应降低　　D. 不确定

228. 因隔离开关传动机构本身故障而影响拉闸操作的，应(B)处理。

A. 采取强拉措施　　B. 安排停电

C. 带电　　D. 等待以后

229. 断路器分闸速度过低会造成(D)。

A. 燃弧速度加快　　B. 灭弧快

C. 燃弧速度不变　　D. 燃弧时间加长

230. 高压绝缘监视电压表一相指示降为零，其他两相电压升高的原因是(C)。

A. 电压互感器一次侧有一相熔断器熔断

B. 电压互感器二次侧有一相熔断器熔断

C. 系统单相接地

D. 电压互感器二次侧有两相熔断器熔断

231. 运行中电压互感器发出臭味并冒烟，应(D)。

A. 注意通风　B. 监视运行　C. 放油　D. 联系停止运行

232. 运行中电压互感器引线端子过热且持续升温时应(C)。

A. 加强监视　B. 加装跨引　C. 联系停止运行　D. 继续运行

233. 电流互感器二次开路后，应(B)。

A. 继续运行

B. 用旁路断路器替代后，再停止运行进行处理

C. 未采取安全措施带电处理

D. 等待机会处理

234. 电力电容器允许在(C)倍额定电压下长期运行。

A. 1.2　B. 1.1　C. 1.05　D. 1.3

235. 对于同一电容器，两次连续投切中间应间隔的最短时间是(A)min。

A. 5　B. 10　C. 30　D. 60

236. 电容器运行中发现(D)是最严重的异常现象，应视之为“爆炸”的预兆。

A. 套管闪络放电　B. 引线联接松动

C. 放电指示灯熄灭　D. 鼓肚

237. 有载高压长线路的末端电压(B)始端电压。

A. 高于　B. 低于　C. 等于　D. 不一定

238. 运行中导线接头的温度应不超过(B)℃。

A. 60　B. 70　C. 80　D. 90

239. 架空线路竣工验收时，应以额定电压对线路冲击合闸(B)次。

A. 5　B. 3　C. 2　D. 1

240. 三相四线(PEN 接线)的照明负载，当中性线断线时，负载大的一相输出电压将(D)。

A. 升高　B. 不变　C. 降低不明显　D. 降低

241. 用试拉断路器的方法寻找系统接地故障线路时，应先试拉(C)。

A. 无重要用户的短线路　B. 重要负荷线路

C. 无重要用户的长线路　D. 电源线路

242. 线路停电时，必须按照(A)的顺序操作。

A. 断路器、负荷侧隔离开关、母线侧隔离开关

B. 断路器、母线侧隔离开关、负荷侧隔离开关

C. 负荷侧隔离开关、母线侧隔离开关、断路器

D. 母线侧隔离开关、负荷侧隔离开关、断路器

243. 变压器停电操作时应(A)。

A. 先停二次侧，再停一次侧　B. 先停一次侧，再停二次侧

C. 没有先后顺序　D. 由变压器二次电流大小决定

244. 操作票填写应根据值班调度员或(C)下达的操作计划和操作综合令。

A. 上级领导　B. 监护人　C. 值班长　D. 操作人

245. 倒闸操作时，如高压隔离开关没合到位，允许用(A)进行调整，但要加强监护。

A. 绝缘杆　B. 绝缘手套　C. 验电器　D. 干燥木棒

246. 铅酸蓄电池在运行中过充电会造成(A)。

A. 正极板提前损坏　B. 负极板硫化

C. 容量增大　D. 容量不变

247. 在以三相桥式硅整流器为电源的直流电源装置中，直流母线电压降至额定电压70%左右的原因是(B)。

A. 整流器交流两相保险熔断　B. 一相硅元件损坏断路

C. 直流断线　D. 电压表损坏

248. Δ接法的三相异步电动机，若误接成Y接法，则在额定负载转矩下运行时，其铜耗和温升将会(C)。

A. 减小　B. 基本不变　C. 增加　D. 先减小后增加

249. 三相异步电动机空载启动时的电流较满载启动时的电流(C)。

A. 小　B. 大　C.一样大　D. 可能小

250. 以下属于变压器小修项目的是(C)。

A. 更换绕组　B. 修理分接开关

C. 检查处理变压器外部故障　D. 检查变压器铁芯

251. 断路器合闸时，串联在跳闸回路的辅助接点应在(B)时即接通。

A. 开关触头刚动作　B. 动触头刚插入灭弧室

C. 合闸过程中，合闸辅助触头断开后　D. 合闸终结后

252. CY3液压机构中，如果储压器中的氮气泄漏，液压回路的压力表指示将比正常时(C)。

A. 上升太多　B. 稍有上升　C. 下降　D. 不变

253. 高压输电线路故障，绝大部分是(D)故障。

A. 两相短路　B. 两相接地短路

C. 三相短路　D. 单相接地

254. 低压电动机重绕接线后，用兆欧表测定绝缘，一般不低于(C)MΩ。

A. 0.2　B. 0.5　C. 1.0　D. 1.5

255. 不论何种干燥方法，在干燥以后，当电动机绕组冷却到60℃时，应测量电动机定子绕组的绝缘电阻。对于400V及其以下定子绕组和转子绕组的绝缘电阻，用500V绝缘电阻表测量，其绝缘电阻值不应低于(C)MΩ。

A. 0.5　B. 5　C. 10　D. 8

256. 绕线式异步电动机电刷单位面积的压力可用弹簧秤测量，同一电机内的各电刷压力与平均值之差不应大于(B)。

A. 5%　B. 10%　C. 15%　D. 20%

257. 电动机采用热套法安装轴承时，使轴承加热的方法是(D)。

A. 将轴承放在火上加热　B. 将轴承放在清水中加热

C. 将轴承放在润滑油中加热　　D. 将轴承放在变压器油中加热

258. 导线联接时，绑扎线应选用与导线相同金属的单股线，其直径不应小于(B)mm。

A. 1.5　B. 2　C. 2.5　D. 5

259. 用万用表欧姆挡测量二极管好坏时，主要测量二极管的正、反向电阻值，两者相差(A)。

A. 越大越好　B. 越小越好　C. 为零最好　D. 应很小

260. 如果二极管的正反向电阻都很大，则该二极管(C)。

A. 正常　B. 已被击穿　C. 内部断路　D. 内部短路

261. 用万用表 $R\times100\Omega$ 挡测量一只晶体管各极间正、反向电阻，如果都呈现很小的阻值，则这只晶体管(A)。

A. 两个 PN 结都被击穿　　B. 两个 PN 结都被烧坏

C. 只有发射极被击穿　　D. 只有发射极被烧坏

262. 测量额定电压为 1kV 以下的电缆应使用(B)V 兆欧表进行。

A. 100　B. 1000　C. 2500　D. 5000

263. 对电力电缆进行(A)是简单判断电力电缆绝缘状况最常用的方法。

A. 绝缘电阻测量　　B. 直流耐压试验

C. 泄漏电流试验　　D. 交流耐压试验

264. 测 6kV 同步电动机定子绕组和转子绕组的绝缘电阻分别用(B)兆欧表。

A. 500~1000V，2500~5000V　　B. 2500~5000V，500~1000V

C. 5000V 以上，1000V 以上　　D. 2500V 以上，500V 以下

265. 直流试验电压值指的是直流电压的(A)。

A. 算术平均值　B. 最大值　C. 最小值　D. 峰值

266. 交流耐压试验中限流电阻的作用是(A)。

A. 保护试验变压器　　B. 保护被试设备

C. 保护测量仪表　　D. 放电

267. 交流耐压试验是一种破坏性试验，故(C)。

A. 只有在做完其他绝缘试验发现缺陷后再做

B. 在做此试验前不得再做泄漏试验

C. 在做此试验前应先做其他绝缘试验

D. 不能做

268. 溶解于绝缘油中的气体，对油的击穿电压(C)。

A. 影响很大　B. 不影响　C. 影响不大　D. 不确定

269. 测量变压器绕组的直流电阻不能发现(D)故障。

A. 接头松动　　B. 分接开关接触不良

C. 挡位错误　　D. 绝缘受潮

270. 以下设备需要测量直流电阻的是(C)。

A. 电容器　B. 避雷器　C. 电动机　D. 绝缘子

271. 介质损耗出现负值是因为(A)。

A. 被试品是阻性的　　B. 被试品是容性的

C. 被试品是感性的　　D. 试验现场的电磁场干扰

272. 爆炸危险环境内的电气设备与接地线的联接宜采用(D)，其铜线最小截面面积不得小于4mm^2。

A. 单芯线　　B. 多芯线　　C. 元钢　　D. 多股软铜线

273. 防静电接地线应与设备、机组、储罐等固定接地端子或螺栓联接，联接螺栓规格不应小于(D)。

A. M4　　B. M6　　C. M8　　D. M10

274. 常用的镀锌钢管垂直接地体规格，通常要求为直径50mm、长度为(D)m。

A. 1　　B. 1.5　　C. 2　　D. 2.5

275. 直击雷过电压是由于雷电直接击中的电气设备、线路或建筑物，强大的雷电流通过该物体泄入大地，在物体上产生(D)。

A. 接触电阻　　B. 泄放电阻

C. 雷电波　　D. 较高的电位降

276. 管型避雷器是在大气过电压时用以保护(B)的绝缘薄弱环节。

A. 电缆线路　　B. 架空线路　　C. 变压器　　D. 高压熔断器

277. 避雷器应该与被保护设备(C)。

A. 串联　　B. 混联　　C. 并联　　D. 串并联都可以

278. 选择避雷器时，避雷器的额定电压应(D)被保护设备的额定电压。

A. 小于　　B. 大于　　C. 稍高于　　D. 等于

279. 输电线路管型避雷器应装在(C)。

A. 室内　　B. 架空线路户内侧　　C. 室外杆塔上　　D. 户内或户外

280. 把空载变压器从电网中切除易引起(B)。

A. 激磁涌流　　B. 过电压　　C. 电压降　　D. 瞬间过电流

281. 石化行业拖动泵类负载用的低压电动机控制一般采用(C)。

A. 点动控制　　B. 可逆控制　　C. 自锁控制　　D. 行程控制

282. 以下电动机控制中，(D)需要加接触器互锁功能。

A. 点动控制　　B. 顺序控制　　C. 自锁控制　　D. 正反转控制

283. 在如下典型电动机控制电路中过载保护FR1控制点应放在A、B、C、D的(A)位置最合理。

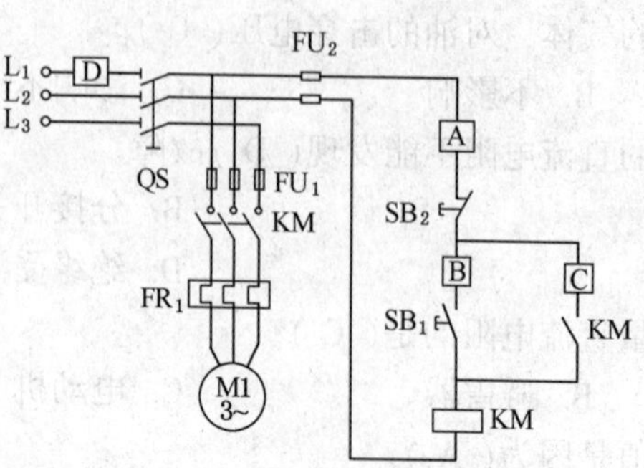

A. A　　B. B　　C. C　　D. D

284. 在以下的低压电动机正反转控制回路中，接触器控制电压应是(B)。

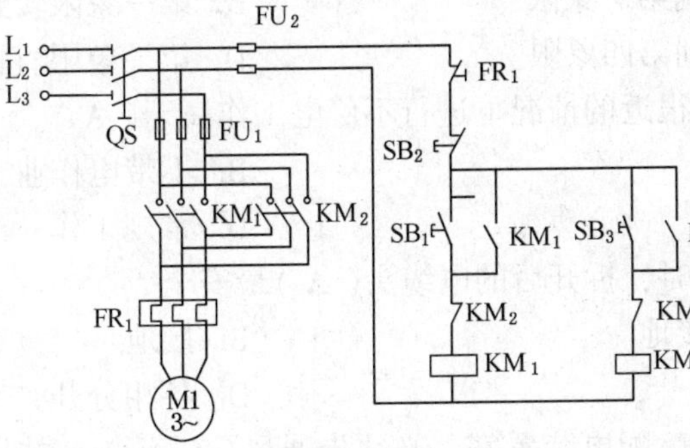

A. 交流 220V　　B. 交流 380V　　C. 直流 380V　　D. 直流 220V

285. 下图是顺序控制原理图，以下说法正确的是(D)。

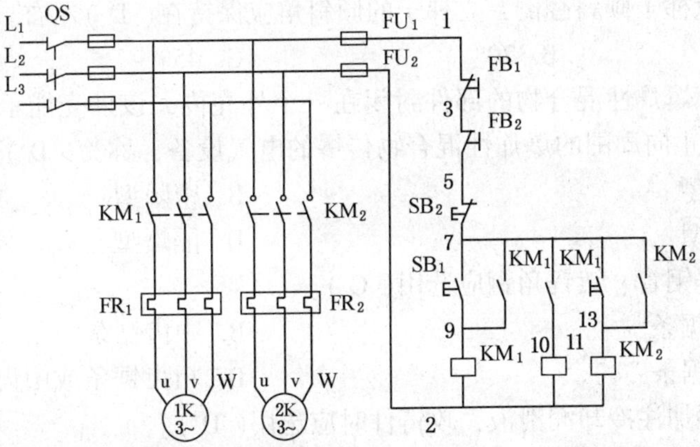

A. 2M 电机过载后 1M 电机仍可以运转　　B. 2M 电机启动后 1M 电机才能启动

C. 1M 电机过载后 2M 电机仍可以运转　　D. 1M 电机启动后 2M 电机才能启动

286. 关于三相异步电动机自耦减压器启动说法不正确的是(C)。

A. 适用于对启动转矩要求较高场所　　B. 一般适用于鼠笼电动机

C. 一般适用于绕线电动机　　D. 自耦减压器不同抽头启动电流不同

287. 他励直流电动机固有转速特性是(B)。

A. 上升的直线　　B. 下垂的直线

C. 下垂的双曲线　　D. 上升的抛物线

288. 串励直流电动机固有转速特性是(C)。

A. 上升的直线　　B. 下垂的直线

C. 下垂的双曲线　　D. 上升的抛物线

289. 直流电动机的机械特性指的是(C)之间的关系。

A. 端电压与输出功率　　B. 端电压与转速

C. 转速与转矩　　D. 励磁电流与转速

290. 他励直流电动机启动做法正确的是(B)。

A. 直接启动　　B. 电枢回路串电阻启动

C. 励磁回路串电阻启动　　D. 电枢回路串电感启动

291. 他励直流电动机由电动运行状态到能耗制动状态，其工作点由(A)。
A. 第一象限转到第二象限
B. 第一象限转到第三象限
C. 第一象限转到第四象限
D. 第一象限直接下降到原点

292. 在距离带电部分很近的情况下进行不停电工作属于(A)。
A. 带电作业
B. 不带电作业
C. 一般工作
D. 常规工作

293. 检修高压电动机时，拆开后的电缆头(A)最安全。
A. 三相短路并接地
B. 接地
C. 用绝缘包扎
D. 各相分开

294. 工作人员进入 SF_6 配电装置室，必须先通风(C) min，并用检测仪测量 SF_6 气体含量。
A. 5 B. 10 C. 15 D. 20

295. 为了避免梯子倾斜翻倒，立梯子的倾斜角应保持在(D)左右。
A. 65° B. 70° C. 45° D. 60°

296. 把能点燃爆炸性混合物的部件封闭在一个外壳内，该外壳能承受内部爆炸性混合物的爆炸压力并阻止向周围的爆炸性混合物传爆的电气设备，称为(D)。
A. 增安型
B. 密闭型
C. 防水型
D. 隔爆型

297. 锯割镀锌钢管、镀锌角钢应选用(C)。
A. 粗齿锯条
B. 中齿锯条
C. 细齿锯条
D. 粗齿锯条或中齿锯条

298. 攻丝时要加注冷却润滑液，攻铸件时应选用(D)。
A. 润滑油 B. 肥皂水 C. 机油 D. 煤油

299. 工件锉削后，可用(B)法检查其平面度。
A. 对照 B. 透光 C. 观察 D. 尺寸

300. 刃磨后的錾子，其淬火温度为(A)。
A. 750~780℃
B. 780~810℃
C. 810~840℃
D. 840~870℃

301. 安装电动机转子轴两侧端盖时，可用(B)敲击端盖。
A. 铁锤 B. 铜棒 C. 錾子 D. 扳手

302. 电机轴与设备轴的联轴器校正，常采用(A)。
A. 直尺校正法
B. 目测法
C. 手触法
D. 目测、手触结合法

多选题

1. 电阻串联具有(A，B，D)的特点。
A. 流过串联各元件的电流处处相等
B. 电路两端的总电压等于各电阻两端电压之和
C. 等效电阻等于各串联电阻的倒数和
D. 各电阻上的电压分配与各电阻阻值成正比

2. 基尔霍夫第一定律(A，C)。

A. 适用于电路中的任意一个节点　　B. 适用于电路中的任意支路

C. 适用于任一假设的闭合面　　D. 适用于任意电压回路

3. 分析和计算复杂电路的基本依据是(B，C)。

A. 支路电流法　　B. 基尔霍夫定律

C. 欧姆定律　　D. 节点电压法

4. 如图所示电路，下列方程正确的是(B，D)。

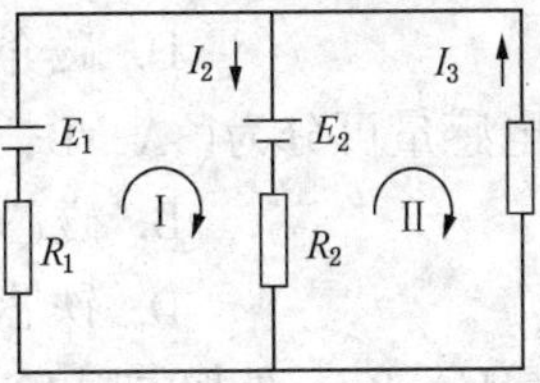

A. $I_1+I_2+I_3=0$　　B. $I_1+I_2=I_3$

C. $E_2+E_1=I_2R_2+I_3R_3$　　D. $E_1-E_2=I_2R_2-I_1R_1$

5. 电桥电路的特点是(A，C)。

A. 桥支路电流为零　　B. 桥支路电流不为零

C. 桥两端电压为零　　D. 桥支路电阻为零

6. 电容器充、放电时，下述说法正确的是(A，B，D)。

A. 电容器两端的电压不能突变

B. 接通直流电源时，只有在短暂瞬间电路中有电流流过

C. 电容器充电时始终有电流通过电容器

D. 接通交流电时电路中始终有电流通过

7. 准确测量电容器可采用(A，B)。

A. 电容电桥　　B. Q 表

C. 直流电桥　　D. 万用表

8. 关于电容器的串联，下列说法正确的是(A，C，D)。

A. 等效电容量的倒数等于各电容器的倒数之和

B. 电容大的电容器分得的电压小

C. 电容小的电容器分得的电压小

D. 各电容器上所带的电容量相等

9. 一只电容量为 2000μF，耐压 500V 的储能电容器，可以用(A，C，D)等效代替。

A. 20 只 100μF，耐压 500V 的电容器并联

B. 20 只 100μF，耐压 500V 的电容器串联

C. 10 只 200μF，耐压 500V 的电容器并联

D. 40 只 50μF，耐压 500V 的电容器并联

10. 关于直导体产生感应电动势的大小，下述正确的是(A，B)。

A. 运动方向与磁力线夹角为 0°时，感应电动势为 0

B. 运动方向与磁力线夹角为 90°时，感应电动势最大

C. 运动速度越快，感应电动势越大

D. 导体长度越长感应电动势越大

11. 感应电动势方向正确的是(A，D)。

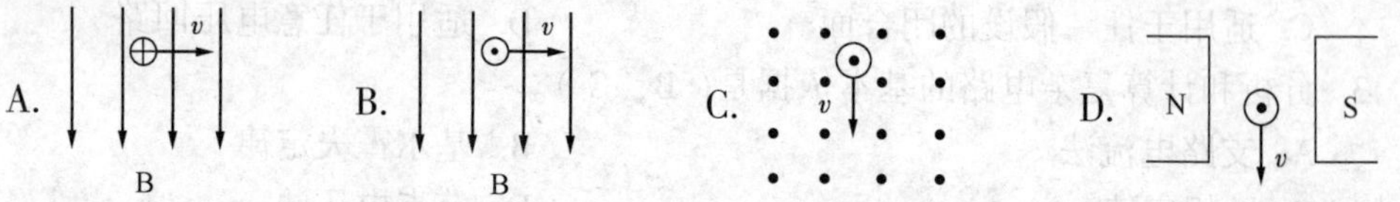

12. 线圈的电感量由(A，B，C，D)所决定。

A. 线圈自身材料　　B. 线圈结构

C. 线圈尺寸　　D. 磁介质的磁导率

13. 常见线圈按照构造特性和电感量可分为(A，B，D)所决定。

A. 空心线圈　　B. 磁芯线圈

C. 镇流器　　D. 铁芯线圈

14. 一R、L、C串联电路，测得$U_R=8V$，外加电压10V，$U_L=8V$，则U_C为(A，D)V。

A. 2　　B. 4　　C. 16　　D. 14

15. RLC并联电路，$R=10\Omega$，$X_L=10\Omega$，呈容性时X_C可能是(C，D)。

A. 4　　B. 8　　C. 12　　D. 14

16. 提高功率因数的意义有(A，C)。

A. 充分利用设备容量　　B. 提高供电质量

C. 线路功率和电压损耗减小　　D. 节约经济开支

17. 人为提高功率因数的方法有(A，B)。

A. 并联适当电容器　　B. 电路串联适当电容器

C. 并联大电抗器　　D. 串联大电容器

18. 三相负载对称是(A，D)。

A. 各相阻抗值相等　　B. 各相阻抗值差$\sqrt{3}$

C. 各相阻抗复角相差120°　　D. 各相阻抗值复角相等

19. 在对称三相电路中，电源线电压为380V，下列联接正确的有(A，C，D)。

A. 对于照明负载，应采用三相四线供电联接

B. 对于电动机负载应用三相四线联接

C. 对于相电压为380V的电动机，应采用Δ联接

D. 对于相电压为220V的电动机应采用Y联接

20. 常用的滤波电路有(A，B，C，D)滤波。

A. 电容　　B. 电感　　C. 复式　　D. 电子

21. 在二极管的四个主要参数中，反向截止时应注意的参数是(B，C)。

A. 最大整流电流　　B. 最高反向工作电压

C. 最大反向电流　　D. 最高工作频率

22. 晶闸管整流电路在运行中，造成晶闸管烧坏的原因有(A，B，C，D)。

A. 长期过载过热

B. 过流保护失效

C. 晶闸管串并联时管子特性差异大

D. 静态电流上升率超过管子额定值

23. 开关三极管工作在(A，B)。

A. 饱和区　　B. 截止区

C. 放大区　　D. 放大区和截止区

24. 基本逻辑运算电路有三种，即为(B，C，D)电路。

A. 与非门　　B. 与门　　C. 非门　　D. 或门

25. 射极输出器的特点之一是具有(A，B)。

A. 很小的输出电阻　　B. 很大的输入电阻

C. 与共射极电路相同　　D. 输入、输出电阻均不发生变化

26. 晶闸管是一个四层三端元件，其内部有三个 PN 结，三端的名称分别是(A，C，D)。

A. 门极　　B. 发射极

C. 阳极　　D. 阴极

27. 关断晶闸管的方法有(B，C，D)。

A. 切断控制极电压　　B. 断开阳极电源

C. 低正向阳极电压　　D. 给阳极加反向电压

28. 晶闸管的阻断作用有(A，B)。

A. 正向阻断　　B. 反向阻断　　C. 正向偏置　　D. 反向偏置

29. 晶闸管的主要参数有(A，B，C，D)。

A. 正向、反向阻断峰值电压　　B. 维持电流

C. 额定正向平均电流　　D. 控制极触发电压

30. 兆欧表就其结构原理而言，一般其由(A，C，D)几部分组成。

A. 磁电系比率表　　B. 外部电源

C. 测量线路　　D. 手摇直流发电机

31. 钳型电流表按结构原理分可以分为(A，B)几种。

A. 互感器式钳型电流表　　B. 电磁系钳型电流表

C. 感应系钳型电流表　　D. 静电系钳型电流表

32. 具有 60°相位差的 DX2 型三相无功电度表，一般常用于以下(A，B)线路。

A. 负载对称的三相三线制　　B. 负载不对称的三相三线制

C. 负载对称的三相四线制　　D. 负载不对称的三相四线制

33. 测量三相四线制不对称负载的有功功率，以下(A，B，D)方法不适用。

A. 一表法　　B. 两表法

C. 三表法　　D. 两表跨相法

34. 被广泛应用于供电系统配电盘上的变换式功率因数表具有(A，C)特点。

A. 体积小和重量轻　　B. 体积大重量沉

C. 结构简单和成本低　　D. 结构复杂成本高

35. 接地电阻的测量方法很多，以下提到的方法中说法不够完整和准确的有(A，D)。

A. 电流表法　　B. 电桥法　　C. 补偿法　　D. 电压表法

36. 以下关于消除系统误差的说法中，正确的有(A，B，C)。

A. 对度量器、测量仪表进行校正

B. 采用合理的测量方法或配置适当的测量仪器，改善仪表的安装质量和配线方案

C. 采用正负消去法、替代法等特殊的测量方法

D. 增加重复测量次数，取其算术平均值

37. 用一准确度为 1.0 级，量程为 250V 电压表进行电压测量，其测量出的最大绝对误差可能是(A，B)V。

A. +2.5　　B. −2.5　　C. +1.0　　D. −1.0

38. ZC−8 型接地电阻测量仪一般有(A，B，C)Ω 三个量程。

A. 0~1　　B. 0~10　　C. 0~100　　D. 0~1000

39. 在中性点不接地的电力系统中，当发生一点接地后，其三相间线电压(B，D)。

A. 均升高$\sqrt{3}$倍　　B. 均不变

C. 一个不变两个升高　　D. 保持对称

40. 当降压变压器分接头按−5%、−2.5%、0、2.5%、5%分挡时，如果电源电压比一次绕组额定电压低时，我们应将分接开关向(B，D)方向移动。

A. 2.5%　　B. −2.5%　　C. 5%　　D. −5%

41. 无限大容量电力系统是说电源容量相对于企业或用户的用电容量要大得多，以致在企业或用户的供电系统中发生任何的变动，电力系统馈电母线上的(B，C)可以近似认为不变。

A. 电流　　B. 电压　　C. 频率　　D. 功率

42. 无限大容量电力系统发生三相短路时，下列叙述正确的是(A，B)。

A. 短路电流周期分量的有效值在短路全过程中维持不变

B. 短路全电流短路电流为非周期分量与短路电流周期分量叠加

C. 短路电流最大值发生在短路后的 0s

D. 短路电流在达到稳定值之前，要经过一个暂态过程，是因为有短路周期分量的存在

43. 变压器的阻抗 R、感抗 X_L 分别反映了变压器的(C，D)。

A. 铁损耗　　B. 励磁损耗

C. 铜损耗　　D. 漏磁损耗

44. 高压断路器灭弧室的灭弧方式有(A，B，C)。

A. 纵吹　　B. 横吹

C. 纵横吹　　D. 过零自然熄灭

45. 真空断路器的优点是(A，B，C)。

A. 体积小，重量轻　　B. 熄弧时间短，触头烧伤轻

C. 可频繁操作，防火防爆　　D. 采用空气横吹灭弧

46. 真空断路器的缺点是(A，B，C)。

A. 灭弧室材料要求高　　B. 开断电流不能做得很高

C. 断口电压不能做得很高　　D. 触头易氧化

47. 负荷开关的技术参数主要包括(A，B，D)。

A. 额定电压，额定电流　　B. 额定开断电流，额定关合电流

C. 过电压允许值　　D. 极限通过电流

48. 万能式低压断路器由于控制电流大，辅助接点多，保护特性种类多，可装设多种脱扣器，因此它可以应用于(A，B，D)。

A. 变压器 400V 侧总开关　　B. 母线联络开关

C. 控制高压线路　　D. 大型电动机控制开关

49. 低压断路器选用原则 (A，B，C)。

A. 断路器额定电流≥负荷工作电流

B. 断路器额定电压≥电源和负荷的额定电压

C. 断路器脱扣器额定电流≥负荷工作电流

D. 断路器极限通断能力<电路最大短路电流

50. 下列变压器接线组别中，接法正确的是(A，B，C)。

A. Yd11　　B. Yy0　　C. Yd1　　D. Yy5

51. 环氧树脂型干式变压器结构形式有(A，B，C，D)。

A. 树脂加填料浇注　　B. 树脂绕包

C. 树脂浇注　　D. 树脂真空压力浸渍

52. SC 系列干式变压器具有(A，B，D)特点。

A. 电气强度高，承受操作过电压能力强

B. 机械强度高，抗开裂

C. 热稳定，过负荷能力比油浸式变压器差

D. 防潮、阻燃性能

53. 变压器的额定容量是指(C，D)。

A. 输入功率　　B. 输出功率

C. 变压器二次侧的视在功率　　D. 变压器一次侧的视在功率

54. 一般电流互感器上一次侧标有 L1、L2，二次侧标有 K1、K2，则下列组合属同名端的是(A，D)。

A. L1、K1　　B. L1、K2　　C. L2、K1　　D. L2、K2

55. 具有以下(A，B)功能是高压开关柜“五防”所要求的。

A. 防止带负荷拉出　　B. 防止带电封挂地线

C. 防止运行时打开保护室的柜门　　D. 防止运行期间调整保护连片位置

56. 主要承担线路正常拉力和断线拉力的杆型为(B，D)。

A. 直线杆塔　　B. 耐张杆塔

C. 中间杆塔　　D. 终端杆塔

57. 三相电动机定子绕组产生的磁场中不含(A，D)次谐波。

A. 3　　B. 5　　C. 7　　D. 9

58. 单相异步电动机说法正确的是(A，B，C)。

A. 只有工作绕组接通电源时，磁场为脉振磁场

B. 只有工作绕组接通电源时，电机不能启动

C. 只有工作绕组接通电源时，电机在外力矩作用下启动后可以旋转

D. 单相异步电动机只有在启动绕组串接启动电容才可以启动

59. “IP56”是表示电气设备的外防护等级的一种代号，下列行为能在第一个数字表示的是(A，B，C)。

A. 固体异物进入设备内部　　　　B. 人体触及内部带电部分
C. 人体触及电机运动部分　　　　D. 水等液体进入设备内部

60. 手车式高压柜安装时，以下(A，B，C)是合格的。
A. 配电柜“五防”功能齐全，动作可靠
B. 手车推拉灵活、同型号互换性好
C. 一次动静触头接触间隙符合产品技术要求
D. 手车和柜体接地完好，手车推入时主触头接触后接地触头才接触

61. 关于电缆桥架安装要求正确的有(B，C，D)。
A. 电缆桥架联接板联接时螺母应位于桥架的内侧
B. 铝合金桥架在钢架固定时，应有防电化学腐蚀措施
C. 电缆桥架全长具有良好接地，全长不少于两处与接地干线相连
D. 直线段钢制桥架每隔 30m 应设置伸缩节

62. 晶体管继电保护装置和电磁型继电保护装置相比较，其优点有(A，B，D)。
A. 可靠性高　　　　B. 动作速度快
C. 灵敏度低　　　　D. 体积小，重量轻

63. 对带时限电流速断保护的范围，说法正确的有(A，C)。
A. 可以保护本级线路的全长　　　　B. 不可以保护本级线路的全长
C. 可以保护下一级线路的一部分　　D. 可以保护下一级线路的全长

64. 变压器发生严重故障时，瓦斯继电器的动作情况是(A，C，D)。
A. 内部压力增大，油被迅速地推向油枕
B. 下开口杯被油流冲击而转动，使接点闭合而发信号
C. 下开口杯被油流冲击而转动，接点闭合而使断路器跳闸
D. 上开口杯因为油重而下沉，使干簧接点闭合而发信号

65. 电流速断保护的优点有(B，C)。
A. 可以保护变压器的高低压侧
B. 可以保护变压器的高压侧线圈和电源侧套管
C. 接线简单、动作迅速，与其他保护相配合下作为中小型变压器的主保护
D. 保护范围不受限制

66. 高压电动机常用继电保护方式主要有(A，B，C，D)。
A. 低电压保护　　　　B. 过负荷保护
C. 电流速断保护　　　D. 纵联差动保护

67. 如图所示的 6kV 供电系统高压电动机(6kV 供电系统)电流速断保护原理接线图中，不能对 K_1、K_2 两点接地短路起到保护作用的有(A，C)。

A.
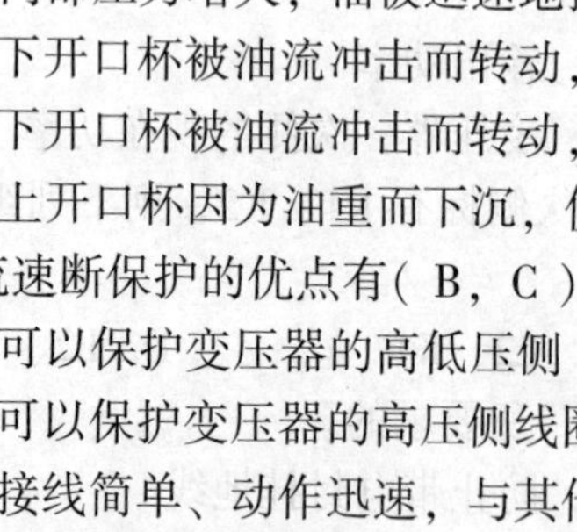

B.
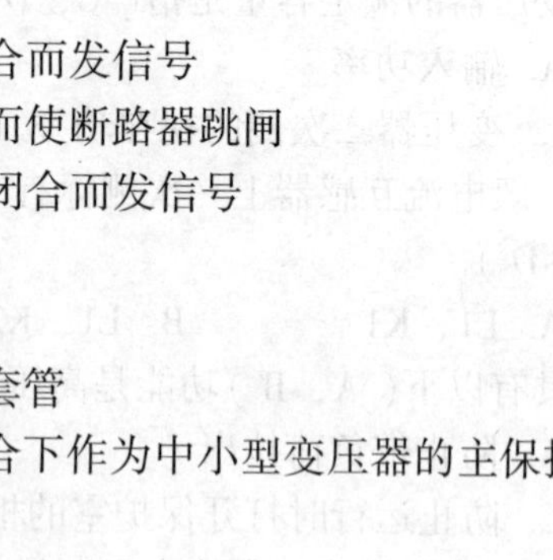

C. 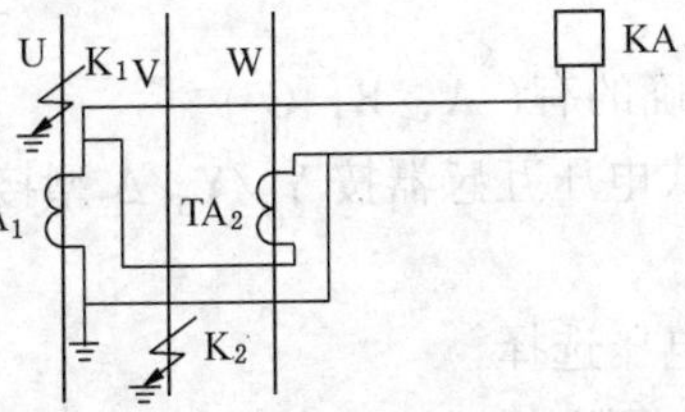

D. 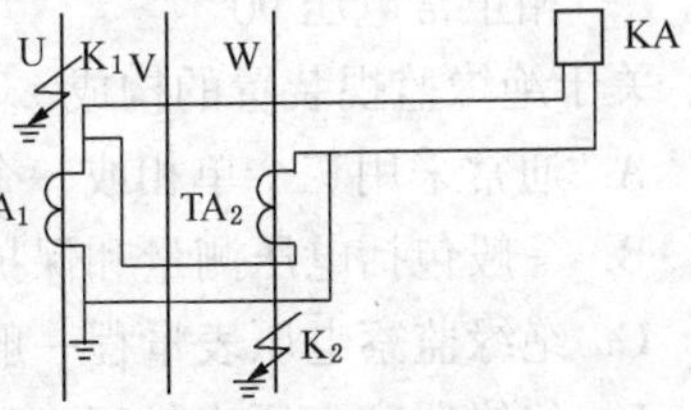

68. 高压电动机单相接地保护装置，在下述(A，B，C)条件下一般动作于跳闸。

A. 单相接地电流大于等于 10A

B. 容量在 2000kW 及以上的电动机

C. 工作在有爆炸危险性环境内的电动机

D. 容量在 2000kW 以下，单相接地电流大于 5A 但小于 10A 的电动机

69. 为保证电动机正常工作，其低电压保护的接线应满足以下(A，C，D)基本要求。

A. 当电压互感器一次侧一相及两相断线，保护装置不应动作，并应发出断线信号

B. 当电压互感器二次侧出现一相及两相断线，保护装置不应动作，并发出断线信号，当二次侧出现三相断线时，低电压保护装置动作

C. 当电压互感器一次侧隔离开关或隔离触头因误操作被断开时，保护装置不应动作，并应发出信号

D. 不同分类的电动机的低电压保护应分别整定

70. 电力电容器组过电流保护装置可用下述(A，B，C，D)方式构成实现。

A. 熔断器(电容器组最大容量为 400kvar)

B. 反时限继电器

C. 定时限继电器

D. 二次电流直接动作断路器的脱扣线圈

71. 电容器组采用零序电流保护作为单相接地保护，下列关于其原理接线说法正确的是(A，B，C)。

A. 发生单相接地故障时，流过故障线路的零序电流比非故障线路大

B. 发生单相接地故障时，为了防止非故障线路上的零序电流保护装置发生误动，必须将电缆端盒与支架绝缘，并把电缆头接地线穿过零序电流互感器的铁芯

C. 当电容器安装在单独的或分组的绝缘支架上时，可不装设单相接地保护

D. 单相接地电流大于 5A 时必须装设单相接地保护

72. 总降压变电所的 110kV 及以上的双母线，应装设专用母线保护。专用母线保护常采用以下(B，C)来实现双母线的故障保护。

A. 单母线完全差动保护　　B. 固定联接的双母线差动保护

C. 电流相位比较式母线差动保护　　D. 母线不完全差动保护

73. 在小电流接地系统中，发生单相接地故障时，下列说法正确的有(A，B，D)。

A. 不破坏系统线电压的对称性

B. 故障相的对地电压下降，范围在大于零小于相电压之间

C. 非故障相对地电压升高到 3 倍相电压

D. 故障相的接地电容电流等于正常时一相对地电容电流的 3 倍，其方向超前故障

相正常电压 90°

74. 关于绝缘监视装置的构成，下列说法正确的有(A，B，C)。

A. 通常采用三个单相或一个三相五柱式电压互感器按 $Y_0/Y_0/\Delta$ 型接线

B. 一般包括电压测量和保护信号两部分

C. 绝缘监察电压表量程一般按正常线电压选择

D. 绝缘监察电压表量程一般按正常相电压选择

75. 关于馈出线自动重合闸装置，下列说法正确的有(A，B，D)。

A. 重合闸动作的成功率 60%～90%之间，因而可以大大提高供电的可靠性，减少线路的停电机会

B. 馈出线自动重合闸动作于永久故障上时靠继电保护动作跳开断路器

C. 自动重合闸装置常用于馈出线为电缆线路的回路上

D. 自动重合闸装置常用于馈出线为架空线路的回路上

76. 关于备用电源自动投入装置，下列说法正确的是(A，C，D)。

A. 备用电源自动投入装置一般分为明备用和暗备用两种

B. 备用电源自动投入装置应在工作电源断开前，先将备用电源投入

C. 当备用电源无电压时，备用电源自动投入装置不应启动

D. 备用电源自动投入装置必须有低电压启动机构与合闸机构

77. 常用的备用电源 APD 方式主要有(A，B，C)。

A. 备用变压器 APD 方式

B. 备用线路 APD 方式

C. 母线分段断路器 APD 方式

D. 备用变压器和备用线路混合 APD 方式

78. 关于蓄电池组直流电源工作原理的有关说法中，正确的有(B，C，D)。

A. 对蓄电池的充电只有浮充一种功能

B. 对蓄电池的充电有浮充和均充两种功能

C. 正常运行时，浮充电装置与电池组并联工作，供给接在直流母线上的经常性负荷，同时以不大的电流向蓄电池组浮充电

D. 在断路器合闸时，由蓄电池组提供瞬间大电流

79. 蓄电池组直流电源与硅整流直流电源相比，其主要优点有(A，B，C)。

A. 独立而可靠

B. 即使在全所全停的情况下，也能保证继电保护、信号装置、断路器等可靠工作

C. 能提供事故照明电源

D. 投资少、运行维护简单

80. 断路器常用的控制开关通常有 6 种状态，当开关把手处于水平位置时，其对应的状态有(A，C)。

A. 预备跳闸　B. 预备合闸　C. 跳闸后　D. 合闸后

81. 以下所述的各种动作中，(B，C，D)可以造成断路器事故信号回路动作。

A. 手动操作分闸

B. 手动机械分闸

C. 继电保护跳闸

D. 自动机械脱扣跳闸

82. 以下关于断路器闪光信号控制回路的动作原理说法中，正确的是(B，C)。

A. 断路器自动分闸后，红灯闪光

B. 当断路器控制开关处于“预合闸”位置时，绿灯闪光，以提醒操作人员注意
C. 当断路器的控制开关与断路器的位置状态不对应时，应有指示灯闪光
D. 只有在断路器事故跳闸时，绿灯才闪光

83. 关于原理展开图的绘制原则，下列说法正确的有(A，B，C，D)。
A. 直流母线和交流母线用粗线条表示，以区别其他回路的联络线
B. 继电器和每一个小的逻辑回路的作用都在展开图中注明
C. 继电器的触点和电气元件之间的连线段都有回路标号
D. 同一个继电器的线圈与触点采用相同的文字符号

84. 变电站综合自动化系统中的微机继电保护主要包括(A，B，C)。
A. 输电线路保护　　B. 电力变压器保护
C. 母线保护　　D. 直流屏保护

85. 典型的综合自动化系统都配置了相应的自动控制装置，主要包括(B，C，D)。
A. 电压、电流控制装置　　B. 低频减负荷控制装置
C. 备用电源自投控制装置　　D. 小电流接地选线装置

86. 变压器并列运行的条件是(A，B，D)。
A. 联结组别相同　　B. 电压及变比基本相同
C. 额定电流相同　　D. 短路阻抗基本相等

87. 经确认两个电源的(A，C，D)均相同或基本相同时，才能并列。
A. 电压　　B. 电流　　C. 频率　　D. 相位

88. 隔离开关和刀开关在其额定值下运行时，出现接触部分过热，其原因是(B，C)。
A. 线路电流过大
B. 接触部分压力不足或接触表面氧化有污垢
C. 散热不良
D. 线路电压高

89. KK 开关的“2-4”接点是重合闸放电回路常用接点，在(A，B)位置接通，“预备合闸”位置断开。
A. 预备跳闸　　B. 跳闸后　　C. 合闸　　D. 合闸后

90. 变配电所最常用的巡检方法是(A，B，C)三种。
A. 眼观　　B. 耳听　　C. 鼻嗅　　D. 手触

91. 在运行中的电流互感器二次回路上工作时，以下做法不正确的是(A，B，D)。
A. 用铅丝将二次短接　　B. 用导线缠绕短接二次
C. 用短路片将二次短接　　D. 将二次引线拆下

92. 电容器运行中的异常音响是(B，C，D)。
A. 无音响　　B. 有嗡嗡声　　C. 有咕咕声　　D. 有吱吱声

93. 电容器停电后，放电电阻自行放电放不尽的主要原因是(B，C，D)。
A. 电容器容量大　　B. 引线接触不良
C. 熔丝熔断　　D. 电容器内部断线

94. 绝缘子的故障一般有(A，B，C)三种类型。
A. 外绝缘闪络　　B. 电气击穿　　C. 机械损伤　　D. 爆炸

95. 电缆头漏油会造成(B，D)。

A. 功率因数降低
B. 绝缘强度降低
C. 负载电流增大
D. 介质损失增大

96. 架空线路特殊巡视检查的项目有(C，D)。

A. 负荷电流
B. 电压平衡情况
C. 降雪时，导线有无冰溜、接头发热溶雪现象
D. 大风天气检查导线有无杂物及导线摆动情况

97. 判断导线接头发热的方法一般有(A，B，C，D)。

A. 半导体点温计
B. 贴试温腊片
C. 利用雨雪天观察接头
D. 红外线测温仪

98. 对于钢芯铝绞线架空线路，在铝线(C，D)断股情况下，可以采用锯断重接法处理。

A. 4%~7%
B. 7%~25%
C. 25%~30%
D. 30%以上

99. 高压跌落式熔断器(A，B，D)的停电顺序是错误的。

A. 先拉顺风相，再拉迎风相，最后拉中相
B. 先拉迎风相，再拉顺风相，最后拉中相
C. 先拉中相，再拉顺风相，最后拉迎风相
D. 先拉中相，再拉迎风相，最后拉顺风相

100. 变压器(A，C，D)送电操作是错误的。

A. 先送二次侧，再送一次侧
B. 先送一次侧，再送二次侧
C. 没有先后顺序
D. 由变压器二次电流大小决定

101. 铅酸蓄电池产生自放电的原因是(A，D)。

A. 电解液含有杂质
B. 负荷电流大
C. 单体电池串联个数多
D. 极板各部位处于不同电解液层形成电位差

102. 三相绕组一相首、尾反接，电动机启动时的现象是(A，B，C)。

A. 一相电流很大
B. 启动困难
C. 振动厉害
D. 电压不平衡

103. 电动机检修中，常用的电磁线包括(A，B，C)三类。

A. 漆包线
B. 绕包线(纱包、玻璃丝包线)
C. 无机绝缘电磁线
D. 塑料包线

104. 电动机绕组浸漆烘干的目的是(A，B，C，D)。

A. 提高电机的防潮性能
B. 增加绝缘强度和机械强度
C. 改善散热条件
D. 保证电机使用寿命

105. 刀开关在其额定值下运行时，出现接触部分发热，其原因是(A，B，C)。

A. 接触部分压力不足
B. 接触表面氧化或有污垢
C. 散热不良
D. 负载功率因数低

106. 影响绝缘电阻的因素主要有(A，B，C，D)。

A. 温度的影响
B. 湿度和电力设备表面脏污的影响

C. 残余电荷的影响　　D. 感应电压的影响

107. 交流耐压试验应在(A，C，D)后进行。

A. 绝缘电阻及吸收比试验　　B. 传动试验

C. $\tan\delta$ 试验　　D. 直流泄漏电流试验

108. 直流耐压及泄漏电流试验时，应注意(A，C)。

A. 检查接线，确认无误

B. 快速升压

C. 升压中若出现击穿、闪落等异常现象，应马上降压

D. 试验完毕，立即断开电源拆线

109. 介质损耗与(B，C)成正比。

A. 外加频率的平方　　B. 外加电压的平方

C. 电源频率　　D. 外加电压

110. 雷电波侵入是由于直击雷或感应雷而产生的高电位雷电波，沿(B，C)侵入变电所而造成危害。

A. 大地　　B. 金属管道　　C. 架空线路　　D. 大气层

111. 供电系统中，内部过电压的两种形式是(C，D)。

A. 雷电过电压　　B. 大气过电压　　C. 操作过电压　　D. 谐振过电压

112. 氧化锌避雷器应用于中性点不接地的小电流接地系统，应采取的措施有(A，B，C)。

A. 消除谐振过电压　　B. 选取通流容量较大的避雷器

C. 选取持续运行电压较高的避雷器　　D. 选取较高电压等级的避雷器

113. 三相低压电动机正反转控制电路中为确保安全，正、反控制回路一般设有(A，B)。

A. 机械互锁　　B. 电气互锁　　C. 速度控制　　D. 加速度控制

114. 石油化工生产装置中经常用的两地控制的控制地点一般是(A，B)。

A. 电机就地　　B. 工艺操作室　　C. 变电所配电盘　　D. 不确定

115. 低压电动机的低电压再启动控制原理上主要由(A，B，C，D)几部分构成。

A. 记忆晃电前电机运行状态　　B. 工作电压判断

C. 运行状态逻辑分析　　D. 发出电机自动重合信号

116. 每半年一次预防性试验的绝缘安全用具是(B，C，D)。

A. 绝缘棒　　B. 验电笔　　C. 绝缘手套　　D. 绝缘绳

117. 电工安全用具主要包括(A，B，C，D)。

A. 绝缘安全用具　　B. 登高作业安全用具

C. 保证检修安全的安全用具　　D. 防止灼伤的安全用具

118. 临时接地线的作用是(A，C，D)。

A. 消除邻近高压线路上的感应电

B. 防止雷电波侵入

C. 防止突然来电

D. 放尽线路或设备上可能残存的静电

119. 正压型防爆电气设备，微压继电器当低于规定值时，应可靠动作，并应(A，B)。
A. 在爆炸性气体环境为 1 区时，可靠切断电源
B. 在爆炸性气体环境为 2 区时，可靠发出警告信号
C. 任何场合可靠切断电源
D. 任何场合可靠发出警告信号

120. 在两级爆炸危险区域交界处的电缆沟内应采取(B，C，D)，并应采取相应的灭火措施。
A. 用砖块堵塞　　B. 填阻火堵料
C. 充砂　　D. 加设防火隔墙分隔

121. 孔将钻穿时，进给力必须减小，其目的是为了(C，D)。
A. 提高钻孔速度　　B. 保证钻孔的精度
C. 防止钻头折断　　D. 防止工件随钻头转动造成事故

122. 清除錾屑时，不得用(A，B)。
A. 手擦　　B. 嘴吹　　C. 铁刷　　D. 硬毛刷

三、技能操作鉴定要素细目表

鉴定范围						鉴定点	
一级		二级		三级		代码	名称
代码	名称	代码	名称	代码	名称		
A	技能要求	A	设计安装调试	A	电工基本操作	001	测量并计算单芯导线截面积
						002	读取电度表读数并计算有功电量
						003	测量一段铜导线的长度、直径,并计算其电阻值
						004	漏电保护开关的选用与安装
						005	低压热缩电缆终端头的制作
				B	配电盘制作调试	001	依据控制展开图，制作电磁操动机构控制盘
						002	制作带电流互感器单相电度表配电盘
						003	防爆动力配电箱的墙上安装与配线
				C	电动机控制线路的安装调试	001	安装调试两台三相交流异步电动机顺序启动控制盘
						002	三相异步电动机连续与点动混合控制盘配线
				D	电子电路安装调试	001	单相桥式整流电路、滤波电路安装
						002	在面包板上装配单相桥式整流集成稳压电路
		B	运行维护与事故处理	A	设备巡视与检查	001	高压隔离开关的巡视与检查
						002	电力电容器室的巡视与检查
						003	消弧线圈的巡视与检查
				B	变配电系统故障处理	001	6kV 变压器柜断路器不能电动合闸的故障处理
						002	变压器柜断路器不能电动跳闸的故障处理
						003	6kV 高压电动机柜在系统低电压时由于低电压跳闸回路故障而使断路器不能跳闸的故障分析与处理

续表

鉴定范围						鉴定点	
一级		二级		三级		代码	名称
代码	名称	代码	名称	代码	名称		
						004	6kV 高压电容器柜速断保护动作，事故警笛不发信号的故障处理
						005	6kV 高压断路器柜电磁操动机构控制回路的故障处理
						006	6kV 变压器轻瓦斯保护动作后的处理
						007	6kV 变电所进线电源失压，电压互感器柜不能发出低电压信号的故障处理
						008	变压器过负荷的事故处理
				C	倒闸操作票填写与执行	001	6kV 馈出线手车柜由运行转检修操作
						002	6kV 馈出线手车柜由检修转运行
						003	电压互感器柜由检修转运行
						004	高压跌落式熔断器由运行转检修
						005	电力电容器由运行转检修
						006	消弧线圈由检修转运行
						007	消弧线圈由运行转检修操作
				D	电动机故障处理	001	三相交流异步电动机绕组接地故障的分析和判断
						002	电动机运行时电流大、温升高故障的分析和处理
						003	三相交流异步电动机一相绕组断线故障的分析和判断
		C	电气检修	A	变配电设备检修	001	6kV 手车式断路器的电磁操动机构检修后验收及试送电检验
						002	630kVA 油浸式电力变压器大修验收后的试送电操作
						003	电流互感器二次绕组极性的判断
						004	CD_{10}电磁操动机构 QF 辅助接点故障的调整
						005	在水泥电杆横担上安装阀型避雷器
				B	电气照明检修	001	日光灯照明电路的故障检修
				C	低压电动机及控制回路检修	001	电动机正反转控制线路故障检修
		D	电气试验	A	试验仪器仪表的使用	001	变压器一、二次绕组直阻测试与分析
						002	交流电动机绕组直阻测试与分析
		E	电工测量仪器仪表及安全用具	A	电工测量仪表使用	001	用万用表检测晶体二极管极性及性能好坏
						002	用万用表检测晶体三极管性能好坏
						003	用数字万用表测交直流电压、电流及电阻值
		F	电气绘图与计算	A	变配电	001	依据给定的安装接线图，现场检测并绘出高压移相电容器柜速断保护回路原理展开图
						002	画出 6kV 系统绝缘监察装置原理接线图
						003	画出不完全星形定时限过电流保护原理接线图
						004	画出 GL 型感应电流继电器组成的反时限保护原理图
				C	电子电路	001	画出单相桥式整流电路及各点工作电压波形

四、技能操作试题

试题1：读取电度表读数并计算有功电量

（考核时间：5min）

序号	考核内容	考核要点	配分	评分标准	检测结果	扣分	得分	备注
1	准备工作	穿戴劳保用品	5	未穿戴整齐扣5分				
2	操作程序	读电度表指示数	30	读数方法错误扣10分				
				读数不准确扣20分				
3		计算有功电量	65	未考虑电度表倍率扣10分				
				计算方法错误扣25分				
				有功电量单位错误扣10分				
				计算结果不正确扣20分				
4	安全及其他	按《电力安全工作规程》操作		违规一次从总分中扣5分；严重违规停止操作			—	
		在规定时间内完成操作		每超时1min从总分扣5分，超时3min停止操作			—	
		合　计	100					

试题2：测量一段铜导线的长度、直径并计算其电阻值

（考核时间：10min）

序号	考核内容	考核要点	配分	评分标准	检测结果	扣分	得分	备注
1	准备工作	穿戴劳保用品	5	未穿戴整齐扣5分				
2	操作程序	测量导线	50	剖剥绝缘损伤芯线扣10分				
				不能正确使用测量器具扣10~20分				
				测量不准确扣20分				
3		计算	45	运用公式不正确扣25分				
				计算结果不正确扣20分				
4	安全及其他	按《电力安全工作规程》操作		违规一次从总分中扣5分；严重违规停止操作			—	
		在规定时间内完成操作		每超时1min从总分扣5分，超时3min停止操作			—	
		合　计	100					

试题3：低压热缩电缆终端头的制作

（考核时间：60min）

序号	考核内容	考核要点	配分	评分标准	检测结果	扣分	得分	备注
1	准备工作	穿戴劳保用品	3	未穿戴整齐扣3分				
		工具、用具准备	2	工具选择不正确扣2分				

续表

序号	考核内容	考核要点	配分	评分标准	检测结果	扣分	得分	备注
2	操作程序	固定电缆末端	5	未固定扣2分				
				户内电缆头的末端未按标准量取扣3分				
3		削剥电缆	5	未按标准剥除扣5分				
4		压接接线端子	30	确定引线长度不符合规定扣10分				
				压接工艺不符合规范规定扣5~15分				
				主绝缘与端子之间未放填充物每根扣5分				
5		安装分支手套和绝缘层	35	芯线分叉处未按规定放填充物、外观不平整扣5~10分				
				热缩之前未清洁电缆护套扣5分				
				热缩方法不正确扣15分				
				热缩头制作不美观扣5分				
6		安装相色管	5	相色管热缩不牢扣2分				
				相色不正确扣3分				
7		试验	10	仪表使用方法不正确扣5分				
				试验不合格扣10分，并终止操作				
8	使用工具	正确使用工具	3	工具使用不正确扣3分				
		正确维护工具	2	工具乱摆乱放扣2分				
9	安全及其他	按《电力安全工作规程》操作		违规一次从总分中扣5分；严重违规停止操作			—	
		在规定时间内完成操作		每超时1min从总分扣5分，超时3min停止操作			—	
		合　计	100					

试题4：依据控制展开图，制作电磁操动机构控制盘

（考核时间：180min）

序号	考核内容	考核要点	配分	评分标准	检测结果	扣分	得分	备注
1	准备工作	穿戴劳保用品	3	未穿戴整齐扣3分				
		工具、用具准备	2	工具选择不正确扣2分				
2	操作程序	分析电路图控制原理	10	不会分析电路图扣10分				
3		安装前元器件检查	10	元器件错检每处扣2分				
				元器件未检查扣5分				
4		安装元器件	20	元器件安装不牢固，每只扣3分				
				元器件安装不整齐、布置不合理，每只扣3分				
				损坏元器件，每只扣5分				
				不按图安装扣10分				

续表

序号	考核内容	考核要点	配分	评分标准	检测结果	扣分	得分	备注
5		配线	40	不按电路图接线扣5~10分				
				接点松动、露铜过长、压绝缘、反圈等，每处扣3分				
				损伤导线绝缘或线芯，每根扣5分				
				导线交叉、悬空太多扣2~10分				
				布线不平不直每处扣2分				
				选线不符合标准规定扣5分				
				走线不合理扣5~10分				
				编码套管编号不正确，每处扣1分				
6		通电试车	10	熔体选用不合理扣5分				
				第一次调试不成功扣10分				
				第二次调试不成功再加扣10分，并终止操作				
7	使用工具	正确使用工具	3	工具使用不正确扣3分				
		正确维护工具	2	工具乱摆乱放扣2分				
8	安全及其他	按《电力安全工作规程》操作		违规一次从总分中扣5分；严重违规停止操作			—	
		在规定时间内完成操作		每超时1min从总分扣5分，超时3min停止操作			—	
		合　　计	100					

试题5：制作带电流互感器单相电度表配电盘

（考核时间：60min）

序号	考核内容	考核要点	配分	评分标准	检测结果	扣分	得分	备注
1	准备工作	穿戴劳保用品	3	未穿戴整齐扣3分				
		工具、用具准备	2	工具选择不正确扣2分				
2	操作程序	分析电路图控制原理	5	不会分析电路图扣5分				
3		安装前元器件检查	5	元器件错检每处扣1分				
4		安装元器件	20	元器件安装不牢固，每只扣3分				
				元器件安装不整齐、布置不合理，每只扣3分				
				损坏元器件，每只扣5分				
				不按图安装扣10分				

续表

序号	考核内容	考核要点	配分	评分标准	检测结果	扣分	得分	备注
5		配线	50	不按电路图接线扣5~10分				
				接点松动、露铜过长、压绝缘、反圈等，每处扣3分				
				损伤导线绝缘或线芯，每根扣5分				
				导线交叉、悬空太多扣2~10分				
				布线不平不直每处扣2分				
				选线不符合标准规定扣5分				
				一、二次线走线不合理扣5~10分				
				编码套管编号不正确，每处扣1分				
6		通电调试	10	第一次调试不成功扣5分				
				第二次调试不成功再加扣5分，并终止操作				
7	使用工具	正确使用工具	3	工具使用不正确扣3分				
		正确维护工具	2	工具乱摆乱放扣2分				
8	安全及其他	按《电力安全工作规程》操作		违规一次从总分中扣5分；严重违规停止操作			—	
		在规定时间内完成操作		每超时1min从总分扣5分，超时3min停止操作			—	
		合　计	100					

试题6：安装调试两台三相交流异步电动机顺序启动控制盘

（考核时间：150min）

序号	考核内容	考核要点	配分	评分标准	检测结果	扣分	得分	备注
1	准备工作	穿戴劳保用品	3	未穿戴整齐扣3分				
		工具、用具准备	2	工具选择不正确扣2分				
2	操作程序	分析电路图控制原理	5	不会分析电路图扣5分				
3		安装前检查	5	元器件错检每处扣1分				
				电动机引线接线错检扣3分				
4		安装元件	20	元件安装不牢固，每只扣3分				
				元件安装不整齐、不合理，每只扣3分				
				损坏元件，每只扣5分				
				不按图安装扣10分				

续表

序号	考核内容	考核要点	配分	评分标准	检测结果	扣分	得分	备注
5		配线	50	不按电路图接线扣5~10分				
				接点松动、露铜过长、压绝缘、反圈等，每处扣3分				
				损伤导线绝缘或线芯，每根扣5分				
				导线交叉、悬空太多扣2~10分				
				布线不平不直每处扣2分				
				选线不符合标准规定扣5分				
				一次、二次线走线不合理扣5~10分				
				编码套管编号不正确，每处扣1分				
				漏接接地线扣2分				
6		通电试车	10	熔体选用不合理扣5分				
				热继电器整定不当扣5分				
				第一次试车不成功从总分中扣5分				
				第二次试车不成功从总分中再加扣5分，并终止操作				
7	使用工具	正确使用工具	3	工具使用不正确扣3分				
		正确维护工具	2	工具乱摆乱放扣2分				
8	安全及其他	按《电力安全工作规程》操作		违规一次从总分中扣5分；严重违规停止操作			—	
		在规定时间内完成操作		每超时1min从总分扣5分，超时3min停止操作			—	
		合　计	100					

试题7：在面包板上装配单相桥式整流集成稳压电路

（考核时间：30min）

序号	考核内容	考核要点	配分	评分标准	检测结果	扣分	得分	备注
1	准备工作	穿戴劳保用品	3	未穿戴整齐扣3分				
		工具、用具准备	2	工具选择不正确扣2分				
2	操作程序	元器件检测	10	不能正确选择万用表的欧姆挡或未进行调零，扣5分				
				元器件漏检、错检每只扣3分				
3		识读电路图	10	不能正确识读电路图扣2~10分				
4		按图装配元器件及接线	40	未按图在面包板上装配元器件扣10分				
				元件布局不合理扣5分				
				元器件插接不牢固，每处扣2分				
				接线严重错误扣20分				
				损坏元器件每个扣10分				

续表

序号	考核内容	考核要点	配分	评分标准	检测结果	扣分	得分	备注
5		通电测试	30	控制变压器联接错误扣5分				
				整流电路输出电压错误扣15分				
				稳压电路输出结果错误15分				
6	使用工具	正确使用工具	3	工具使用不正确扣3分				
		正确维护工具	2	工具乱摆乱放扣2分				
7	安全及其他	按《电力安全工作规程》操作		违规一次从总分中扣5分；严重违规停止操作			—	
		在规定时间内完成操作		每超时1min从总分扣5分，超时3min停止操作			—	
		合　计	100					

试题8：电力电容器室的巡视与检查

（考核时间：10min）

序号	考核内容	考核要点	配分	评分标准	检测结果	扣分	得分	备注
1	准备工作	穿戴劳保用品、带安全帽	3	未穿戴整齐扣3分				
		工具、用具准备	2	工具选择不正确扣2分				
2	检查项目	电容器箱体：无鼓肚、喷油、渗漏油，内部应无异音，示温片不熔化	20	答不全扣1~20分，未答0分				
3		运行电压及运行电流：不超出允许值	15	答不全扣1~15分，未答0分				
4		电容器室：门窗完整，关闭严密，通风装置良好，温度不超过允许值	10	答不全扣1~10分，未答0分				
5		瓷质部分：清洁、完整，无裂纹、电晕和放电现象，无松动和过热现象	10	答不全扣1~10分，未答0分				
6		引线：不过紧、过松，接头不过热	10	答不全扣1~10分，未答0分				
7		相关设备：与之相关的电抗器，放电线圈、熔断器、避雷器、引线等均应良好，接地完好	10	答不全扣1~10分，未答0分				
8		设备标志：齐全，明显正确	5	答不全扣1~5分，未答0分				
9	巡检报告	巡检报告的格式、内容	15	未写出巡检报告扣15分				
				巡检报告缺项、漏项每处扣2分				
				未对巡检结果做出分析扣5分				
10	安全及其他	按《电力安全工作规程》操作		违规一次从总分中扣5分；严重违规停止操作			—	
		在规定时间内完成操作		每超时1min从总分扣5分，超时3min停止操作			—	
		合　计	100					

试题 9：消弧线圈的巡视与检查

（考核时间：10min）

序号	考核内容	考核要点	配分	评分标准	检测结果	扣分	得分	备注
1	准备工作	穿戴劳保用品、带安全帽	3	未穿戴整齐扣 3 分				
		工具、用具准备	2	工具选择不正确扣 2 分				
2	检查项目	消弧线圈本体：油位、油色正常，外壳无渗油，漏油，无异常声音，硅胶不变色	20	答不全扣 1~20 分，未答 0 分				
3		套管：清洁无破损，无裂纹	15	答不全扣 1~15 分，未答 0 分				
4		引线：接触牢固，接地装置完好	20	答不全扣 1~20 分，未答 0 分				
5		中性点电压位移：应在规定范围内	20	答不全扣 1~20 分，未答 0 分				
6		设备标志：齐全，明显正确	5	答不全扣 1~5 分，未答 0 分				
7	巡检报告	巡检报告的格式、内容	15	未写出巡检报告扣 15 分				
				巡检报告缺项、漏项每处扣 2 分				
				未对巡检结果做出分析扣 5 分				
8	安全及其他	按《电力安全工作规程》操作		违规一次从总分中扣 5 分；严重违规停止操作			—	
		在规定时间内完成操作		每超时 1min 从总分扣 5 分，超时 3min 停止操作			—	
		合　计	100					

试题 10：6kV 变压器柜不能电动合闸的故障处理(设备故障点由考评员设定)

（考核时间：20min）

序号	考核内容	考核要点	配分	评分标准	检测结果	扣分	得分	备注
1	准备工作	穿戴劳保用品	3	未穿戴整齐扣 3 分				
		工具、用具准备	2	工具选择不正确扣 2 分				
2	操作程序	分析二次原理图的工作原理	10	未分析原理图扣 5 分				
				原理图分析错误扣 5 分				
3		故障现象分析与故障点判断	40	不会使用测试仪表扣 5 分				
				不检查指示灯扣 5 分				
				不检查操作电源电压扣 5 分				
				不检查控制回路扣 5 分				
				不检查合闸回路扣 5 分				
				逻辑分析错误，扣 10 分				
				故障原因判断错误，扣 10 分				
				结果判断错误，扣 20 分				

续表

序号	考核内容	考核要点	配分	评分标准	检测结果	扣分	得分	备注
4		故障处理与恢复送电	40	处理方法错误扣 10 分				
				第一次试车故障未消除扣 10 分				
				第二次试车故障未消除再加扣 10 分并终止操作				
				处理结果错误，扣 20 分				
5	使用工具	正确使用工具	3	工具使用不正确扣 3 分				
		正确维护工具	2	工具乱摆乱放扣 2 分				
6	安全及其他	按《电力安全工作规程》操作		违规一次从总分中扣 5 分；严重违规停止操作			—	
		在规定时间内完成操作		每超时 1min 从总分扣 5 分，超时 3min 停止操作			—	
		合　计	100					

试题 11：6kV 高压电动机柜在系统低电压时由于低电压跳闸回路故障而使断路器不能跳闸的故障分析与处理

（考核时间：20min）

序号	考核内容	考核要点	配分	评分标准	检测结果	扣分	得分	备注
1	准备工作	穿戴劳保用品	3	未穿戴整齐扣 3 分				
		工具、用具准备	2	工具选择不正确扣 2 分				
2	操作程序	分析二次原理图的工作原理	10	未分析原理图扣 5 分				
				原理图分析错误扣 5 分				
3		故障现象分析与故障点判断	40	不检查开关状态扣 5 分				
				不检查低电压回路扣 5 分				
				不检查跳闸回路扣 5 分				
				逻辑分析错误扣 10 分				
				故障原因判断错误扣 10 分				
				结果判断错误扣 20 分				
4		故障处理与试送电	40	未落实安全措施扣 10 分				
				处理方法错误扣 10 分				
				处理结果错误，扣 20 分				
				扩大故障扣除 20 分				
5	使用工具	正确使用工具	3	工具使用不正确扣 3 分				
		正确维护工具	2	工具乱摆乱放扣 2 分				
6	安全及其他	按《电力安全工作规程》操作		违规一次从总分中扣 5 分；严重违规停止操作			—	
		在规定时间内完成操作		每超时 1min 从总分扣 5 分，超时 3min 停止操作			—	
		合　计	100					

试题12：6kV 高压电容器柜速断保护动作，事故警笛不发信号的故障处理(由考评员在开关柜设置事故音响信号回路故障)

(考核时间：30min)

序号	考核内容	考核要点	配分	评分标准	检测结果	扣分	得分	备注
1	准备工作	穿戴劳保用品	3	未穿戴整齐扣3分				
		工具、用具准备	2	工具选择不正确扣2分				
2	操作程序	分析二次原理图的工作原理	10	未分析原理图扣5分				
				原理图分析错误扣5分				
3		故障现象分析与故障点判断	40	红、绿指示灯未检查扣5分				
				电流表计未检查扣5分				
				中央信号屏光字牌未检查扣5分				
				不试验声音报警系统扣5分				
				需进一步检查，设备未退出，扣5分				
				故障未记录扣5分				
				故障现象记录缺项扣2~5分				
				逻辑分析错误，扣10分				
				故障原因判断错误，扣10分				
				结果判断错误，扣20分				
4		故障处理	40	未落实安全措施扣10分				
				处理方法错误，扣10分				
				处理结果错误，扣20分				
				处理完成后未及时汇报扣10分				
				扩大故障扣20分				
5	使用工具	正确使用工具	3	工具使用不正确扣3分				
		正确维护工具	2	工具乱摆乱放扣2分				
6	安全及其他	按《电力安全工作规程》操作		违规一次从总分中扣5分；严重违规停止操作			—	
		在规定时间内完成操作		每超时1min从总分扣5分，超时3min停止操作			—	
		合　　计	100					

试题13：6kV 高压断路器柜电磁操动机构控制回路的故障处理(设备故障点为合闸保险熔断和合闸回路开关辅助常开触点两个，设备故障点由考评员设定)

(考核时间：20min)

序号	考核内容	考核要点	配分	评分标准	检测结果	扣分	得分	备注
1	准备工作	穿戴劳保用品	3	未穿戴整齐扣3分				
		工具、用具准备	2	工具选择不正确扣2分				

续表

序号	考核内容	考核要点	配分	评分标准	检测结果	扣分	得分	备注
2	操作程序	分析电路二次原理图	10	不会分析电路二次图保护回路，扣10分				
3		故障现象分析与故障点判断	40	红、绿指示灯未检查扣5分				
				操作电源电压未检查扣5分				
				熔断器未检查扣5分				
				运行状态未及时手动跳闸扣10分				
				跳闸回路未检查扣5分				
				不向上级汇报事故现象扣5分				
				故障未记录扣5分				
				故障现象记录缺项扣5分				
				故障现象错记扣5分				
				逻辑分析错误，扣10分				
				故障原因判断错误，扣10分				
				结果判断错误，扣20分				
4		故障处理	40	处理方法错误扣5分				
				处理后未试机扣5分				
				试机未全部排除故障扣5分				
				处理结果错误，扣20分				
				处理完成后未及时汇报扣10分				
				扩大事故从总分中扣除40分，并终止考生考试				
5	使用工具	正确使用工具	3	工具使用不正确扣3分				
		正确维护工具	2	工具乱摆乱放扣2分				
6	安全及其他	按《电力安全工作规程》操作		违规一次从总分中扣5分；严重违规停止操作			—	
		在规定时间内完成操作		每超时1min从总分扣5分，超时3min停止操作			—	
		合　计	100					

试题14：6kV变压器轻瓦斯保护动作后的处理（仿真机）

（考核时间：15min）

序号	考核内容	考核要点	配分	评分标准	检测结果	扣分	得分	备注
1	准备工作	穿戴劳保用品	3	未穿戴整齐扣3分				
		工具、用具准备	2	工具选择不正确扣2分				
2	操作程序	分析二次原理图的工作原理	10	未分析原理图扣5分				
				原理图分析错误扣5分				

续表

序号	考核内容	考核要点	配分	评分标准	检测结果	扣分	得分	备注
3		确认故障现象	30	未及时消除音响报警扣5分				
				中央信号屏光字牌未检查扣5分				
				不进行信号继电器掉牌检查扣5分				
				未对轻瓦斯保护回路进行检查扣5分				
				电流表计未检查扣5分				
				变压器瓦斯继电器未检查扣10分				
				变压器渗油未检查扣10分				
				变压器油位未检查扣10分				
				不向上级汇报扣5分				
				故障未记录或记录错误扣2~10分				
				故障现象记录缺项扣5分				
4		故障现象分析与故障点判断	20	故障原因分析错误扣10分				
				判断结果错误扣10分				
5		故障处理	30	未落实安全措施扣10分				
				未采集瓦斯气体扣5分				
				未进行瓦斯气体的颜色、气味及可燃性判断、分析扣10分				
				处理方法错误扣10分				
				处理结果错误扣20分				
				处理完成后未及时汇报扣10分				
				扩大事故从总分中扣除40分，并终止考生考试				
6	使用工具	正确使用工具	3	工具使用不正确扣3分				
		正确维护工具	2	工具乱摆乱放扣2分				
7	安全及其他	按《电力安全工作规程》操作		违规一次从总分中扣5分；严重违规停止操作			—	
		在规定时间内完成操作		每超时1min从总分扣5分，超时3min停止操作			—	
		合　计	100					

试题15：6kV变电所进线电源失压，电压互感器柜不能发出低电压信号的故障处理

（考核时间：30min）

序号	考核内容	考核要点	配分	评分标准	检测结果	扣分	得分	备注
1	准备工作	穿戴劳保用品	3	未穿戴整齐扣3分				
		工具、用具准备	2	工具选择不正确扣2分				

续表

序号	考核内容	考核要点	配分	评分标准	检测结果	扣分	得分	备注
2	操作程序	分析电路图的工作原理	20	未分析电路图扣10分				
				电路图分析错误扣10分				
3		故障现象分析	30	未检查保护回路和各继电器扣5~20分				
				逻辑分析错误扣10分				
				故障原因分析错误扣5~10分				
				判断结果错误扣20分				
4		故障处理	30	未落实安全措施扣10分				
				处理方法错误扣10分				
				处理结果错误扣20分				
5		检查测试	10	送电试验一次不成功扣10分				
6	使用工具	正确使用工具	3	工具使用不正确扣3分				
		正确维护工具	2	工具乱摆乱放扣2分				
7	安全及其他	按《电力安全工作规程》操作		违规一次从总分中扣5分；严重违规停止操作			—	
		在规定时间内完成操作		每超时1min从总分扣5分，超时3min停止操作			—	
		合　计	100					

试题16：6kV馈出线手车柜由运行转检修

（考核时间：5min）

序号	考核内容	考核要点	配分	评分标准	检测结果	扣分	得分	备注
1	准备工作	穿戴防护用品	3	未穿戴整齐扣3分				
		工具、用具准备	2	工具选择不正确扣2分				
2	操作程序	操作票填写	30	字迹不清、关键字有涂改每处扣2分				
				操作术语不正确每项扣2分				
				不使用双重编号扣5分				
				操作项目不全扣2~10分				
				核对性检查漏一项扣5分				
				操作质量检验性检查每漏一项扣2分				
				不取下合闸保险扣2分，取下合闸保险的时间不对扣2分				
				不取下控制保险扣2分，取下控制保险的时间不对扣2分				
				操作顺序不正确扣5~10分				
				操作票出现严重错误扣10~20分，造成事故不得分				

续表

序号	考核内容	考核要点	配分	评分标准	检测结果	扣分	得分	备注
3		模拟预演	10	未进行模拟预演扣10分，模拟预演不执行复诵制度扣5分				
4		操作执行	40	未通知用户扣5分				
				出现误操作扣10~20分，操作中误操作造成事故不得分				
				操作漏项或跳项每项扣5分				
				操作人与监护人的站位不符合要求扣5分				
				未执行监护制度扣10分				
				未执行复诵制度扣10分				
				不向上级调度汇报扣5分				
5		安全措施	15	未使用合格、有效验电器扣5分				
				未进行验电扣10分，未在带电部位检验验电器好坏扣5分				
				未检查接地线是否有断股扣5分				
				挂地线顺序错误扣10分				
6	安全及其他	按《电力安全工作规程》操作		违规一次从总分中扣5分；严重违规停止操作			—	
		在规定时间内完成操作		每超时1min从总分扣5分，超时3min停止操作			—	
		合　计	100					

试题17：6kV馈出线手车柜由检修转运行

（考核时间：5min）

序号	考核内容	考核要点	配分	评分标准	检测结果	扣分	得分	备注
1	准备工作	穿戴防护用品	3	未穿戴整齐扣3分				
		工具、用具准备	2	工具选择不正确扣2分				
2	操作程序	操作票填写	30	字迹不清、关键字有涂改每处扣2分				
				操作术语不正确每处扣2分				
				操作项目不全扣2~10分				
				票面不规范扣5分，未使用双编号扣5分				
				核对性检查漏一项扣5分				
				操作质量检验性检查每漏一项扣2分				
				不给上合闸保险扣2分，给上合闸保险的时间不对扣2分				
				不给上控制保险扣5分，给上控制保险的时间不对扣5分				
				操作顺序不正确扣5~10分				
				操作票出现严重错误扣10~20分，造成事故不得分				

续表

序号	考核内容	考核要点	配分	评分标准	检测结果	扣分	得分	备注
3		模拟预演	10	未进行模拟预演扣10分，模拟预演不执行复诵制度扣5分				
4		安全措施	15	未按操作票接地线顺序拆除接地线扣5分				
				未拆除接地线不得分，拆接地线违反规程规定扣5分				
5		操作执行	40	未通知用户扣5分				
				出现误操作扣10~20分，操作中误操作造成事故不得分				
				操作漏项或跳项每项扣5分				
				操作人与监护人的站位不符合要求扣5分				
				未执行监护制度扣10分				
				未执行复诵制度扣10分				
				不向上级调度汇报扣5分				
6	安全及其他	按《电力安全工作规程》操作		违规一次从总分中扣5分；严重违规停止操作			—	
		在规定时间内完成操作		每超时1min从总分扣5分，超时3min停止操作			—	
		合　　计	100					

试题18：电压互感器柜由检修转运行

（考核时间：10min）

序号	考核内容	考核要点	配分	评分标准	检测结果	扣分	得分	备注
1	准备工作	穿戴防护用品	3	未穿戴整齐扣3分				
		工具、用具准备	2	工具选择不正确扣2分				
2	操作程序	操作票填写	30	字迹不清、关键字有涂改每处扣2分				
				操作术语不正确每处扣2分				
				操作项目不全扣2~10分				
				票面不规范扣5分，未使用双编号扣5分				
				核对性检查漏一项扣5分				
				操作质量检验性检查每漏一项扣2分				
				不给上控制保险扣5分，给上控制保险的时间不对扣5分				
				操作顺序不正确扣5~10分				
				操作票出现严重错误扣10~20分，造成事故不得分				

续表

序号	考核内容	考核要点	配分	评分标准	检测结果	扣分	得分	备注
3		模拟预演	10	未进行模拟预演扣 10 分，模拟预演不执行复诵制度扣 5 分				
4		操作执行	40	出现误操作扣 10～20 分，操作中误操作造成事故不得分				
				操作漏项或跳项每项扣 5 分				
				操作人与监护人的站位不符合要求扣 5 分				
				未执行监护制度扣 5 分				
				未执行复诵制度扣 5 分				
5		安全措施	15	未按操作票接地线顺序拆除接地线扣 5 分				
				未拆除接地线不得分，拆接地线违反规程规定扣 5 分				
6	安全及其他	按《电力安全工作规程》操作		违规一次从总分中扣 5 分；严重违规停止操作			—	
		在规定时间内完成操作		每超时 1min 从总分扣 5 分，超时 3min 停止操作			—	
		合　计	100					

试题 19：电力电容器由运行转检修

（考核时间：10min）

序号	考核内容	考核要点	配分	评分标准	检测结果	扣分	得分	备注
1	准备工作	穿戴防护用品	3	未穿戴整齐扣 3 分				
		工具、用具准备	2	工具选择不正确扣 2 分				
2	操作程序	操作票填写	30	字迹不清、关键字有涂改每处扣 2 分				
				操作术语不正确每项扣 2 分				
				不使用双重编号扣 5 分				
				操作项目不全扣 2～10 分				
				核对性检查漏一项扣 5 分				
				操作质量检验性检查每漏一项扣 2 分				
				不取下合闸保险扣 2 分，取下合闸保险的时间不对扣 2 分				
				不取下控制保险扣 2 分，取下控制保险的时间不对扣 2 分				
				操作顺序不正确扣 5～10 分				
				操作票出现严重错误扣 10～20 分，造成扩大事故不得分				

续表

序号	考核内容	考核要点	配分	评分标准	检测结果	扣分	得分	备注
3		模拟预演	10	未进行模拟预演扣10分，模拟预演不执行复诵制度扣5分				
4		倒闸操作	40	出现误操作扣10~20分，操作中误操作造成事故不得分				
				操作漏项或跳项每项扣5分				
				操作人与监护人的站位不符合要求扣5分				
				未执行监护制度扣5分				
				未执行复诵制度扣5分				
				不向上级调度汇报扣5分				
5		安全措施	15	挂地线前电容器未充分放电扣5分				
				未进行验电扣10分，未在带电部位检验验电器好坏扣5分				
				未检查接地线是否有断股扣5分				
				挂地线顺序错误扣10分				
6	安全及其他	按《电力安全工作规程》操作		违规一次从总分中扣5分；严重违规停止操作			—	
		在规定时间内完成操作		每超时1min从总分扣5分，超时3min停止操作			—	
		合　　计	100					

试题20：消弧线圈由检修转运行

（考核时间：10min）

序号	考核内容	考核要点	配分	评分标准	检测结果	扣分	得分	备注
1	准备工作	穿戴防护用品	3	未穿戴整齐扣3分				
		工具、用具准备	2	工具选择不正确扣2分				
2	操作程序	操作票填写	30	字迹不清、关键字有涂改每处扣2分				
				操作术语不正确每处扣2分				
				操作项目不全扣2~10分				
				核对性检查漏一项扣5分				
				操作质量检验性检查每漏一项扣2分				
				不给上合闸保险扣2分，给上合闸保险的时间不对扣2分				
				不给上控制保险扣5分，给上控制保险的时间不对扣5分				
				操作顺序不正确扣5~10分				
				操作票出现严重错误扣10~20分，造成事故不得分				

续表

<table>
<tr><th>序号</th><th>考核内容</th><th>考核要点</th><th>配分</th><th>评分标准</th><th>检测结果</th><th>扣分</th><th>得分</th><th>备注</th></tr>
<tr><td>3</td><td rowspan="9"></td><td>模拟预演</td><td>10</td><td>未进行模拟预演扣 10 分，模拟预演不执行复诵制度扣 5 分</td><td></td><td></td><td></td><td></td></tr>
<tr><td rowspan="2">4</td><td rowspan="2">安全措施</td><td rowspan="2">15</td><td>未按操作票接地线顺序拆除接地线扣 5 分</td><td></td><td></td><td></td><td></td></tr>
<tr><td>未拆除接地线不得分，拆接地线违反规程规定扣 5 分</td><td></td><td></td><td></td><td></td></tr>
<tr><td rowspan="5">5</td><td rowspan="5">操作执行</td><td rowspan="5">40</td><td>操作中出现误操作扣 10～20 分，误操作造成事故不得分</td><td></td><td></td><td></td><td></td></tr>
<tr><td>操作漏项或跳项每项扣 5 分</td><td></td><td></td><td></td><td></td></tr>
<tr><td>操作人与监护人的站位不符合要求扣 5 分</td><td></td><td></td><td></td><td></td></tr>
<tr><td>未执行监护制度扣 10 分</td><td></td><td></td><td></td><td></td></tr>
<tr><td>未执行复诵制度扣 10 分</td><td></td><td></td><td></td><td></td></tr>
<tr><td rowspan="2">6</td><td rowspan="2">安全及其他</td><td>按《电力安全工作规程》操作</td><td></td><td>违规一次从总分中扣 5 分；严重违规停止操作</td><td></td><td></td><td>—</td><td></td></tr>
<tr><td>在规定时间内完成操作</td><td></td><td>每超时 1min 从总分扣 5 分，超时 3min 停止操作</td><td></td><td></td><td>—</td><td></td></tr>
<tr><td></td><td></td><td>合　计</td><td>100</td><td></td><td></td><td></td><td></td><td></td></tr>
</table>

试题 21：消弧线圈由运行转检修

（考核时间：10min）

<table>
<tr><th>序号</th><th>考核内容</th><th>考核要点</th><th>配分</th><th>评分标准</th><th>检测结果</th><th>扣分</th><th>得分</th><th>备注</th></tr>
<tr><td rowspan="2">1</td><td rowspan="2">准备工作</td><td>穿戴防护用品</td><td>3</td><td>未穿戴整齐扣 3 分</td><td></td><td></td><td></td><td></td></tr>
<tr><td>工具、用具准备</td><td>2</td><td>工具选择不正确扣 2 分</td><td></td><td></td><td></td><td></td></tr>
<tr><td rowspan="11">2</td><td rowspan="11">操作程序</td><td rowspan="11">操作票填写</td><td rowspan="11">30</td><td>字迹不清、关键字有涂改每处扣 2 分</td><td></td><td></td><td></td><td></td></tr>
<tr><td>操作术语不正确每项扣 2 分</td><td></td><td></td><td></td><td></td></tr>
<tr><td>操作项目不全扣 2～10 分</td><td></td><td></td><td></td><td></td></tr>
<tr><td>票面不规范扣 5 分，未使用双编号扣5分</td><td></td><td></td><td></td><td></td></tr>
<tr><td>核对性检查漏一项扣 5 分</td><td></td><td></td><td></td><td></td></tr>
<tr><td>操作质量检验性检查每漏一项扣 2 分</td><td></td><td></td><td></td><td></td></tr>
<tr><td>不取下合闸保险扣 2 分，取下合闸保险的时间不对扣 2 分</td><td></td><td></td><td></td><td></td></tr>
<tr><td>不取下控制保险扣 2 分，取下控制保险的时间不对扣 2 分</td><td></td><td></td><td></td><td></td></tr>
<tr><td>操作顺序不正确扣 5～10 分</td><td></td><td></td><td></td><td></td></tr>
<tr><td>操作票出现严重错误扣 10～20 分，造成事故不得分</td><td></td><td></td><td></td><td></td></tr>
</table>

续表

序号	考核内容	考核要点	配分	评分标准	检测结果	扣分	得分	备注
3		模拟预演	10	未进行模拟预演扣10分，模拟预演不执行复通制度扣5分				
4		倒闸操作	40	出现误操作扣10~20分，操作中误操作造成事故不得分				
				操作漏项或跳项每项扣5分				
				操作人与监护人的站位不符合要求扣5分				
				未执行监护制度扣10分				
				未执行复诵制度扣10分				
				不向上级调度汇报扣5分				
5		安全措施	15	未使用合格、有效验电器扣5分				
				未进行验电扣10分，未在带电部位检验验电器好坏扣5分				
				未检查接地线是否有断股扣5分				
				挂地线顺序错误扣10分				
6	安全及其他	按《电力安全工作规程》操作		违规一次从总分中扣5分；严重违规停止操作			—	
		在规定时间内完成操作		每超时1min从总分扣5分，超时3min停止操作			—	
		合　　计	100					

试题22：三相交流异步电动机绕阻接地故障的分析与判断

（考核时间：10min）

序号	考核内容	考核要点	配分	评分标准	检测结果	扣分	得分	备注
1	准备工作	穿戴劳保用品	3	未穿戴整齐扣3分				
		工具、用具准备	2	工具选择不正确扣2分				
2	操作程序	故障的分析判断	40	配电柜故障指示信号未检查扣5分				
				配电柜设备状态未检查扣5分				
				故障现象记录不清扣10分				
				故障原因判断错误扣20分				
3		故障处理	50	不切断电源扣10分				
				电源柜断电不挂标示牌扣10分				
				未检测电动机绝缘扣10分				
				仪器、仪表使用错误扣5分				
				故障处理方法错误扣10分				
				处理结果错误扣20分				

续表

序号	考核内容	考核要点	配分	评分标准	检测结果	扣分	得分	备注
4	使用工具	正确使用工具	3	工具使用不正确扣3分				
		正确维护工具	2	工具乱摆乱放扣2分				
5	安全及其他	按《电力安全工作规程》操作		违规一次从总分中扣5分；严重违规停止操作			—	
		在规定时间内完成操作		每超时1min从总分扣5分，超时3min停止操作			—	
		合　计	100					

试题23：电动机运行时电流大、温升高故障的分析和处理

（考核时间：30min）

序号	考核内容	考核要点	配分	评分标准	检测结果	扣分	得分	备注
1	准备工作	穿戴劳保用品	3	未穿戴整齐扣3分				
		工具、用具准备	2	工具选择不正确扣2分				
2	操作程序	故障的分析判断	40	未检查电动机三相电流不平衡程度扣10分				
				未检查电动机轴承温度扣5分				
				未检查电动机轴承声音扣5分				
				未检查电动机进出风口扣5分				
				未检查电动机振动扣5分				
				故障原因分析错误扣10分				
				结果判断错误扣20分				
3		故障处理	50	不切断电源扣10分				
				电源柜断电不挂标示牌扣10分				
				未检测电动机绕组直阻扣10分				
				仪器、仪表使用错误扣5分				
				故障处理方法错误扣10分				
				处理结果错误，扣20分				
4	使用工具	正确使用工具	3	工具使用不正确扣3分				
		正确维护工具	2	工具乱摆乱放扣2分				
5	安全及其他	按《电力安全工作规程》操作		违规一次从总分中扣5分；严重违规停止操作			—	
		在规定时间内完成操作		每超时1min从总分扣5分，超时3min停止操作			—	
		合　计	100					

试题 24：6kV 手车式断路器的电磁操动机构检修后验收及试送电检验

（考核时间：20min）

序号	考核内容	考核要点	配分	评分标准	检测结果	扣分	得分	备注
1	准备工作	穿戴劳保用品	3	未穿戴整齐扣 3 分				
		工具、用具准备	2	工具选择不正确扣 2 分				
2	操作程序	检修后的验收	50	未检查操动机构润滑情况扣 10 分				
				未检查螺丝紧固情况扣 10 分				
				未检查合、跳闸线圈铜套磨损变形情况扣 10 分				
				未检查合、跳闸电磁铁铁芯推(拉)杆动作灵活性扣 10 分				
				未检查油缓冲器工作情况扣 10 分				
				未检查弹簧锈蚀、断裂及弹力扣 5 分				
				未检查导线固定及端子紧固扣 5 分				
				未检查分合闸线圈绝缘扣 5 分				
				未检查检修交工资料是否合格扣 10 分				
3		试送电检验	40	未采取安全措施扣 10 分				
				试送电前不进行手动机械合、分闸试验扣 10 分				
				试送电前未在试验位置进行电动合、分闸试验扣 10 分				
				试送电检验未按要求次数进行扣 10 分				
				试送电检验项目不清楚扣 20 分				
4	使用工具	正确使用工具	3	工具使用不正确扣 3 分				
		正确维护工具	2	工具乱摆乱放扣 2 分				
5	安全及其他	按《电力安全工作规程》操作		违规一次从总分中扣 5 分；严重违规停止操作			—	
		在规定时间内完成操作		每超时 1min 从总分扣 5 分，超时 3min 停止操作			—	
		合　计	100					

试题 25：630kVA 油浸式电力变压器大修验收后的试送电操作

（考核时间：15min）

序号	考核内容	考核要点	配分	评分标准	检测结果	扣分	得分	备注
1	准备工作	穿戴劳保用品	3	未穿戴整齐扣 3 分				
		工具、用具准备	2	工具选择不正确扣 2 分				

续表

序号	考核内容	考核要点	配分	评分标准	检测结果	扣分	得分	备注
2	操作程序	送电前检查	30	未对变压器的外观、接线、分接开关位置等进行检查扣10分，漏检每项扣3分				
				未检查安全措施拆除情况扣10分				
				未检查变压器绝缘扣10分				
				未检查变压器的保护投运情况扣10分				
3		送电试运行	60	不能正确说出第一次受电应持续时间扣10分				
				不知道进行第一次受电后变压器运行状况的检查扣10分				
				不能正确说出进行全电压冲击试验的次数扣10分				
				不能正确说出全电压冲击试验的目的和作用扣10分				
				每次冲击试验后不知道检查变压器保护装置动作情况扣10分				
				并列前不知道进行核相检查扣15分				
4	使用工具	使用工具、仪表	5	不知道工具、仪表的正确使用方法扣5分				
5	安全及其他	按《电力安全工作规程》操作		违规一次从总分中扣5分；严重违规停止操作			—	
		在规定时间内完成操作		每超时1min从总分扣5分，超时3min停止操作			—	
		合　计	100					

试题26：电流互感器二次绕组极性的判断

（考核时间：15min）

序号	考核内容	考核要点	配分	评分标准	检测结果	扣分	得分	备注
1	准备工作	穿戴劳保用品	3	未穿戴整齐扣3分				
		工具、用具准备	2	工具选择不正确扣2分				
2	操作程序	常用测试方法(口述)	30	不知道常用测试方法扣15分，不全扣5~10分				
				不清楚所用测试方法原理扣15分				
3		极性测试与判断	60	测试电路联接错误扣20分				
				测试方法不正确扣10分				
				极性判断错误扣30分				
				损坏器件每只扣5分				
4	使用工具	正确使用工具	3	工具使用不正确扣3分				
		正确维护工具	2	工具乱摆乱放扣2分				

续表

序号	考核内容	考核要点	配分	评分标准	检测结果	扣分	得分	备注
5	安全及其他	按《电力安全工作规程》操作		违规一次从总分中扣5分；严重违规停止操作			—	
		在规定时间内完成操作		每超时1min从总分扣5分，超时3min停止操作			—	
		合　计	100					

试题27：CD_{10}型电磁操动机构QF辅助接点故障的调整

（考核时间：15min）

序号	考核内容	考核要点	配分	评分标准	检测结果	扣分	得分	备注
1	准备工作	穿戴劳保用品	3	未穿戴整齐扣3分				
		工具、用具准备	2	工具选择不正确扣2分				
2	操作程序	识读辅助开关结构	30	不会识读扣10分，不能说出主要构成部件扣5分				
				不会分析辅助开关的动作过程扣5~10分				
3		故障排除	60	不检查安全措施是否落实扣10分				
				未调整辅助开关行程扣10分				
				未检查辅助开关触点接触情况扣5分				
				未紧固辅助开关接线端子扣5分				
				排除故障顺序错误扣5~10分，方法错误扣5~10分				
				产生新的故障点不能排除扣30分，产生新的故障点并已排除扣10分				
				损坏部件每只扣5~20分				
				故障排除后通电测试一次不成功扣20分				
4	使用工具	正确使用工具	3	工具使用不正确扣3分				
		正确维护工具	2	工具乱摆乱放扣2分				
5	安全及其他	按《电力安全工作规程》操作		违规一次从总分中扣5分；严重违规停止操作			—	
		在规定时间内完成操作		每超时1min从总分扣5分，超时3min停止操作			—	
		合　计	100					

试题28：电动机正反转控制线路故障检修（故障箱）

（考核时间：10min）

序号	考核内容	考核要点	配分	评分标准	检测结果	扣分	得分	备注
1	准备工作	穿戴劳保用品	3	未穿戴整齐扣3分				
		工具、用具准备	2	工具选择不正确扣2分				

续表

序号	考核内容	考核要点	配分	评分标准	检测结果	扣分	得分	备注
2	操作程序	识读原理图	15	不会识图扣10分				
				不会分析原理图中各元器件的功能作用每个扣2分				
3		故障分析(口述)	25	故障分析思路不正确扣5~10分				
				确定故障范围过大扣10分，不能确定故障范围扣15分				
4		故障排除	50	停电不验电扣5分				
				仪表使用方法错误扣5~10分				
				排除故障顺序错误扣5~10分，方法错误扣5~10分				
				不能查出故障点扣10分，查出故障点不能排除扣5分				
				产生新的故障点不能排除扣30分，产生新的故障点并已排除扣10分				
				损坏元器件每只扣5~20分				
				故障排除后通电试车一次不成功扣20分				
5	使用工具	正确使用工具	3	工具使用不正确扣3分				
		正确维护工具	2	工具乱摆乱放扣2分				
6	安全及其他	按《电力安全工作规程》操作		违规一次从总分中扣5分；严重违规停止操作			—	
		在规定时间内完成操作		每超时1min从总分扣5分，超时3min停止操作			—	
		合　　计	100					

试题29：交流电动机绕组直阻测试与分析

（考核时间：10min）

序号	考核内容	考核要点	配分	评分标准	检测结果	扣分	得分	备注
1	准备工作	穿戴劳保用品	3	未穿戴整齐扣3分				
		工具、用具准备	2	工具选择不正确扣2分				
		测前安全措施检查	5	未进行必要的安全检查扣10分				
2	操作程序	电桥使用	15	接线错误每处扣5分				
				未接通电源进行仪器稳定扣5分				
				未进行检流计调零扣5分				

续表

序号	考核内容	考核要点	配分	评分标准	检测结果	扣分	得分	备注
3		直流电阻测试	40	测前灵敏度旋钮放置位置错误扣5分				
				选择倍率开关错误扣10分				
				操作顺序错误每次扣10分				
				操作方法错误每次扣5分				
				测试漏项扣5~10分				
				未作记录扣10分，记录项目不全扣2分/项				
4		结果判断	30	不知道标准扣10分，计算错误扣10分，不能正确判断结果扣10分				
5	使用工具	正确使用工具	3	工具使用不正确扣3分				
		正确维护工具	2	工具乱摆乱放扣2分				
6	安全及其他	按《电力安全工作规程》操作		损坏仪表从总分中扣20分			—	
				违规一次从总分中扣5分；严重违规停止操作			—	
		在规定时间内完成操作		每超时1min从总分扣5分，超时3min停止操作			—	
		合　计	100					

试题30：用万用表检测晶体二极管极性及性能好坏

（考核时间：5min）

序号	考核内容	考核要点	配分	评分标准	检测结果	扣分	得分	备注
1	准备工作	穿戴劳保用品	5	未穿戴整齐扣5分				
2	操作程序	测量正向电阻	20	万用表挡位选择错误扣10分，未调零扣5分				
				测量方法错误扣10分，读数错误扣10分				
3		测量反向电阻	20	万用表挡位选择错误扣10分，未调零扣5分				
				测量方法错误扣10分，读数错误扣10分				
4		判断极性与性能	55	不能正确判断二极管正负极性扣20分				
				不能判断二极管性能好坏扣35分				
5	安全及其他	按《电力安全工作规程》操作		违规一次从总分中扣5分；严重违规停止操作			—	
		在规定时间内完成操作		每超时1min从总分扣5分，超时3min停止操作			—	
		合　计	100					

试题31：用万用表检测晶体三极管管型、管脚及晶体三极管性能好坏

（考核时间：30min）

序号	考核内容	考核要点	配分	评分标准	检测结果	扣分	得分	备注
1	准备工作	穿戴劳保用品	5	未穿戴整齐扣5分				
2	操作程序	检查万用表	5	未检查扣5分				
3		测量三极管的管型及管脚	30	万用表挡位选择错误扣10分，未调零扣5分				
				测量方法错误扣10分				
				不能正确判断管型扣10分				
				不能正确判断管脚扣10分				
4		测量穿透电流 I_{CEO}	20	万用表挡位选择错误扣10分				
				测量方法错误扣10分				
				不能根据测量结果作出正确判断扣10分				
5		测量电流放大倍数 I_{FE}	20	万用表挡位选择错误扣10分				
				测量方法错误扣10分				
				不能根据测量结果作出正确判断扣10分				
6		晶体三极管性能好坏的比较	20	未对两个晶体三极管进行性能判别扣10分				
				性能好坏判别错误扣10分				
7	安全及其他	按《电力安全工作规程》操作		违规一次从总分中扣5分；严重违规停止操作			—	
		在规定时间内完成操作		每超时1min从总分扣5分，超时3min停止操作			—	
		合　计	100					

试题32：依据给定的安装接线图，现场检测并绘出高压移相电容器柜速断保护回路原理展开图

（考核时间：40min）

序号	考核内容	考核要点	配分	评分标准	检测结果	扣分	得分	备注
1	准备工作	穿戴劳保用品	3	未穿戴整齐扣3分				
		工具、用具准备	2	工具选择不正确扣2分				
2	操作程序	识读安装接线图	10	不会读图扣10分				
				局部错误扣3~8分				
3		现场测检并绘图	60	检测思路不正确每点扣5~20分				
				使用仪表不熟扣5~20分				
				直流电源无正、负标号扣5分				
				交流回路无接地扣5分				
				绘图错误每处扣5分				

续表

序号	考核内容	考核要点	配分	评分标准	检测结果	扣分	得分	备注
4		对图形符号的要求	10	图形符号不规范每个扣3分				
				图形符号错误每个扣5分				
5		对文字符号的要求	10	文字符号不规范每个扣3分				
				文字符号错误每个扣5分				
6	使用工具	正确使用工具	3	工具使用不正确扣3分				
		正确维护工具	2	工具乱摆乱放扣2分				
7	安全及其他	按《电力安全工作规程》操作		违规一次从总分中扣5分；严重违规停止操作			—	
		在规定时间内完成操作		每超时1min从总分扣5分，超时3min停止操作			—	
		合　计	100					

试题33：画出6kV系统绝缘监察装置原理接线图

（考核时间：10min）

序号	考核内容	考核要点	配分	评分标准	检测结果	扣分	得分	备注
1	准备工作	穿戴劳保用品	3	未穿戴整齐扣3分				
		工具、用具准备	2	工具选择不正确扣2分				
2	操作程序	对图形符号的要求	25	图形符号不规范每个扣3分				
				图形符号错误每个扣5分				
3		对文字符号的要求	25	文字符号不规范每个扣3分				
				文字符号错误每个扣5分				
4		画图	40	电压测量回路画错扣5分				
				绝缘监察继电器画错扣5分				
				电压互感器一、二次接线画错扣10分				
				开口三角画错扣10分				
				电压互感器一、二熔断器未画或画错扣5分				
				接地的位置或符号错误每处扣5分				
5	使用工具	正确使用工具	3	工具使用不正确扣3分				
		正确维护工具	2	工具乱摆乱放扣2分				
6	安全及其他	按《电力安全工作规程》操作		违规一次从总分中扣5分；严重违规停止操作			—	
		在规定时间内完成操作		每超时1min从总分扣5分，超时3min停止操作			—	
		合　计	100					

试题 34：画出不完全星形定时限过电流保护原理接线图

（考核时间：10min）

序号	考核内容	考核要点	配分	评分标准	检测结果	扣分	得分	备注
1	准备工作	穿戴劳保用品	3	未穿戴整齐扣 3 分				
		工具、用具准备	2	工具选择不正确扣 2 分				
2	操作程序	对图形符号的要求	25	图形符号不规范每个扣 3 分				
				图形符号错误每个扣 5 分				
3		对文字符号的要求	25	文字符号不规范每个扣 3 分				
				文字符号错误每个扣 5 分				
4		画图	40	绘图错误每处扣 5 分				
				直流正、负标号错误每处扣 5 分				
				接地位置不正确扣 5 分				
				接地符号不规范扣 5 分				
5	使用工具	正确使用工具	3	工具使用不正确扣 3 分				
		正确维护工具	2	工具乱摆乱放扣 2 分				
6	安全及其他	按《电力安全工作规程》操作		违规一次从总分中扣 5 分；严重违规停止操作			—	
		在规定时间内完成操作		每超时 1min 从总分扣 5 分，超时 3min 停止操作			—	
		合　　计	100					

试题 35：画出单相桥式整流电路及各点工作电压波形

（考核时间：5min）

序号	考核内容	考核要点	配分	评分标准	检测结果	扣分	得分	备注
1	准备工作	穿戴劳保用品	3	未穿戴整齐扣 3 分				
		工具、用具准备	2	工具选择不正确扣 2 分				
2	操作程序	对图形符号的要求	20	图形符号不规范每个扣 3 分				
				图形符号错误每个扣 5 分				
3		对文字符号的要求	20	文字符号不规范每个扣 3 分				
				文字符号错误每个扣 5 分				
4		绘制电路图	25	绘图错误每处扣 5 分				
5		绘制工作电压波形图	25	未绘制变压器副边输出电压波形图扣 10 分，绘制错误扣 2~10 分				
				未绘制工作电压波形图扣 10 分，绘制错误扣 2~10 分				
6	使用工具	正确使用工具	3	工具使用不正确扣 3 分				
		正确维护工具	2	工具乱摆乱放扣 2 分				
7	安全及其他	按《电力安全工作规程》操作		违规一次从总分中扣 5 分；严重违规停止操作			—	
		在规定时间内完成操作		每超时 1min 从总分扣 5 分，超时 3min 停止操作			—	
		合　　计	100					

第三部分

高 级 工

一、理论知识鉴定要素细目表

行业通用理论知识鉴定要素细目表

鉴定范围						鉴定点		
一级		二级		三级		代码	名称	重要程度
代码	名称	代码	名称	代码	名称			
A	基本要求	B	基础知识	A	记录填写基础知识	001	班组交接记录的填写要求	X
						002	班组安全活动记录填写要求	X
				B	识图基础知识	001	剖视图知识	X
						002	断面图知识	X
						003	化工设备图表示方法	X
						004	零件图的内容	X
				C	安全环保基础知识	001	清洁生产审计的程序	X
						002	HSE 管理体系文件架构	X
						003	ISO 14001 环境管理体系的组成要素	X
						004	ISO 14000 系列标准的指导思想	X
						005	ISO 14001 环境管理体系的运行模式	X
						006	防尘防毒的技术措施	X
						007	防尘防毒的管理措施	X
						008	国家劳动安全卫生管理体制职责划分的内容	X
						009	ISO 14001 环境管理体系建立的步骤	X
						010	HSE 危害辨识	X
						011	HSE 风险评价的概念	X
						012	HSE 风险评价的目的	X
				D	质量基础知识	001	不合格品的处置途径	X
						002	ISO 9001 族标准质量管理审核的特点	X
						003	ISO 9000 族标准第一、第二、第三方审核的区别	X
						004	质量统计直方图	X
						005	质量统计排列图	X
						006	质量统计因果图	X
						007	质量统计控制图	X
						008	不良产品的分极	X
				E	计算机基础知识	001	Word 绘图	X
						002	Excel 公式与函数的运用	X
						003	Excel 数据的简单分析与管理	X
						004	Excel 简单的图表处理	X
B	相关知识	E	管理知识	A	生产管理	001	班组的管理	X
						002	班组的成本核算	X
				B	编写技术文件	001	总结的格式	X
						002	报告的格式	X
						003	请示的格式	X

工种理论知识鉴定要素细目表

鉴定范围						鉴定点		
一级		二级		三级		代码	名称	重要程度
代码	名称	代码	名称	代码	名称			
A	基本要求	B	基础知识	F	直流电路	001	支路电流法求解复杂电路	X
						002	回路电流法求解复杂电路	X
						003	节点电压法的应用	X
						004	叠加定理的应用	X
						005	二端网络的概念	X
						006	戴维南定理的内容	X
						007	电桥电路的分析与计算	X
						008	简单直流电路的计算	X
				G	电磁知识	001	磁路的概念	X
						002	磁路欧姆定律的分析	X
						003	同名端的判断	X
				H	交流电路	001	欧姆定律的复数形式	X
						002	阻抗的串联计算	X
						003	阻抗的并联计算	X
						004	串联谐振的概念	X
						005	并联谐振的概念	X
						006	非正弦交流电的概念	X
						007	RC 电路的过渡过程	X
						008	RL 电路的过渡过程	X
				I	电子电路基本知识	001	单相整流电路的计算	X
						002	三相整流电路的计算	X
						003	硅稳压管的工作特性	X
						004	硅稳压管稳压电路的工作原理	X
						005	晶体管串联型稳压电路的工作原理	X
						006	多级放大器	X
						007	负反馈放大电路	X
						008	功率放大器	X
						009	正弦波振荡电路	X
						010	直流放大电路	X
						011	逻辑代数基础	X
						012	TTL 集成与非门电路	X
						013	RS 集成触发器	X
						014	JK 集成触发器	X
						015	D 集成触发器	X

续表

鉴定范围						鉴定点		
一级		二级		三级		代码	名称	重要程度
代码	名称	代码	名称	代码	名称			
B	相关知识			J	晶闸管电路及应用	001	单相全波可控整流电路的构成	X
						002	单相全波可控整流电路的工作原理	X
						003	单相半控桥式整流电路的构成	X
						004	单相半控桥式整流电路的工作原理	X
						005	三相半波可控整流电路的构成	X
						006	三相半波可控整流电路的工作原理	X
						007	三相半控桥式整流电路的构成	X
						008	三相半控桥式整流电路的工作原理	X
						009	单相可控整流电路的分析与计算	X
		B	电工仪器仪表知识	A	常用电工测量仪器仪表的基本知识及工作原理	001	双臂电桥的工作原理	X
						002	示波器的工作原理	X
				B	常用电工测量仪器仪表的使用方法	001	双臂电桥的使用	X
						002	常用电工仪表的选择	X
						003	示波器的使用	X
		C	电力系统知识	B	电力系统中性点的接地方式	001	电容电流的计算	X
						002	消弧线圈的补偿方式	X
				C	工厂企业供电方式	001	变配电所的结构及要求	X
				D	计算负荷的确定	001	用电设备组计算负荷的确定	X
						002	企业总计算负荷的确定	X
				E	短路电流的计算	001	标么值的概念	X
						002	常用电气设备阻抗值的计算	X
		D	电气设备	A	高压开关电器	001	SF_6 断路器的基本特点	X
						002	SF_6 断路器的适用范围	X
						003	高压断路器的选择	X
						004	高压隔离开关的选择	X
				B	低压开关电器	001	低压电动机配电回路元、器件选择方法	X
						002	固态继电器的结构原理	X
				C	电力变压器	001	电力变压器的简单计算	X
				D	互感器	001	电流互感器的性能参数	X
						002	电压互感器的性能参数	X

续表

鉴定范围						鉴定点		
一级		二级		三级		代码	名称	重要程度
代码	名称	代码	名称	代码	名称			
				E	无功补偿装置	001	高压电力电容器成套装置的组成	X
						002	自愈式低压电力电容器的结构特点	X
						003	低压无功自动补偿装置的工作原理	X
						004	同步电动机无功补偿原理	X
				F	成套配电装置及组合电器	001	箱式变电站的结构特点	X
						002	SF_6 全封闭组合电器组成	X
				G	电力线路	001	电力线路电压损失计算	X
						002	电缆截面的选择	X
						003	架空线路截面的选择	X
				I	交流异步电动机	001	三相异步电动机的运行状态	X
						002	三相异步电动机转矩的计算	X
				J	同步电机	001	同步电动机的结构	X
						002	同步电动机的基本工作原理	X
		E	电气安装	A	高压变配电设备的安装	001	油断路器施工验收要点	X
						002	真空断路器施工验收要点	X
						003	SF_6 断路器施工验收要点	X
						004	变压器安装验收要点	X
				B	低压配电设备的安装	001	低压配电柜的施工验收要点	X
				C	电力线路施工及安装	001	架空线路施工验收要点	X
						002	电缆线路施工验收要点	X
						003	电缆热缩缆头的制作工艺要求	X
		F	继电保护及二次回路	D	高压线路继电保护	001	三段式电流保护的概念	X
						002	三段式电流保护的工作原理	X
						003	零序电流保护的整定原则	X
						004	电流速断保护的整定原则	X
						005	带时限电流速断保护的整定原则	X
						006	定时限过电流保护的整定原则	X
						007	线路纵差保护工作原理	X
				E	电力变压器的继电保护	001	变压器差动保护的工作原理	X
						002	变压器差动保护的保护范围	X
						003	变压器低电压启动过电流保护的工作原理	X
						004	变压器复合电压启动过电流保护的工作原理	X
						005	变压器过电流保护的整定原则	X
						006	变压器过负荷保护的整定原则	X

续表

鉴定范围						鉴定点		
一级		二级		三级		代码	名称	重要程度
代码	名称	代码	名称	代码	名称			
				F	高压电动机的继电保护	001	高压电动机的电流速断保护整定原则	X
						002	高压电动机的单相接地保护整定原则	X
						003	高压电动机的过负荷保护整定原则	X
				G	高压电力电容器组的保护	001	高压电力电容器组的中性线电流平衡保护原理	X
						002	高压电力电容器组的相横差电流保护原理	X
				H	母线保护	001	单母线完全差动保护原理	X
				I	绝缘监察装置	001	绝缘监察装置的典型接线方式	X
						002	绝缘监察装置的工作原理	X
				J	变配电所自动装置	001	馈出线自动重合闸装置的工作原理	X
						002	备用变压器互投的工作原理	X
						003	备用线路互投的工作原理	X
						004	母线分段断路器自投的工作原理	X
						005	自动重合闸后加速保护原理	X
						006	自动重合闸前加速保护原理	X
				K	继电保护装置的校验	001	交、直流传动试验	X
				L	操作电源	001	硅整流直流电源的特点	X
						002	电容储能硅整流装置的工作原理	X
						003	复式整流直流电源的工作原理	X
				M	断路器控制回路和信号回路	001	中央预告信号装置构成原理	X
						002	中央事故信号装置构成原理	X
				N	二次回路知识	001	盘面布置图的绘制原则	X
						002	端子排图的绘制原则	X
						003	电气盘后接线图绘制原则	X
						004	识读二次原理展开图	X
						005	二次回路配线的一般要求	X
		G	变电所的微机保护和综合自动化	A	变电所微机保护	001	微机保护数据采集系统的基本概念	X
						002	微机保护数据采集系统与微机的接口方式	X
						003	微机保护开关量输入输出回路	X
						004	微机保护装置的通讯方式	X
				B	变电站综合自动化系统	001	变电站综合自动化系统的硬件结构形式主要分类	X
						002	集中式综合自动化系统	X

续表

鉴定范围						鉴定点		
一级		二级		三级		代码	名称	重要程度
代码	名称	代码	名称	代码	名称			
						003	分层分布式综合自动化系统	X
						004	分散分布式与集中相结合的综合自动化系统	X
						005	变电站综合自动化数据通信的基本概念	X
		H	电气运行维护及事故处理	A	电力变压器的运行维护及事故处理	001	变压器运行要求	X
						002	变压器瓦斯保护动作原因及处理方法	X
						003	变压器运行规定	X
						004	变压器运行	X
						005	影响变压器运行寿命的因素	X
				B	开关电器及消弧线圈的运行维护及事故处理	001	真空断路器异常运行故障分析	X
						002	真空断路器异常运行故障处理	X
						003	带负荷误拉隔离开关的处理	X
						004	带负荷误合隔离开关的处理	X
						005	弹簧、液压操动机构故障处理	X
						006	消弧线圈及电抗器的运行规定	X
						007	SF_6 断路器运行维护知识	X
						008	操作过电压的分析	X
				C	互感器的运行维护及事故处理	001	电压互感器二次熔断器的熔断故障现象	X
						002	电压互感器电压表在发生系统单相接地时出现的现象	X
						003	电流互感器巡检要点	X
				D	电容器及无功补偿装置的运行维护及事故处理	001	移相电容器组运行注意事项	X
						002	电力电容器运行要求	X
				E	电力线路的运行维护及事故处理	001	电力电缆故障点的查找注意事项	X
						002	电力线路故障分析	X
						003	电力线路运行及故障判断	X
						004	电力电缆运行规定	X
				F	变电所倒闸操作知识	001	母线及电压互感器的停、送电操作	X
						002	变电所倒闸操作要点	X
						003	倒闸操作票填写规则	X
						004	倒闸操作票填写规定	X

续表

鉴定范围						鉴定点		
一级		二级		三级		代码	名称	重要程度
代码	名称	代码	名称	代码	名称			
				G	直流系统及二次回路的运行维护及事故处理	001	免维护铅酸蓄电池运行要点	X
						002	铅酸及铬镍蓄电池的活化	X
						003	变配电所自动装置的巡检	X
						004	二次回路的故障处理	X
						005	直流装置运行要求	X
				H	电机的运行维护及事故处理	001	电动机异常运行原因分析	X
						002	电动机运行规定	X
						003	电动机异常运行分析	X
						004	同步电动机运行要求	X
						005	同步电动机异常运行的分析与处理	X
		I	电气检修	A	变压器的检修	001	变压器检修要点	X
						002	变压器大修时对变压器油的规定	X
						003	变压器检修注意事项	X
				B	开关电器的检修	001	断路器检修注意事项	X
						002	油断路器检修要求	X
						003	油断路器检修	X
				C	电动机的检修	001	电动机极距的概念	X
						002	电动机节距的概念	X
						003	电动机检修要点	X
				D	其他控制系统的检修	001	接触器的检修	X
						002	电气照明的检修	X
						003	单相整流电路检修	X
		J	电气设备预防性试验	A	绝缘电阻试验	001	吸收比的测量方法	X
						002	变压器吸收比的测试	X
						003	电容器绝缘电阻的测试	X
						004	电力电缆吸收比的测量	X
				B	交直流耐压试验	001	直流泄漏电流试验及直流耐压试验的原理	X
						002	影响测量直流泄漏电流的因素	X
				D	直流电阻试验	001	变压器绕组直流电阻的测量	X
						002	电动机定子、转子绕组直流电阻的测量	X
				F	电力设备的预防性试验	001	电力变压器的试验项目	X
						002	避雷器的试验项目	X
						003	高压断路器的试验项目	X
						004	互感器的试验项目	X

续表

鉴定范围						鉴定点		
一级		二级		三级		代码	名称	重要程度
代码	名称	代码	名称	代码	名称			
						005	母线的试验项目	X
						006	电力电容器的试验项目	X
						007	电力电缆的试验项目	X
						008	电动机的试验项目	X
		K	配电系统接地与过电压防护	C	过电压防护设备	001	避雷针知识	X
		K	配电系统接地与过电压防护	C	过电压防护设备	002	避雷针装设要求	X
		K	配电系统接地与过电压防护	D	变电所及电气设备的过电压保护	001	配电系统接地与防雷	X
		K	配电系统接地与过电压防护	D	变电所及电气设备的过电压保护	002	配电变压器的防雷保护	X
		K	配电系统接地与过电压防护	D	变电所及电气设备的过电压保护	003	建筑物的防雷保护	X
		L	电动机控制	A	异步电动机的控制	001	三相异步电动机的调速方式	X
		L	电动机控制	A	异步电动机的控制	002	双速异步电动机的调速	X
		L	电动机控制	A	异步电动机的控制	003	滑差异步电动机的调速	X
		L	电动机控制	A	异步电动机的控制	004	三相绕线式异步电机串极的调速	X
		L	电动机控制	B	同步电动机控制	001	三相同步电动机的启动方式	X
		L	电动机控制	B	同步电动机控制	002	三相同步电动机的励磁方式	X
		L	电动机控制	C	直流电动机的拖动基础	001	调速控制系统的静态技术指标	X
		L	电动机控制	C	直流电动机的拖动基础	002	他励直流电动机的调速方式	X
		M	电气安全	C	电气设备防火防爆知识	001	爆炸危险环境中对保护接地的一般要求	X
		M	电气安全	C	电气设备防火防爆知识	002	防静电接地的作用	X
		M	电气安全	C	电气设备防火防爆知识	003	防爆电器设备类型划分	X
		N	新技术、新工艺	A	可编程控制器的应用	001	可编程控制器的基本结构	X
		N	新技术、新工艺	A	可编程控制器的应用	002	可编程控制器的基本工作原理	X
		N	新技术、新工艺	A	可编程控制器的应用	003	可编程控制器的基本技术指标	X
		N	新技术、新工艺	A	可编程控制器的应用	004	可编程控制器的分类	X
		N	新技术、新工艺	B	变频器	001	变频器的基本分类	X
		N	新技术、新工艺	B	变频器	002	变频器的基本结构	X
		N	新技术、新工艺	B	变频器	003	变频器中常用的电力电子器件	X
		N	新技术、新工艺	B	变频器	004	变频器的基本技术数据	X
		N	新技术、新工艺	B	变频器	005	变频器的使用要点	X
		N	新技术、新工艺	C	UPS	001	UPS 不间断电源的功能	X
		N	新技术、新工艺	C	UPS	002	UPS 不间断电源的分类	X
		N	新技术、新工艺	C	UPS	003	UPS 不间断电源的基本构成	X
		N	新技术、新工艺	C	UPS	004	UPS 不间断电源常见几种运行方式	X
		N	新技术、新工艺	C	UPS	005	UPS 不间断电源的基本性能指标	X

二、理论知识试题

行业通用理论知识试题

判断题

1. 班组交接班记录必须凭旧换新。 (√)

2. 车间主要领导参加班组安全日活动每月不少于2次。 (×)

正确答案：车间主要领导参加班组安全日活动每月不少于3次。

3. 在剖视图中，零件后部的不见轮廓线、虚线一律省略不画。 (×)

正确答案：在剖视图中，零件后部的不见轮廓线、虚线一般省略不画，只有对尚未表达清楚的结构，才用虚线画出。

4. 剖面图是剖视图的一种特殊视图。 (×)

正确答案：剖面图是零件上剖切处断面的投影，而剖视图是剖切后零件的投影。

5. 化工设备图的视图布置灵活，俯(左)视图可以配置在图面任何地方，但必须注明“俯(左)视图”的字样。 (√)

6. 化工设备图中的零件图与装配图一定分别画在不同的图纸上。 (×)

正确答案：化工设备图中的零件图可与装配图画在同张图纸上。

7. 零件图不需要技术要求，在装配图表述。 (×)

正确答案：零件图一般需要技术要求。

8. 零件图用视图、剖视图、剖面图及其他各种表达方法，正确、完整、清晰地表达零件的各部分形状和结构。 (√)

9. ISO 14000系列标准对管理标准的一个重大改进，就是建立了一套对组织环境行为的评价体系，这便是环境行为评价标准。 (√)

10. 环境管理体系的运行模式，遵守由查理斯·德明提供的规划策划(PLAN)、实施(DO)、验证(CHECK)和改进(ACTION)运行模式可简称PDCA模式。 (√)

11. 环境管理体系的运行模式与其他管理的运行模式相似，共同遵循PDCA运行模式，没有区别。 (×)

正确答案：环境管理体系的运行模式与其他管理的运行模式相似，除了共同遵循PDCA运行模式外，它还有自身的特点，那就是持续改进，也就是说它的环线是永远不能闭合的。

12. 采取隔离操作，实现微机控制，不属于防尘防毒的技术措施。 (×)

正确答案：采取隔离操作，实现微机控制是防尘防毒的技术措施之一。

13. 严格执行设备维护检修责任制，消除“跑冒滴漏”是防尘防毒的技术措施。 (×)

正确答案：严格执行设备维护检修责任制，消除“跑冒滴漏”是防尘防毒的管理措施。

14. 在ISO 14001环境管理体系中，初始环境评审是建立环境管理体系的基础。 (√)

15. 在HSE管理体系中，定量评价指不对风险进行量化处理，只用发生的可能性等级和后果的严重度等级进行相对比较。 (×)

正确答案：在HSE管理体系中，定性评价指不对风险进行量化处理，只用发生的可能性等级和后果的严重度等级进行相对比较。

16. HSE管理体系规定，在生产日常运行中各种操作、开停工、检维修作业、进行基建及变更等活动前，均应进行风险评价。 (√)

17. 对某项产品返工后仍需重新进行检查。(√)

18. ISO 9000 族标准中，质量审核是保证各部门持续改进工作的一项重要活动。(√)

19. ISO 9000 族标准的三种审核类型中，第三方审核的客观程度最高，具有更强的可信度。(√)

20. 平顶型直方图的形成由单向公差要求或加工习惯等引起。(×)

正确答案：平顶型直方图的形成往往因生产过程有缓慢因素作用引起。

21. 质量统计排列图分析是质量成本分析的方法之一。(√)

22. 质量统计因果图的作用是为了确定“关键的少数”。(×)

正确答案：质量统计排列图的作用是为了确定“关键的少数”。

23. 质量统计控制图上出现异常点时，才表示有不良品发生。(×)

正确答案：不一定。在质量统计控制图上，即使点子都在控制线内，但排列有缺陷，也要判做异常。

24. 国际上通用的产品不良项分级共分三级。(×)

正确答案：国际上通用的产品不良项分级共分四级。

25. 在计算机应用软件 Word 中插入的文本框不允许在文字的上方或下方。(×)

正确答案：Word 中插入的文本框通过设置文本框格式当中的版式允许在文字的上方或下方。

26. 在计算机应用软件 Word 中绘制图形要求两个图形能准确对齐可通过调整绘图网格的水平、垂直间距来实现。(√)

27. 在计算机应用软件 Excel 中“COUNTIF(　　)”函数的作用是计算某区域满足条件的单元格数。(√)

28. Excel 数据表中汉字排序一般是按拼音顺序排序，但也可以按笔画排序。(√)

29. Excel 数据表中分类汇总的选项包括分类字段、汇总方式两方面的内容。(×)

正确答案：Excel 数据表中分类汇总的选项包括分类字段、汇总方式多方面的内容。

30. Excel 数据表中修改图表中的数据标志是通过图表区格式选项中的数据标志选项实现的。(×)

正确答案：Excel 数据表中修改图表中的数据标志是通过数据系列格式选项中的数据标志选项实现的。

31. 班组建设不同于班组管理，班组建设是一个大概念，班组管理从属于班组建设。(√)

32. 一般来说，班组的成本核算是全面的统计核算、业务核算和会计核算。(×)

正确答案：一般来说，班组的成本核算是局部核算和群众核算。

33. 总结的基本特点是汇报性和陈述性。(×)

正确答案：总结的基本特点是回顾过去，评估得失，指导将来。

34. 报告的目的在于把已经实践过的事情上升到理论认识，指导以后的实践，或用来交流，加以推广。(×)

正确答案：报告的主要目的是下情上达，向上级汇报工作、反映情况、提出意见和建议。

35. 为了减少发文，可以把若干问题归纳起来向上级写综合请示，但不能多方请示。(×)

正确答案：要坚持“一文一事”的原则，切忌“一文数事”使上级机关无法审批。

单选题

1. 班组交接班记录填写时，一般要求使用的字体是(B)。
A. 宋体　B. 仿宋　C. 正楷　D. 隶书

2. 下列选项中不属于班组安全活动的内容是(A)。
A. 对外来施工人员进行安全教育
B. 学习安全文件、安全通报
C. 安全讲座、分析典型事故，吸取事故教训
D. 开展安全技术座谈、消防、气防实地救护训练

3. 安全日活动常白班每周不少于(D)次，每次不少于 1h。
A. 4　B. 3　C. 2　D. 1

4. 当物体结构形状复杂，虚线就愈多，为此，对物体上不可见的内部结构形状采用(C)来表示。
A. 旋转视图　B. 局部视图　C. 全剖视图　D. 端面图

5. 单独将一部分的结构形状向基本投影面投影需要用(B)来表示。
A. 旋转视图　B. 局部视图　C. 全剖视图　D. 端面图

6. 用剖切平面把物体完全剖开后所得到的剖视图称为(D)。
A. 局部剖视图　B. 局部视图　C. 半剖视图　D. 全剖视图

7. 画在视图外的剖面图称为(A)剖面图。
A. 移出　B. 重合　C. 局部放大　D. 局部

8. 重合在视图内的剖面图称为(B)剖面图。
A. 移出　B. 重合　C. 局部放大　D. 局部

9. 化工设备图中，表示点焊的焊接焊缝是(A)。
A. ○　B. ∪　C. △　D. ⊿

10. 下列选项中，不属于零件图内容的是(D)。
A. 零件尺寸　B. 技术要求　C. 标题栏　D. 零件序号表

11. 在 HSE 管理体系中，(C)是管理手册的支持性文件，上接管理手册，是管理手册规定的具体展开。
A. 作业文件　B. 作业指导书　C. 程序文件　D. 管理规定

12. ISO 14001 环境管理体系共由(B)个要素所组成。
A. 18　B. 17　C. 16　D. 15

13. ISO 14000 系列标准的指导思想是(D)。
A. 污染预防　B. 持续改进
C. 末端治理　D. 污染预防，持续改进

14. 不属于防尘防毒技术措施的是(C)。
A. 改革工艺　B. 湿法除尘　C. 安全技术教育　D. 通风净化

15. 防尘防毒治理设施要与主体工程(A)、同时施工、同时投产。
A. 同时设计　B. 同时引进　C. 同时检修　D. 同时受益

16. 在 HSE 管理体系中，物的不安全状态是指使事故(B)发生的不安全条件或物质条件。
A. 不可能　B. 可能　C. 必然　D. 必要

17. 在HSE管理体系中，风险指发生特定危害事件的(C)性以及发生事件结果严重性的结合。

A. 必要　　B. 严重　　C. 可能　　D. 必然

18. 在(B)情况下不能对不合格品采取让步或放行。

A. 有关的授权人员批准　　B. 法律不允许

C. 顾客批准　　D. 企业批准

19. 不合格品控制的目的是(C)。

A. 让顾客满意　　B. 减少质量损失

C. 防止不合格品的非预期使用　　D. 提高产品质量

20. 在ISO 9001族标准中，内部审核是(D)。

A. 内部质量管理体系审核

B. 内部产品质量审核

C. 内部过程质量审核

D. 内部质量管理体系、产品质量、过程质量的审核

21. 在ISO 9001族标准中，第三方质量管理体系审核的目的是(C)。

A. 发现尽可能多的不符合项

B. 建立互利的供方关系

C. 证实组织的质量管理体系符合已确定准则的要求

D. 评估产品质量的符合性

22. ISO 9000族标准规定，(C)属于第三方审核。

A. 顾客进行的审核　　B. 总公司对其下属公司组织的审核

C. 认证机构进行的审核　　D. 对协作厂进行的审核

23. 在ISO 9000族标准中，组织对供方的审核是(D)。

A. 第一方审核　　B. 第一、第二、第三方审核

C. 第三方审核　　D. 第二方审核

24. 数据分组过多或测量读数错误而形成的质量统计直方图形状为(A)形。

A. 锯齿　　B. 平顶　　C. 孤岛　　D. 偏峰

25. 把不同材料、不同加工者、不同操作方法、不同设备生产的两批产品混在一起时，质量统计直方图形状为(D)形。

A. 偏向　　B. 孤岛　　C. 对称　　D. 双峰

26. 在质量管理过程中，以下哪个常用工具可用于明确“关键的少数”(A)。

A. 排列图　　B. 因果图　　C. 直方图　　D. 调查表

27. 质量统计图中，图形形状像“鱼刺”的图是(D)图。

A. 排列　　B. 控制　　C. 直方　　D. 因果

28. 在质量统计控制图中，若某个点超出了控制界限，就说明工序处于(D)。

A. 波动状态　　B. 异常状态

C. 正常状态　　D. 异常状态的可能性大

29. 质量统计控制图的上、下控制限可以用来(B)。

A. 判断产品是否合格　　B. 判断过程是否稳定

C. 判断过程能力是否满足技术要求　　D. 判断过程中心与技术中心是否发生偏移

30. 产品的不良项分为A、B、C、D四级，A级不良项是指产品的(C)不良项。
A. 轻微 B. 一般 C. 致命 D. 严重
31. 产品的不良项分为A、B、C、D四级，C级不良项是指产品的(B)不良项。
A. 轻微 B. 一般 C. 致命 D. 严重
32. 在计算机应用软件Word中插入的图片(A)。
A. 可以嵌入到文本段落中
B. 图片的位置可以改变，但大小不能改变
C. 文档中的图片只能显示，无法用打印机打印输出
D. 不能自行绘制，只能从Office的剪辑库中插入
33. 在Excel 97工作表中，单元格C4中有公式"=A3+＄C＄5"，在第3行之前插入一行之后，单元格C5中的公式为(A)。
A. =A4+＄C＄6 B. =A4+＄C＄5
C. =A3+＄C＄6 D. =A3+＄C＄5
34. 图中所指的按钮是(B)。
A. 降序按钮 B. 升序按钮 C. 插入字母表 D. 删除字母表
35. 建立图表的方法是从(C)菜单里点击图表。
A. 编辑 B. 视图 C. 插入 D. 工具
36. 班组管理是在企业整个生产活动中，由(D)进行的管理活动。
A. 职工自我 B. 企业 C. 车间 D. 班组自身
37. 属于班组经济核算主要项目的是(C)。
A. 设备完好率 B. 安全生产 C. 能耗 D. 环保中的三废处理

多选题

1. 属于班组交接班记录的内容是(A，B，C)。
A. 生产运行 B. 设备运行 C. 出勤情况 D. 安全学习
2. 下列属于班组安全活动的内容是(B，C，D)。
A. 对外来施工人员进行安全教育
B. 学习安全文件、安全通报
C. 安全讲座、分析典型事故，吸取事故教训
D. 开展安全技术座谈，消防、气防实地救护训练
3. 化工设备装配图中，螺栓联接可简化画图，其中所用的符号可以是(C，D)。
A. 细实线+ B. 细实线× C. 粗实线+ D. 粗实线×
4. 下列选项中，属于零件图内容的是(A，C)。
A. 零件尺寸 B. 零件的明细栏 C. 技术要求 D. 零件序号表
5. 清洁生产审计有一套完整的程序，是企业实行清洁生产的核心，其中包括以下(B，C，D)阶段。
A. 确定实施方案 B. 方案产生和筛选 C. 可行性分析 D. 方案实施
6. HSE体系文件主要包括(A，B，C)。
A. 管理手册 B. 程序文件 C. 作业文件 D. 法律法规

7. 下列叙述中，属于生产中防尘防毒技术措施的是(A，B，C，D)。

A. 改革生产工艺　　B. 采用新材料新设备

C. 车间内通风净化　　D. 湿法除尘

8. 下列叙述中，不属于生产中防尘防毒的管理措施的有(A，B)。

A. 采取隔离法操作,实现生产的微机控制　　B. 湿法除尘

C. 严格执行安全生产责任制　　D. 严格执行安全技术教育制度

9. 我国在劳动安全卫生管理上实行“(A，B，C，D)”的体制。

A. 企业负责　B. 行业管理　C. 国家监察　D. 群众监督

10. 在 HSE 管理体系中，危害识别的状态是(A，B，C)。

A. 正常状态　B. 异常状态　C. 紧急状态　D. 事故状态

11. 在 HSE 管理体系中，可承受风险是根据企业的(A，B)，企业可接受的风险。

A. 法律义务　B. HSE 方针　C. 承受能力　D. 心理状态

12. 在 HSE 管理体系中，风险控制措施选择的原则是(A，B)。

A. 可行性　　B. 先进性、安全性

C. 经济合理　　D. 技术保证和服务

13. 对于在产品交付给顾客及产品投入使用时才发现不合格产品，可采用以下方法处置(B，D)。

A. 一等品降为二等品　　B. 调换

C. 向使用者或顾客道歉　　D. 修理

14. 在 ISO 9000 族标准中，关于第一方审核说法正确的是(A，B，D)。

A. 第一方审核又称为内部审核

B. 第一方审核为组织提供了一种自我检查、自我完善的机制

C. 第一方审核也要由外部专业机构进行的审核

D. 第一方审核的目的是确保质量管理体系得到有效地实施

15. 质量统计排列图的作用是(A，B)。

A. 找出关键的少数　　B. 识别进行质量改进的机会

C. 判断工序状态　　D. 度量过程的稳定性

16. 质量统计因果图具有(C，D)特点。

A. 寻找原因时按照从小到大的顺序　　B. 用于找到关键的少数

C. 是一种简单易行的科学分析方法　　D. 集思广益，集中群众智慧

17. 质量统计控制图包括(B，C，D)。

A. 一个坐标系　B. 两条虚线　C. 一条中心实线　D. 两个坐标系

18. 产品不良项的内容包括(A，C，D)。

A. 对产品功能的影响　　B. 对质量合格率的影响

C. 对外观的影响　　D. 对包装质量的影响

19. 在计算机应用软件 Word 中页眉设置中可以实现的操作是(A，B，D)。

A. 在页眉中插入剪贴画　　B. 建立奇偶页内容不同的页眉

C. 在页眉中插入分隔符　　D. 在页眉中插入日期

20. 在计算机应用软件 Excel 中单元格中的格式可以进行(A，B，C)等操作。

A. 复制　　B. 粘贴　　C. 删除　　D. 联接

21. 自动筛选可以实现的条件是(A，C，D)。

A. 自定义　　B. 数值　　C. 前 10 个　　D. 全部

22. 对于已生成的图表，说法正确的是(A，B，D)。

A. 可以改变图表格式　　B. 可以更新数据

C. 不能改变图表类型　　D. 可以移动位置

23. 班组的劳动管理包括(A，B，D)。

A. 班组的劳动纪律　　B. 班组的劳动保护管理

C. 对新工人进行“三级教育”　　D. 班组的考勤、考核管理

24. 班组生产技术管理的主要内容有(A，C，D)。

A. 定时查看各岗位的原始记录，分析判断生产是否处于正常状态

B. 对计划完成情况进行统计公布并进行分析讲评

C. 指挥岗位或系统的开停车

D. 建立指标管理账

25. 在班组经济核算中，从项目的主次关系上看，属于主要项目的有(A，C，D)指标。

A. 产量　　B. 安全生产　　C. 质量　　D. 工时

26. 总结与报告的主要区别是(A，C，D)不同。

A. 人称　　B. 文体　　C. 目的　　D. 要求

27. 报告与请示的区别在于(A，B，C，D)不同。

A. 行文目的　　B. 行文时限　　C. 内容　　D. 结构

28. 请示的种类可分为(A，B，C，D)的请示。

A. 请求批准　　B. 请求指示　　C. 请求批转　　D. 请求裁决

简答题

1. 清洁生产审计有哪几个阶段？

答：①筹划与组织；②预评估；③评估；④方案产生和筛选；⑤可行性分析；⑥方案实施；⑦持续清洁生产。

2. ISO 14001 环境管理体系由哪些基本要素构成？

答：ISO 14001 环境管理体系由环境方针、规划、实施、测量和评价、评审和改进五个基本要素构成。

3. 防尘防毒的主要措施是什么？

答：我国石化工业多年来治理尘毒的实践证明，在大多数情况下，靠单一的方法防尘治毒是行不通的，必须采取综合治理措施。即首先改革工艺设备和工艺操作方法，从根本上杜绝和减少有害物质的产生，在此基础上采取合理的通风措施，建立严格的检查管理制度，这样才能有效防止石化行业尘毒的危害。

4. 什么叫消除二次尘毒源？

答：对于因“跑冒滴漏”而散落地面的粉尘、固、液体有害物质要加强管理，及时清扫、冲洗地面，实现文明生产，叫消除二次尘毒源。

5. 什么是劳动安全卫生管理体制中的“行业管理”?

答:劳动安全卫生管理体制中的“行业管理”就是行业主管部门根据本行业的实际和特点切实提出本行业的劳动安全卫生管理的各项规章制度,并监督检查各企业的贯彻执行情况。

6. 简述 ISO 14001 环境管理体系建立的步骤。

答:一般而言,建立环境管理体系过程包括以下六大阶段:①领导决策与准备;②初始环境评审;③体系策划与设计;④环境管理体系文件编制;⑤体系运行;⑥内部审核及管理评审。

7. HSE 管理体系中危害识别的思路是什么?

答:①存在什么危害(伤害源)?②谁(什么)会受到伤害?③伤害怎样发生?

8. 什么是第一方审核?第二方审核?第三方审核?

答:第一方审核又称为内部审核,第二方审核和第三方审核统称为外部审核。①第一方审核指由组织的成员或其他人员以组织的名义进行的审核。这种审核为组织提供了一种自我检查、自我完善的机制。②第二方审核是在某种合同要求的情况下,由与组织有某种利益关系的相关方或由其他人员以相关方的名义实施的审核。这种审核旨在为组织的相关方提供信任的证据。③第三方审核是由独立于受审核方且不受其经济利益制约的第三方机构依据特定的审核准则,按规定的程序和方法对受审核方进行的审核。

9. 什么是排列图?

答:排列图又叫帕累托图,在质量管理中,排列图是用来寻找影响产品质量的主要问题,确定质量改进关键项目的图。

10. 控制图的主要用途是什么?

答:①分析用的控制图主要用于分析工艺过程的状态,看工序是否处于稳定状态;②管理用的控制图主要用于预防不合格品的产生。

11. 国际上通用的产品不良项分为几级?

答:国际上通用的产品不良项共分为:致命(A 级)、严重(B 级)、一般(C 级)、轻微(D 级)四级。

12. 班组在企业生产中的地位如何?

答:①班组是企业组织生产活动的基本单位;②班组是企业管理的基础和一切工作的立脚点;③班组是培养职工队伍,提高工人技能的课堂;④班组是社会主义精神文明建设的重要阵地。

13. 班组管理有哪些基本内容?

答:①建立和健全班组的各项管理制度;②编制和执行生产作业计划,开展班组核算;③班组的生产技术管理;④班组的质量管理;⑤班组的劳动管理;⑥班组的安全管理;⑦班组的环境卫生管理;⑧班组的思想政治工作。

14. 班组经济核算的基本原则和注意事项是什么?

答:班组经济核算应遵循“干什么、管什么、算什么”的原则,力求注意三个问题:一是计算内容少而精;二是分清主次;三是方法简洁。

15. 总结的写作要求是什么?

答:①要新颖独特,不能报流水账;②要重点突出,找出规律,避免事无巨细面面俱到；③要实事求是，全面分析问题，从中找出经验教训；④要材料取舍得当；⑤要先叙后议或夹叙夹议。

16. 什么是报告？

答：报告是下级机关向上级机关汇报工作、反映情况、提出意见或建议，答复上级机关的询问时使用的行文。

17. 请示的特点是什么？

答：请示的最大特点是请求性。指本机关、本部门打算办理某件事情，而碍于无权自行决定、或者无力去做，或不知该不该办，必须请求上级机关批准、同意后方可办理。

工种理论知识试题

判断题

1. 应用支路电流法求解电路时，所列出的方程个数等于支路数。（√）

2. 叠加原理适用于各种电路。（×）

正确答案：叠加原理适用于线性电路。

3. 戴维南定理用于求解各支路电流。（×）

正确答案：戴维南定理用于求解某一支路电流。

4. 电桥平衡时，电桥电路可化简成简单电路进行分析计算。（√）

5. 对比电路和磁路，可以认为电流对应于磁通，电动势对应于磁通势，而电阻则对应于磁阻。（√）

6. 磁路欧姆定律适用于只有一种媒介质的磁路。（×）

正确答案：磁路欧姆定律既适用于只有一种媒介质的磁路也适用于多种媒介质的磁路。

7. 磁路的磁阻与磁动势有关。（√）

8. 感抗为 X_L 的线圈与容抗为 X_C 的电容器相串联，其总电抗是 $X=X_L+X_C$。（×）

正确答案：感抗为 X_L 的线圈与容抗为 X_C 的电容器相串联，其总电抗是 $X=X_L-X_C$。

9. 阻抗并联的电路，总复电流的倒数等于各支路复电流倒数之和。（×）

正确答案：阻抗并联的电路，总复电流等于各支路复电流之和。

10. RLC 串联电路谐振时电流最小，阻抗最大。（×）

正确答案：RLC 串联电路谐振时电流最大，阻抗最小。

11. R-L-C 并联电路发生谐振时阻抗最大。（√）

12. 不按正弦规律做周期性变化的电流或电压，称为非正弦周期电流或电压。（√）

13. 不按正弦规律变化的电流、电压、电动势，统称为非正弦交流电。（√）

14. RL 电路在过渡过程中换路定律是 $U_L(0+)=U_L(0-)$。（×）

正确答案：RL 电路在过渡过程中换路定律是 $I_L(0+)=I_L(0-)$。

15. 单相半波整流电路负载两端的电压 $U_0=0.9U_2$。（×）

正确答案：单相半波整流电路负载两端的电压 $U_0=0.45U_2$。

16. 在三相整流电路中，负载上的直流电压平均值 U_{fz} 小于变压器次级电压 U_2。（×）

正确答案：在三相整流电路中，负载上的直流电压平均值 U_{fz} 大于变压器次级电压 U_2。

17. 硅稳压管的稳压性质是利用 PN 结的反向击穿特性实现的。（√）

18. 硅稳压管稳压电路输出电压可以调节。（×）

正确答案：硅稳压管稳压电路输出电压不可以调节。

19. 采用直流负反馈目的是稳定静态工作点，采用交流负反馈目的是改善放大电路的性能。 (√)

20. 为了使变压器耦合的单管功率放大器有足够输出功率，允许功放三极管工作在极限状态。 (√)

21. RC 桥式振荡器中既存在负反馈，又存在正反馈。 (√)

22. 如不采取措施，直接耦合电路容易产生零点漂移现象。 (√)

23. 逻辑代数中的 0 和 1 是代表两种不同的逻辑状态，并不表示数值的大小。 (√)

24. 与非门的逻辑功能为：全 1 出 0，有 0 出 1。 (√)

25. 当基本 RS 触发器的 $SD=0$ 时，输出 $Q=1$，$\overline{Q}=0$。 (√)

26. 主从型 JK 触发器，在 CP 的前沿触发，当 $J=K=1$ 时，为计数状态。 (×)

正确答案：主从型 JK 触发器，在 CP 的后沿触发，当 $J=K=1$ 时，为计数状态。

27. D 型触发器具有翻转和保持的逻辑功能。 (×)

正确答案：D 型触发器具有置 1、置 0 功能。

28. 在带大电感负载的单相全波可控整流电路中，不应接续流二极管。 (×)

正确答案：在带大电感负载的单相全波可控整流电路中，应接续流二极管。

29. 在晶闸管的单相全波电感性负载的整流电路中，负载两端不会出现负电压，续流二极管工作期间，晶闸管中没有电流通过。 (√)

30. 单相半控桥式整流电路，带大电感负载时，必须并联续流二极管才能正常工作。 (√)

31. 单相全控与半控桥式整流电路的最大导通角和最大控制角均为 π。 (√)

32. 三相半波可控整流电路需要 3 只晶闸管。 (√)

33. 在三相半波可控整流电路，带电阻性负载时控制角的最大移相范围是 150°。 (√)

34. 三相半控桥式整流电路需要 3 只晶闸管，3 只二极管。 (√)

35. 三相半控桥整流电路对触发脉冲的要求与三相半波可控整流相同，一个周期需间隔为 120°的三个触发脉冲。 (√)

36. 光线示波器中振子的固有频率 f_0 越小，其记录的波形越接近被测波形的实际值。 (×)

正确答案：光线示波器中振子的固有频率 f_0 越大，其记录的波形越接近被测波形的实际值。

37. 与仪表配合使用的附加装置，如分流器、附加电阻器、电流互感器、电压互感器等，其准确度等级应比仪表本身的准确度等级高 2~3 挡，才能保证测量结果的准确度。 (√)

38. 通过调节示波器的“Y 轴位移”旋钮，可以使圆光点水平左右移动。 (×)

正确答案：通过调节示波器的“Y 轴位移”旋钮，可以使圆光点垂直上下移动。

39. 在中性点不接地系统中，正常运行时，各相对地电容电流的数值相等而相位相差 180°。 (×)

正确答案：在中性点不接地系统中，正常运行时，各相对地电容电流的数值相等而相位相差 120°。

40. 户内变配电所的变压器一般宜靠近高压间。 (×)

正确答案：户内变配电所的变压器一般宜靠近低压间。

41. 只要将等效电路中每个元件的电抗值按电路的串、并联法则相加减就可以计算出电源到短路点的总电抗值。 (√)

42. SF_6 断路器中，SF_6 气体压力越高越好。（×）

正确答案： SF_6 断路器中，SF_6 气体压力有最大值限制，压力太高会产生液化现象。

43. SF_6 断路器主要在 10~500kV 的高压和超高压系统上广泛使用。（√）

44. 选择隔离开关首先要根据配电装置的特点、使用要求和技术经济条件选择隔离开关类型。（√）

45. 固态继电器利用电子元件(如开关三极管、双向可控硅等半导体器件)的开关特性，可达到无触点、无火花的接通和断开电路的目的。（√）

46. 自愈式低压电力电容器在内部设有外壳防爆槽或压力保护装置。（√）

47. 低压无功补偿控制器应具有投入和切除门限设定值、延时设定值及过电压保护设定值的设置功能。（√）

48. 同步电动机运行于过励状态时，转子磁极滞后定子等效磁极一个电角度。（×）

正确答案： 同步电动机运行于过励状态时，转子磁极超前定子等效磁极一个电角度。

49. 大范围分散供电时，箱式变电站作为负荷应采用星形网络供电方式比较经济。（×）

正确答案： 大范围分散供电时，箱式变电站作为负荷应采用环网式供电方式比较经济。

50. GIS 的中文名称是气体绝缘全封闭组合电器。（√）

51. 架空线路截面选择时可不做电压损失校验。（×）

正确答案： 架空线路截面选择时应做电压损失校验。

52. 三相异步电动机的运行状态主要由转差率大小和转子的转动方向决定。（√）

53. 异步电动机的转矩与电压成正比关系。（×）

正确答案： 异步电动机的转矩与电压的平方成正比关系。

54. 油断路器在交接验收时，应进行操作试验，一般在直流母线额定电压值下进行分、合闸操作各两次。（×）

正确答案： 油断路器在交接验收时，应进行操作试验，一般在直流母线额定电压值下，进行分、合闸操作各三次。

55. 安装 SF_6 断路器时应对密度继电器和压力表进行检验。（√）

56. 抽屉式低压配电柜验收检查要求推拉灵活、无卡阻外，还要求能互换。（√）

57. 电缆引出地面时，露出地面上 2m 长的一段应穿钢管保护。（√）

58. 热缩 6~10kV 塑料电力电缆中间头时，要求在芯线绝缘断口处应切削 30mm 长的反应力锥，并使内半导体层露出 5mm。（√）

59. 三段式电流保护装置中速断、延时速断作为主保护，二者均可以保护线路的全长。（×）

正确答案： 三段式电流保护装置中速断、延时速断作为主保护，速断只能保护线路的一部分，延时速断可以保护线路的全长。

60. 电流速断保护不能保护线路的全长，而过电流保护能保护线路的全长。（√）

61. 带时限电流速断保护的动作时限的大小与保护范围延伸的程度有关，一般只比瞬时速断保护大一个时间级差。（√）

62. 定时限过流保护动作的时限是按照阶梯原则整定的，即从电源到用户的各保护装置的动作时限逐渐增长一个时限 Δt。（×）

正确答案： 定时限过流保护动作的时限是按照阶梯原则整定的，即从用户到电源的各保护装置的动作时限逐渐增长一个时限 Δt。

63. 变压器复合电压启动的过电流保护中的负序电压继电器通常用来反映三相对称短路。（×）

正确答案：变压器复合电压启动的过电流保护中的负序电压继电器通常用来反映不对称短路。

64. 变压器的过负荷通常用来反映正常情况下过载情况，除了发信号外，有时还跳闸。（×）

正确答案：变压器的过负荷通常用来反映正常情况下过载情况，一般作用于发信号。

65. 当电动机单相接地保护装置的灵敏度不能满足要求时，可采用带0.5~1.0s延时的方式来选取较小的可靠系数，从而减少动作电流，增大灵敏度。（√）

66. 中性线电流平衡保护反映的是电容器组的外部故障。（×）

正确答案：中性线电流平衡保护反映的是电容器组的内部故障。

67. 有绝缘监视装置的电压互感器在高压熔丝断一相时，二次开口三角形两端会产生零序电压。（√）

68. 采用备用变压器自动投入装置APD接线方式的供电系统，备用变压器一般不受电，只有在工作变压器有故障时才投入运行。（√）

69. 备用线路作为备用电源的典型APD原理接线中，APD的低电压启动回路常采用两个低电压继电器的常闭触点串联，其主要作用是防止电压互感器二次侧单相熔丝熔断APD误动。（√）

70. 采用母联分段断路器APD接线方式的供电系统，母联APD装置可以动作两次。（×）

正确答案：采用母联分段断路器APD接线方式的供电系统，母联APD装置只能动作一次。

71. 自动重合闸前加速保护，当靠近电源侧的断路器拒绝合闸时，将会扩大停电范围。（√）

72. 直流传动试验是检查整组保护的动作情况，确定接线、回路的动作是否与保护的原理接线相符，以及有无寄生回路存在的一种重要手动。（√）

73. 直流系统的硅整流器必须装设隔离变压器，以便使直流系统与中性点接地的380/220V系统分开。（√）

74. 电容储能式直流系统，一般都装有两组硅整流装置。一组采用单相桥式整流，供断路器合闸电源，也兼向控制母线供电。另一组采用三相桥式整流，只向控制、保护和信号回路供电。（×）

正确答案：电容储能式直流系统，一般都装有两组硅整流装置。一组采用三相桥式整流，供断路器合闸电源，也兼向控制母线供电。另一组采用单相桥式整流，只向控制、保护和信号回路供电。

75. 单相复式整流装置中的电压源与电流源必须使用同一相的电压和电流。（√）

76. 常用的中央事故信号装置的冲击继电器有ZC-23型、JC-2型和BC-4S型等几种，它们共同的特点是都有一个脉冲变流器和相应的执行元件。（√）

77. 正、负电源之间，经常带电的正电源与合闸或跳闸回路之间的端子排可以相邻排列。（×）

正确答案：正、负电源之间，经常带电的正电源与合闸或跳闸回路之间的端子排应不相邻或用一个空端子隔开。

78. 控制屏和保护屏后接线图，通常采用“对面原则”的标号原则。 (√)

79. 在一个安装单位内截面相同的交、直流回路，必要时可共用一根电缆。(√)

80. 微机保护的数据采集系统一般包括交流变换、电压形成、模拟滤波、采样保持、多路转换以及模数转换等环节。 (√)

81. 微机保护的数据采集系统与 CPU 的数据传送方式包括程序查询方式和中断方式两种。 (×)

正确答案：微机保护的数据采集系统与 CPU 的数据传送方式包括程序查询方式、中断方式和直接内存存取方式三种。

82. 微机保护装置的最常用的通讯方式是并行通讯。 (×)

正确答案：微机保护装置的最常用的通讯方式是串行通讯。

83. 变电站综合自动化装置硬件系统的数字核心部分组成尽管多种多样、各不相同，但它们一般由 CPU、存储器、定时器/计数器、Watchdog 等组成。 (√)

84. 集中式综合自动化系统的主要优点是造价低，软件简单，组态灵活，调试简便，通用性强，利于推广。 (×)

正确答案：集中式综合自动化系统的主要优点是造价低，缺点是软件复杂，组态不灵活，调试麻烦，通用性不强，不利于推广。

85. 分散分布式与集中相结合的综合自动化系统的结构形式中，备用电源自投和电压、无功综合控制装置采用集中组屏结构安装于控制室或保护室。 (√)

86. 并行数据通信比串行数据通信速度慢。 (×)

正确答案：并行数据通信比串行数据通信速度快。

87. 运行中的变压器补油时，应将重瓦斯保护改投“信号”位再工作。 (√)

88. 变压器的寿命是由线圈绝缘材料的老化程度决定的。 (√)

89. 发生带负荷误合隔离开关操作时，应迅速拉开。 (×)

正确答案：发生带负荷误合隔离开关操作时，应迅速合入。

90. 运行中的电力电抗器周围有很强的磁场。 (√)

91. 在中性点不接地系统，当发生单相接地故障时，会出现警笛报警现象。 (×)

正确答案：在中性点不接地系统，当发生单相接地故障时，会出现警铃报警现象。

92. 探测电缆故障点，对电缆采用高压“烧穿”，是将电缆本来的高阻状态变成几万欧姆的低阻值。 (×)

正确答案：探测电缆故障点，对电缆采用高压“烧穿”，是将电缆本来的高阻状态变成几千欧姆以下的低阻值。

93. 在不均匀电场中曲率半径小的电极附近，当电压升高到电晕起始电压后，可能会产生电晕放电。电晕电流是断续高频脉冲电流。 (√)

94. 检测运行电缆的温度，通常是在电缆线路终端头和中间头的附近测量。 (√)

95. 母线停电时，应先将联动跳闸回路的保护退出。 (√)

96. 在切换母线过程中，母线差动保护的工作原理如不遭到破坏，母差保护一般均应投入运行。 (√)

97. 操作票上的操作项目必须填写双重名称，即设备名称和设备位置。（×）

正确答案： 操作票上的操作项目必须填写双重名称，即设备名称和设备编号。

98. 单体密封镉镍电池额定电压为 1.2V，充电至 1.2V 时应停止充电。（×）

正确答案： 单体密封镉镍电池额定电压为 1.2V，充电至 1.5V 时应停止充电。

99. 为便于监视运行状态，常把用电设备的额定值或允许值在电流表的刻度盘上用红线表示。（√）

100. 均衡充电的周期一般控制在每年不宜多于两次。（√）

101. 绕绕式异步电动机在运行中，转子回路电阻增大，转速降低；电阻减少，转速升高。（√）

102. 高压断路器在大修时应调试行程。（√）

103. 断路器的事故跳闸信号回路，是按“不对应原则”接线的。（√）

104. 电动机每极所占有的槽数或每极下气隙的长度称为极距。（√）

105. 三相电动机，每个相带为 90°。（×）

正确答案： 三相电动机，每个相带为 60°。

106. 断路器的跳、合闸位置监视灯串联一个电阻的主要目的是防止因灯座短路造成断路器误跳闸。（√）

107. 在单相桥式整流电路中，如果有一个二极管反接，则将造成半波整流。（×）

正确答案： 在单相桥式整流电路中，如果有一个二极管反接，将造成正、负半波都断路。

108. 测量吸收比时，首先将 E 端子接地，再将 L 端子与被测设备相接，然后驱动兆欧表。（×）

正确答案： 测量吸收比时，首先将 E 端子接地，再驱动兆欧表，然后将 L 端子与被测设备相接。

109. 测量绝缘电阻和泄漏电流的方法不同，但表征的物理概念相同。（√）

110. 温度升高，绝缘电阻下降，泄漏电流减小。（×）

正确答案： 温度升高，绝缘电阻下降，泄漏电流增大。

111. 变压器绕组直流电阻测量用压降法比较简便，准确度较高。（×）

正确答案： 变压器绕组直流电阻测量用压降法比较简便，但准确度不高。

112. 1kV 及以上或 500kW 及以上电动机绕组的直流电阻试验周期为 1 年。（×）

正确答案： 3kV 及以上或 100kW 及以上电动机绕组的直流电阻试验周期为 1 年。

113. 6kV 系统中的金属氧化物避雷器底座绝缘电阻测量用 1000V 兆欧表。（×）

正确答案： 6kV 系统中的金属氧化物避雷器底座绝缘电阻测量用 2500V 及以上兆欧表。

114. 6kV 及以上互感器必须做一次绕组连同套管的介质损失角正切 $\tan\delta$ 试验。（×）

正确答案： 35kV 及以上互感器必须做一次绕组连同套管的介质损失角正切 $\tan\delta$ 试验。

115. 6kV 封闭母线交流耐压试验现场电压值为 42kV。（×）

正确答案： 6kV 封闭母线交流耐压试验现场电压值为 32kV。

116. 耦合电容器必须做冲击合闸试验。（×）

正确答案： 耦合电容器不用做冲击合闸试验。

117. 橡塑绝缘电力电缆主绝缘需要做直流耐压试验。（×）

正确答案：橡塑绝缘电力电缆主绝缘需要做交流耐压试验。

118. 避雷针的作用是避免自身让雷电击中而放电。 （×）

正确答案：避雷针的作用是将雷电吸引到避雷针本身，并将电流引入大地，保护建筑物免受雷击。

119. 在电站的过电压防护措施中，只要母线上装有性能合格的阀型避雷器，就能可靠地保护电站所有设备。 （×）

正确答案：在电站的过电压防护措施中，母线上装有阀型避雷器，只可避免雷电冲击波沿线路侵入变电站，不能保护电站所有设备。

120. 变电站对直击雷的保护是采用避雷针。 （√）

121. 双速电动机由 Δ 接线变为 YY 接线的调速控制方法属于恒转矩调速方式。 （×）

正确答案：双速电动机由 Δ 接线变为 YY 接线的调速控制方法属于恒功率调速方式。

122. 滑差异步电动机调速主要通过对电磁离合器的励磁电流的控制实现速度调节的。 （√）

123. 三相绕线式异步电机的串级调速将转子回路的电能通过逆变反馈回电网，因此能够节约能源。 （√）

124. 同步电动机启动时，当转速接近其同步转速时，励磁绕组通入直流励磁的目的是产生同步转矩。 （√）

125. 同步电动机的励磁方式主要有直流发电机励磁和交流整流器励磁两种，交流整流器励磁方式是发展方向。 （√）

126. 他励直流电动机调速控制系统的调速范围是指所能达到的最小转速与最大转速之比。 （×）

正确答案：他励直流电动机调速控制系统的调速范围是指所能达到的最大转速与最小转速之比。

127. 保证静差率的情况下，他励直流电动机扩大调速范围的惟一途径是采用闭环自动调速系统。 （√）

128. 引入爆炸危险场所的架空管线，在入户处可以不接地。 （×）

正确答案：引入爆炸危险场所的架空管线，在入户处必须接地或多点重复接地。

129. 在爆炸危险场所中，凡生产、贮存、输送物料过程中有可能产生静电的管道、送引风道设备均应接地。 （√）

130. 防爆电气设备产品标准规定：对为保证安全，指明在规定条件下使用的电气设备和低冲击能量的电气设备在防爆合格证编号后加有特殊标志“X”。 （√）

131. PLC 一般由中央处理器（CPU）、存储器、输入/输出组件、电源部件等几个主要部分组成。 （√）

132. PLC 与微机的工作方式完全一样，都是采用等待命令的工作方式。 （×）

正确答案：PLC 与微机的工作方式有很大不同，微机一般采用等待命令的工作方式，而 PLC 是采用循环扫描的工作方式。

133. PLC 按结构形状分类，可分为整体式和机架模块式两种；按 I/O 点数和功能分类，可分为小型、中型和大型 PLC。 （√）

134. PWM 控制方式的变频器指的是逆变器开关电路采用方波脉宽调制方式控制的变频器。 （×）

正确答案：PWM 控制方式的变频器指的是逆变器开关电路采用正弦波脉宽调制方式控制的变频器。

135. 通用变频器的基本结构一般由功率主电路、控制电路及操作显示三部分组成。(√)

136. UPS 具有电压变换的功能，即可以将输入电压为 220V 的电压变换成需要的 380V 的电压。(×)

正确答案：UPS 具有电压变换的功能，即可以将输入电压为 380V 的电压变换成需要的 220V 的电压。

137. UPS 整流器的功能是将直流电压或蓄电池电压变换成交流电压。(×)

正确答案：UPS 逆变器的功能是将直流电压或蓄电池电压变换成交流电压。

138. UPS 的输出波形一般有方波和正弦波两种，正弦波输出的 UPS 的失真度一般为 10%左右。(×)

正确答案：UPS 的输出波形一般有方波和正弦波两种，正弦波输出的 UPS 的失真度一般为 3%左右。

139. 两极同步电动机一般作成凸极式；两极以上同步电动机一般作成隐极式。(×)

正确答案：两极以上同步电动机一般作成凸极式；两极同步电动机一般作成隐极式。

140. 新安装变压器投运后，气体继电器动作频繁，应将变压器退出运行。(×)

正确答案：新安装变压器投运后，应将重瓦斯保护压板改接到"信号"位。

141. 一般情况下，造成真空断路器真空度降低的原因主要是其周围存在腐蚀性气体。(×)

正确答案：波纹管密封质量不良、动触头超行程过大和使用材料气密情况不良是真空度降低的主要原因。

142. 弹簧操动机构合闸到永久性故障点时，会出现"跳跃"动作。(×)

正确答案：弹簧操动机构合闸到永久性故障点时，弹簧机构不存在"跳跃"动作。

143. 同步电动机工作在欠励状态时，功率因数等于 1。(×)

正确答案：同步电动机工作在欠励状态时，功率因数很低。

144. 变压器的铁芯采用 0.35~0.5mm 厚的硅钢片叠压制造，其主要目的是为了降低变压器铜耗。(×)

正确答案：变压器的铁芯采用 0.35~0.5mm 厚的硅钢片叠压制造，主要目的是为了降低变压器涡流损耗。

145. 纸绝缘 6kV 及以上电缆测量吸收比用 2500V 或 5000V 兆欧表。(√)

单选题

1. 如图所示电路中，支路数与节点数分别为(C)。

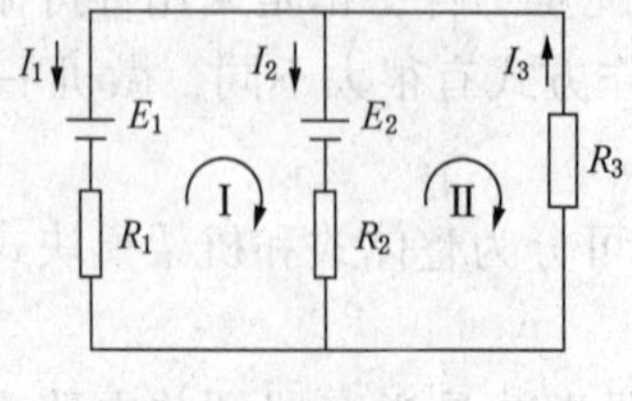

A. 3，3　　B. 5，2　　C. 3，2　　D. 2，2

2. 对于一个(D)的电路，利用回路电流法求解。

A. 支路数大于网孔数　　B. 支路数小于节点数

C. 支路数等于节点数　　D. 支路数大于网孔数

3. 对于两节点多支路的电路用(B)分析最简单。

A. 支路电流法　　B. 节点电压法　　C. 回路电流　　D. 戴维南定理

4. 电路的参数不随外加电压及通过其中的电流而变化的电路称为(A)。

A. 线性电路　　B. 非线性电路　　C. 等效电路　　D. 电桥电路

5. 任何一个有源二端网络，都可以化简成用一个具有等效电源和内阻的(B)。

A. 等效电路　　B. 等效电源　　C. 等效电阻　　D. 等效阻抗

6. 戴维南定理可将任一有源二端网络等效成一个有内阻的电压源，该等效电源的内阻和电动势是(A)。

A. 由网络的参数和结构决定的　　B. 由所接负载的大小和性质决定的

C. 由网络结构和负载共同决定的　　D. 由网络参数和负载共同决定的

7. 要使电路中某点的电位提高，则(B)。

A. 改变电路中某些电阻的大小一定能实现　　B. 改变参考点的选择可能实现

C. 增大电源的电动势一定能实现　　D. 以上都不对

8. 如图所示电路中，A 点的电位是(B)V。

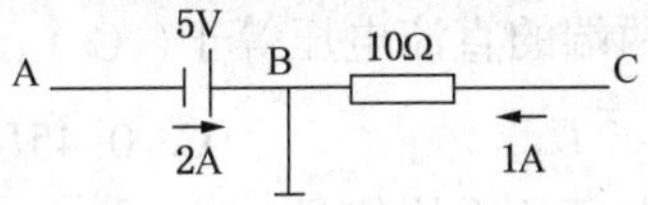

A. 10　　B. −10　　C. 5　　D. −5

9. 某段磁路长度与某磁场强度的乘积为该段磁路的(C)。

A. 磁通　　B. 磁阻　　C. 磁位差　　D. 磁通势

10. 磁路的磁阻与磁路的长度(A)。

A. 成正比　　B. 成反比　　C. 无关　　D. 平方成正比

11. 如图所示，线圈 A、B 与 C 的同名端为(D)。

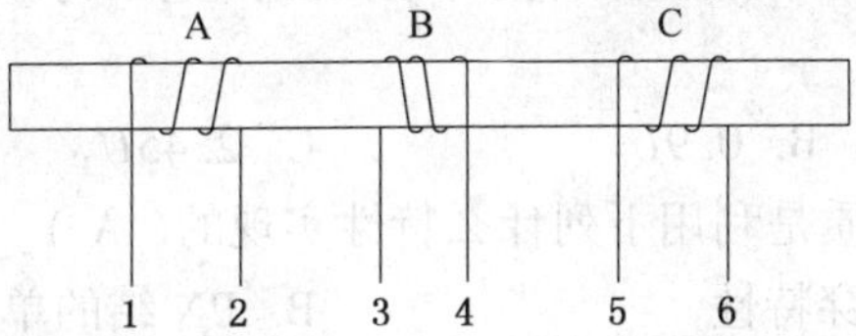

A. 1、3、5　　B. 1、3、6　　C. 1、4、6　　D. 1、4、5

12. 下式中，正确的是(A)。

A. $\dot{I}=-j\dfrac{\dot{U}}{\omega L}$　　B. $\dfrac{U}{I}=\omega L$　　C. $\dfrac{U}{I}=j\omega L$　　D. $\dfrac{\dot{U}}{\dot{I}}=X_L$

13. 交流电势 $u=U_m\sin(\omega t+\phi)V$ 的复数式 U=(D)V。

A. $U_m\angle\omega t$　　B. $U_m\angle 0°$　　C. $U\angle\omega t$　　D. $U\angle\phi$

14. RLC 串联电路的复阻抗 Z=(C)Ω。

A. $R+\omega L+1/\omega C$　　B. $R+L+1/C$

C. $R+j\omega L+1/j\omega C$　　D. $R+j(\omega L+1/\omega C)$

15. R-L-C 串联及并联谐振电路所共同具有的特点是(D)。

A. $|Z_0|=R$，且最大　　B. $I_0=U/R$，且最大

C. $U_L=U_C=QU$　　D. 电路显电阻性，电流与电压同相

16. 某电压为 $u=50+60\sqrt{2}\sin(\omega t+30°)+40\sqrt{2}\sin(2\omega t+10°)V$，则其有效值为(C)V。

A. 70　　B. 180　　C. 87.6　　D. 200

17. 电容器充电和放电过程中，瞬间充、放电电流与(B)。

A. 电容器两端电压成正比　　B. 电容器两端电压的变化率成正比

C. 电容器两端电压的变化量成正比　　D. 电容器两端电压无关

18. 如图所示开关 S 闭合前电路已处于稳态，在 $t=0$ 时，将开关 S 闭合，电容上电压的初始值 $U_C(0+)$ 和稳态值 $U_C(\infty)$ 分别为(A)。

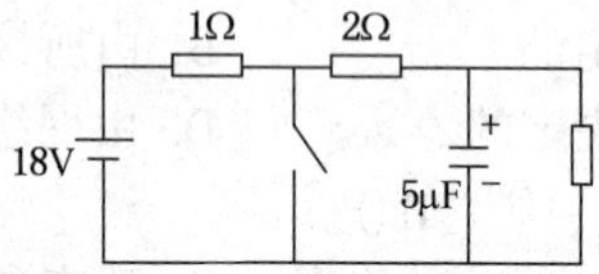

A. 3V，0V　　B. -3V，1V　　C. 3V，1V　　D. 0V，3V

19. RL 电路过渡过程的时间常数 $\tau=$(C)。

A. LR　　B. R/L　　C. L/R　　D. $1/RL$

20. 二极管半波整流时负载两端的直流电压等于(C)。

A. $0.75U_2$　　B. $\sqrt{2}U_2$　　C. $0.45U_2$　　D. $0.9U_2$

21. 单相全波整流电路输出电压的平均值是(B)。

A. $\frac{\sqrt{2}}{2}U_2$　　B. $0.9U_2$　　C. $\sqrt{2}U_2$　　D. $0.45U_2$

22. 三相半波整流电路负载上直流电压的平均值为(C)。(U_2 为变压器副边电压的有效值)

A. $0.45U_2$　　B. $0.9U_2$　　C. $1.17U_2$　　D. $2.34U_2$

23. 三相桥式整流电路每个二极管承受的最高反向电压为(C)。(U_2 为变压器副边电压的有效值)

A. $0.45U_2$　　B. $0.9U_2$　　C. $2.45U_2$　　D. $2.34U_2$

24. 硅稳压管的稳压性质是利用下列什么特性实现的(A)。

A. PN 结的反向击穿特性　　B. PN 结的单向导电特性

C. PN 结的正向导通特性　　D. PN 结的反向截止特性

25. 电路如图所示，已知两个稳压管的 $V_{Z1}=5V$，$V_{Z2}=7V$，它们的正向压降均为 0.7V，则输出电压为(C)V。

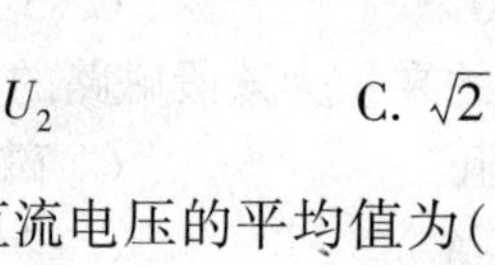

A. 5　　B. 7.7　　C. 12　　D. 5.7

26. 硅稳压管稳压电路适用于(C)的场合。

A. 输出电流大　　B. 输出电流小

C. 电压稳定度要求不高　　D. 电压稳定度要求高

27. 串联型稳压电路中的调整管的工作状态是(A)。

A. 放大　　B. 截止　　C. 饱和　　D. 截止与饱和交替

28. 阻容耦合多级放大器能传递或放大(D)。

A. 直流信号和交流信号　　B. 直流信号

C. 直流信号和变化缓慢的交流信号　　D. 交流信号

29. 变压器耦合多级放大器只能传递或放大(D)。

A. 直流信号和交流信号　　B. 直流信号

C. 直流信号和变化缓慢的交流信号　　D. 交流信号

30. 要增大放大器的输入电阻，稳定输出电流，应选的负反馈类型是(C)。

A. 电压串联　　B. 电压并联　　C. 电流串联　　D. 电流并联

31. 若功率放大器的效率降低了，则在电源供给功率一定的情况下，放大器的输出功率和耗散功率(C)。

A. 都增大　　B. 都减小

C. 分别减小和增大　　D. 分别增大和减小

32. LC 振荡电路中，当 C 不变，L 减小到原来的 1/4 倍，则振荡频率为原来的(C)倍。

A. 1/2　　B. 1/4　　C. 2　　D. 4

33. 低频信号发生器的振荡电路一般采用的是(D)振荡电路。

A. 电感三点式　　B. 电容三点式　　C. 石英晶体　　D. RC

34. 直流放大器的级间耦合一般采用(D)耦合方式。

A. 阻容　　B. 变压器　　C. 电容　　D. 直接

35. 在多级直流放大器中，对零点飘移影响最大的是(A)。

A. 前级　　B. 后级　　C. 中间级　　D. 前后级一样

36. 逻辑函数式 A+A，简化后的结果是(B)。

A. 2A　　B. A　　C. 1　　D. A2

37. TTL 集成门电路的电源电压为(B)。

A. 3V　　B. 5V

C. 12V　　D. 需查手册,因为不同的门电路有不同的电压

38. 能实现“有 0 出 1，全 1 出 0”逻辑功能的是(C)。

A. 与门　　B. 或门　　C. 与非门　　D. 或非门

39. 有两个输入变量的“与非”门，其输出 F 的逻辑式为(C)。

A. $F = A \cdot B$　　B. $F = A + B$　　C. $F = \overline{A \cdot B}$　　D. $F = \overline{A} \cdot \overline{B}$

40. 基本 RS 触发器电路中，触发脉冲消失后，其输出状态(B)。

A. 恢复原状态　　B. 保持现状态　　C. 出现新状态　　D. 不能确定

41. 具有置 0、置 1、保持和翻转功能的触发器是(B)。

A. RS　　B. JK　　C. D　　D. T

42. D 触发器在 $D=1$ 时，输入一个 CP 脉冲，其逻辑功能是(A)。
A. 置 1　　B. 清 0　　C. 保持　　D. 翻转
43. 单相全波可控整流电路，带大电感负载时，必须并联(B)才能正常工作。
A. 三极管　　B. 续流二极管　　C. 稳压二极管　　D. 晶闸管
44. 单相全波可控整流电路中晶闸管最大导通角为(D)。
A. 60°　　B. 120°　　C. 150°　　D. 180°
45. 单相半控桥式整流电路需要(B)只二极管。
A. 1　　B. 2　　C. 3　　D. 4
46. 单相半控桥式整流电路，带大电感负载时，必须并联(B)才能正常工作。
A. 三极管　　B. 续流二极管　　C. 稳压二极管　　D. 晶闸管
47. 单相桥式半控电路可控硅最大导通角为(D)。
A. 60°　　B. 120°　　C. 150°　　D. 180°
48. 在三相半波可控整流电路中，整流变压器初级、次级的联接方式为(A)。
A. 初级接成三角形，次级接成星形　　B. 初级接成星形，次级接成三角形
C. 初级接成三角形，次级接成三角形　　D. 初级接成星形，次级接成星形
49. 三相半波可控整流电路的自然换相点是(B)。
A. 交流相电压的过零点
B. 本相相电压与相邻相电压正半周的交点处
C. 比三相不控整流电路的自然换相点超前 30°
D. 比三相不控整流电路的自然换相点滞后 60°
50. 三相半波晶闸管可控硅整流电路每次每隔(B)换流一次。
A. 60°　　B. 120°　　C. 150°　　D. 180°
51. 在三相桥式半控整流电路中，对于共阴极组晶闸管来说，只有(D)一相的晶闸管且有触发脉冲时才能导通。
A. 阳极电压最高　　B. 阳极电压最低
C. 阴极电压最高　　D. 阴极电压最低
52. 三相半控桥式整流电路，带大电感负载时，必须并联(B)才能正常工作。
A. 三极管　　B. 续流二极管　　C. 稳压二极管　　D. 晶闸管
53. 三相半控桥整流电路晶闸管承受的最大正反向电压为(A)。
A. $2.45U_2$　　B. $1.73U_2$　　C. $1.41U_2$　　D. U_2
54. 三相半控桥式的最大导通角为(B)。
A. 90°　　B. 120°　　C. 150°　　D. 180°
55. 在三相桥式半控整流电路中，对于共阴极组晶闸管来说，只有(A)一相的晶闸管且有触发脉冲时才能导通。
A. 阳极电压最高　　B. 阳极电压最低
C. 阴极电压最高　　D. 阴极电压最低
56. 可控硅整流电路中，当晶闸管的移相角减小时，其输出电压平均值(B)。
A. 减小　　B. 增大　　C. 不变　　D. 不定

57. 单相桥式可控整流电路，通过改变控制角度，负载电压可在(B)之间连续可调。

A. 0~0.45U_2　B. 0~0.9U_2　C. 0~U_2　D. (0.45~0.9)U_2

58. 直流双臂电桥又称凯尔文电桥，由于它结构上较单臂电桥做了改进，故它常被用来测量(A)Ω以下的小电阻。

A. 1　B. 10　C. 100　D. 1000

59. 电子示波器的主要部件是(A)，它由电子枪、偏转系统、荧光屏等三个基本部分组成。

A. 示波管　B. X、Y 轴偏转系统

C. 波形扫描系统及整步系统　D. 电源系统

60. 下列选项中，(B)电阻应采用双桥测量。

A. 750Ω　B. 0.15Ω　C. 1500Ω　D. 10000Ω

61. 为了减小误差，保证达到所用仪表的准确度等级，一般把被测量指示范围选择在仪表标度尺的(D)位置。

A. 1/3 以下　B. 1/2 以下　C. 1/3~1/2　D. 2/3 以上

62. 电子示波器中，(B)采用单束示波管，单踪或多踪显示，可进行定性或定量测量，是最常用的一种示波器。

A. 矢量示波器　B. 通用示波器　C. 取样示波器　D. 特殊示波器

63. 在中性点不接地系统中，当系统发生单相完全接地故障时(C)。

A. 三相对地电容电流仍对称

B. 单相接地电容电流是正常运行时电容电流的$\sqrt{3}$倍

C. 单相接地电容电流是正常运行时电容电流的 3 倍

D. 单相接地电容电流是正常运行时电容电流的 2 倍

64. 在变压器中性点装设消弧线圈的目的是(C)。

A. 提高电网电压水平　B. 限制变压器故障电流

C. 补偿电网接地的电容电流　D. 吸收无功

65. 变配电室的门应向(B)开，相邻配电室之间有门时，该门应双向开启或向(B)方向开启。

A. 内，低压　B. 外，低压　C. 内，高压　D. 外，高压

66. 单台用电设备的计算负荷常按(A)确定。

A. 设备的额定容量　B. 用电设备 0.5h 的平均负荷

C. 用电设备 1h 的最大负荷　D. 用电设备的两倍额定负荷

67. 在进行短路计算时，若任一物理量都采用实际值与基准值的比值来进行计算，那么这种方法称之为(C)。

A. 欧姆法　B. 短路容量法　C. 标么值法　D. 对比法

68. SF_6 断路器要求年漏气率不大于(C)。

A. 1%以下　B. 1%~2%　C. 3%~5%　D. 10%以下

69. LW8-35 型 SF_6 断路器适用于(D)系统。

A. 10kV　B. 110kV　C. 6kV　D. 35kV

70. 选用电气设备，应按装置地点的(C)来检验开关电器的断流能力。

A. 单相短路容量　　B. 两相短路容量

C. 三相短路容量　　D. 三相对地短路容量

71. 选择断路器遮断容量应根据安装处的(C)来决定。

A. 变压器的容量　　B. 最大负荷

C. 最大三相短路电流　　D. 最高电压

72. 高压隔离开关动稳定的效验条件是隔离开关动稳定电流 $I_{F.sh}$(A)线路三相短路产生的冲击电流 I_{sh}。

A. 大于　　B. 等于　　C. 小于　　D. 不大于

73. 用于电动机的低压断路器的保护特性曲线(A 代表断路器的保护曲线，B 代表电动机发热曲线)正确的是(B)。

A. 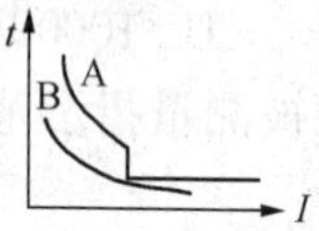

B. 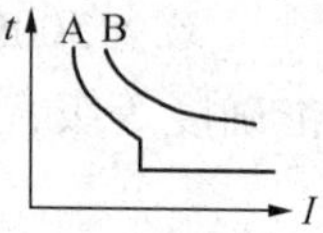

C. 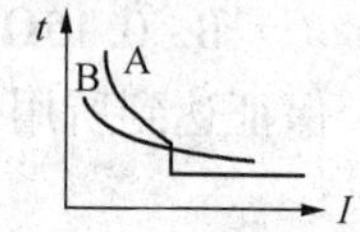

D. 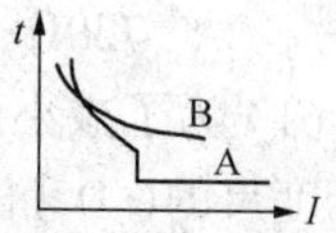

74. SSR-10A 型交流固态继电器，用快速熔断器做负载侧短路保护，其熔芯应选择(C)A。

A. 10　　B. 11　　C. 12　　D. 15

75. 将一块最大刻度是 300A 的电流表接入变比为 300/5 的电流互感器二次回路中，当电流的指示为 150A 时，表计的线圈实际通过了(D)A 电流。

A. 3.5　　B. 2　　C. 1　　D. 2.5

76. 电压互感器在额定方式下可长期运行，但在任何情况下不得超过(D)运行。

A. 额定电流　　B. 额定电压　　C. 最小容量　　D. 最大容量

77. 电压互感器的电压变比与其匝数比相比较，则电压变比(A)匝数比。

A. 大于　　B. 小于　　C. 等于　　D. 小于等于

78. 高压电力电容器成套装置中的串联电抗器的作用是(B)。

A. 补偿电容器容性电流　　B. 限制电容器涌流

C. 降低电容器工作电压　　D. 提高电容器工作电压

79. 低压电力电容器组用于循环投切时要求是(B)。

A. 先投入的后切除，后投入的先切除　　B. 先投入的先切除，后投入的后切除

C. 随意投切　　D. 顺序不确定

80. 同步电动机运行时向电网提供无功补偿的励磁状态为(C)。

A. 欠励　　B. 欠复励　　C. 过励　　D. 复励

81. 箱式变电站不能用于(D)场所。

A. 机场、车站　　B. 集中住宅区

C. 商业大厅及地下设施　　D. 工厂防爆区

82. 10kV 以下配电线路允许的电压损失为额定值的±(C)。

A. 4%　　B. 5%　　C. 7%　　D. 8%

83. 低压三相四线制线路中，电缆的中性线(N 线)，在 3 次谐波电流突出的线路上，原

则上按(B)选择。

A. 大于相线截面　　B. 等于相线截面

C. 小于相线截面　　D. 0.5 倍相线截面

84. 三相异步电动机处于发电状态运行时，其转差率 S 为(C)(n_1 为理想空载转速)。

A. $n=0$，$S=1$　　B. $0<S<1$　　C. $n>n_1$，$S<0$　　D. 0.04~0.07

85. 当三相异步电动机星形联接(电源电压 380V)启动时和三角形联接(电源电压 220V)启动时(A)。

A. 启动转矩一样，启动电流不同　　B. 启动转矩一样，启动电流一样

C. 启动转矩不同，启动电流一样　　D. 启动转矩不同，启动电流不同

86. 在异步电动机反接制动的线路中，当电动机转速迅速下降到零时，应立即切除电源，否则(B)。

A. 使电源短路　　B. 电动机会向另一方向转动

C. 电动机会向原方向转动　　D. 损坏电动机

87. 三相同步电动机的启动转矩(C)。

A. 很小　　B. 很大　　C. 为零　　D. 5~7 倍额定转距

88. 三相同步电动机的转子在(B)时才能产生同步转矩。

A. 直接启动　　B. 同步转速　　C. 降压启动　　D. 异步启动

89. 同步电动机采用异步启动时，在启动过程中(C)时，启动绕组中的电流最大。

A. 转速较低　　B. 转速较高　　C. 启动瞬间　　D. 到同步速

90. SN10-10 型断路器导电杆行程可用增减(A)来调整。

A. 限位器垫片　　B. 绝缘垫片　　C. 绝缘拉杆　　D. 缓冲胶垫

91. 断路器应垂直安装并固定牢靠，底座或支架与基础间的垫片不宜超过三片，其总厚度不应大于(B)mm，各片间应焊接牢固。

A. 15　　B. 10　　C. 5　　D. 20

92. 110kV SF_6 断路器安装时预埋的基础螺栓中心线误差不应大于(B)mm。

A. 1　　B. 2　　C. 5　　D. 10

93. 露天安装变压器时，与火灾危险场所的距离不应小于(A)m。

A. 10　　B. 15　　C. 20　　D. 25

94. 新投入使用的变压器运行前，一般要作(B)次冲击试验。

A. 3　　B. 5　　C. 7　　D. 10

95. 防风拉线一般用于(D)杆型。

A. 耐张杆　　B. 终端杆　　C. 分支杆　　D. 直线杆

96. 新建架空线路运行前，需在额定电压下，对空载线路进行(C)次合闸试验，带电运行 72h。

A. 1　　B. 2　　C. 3　　D. 4

97. 1kV 以下线路的导线与拉线、电杆或构架之间安装后的静距离，规程规定不小于(A)mm。

A. 100　　B. 200　　C. 300　　D. 600

98. 下列紧线方法中不正确的是(B)。

A. 导线逐根均匀收紧　　B. 一根根按顺序一次收紧

C. 三线同时收紧　　D. 两线同时收紧

99. 电缆敷设到拐弯处，操作人员应站在电缆(D)进行操作。

A. 上方　　B. 下方　　C. 内侧　　D. 外侧

100. 制作热缩电缆头时，其温度应掌握在(B)℃左右。

A. 200　　B. 140　　C. 100　　D. 85

101. 6~10kV 塑料铠装电力电缆的中间头热缩时，要求在外护套口处保留(D)mm 钢带，钢带口处保留(D)mm 的内护套。

A. 40，20　　B. 20，20　　C. 50，40　　D. 50，20

102. 在三段式电流保护中，定时限过流保护在本线路中起(C)的作用。

A. 主保护　　B. 辅助保护　　C. 近后备保护　　D. 远后备保护

103. 三段式电流保护装置中，Ⅲ段保护的动作电流及其灵敏度和第Ⅰ、Ⅱ段相比有(D)的关系。

A. 动作电流大、灵敏度低　　B. 动作电流小、灵敏度低

C. 动作电流大、灵敏度高　　D. 动作电流小、灵敏度高

104. 单相接地保护按(A)校验灵敏度。

A. 被保护线路末端发生单相接地故障时流过接地线的不平衡电流

B. 三相短路电流

C. 两相短路电流

D. 末端三相短路电流

105. 电流速断保护动作电流应躲过所保护线路的(B)。

A. 首端最大短路电流　　B. 末端最大短路电流

C. 线路的短路尖峰电流　　D. 末端的最小短路电流

106. 对限时电流速断保护范围的说法正确的是(C)。

A. 保护线路的一部分

B. 保护线路的全长

C. 保护线路的全长而且延伸到下一级线路的一部分

D. 延伸到下一级线路可以超出速断保护的范围

107. 定时限过流保护动作时限级差一般为(A)s。

A. 0.5　　B. 1.0　　C. 1.5　　D. 3

108. 按循环法接线构成的差动保护，线路正常运行或发生外部短路时，在电流互感器具有理想特性的条件下，流入差动继电器的电流为(A)。

A. 0　　B. ∞　　C. 大于 0　　D. 不确定

109. 差动保护电流互感器装于断路器母线侧的目的是(C)。

A. 提高保护灵敏度　　B. 减小励磁涌流

C. 扩大保护范围　　D. 更好保护变压器

110. 变压器低电压启动过电流保护的动作电流按躲过变压器的(D)整定，动作电压按躲过正常运行时可能出现的(D)整定。

A. 最大负荷电流，最低工作电压　　B. 最大负荷电流，最低短路残压
C. 额定电流，最低短路残压　　D. 额定电流，最低工作电压

111. 下面关于变压器低电压闭锁过电流保护的说法不正确的是(C)。
A. 正常情况下两个继电器的接点打开，保护不动作
B. 当被保护线路发生短路时电压降低，电流增大，保护动作
C. 当有大型电机启动时，母线电压降低，电流增大，保护也会动作
D. 该装置装设了低电压闭锁元件后，提高了过流保护的可靠性和灵敏度

112. 变压器复合电压启动的过电流保护的电压元件由(C)构成。
A. 零序电压继电器　　B. 功率方向继电器
C. 负序电压继电器和低电压继电器　　D. 正序电压继电器和低电压继电器

113. 变压器过电流保护的整定原则是躲过可能出现的最大负荷电流，其一次动作电流计算时可靠系数一般取(B)。
A. 1.0~1.1　　B. 1.2~1.3　　C. 1.3~1.5　　D. 1.5~2.0

114. 过负荷保护的一次动作电流是按躲过变压器(B)。
A. 最大负荷电流　　B. 额定电流
C. 负荷侧的最大启动电流　　D. 正常时的负荷电流

115. 电动机电流速断保护的电流互感器采用差接法接线，则电流的接线系数为(B)。
A. 1　　B. $\sqrt{3}$　　C. 2　　D. 0.5

116. 高压异步电动机单相接地保护装置的灵敏度按流过保护装置一次侧的最小零序电流校验，其值最小应满足(C)。
A. <1.0　　B. <2.0　　C. ≥2.0　　D. >3.0

117. 电动机的过负荷保护常常与过电流保护装置结合在一起，采用GL型过电流继电器来实现，其(D)部分用作过负荷保护，并作用于信号，(D)部分用作相间短路保护，并作用于跳闸。
A. 速断，反时限　　B. 感应元件，反时限
C. 电磁元件，速断　　D. 反时限，速断

118. 如图所示的电容器组的保护原理图反应了电容器组的(C)保护。

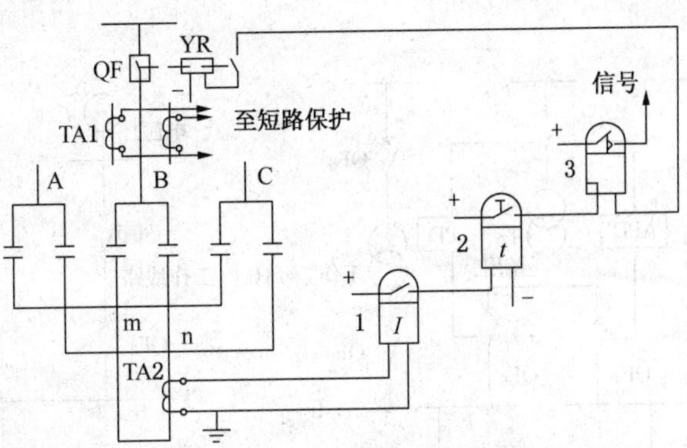

A. 瞬时过电流　　B. 过电压
C. 中性线电流平衡　　D. 相横差电流

119. 相横差电流保护用于保护(B)接线电容器组的(B)故障。

A. 双三角形，外部　　B. 双三角形，内部
C. 双星形，内部　　D. 双星形，外部

120. 母差保护的毫安表中出现的微小电流是电流互感器(B)。

A. 开路电流　　B. 误差电流
C. 接错线而产生的电流　　D. 负荷电流

121. 绝缘监视装置的电压互感器的辅助二次绕组接成(B)。

A. 完全三角形　B. 开口三角形　C. 星形　D. 双星形

122. 绝缘监视装置的作用是判别小电流接地系统的(B)故障。

A. 两相接地短路　B. 单相接地　C. 三相短路　D. 两相接地

123. 电容式重合闸中的(A)是重合闸的执行元件，发出合闸脉冲，启动后加速。

A. 中间继电器　B. 时间继电器　C. 电容　D. 充电电阻

124. 变电所两台变压器共用一台做备用的一次接线如图所示。正常情况下，母线Ⅰ、Ⅱ段分别由变压器 T_1、T_2 供电，备用变压器处于备用状态。当 T_1 发生故障时，继电保护动作，将断路器(C)断开，然后备用电源自动投入装置 APD 动作，将(C)快速合闸，备用变压器 T_0 投入工作，使母线Ⅰ段恢复送电。

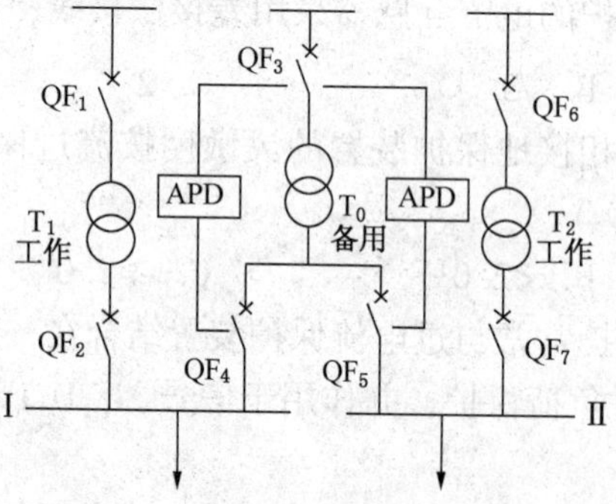

A. QF_1，QF_4　　B. QF_1，QF_3 和 QF_4
C. QF_1 和 QF_2，QF_3 和 QF_4　　D. QF_1 和 QF_2，QF_4 和 QF_5

125. 在下列所示的一次接线图中，(C)属于母线分段断路器备用电源自动投入装置的典型接线。

A.

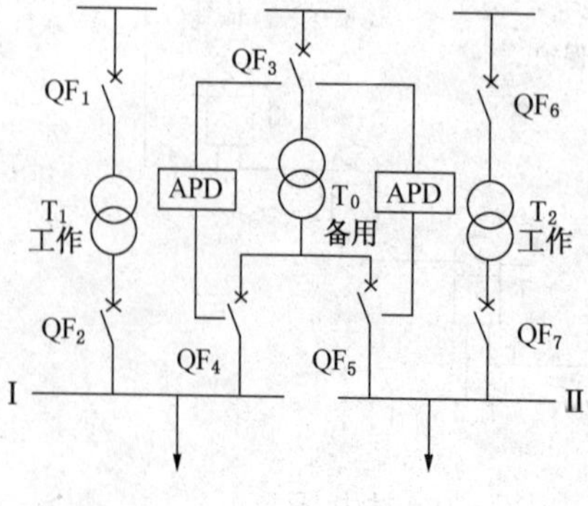

B.

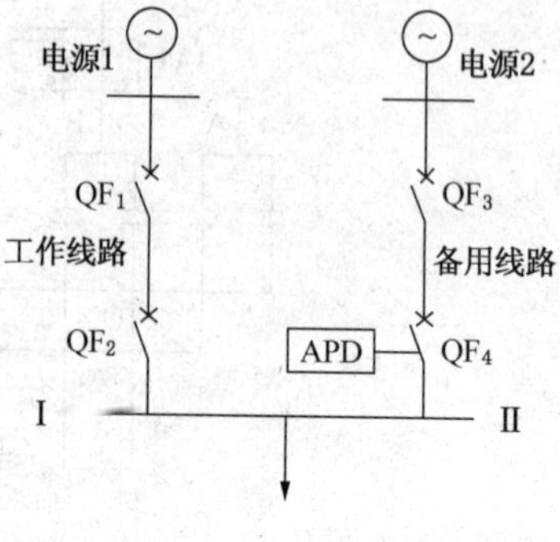

C. 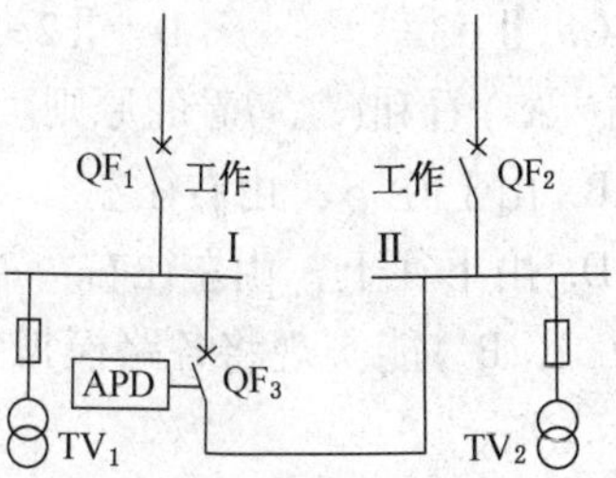

D. 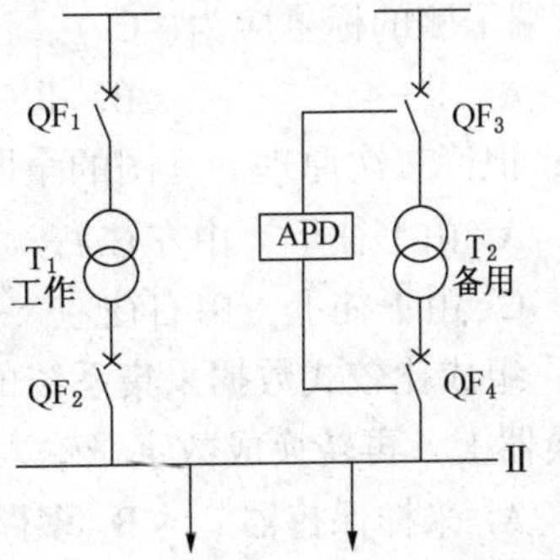

126. 当线路发生故障时，按正常的继电保护动作时限，有选择性地动作于断路器跳闸，然后 ZCH 是(B)。

A. 重合闸前加速　　B. 重合闸后加速

C. 三相一次自动重合闸　　D. 检查同步的重合闸

127. 继电保护装置试验分为三种，它们分别是(C)。

A. 验收试验、全部检验、传动试验　　B. 部分试验、补充检验、定期检验

C. 验收试验、定期检验、补充检验　　D. 部分试验、定期检验、传动试验

128. 三相桥式整流器的交流电源一相故障时，将会造成直流母线电压(C)。

A. 降低 70%　　B. 降到零　　C. 降低 20%　　D. 不变

129. 储能电容器是用于事故情况下，直流母线电压降低时供给(A)回路的。

A. 继电保护和跳闸　　B. 继电保护和跳合闸

C. 信号及操作　　D. 继电保护、跳闸和事故照明

130. 复式整流的直流系统，电流源进入稳压区工作的电流(A)。

A. 小于最小故障电流，大于负荷电流　　B. 等于负荷电流

C. 在最大负荷电流和最小负荷电流之间　　D. 小于负荷电流

131. 复式整流装置是由(A)补偿(A)的衰减，以保证继电保护和跳闸回路的可靠动作。

A. 电流源，电压源电压　　B. 电压源，电压源电压

C. 电流源，电流源电压　　D. 电压源，电流源电压

132. 3WFS 和 4WFS 是用来表示(D)信号小母线。

A. 瞬时动作预告　　B. 直流盘上的预告

C. 直流盘上的事故　　D. 延时动作预告

133. 控制屏上模拟接线的标志涂色规定，6kV 电压等级为(C)。

A. 深绿　　B. 黄褐　　C. 深蓝　　D. 深灰

134. 同一屏上的各安装单位均应有独立的端子排。各端子排的排列应与屏面设备的布置相配合，一般按(A)的顺序排列。

A. 交流电流回路→交流电压回路→信号回路→控制回路→其他回路

B. 交流电压回路→交流电流回路→信号回路→控制回路→其他回路

C. 交流电压回路→交流电流回路→控制回路→信号回路→其他回路

D. 交流电流回路→交流电压回路→控制回路→信号回路→其他回路

135. 安装单元为Ⅱ的端子排右列的第 3 个端子上的标号为Ⅱ2-4，则屏内设备Ⅱ2 的第

4 号接线端子侧的标号应为(C)。

A. Ⅱ-4　　B. Ⅱ-2　　C. Ⅱ-3　　D. Ⅱ2-3

136. 识读二次原理展开图的全图时，应当遵循(A)看和(A)看的原则。

A. 由上往下，由左往右　　B. 由上往下，由右往左

C. 由下往上，由右往左　　D. 由下往上，由左往右

137. 组成比较式数据采集系统的各功能模块中，(B)能实现将各路模拟量轮流切换到模数转换器上，再转换成数字量输入给微机。

A. 采样保持器　　B. 多路转换开关　　C. 电压形成回路　　D. 模拟滤波器

138. 微机保护的数据采集系统与 CPU 接口采用中断方式主要适用于(A)场合。

A. A/D 转换速度较慢且 CPU 速度快　　B. A/D 转换速度和 CPU 速度都较慢

C. A/D 转换速度和 CPU 速度都很快　　D. A/D 转换速度较快且 CPU 速度慢

139. 开关量输入、输出系统中抗干扰器件光电耦合器一般由(C)组成。

A. 一个光电二极管　　B. 一个光敏三极管

C. 一个光电二极管和一个光敏三极管　　D. 两个光电二极管

140. 微机保护装置与监控系统间，为了减少联接电缆，简化配线，降低成本，通常采用(C)。

A. 载波通信　　B. 微波通信　　C. 串行通信　　D. 并行通信

141. 综合自动化系统硬件结构形式可以分成多种。从国内外变电站综合自动化系统的发展过程来划分，下列叙述比较准确和完整的是(D)。

A. 分为集中式和分布式两种

B. 分为集中式和分散(层)分布式两种

C. 分为分布式和分散(层)分布式两种

D. 分为集中式、分布式和分散(层)分布式三种

142. 如图所示的变电站综合自动化系统结构框图，该系统属于(A)变电站综合自动化系统。

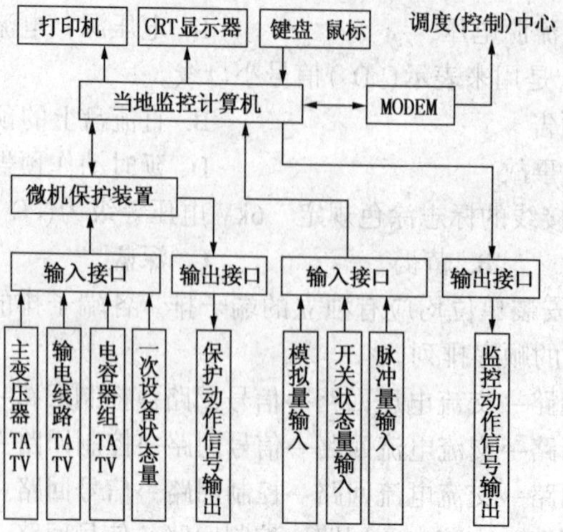

A. 集中式　　B. 分布式

C. 分层分布式　　D. 分散与集中相结合方式

143. 分层分布式变电站综合自动化系统中，变电站的监控主机又被称为(A)。

A. 上位机　　B. 调度机　　C. 前台机　　D. 工程师机

144. 下述(A)综合自动化系统结构是目前国内外最为流行、受到广大用户欢迎的一种综合自动化系统。

A. 分散分布式与集中相结合　　B. 分层分布式结构集中组屏

C. 集中式　　D. 全分散式

145. 当电网发生故障，如有一台变压器损坏时，其他变压器(B)过负载运行。

A. 允许　　B. 允许短时间　　C. 不允许　　D. 绝对不允许

146. 当瓦斯保护本身故障时，值班人员应(A)，防止保护误动作。

A. 退出"跳闸"联接片　　B. 取下保护直流保险

C. 取下瓦斯直流保险　　D. 不确定

147. 如果因二次回路故障，导致重瓦斯保护误动作致使变压器跳闸，应先将重瓦斯保护(B)，变压器方可恢复运行。

A. 不允许退出　　B. 退出　　C. 继续运行　　D. 运行与退出都可以

148. 需要将运行中的变压器补油时，重瓦斯保护应(A)。

A. 改投"信号"位　　B. 不改投　　C. 停用　　D. 无要求

149. 并列变压器的容量应尽量相同或接近，其最大容量和最小容量之比，一般不能超过(B)。

A. 2∶1　　B. 3∶1　　C. 4∶1　　D. 5∶1

150. 变压器在额定电压下，二次开路时在铁芯中消耗的功率称为(C)。

A. 铜损　　B. 无功损耗　　C. 铁损　　D. 热损

151. 电力变压器的(A)，直接影响到变压器的输出容量和使用寿命。

A. 运行温度　　B. 接线方式　　C. 短路阻抗　　D. 直流电阻

152. 真空断路器正常情况下分闸时弧光呈(C)色。

A. 黄　　B. 青　　C. 微蓝　　D. 红

153. 发生带负荷误拉隔离开关操作时，应(A)。

A. 迅速合入　　B. 不允许再合入

C. 立即合入后再拉开　　D. 缓慢合入

154. 中性点经消弧绕组接地的电力网，在正常运行情况下，中性点位移电压的极限值不应超过额定相电压的(C)。

A. 5%　　B. 10%　　C. 15%　　D. 20%

155. SF_6 断路器投运(A)后，应进行一次全面的检漏。

A. 3 个月　　B. 6 个月　　C. 9 个月　　D. 12 个月

156. 中性点绝缘配电网发生接地后，用一般试拉方法查找接地点时，有可能出现(A)。

A. 操作过电压　　B. 谐振过电压　　C. 外部过电压　　D. 系统过电压

157. 电压互感器低压侧两相电压降为零，一相正常，三个线电压为零则说明(A)。

A. 低压侧两相熔断器熔断　　B. 低压侧一相熔断器熔断

C. 高压侧一相熔断器熔断　　D. 高压侧两相熔断器熔断

158. 电压互感器低压侧一相电压为零，两相不变，线电压两个降低，一个不变，说明(B)。

A. 低压侧两相熔断器熔断　B. 低压侧一相熔断器熔断
C. 高压侧一相熔断器熔断　D. 高压侧两相熔断器熔断

159. 移相式电容器允许在(D)倍额定电流下运行。

A. 1.6　B. 1.5　C. 1.4　D. 1.3

160. 移相式电容器组的周围环境温度不得超过(B)℃，超过要求时，应采取人工冷却。

A. 38　B. 40　C. 42　D. 45

161. 移相式电容器运行中，(D)应对保护电容器的熔断器进行一次检查，发现有烧坏的熔丝应及时更换。

A. 每年　B. 每半年　C. 每季度　D. 每月

162. 电力电缆线路发生故障跳闸后，如开关的断流容量允许，(B)试合一次。

A. 可以　B. 不可以
C. 必须经过巡线检查后　D. 不确定

163. Yyn0 接线照明负载变压器的一次侧一相断线时，将使对应相的灯泡不发光，其他两相灯泡承受正常时相电压的(B)。

A. 1 倍　B. 86.6%　C. 70.2%　D. 50%

164. 直接敷设于地下的 10kV 油浸纸绝缘电缆芯最高允许温度为(A)℃。

A. 45　B. 60　C. 70　D. 80

165. 倒闸操作中，不得使已停电的(C)由二次返回高压。

A. 电流互感器　B. 阻波器　C. 电压互感器　D. 电抗器

166. 事故处理可不用操作票，但应将其操作记录在(A)内。

A. 运行记录簿　B. 缺陷记录簿
C. 命令指示记录簿　D. 检修记录簿

167. 操作票中的“下令时间”是指调度下达操作(A)，对于自行掌握的操作，是指调度批准的时间。

A. 动令时间　B. 预令时间　C. 结束时间　D. 开始时间

168. 操作票填写完后，在空余部分(D)栏第一格左侧盖“以下空白”章，以示终结。

A. 备注　B. 顺序项　C. 操作任务　D. 操作项目

169. 铅酸电池在放电过程中，其电解液的相对密度将(B)。

A. 升高　B. 降低　C. 不变　D. 先降低后升高

170. 均衡充电的目的是(B)。

A. 稀释电解液　B. 活化电池　C. 增大电池内阻　D. 增大电流

171. 三相鼠笼式异步电动机 Y 接法，A、B 两相定子绕组全部烧毁变黑，C 相绕组正常，原因是(C)。

A. 电动机过载　B. C 相接地　C. A、B 相间短路　D. A、B 两相电压低

172. 电动机运行时的电流不应超过允许值，三相电流不对称度不应超过(B)。

A. 5%　B. 10%　C. 15%　D. 20%

173. 按《供配电设计规范》规定，电动机端子处电压不允许超过额定电压的(A)。

A. 105%　　B. 110%　　C. 115%　　D. 120%

174. 同步补偿电动机应工作在(A)。

A. 空载状态　　B. 满载状态　　C. 超满载状态　　D. 不做要求

175. 当同步电动机的负载增加时，要使其所在系统保持原有的功率因数，必须(B)励磁电流。

A. 减小　　B. 增大　　C. 不变　　D. 先增大后减小

176. 当同步电动机在额定电压下带恒定负载稳定运行时，调节励磁电流的大小，就可以调节(C)。

A. 电动机输入的有功功率　　B. 电动机输出的有功功率

C. 电动机输出的无功功率　　D. 电动机输入的无功功率

177. 变压器的分接开关调整或检修后，必须对其进行(A)测试后方可送电运行。

A. 直流电阻　　B. 耐压试验　　C. 绝缘电阻　　D. 接地电阻

178. 变压器绝缘油中溶解气体的总烃量应小于(A)μL/L。

A. 1.5×10^5　　B. 2×10^5　　C. 2.5×10^5　　D. 3×10^5

179. 变压器焊接处的漏油，需要补焊时，最好放完油后再焊。如油不能放完，则至少要把油面放至焊补处以下(D)cm。

A. 30　　B. 40　　C. 50　　D. 60

180. 选择电磁型操作机构的合闸熔断器芯时，一般可按额定合闸电流的(D)选择。

A. 1 倍　　B. 3/4　　C. 1/2　　D. 1/4

181. 断路器联接瓷套法兰所用的橡皮垫压缩量不宜超过其厚度的(B)。

A. 1/5　　B. 1/3　　C. 1/2　　D. 1/4

182. 断路器联接水平传动杆时，轴销应(C)。

A. 垂直插入　　B. 任意插入　　C. 水平插入　　D. 不插入

183. 计量电磁关系的角度单位称为电角度。一台三相四极电动机的电角度为(C)。

A. 180°　　B. 360°　　C. 720°　　D. 1080°

184. 电机绕组线圈两个边所跨的距离称为(D)。

A. 极距　　B. 槽距　　C. 间距　　D. 节距

185. 空气潮湿的场所应选择(C)灯具。

A. 防爆型　　B. 开启型　　C. 密闭型　　D. 增安型

186. 在单相桥式整流电路中，如果有一个二极管短路，则将造成(B)。

A. 正、负半波电源都短路　　B. 半波整流而另半波电源短路

C. 半波断路　　D. 正、负半波都断路

187. 测量吸收比时，先摇兆欧表达额定转速，待指示为(B)时，将“L”端子接于被试品。

A. 0　　B. ∞　　C. 1/2 量程　　D. 2/3 量程

188. 测量双绕组变压器高压绕组及低压绕组吸收比时，(D)应接地。

A. 低压绕组　　B. 高、低压绕组　　C. 高压绕组　　D. 外壳

189. 摇测电容器绝缘电阻时，一般摇兆欧表不超过(B)转，用一短路线短路两极判断。

A. 2　　B. 5　　C. 10　　D. 15

190. 直流耐压试验的作用是(C)。

A. 检查设备的绝缘状况，其试验电压较高

B. 检查设备的绝缘状况，其试验电压较低

C. 考验设备的耐电强度，其试验电压较高

D. 考验设备的耐电强度，其试验电压较低

191. 测量直流泄漏电流时，应采用(C)的方式进行升压。

A. 一次加压　B. 两次加压　C. 逐级加压　D. 快速加压

192. 下列各项中对变压器绕组直流电阻的测得值有影响的是(A)。

A. 变压器上层油温及绕组温度　B. 变压器油质状况

C. 变压器绕组绝缘受潮　D. 环境空气湿度

193. 在测电动机直流电阻的同时，还要测量(D)，换算直流电阻值。

A. 环境温度　B. 环境湿度

C. 绕组各部分的实际湿度　D. 绕组各部分的实际温度

194. 下述变压器绝缘预防性试验项目，对发现绕组绝缘进水受潮均有一定作用，而较为灵敏、及时、有效的是(D)。

A. 测量 $\tan\delta$　B. 油中溶解气体色谱分析

C. 测量直流泄漏电流和绝缘电阻　D. 测定油中微量水分

195. 交流无间隙金属氧化物避雷器在通过直流 1mA 参考电流时，测得的避雷器端子间的直流电压平均值称为该避雷器的(A)。

A. 直流 1mA 参考电压　B. 工频参考电压

C. 额定电压　D. 持续运行电压

196. 真空断路器导电回路电阻用(B)测量。

A. 电压电流法　B. 直流降压法　C. 突然加压法　D. 电桥法

197. 当电流互感器 $\tan\delta$ 较大但绝缘油其他性能正常时应进行(A)试验。

A. 绝缘油击穿电压 B. 局部放电　C. 绝缘油 $\tan\delta$　D. 密封检查

198. 高压并联电容器的高压并联电阻值测量用(C)。

A. 电压电流法　B. 电桥法　C. 自放电法　D. 突然加压法

199. 电力电缆发生高阻不稳定性接地或闪络性故障，宜采用(D)测寻故障点。

A. 直流电桥　B. 交流电桥　C. 低压脉冲法　D. 高压闪络测量法

200. 电动机(B)试验是破坏性试验。

A. 直流耐压试验　B. 交流耐压试验

C. 介质损失角正切 $\tan\delta$ 试验　D. 吸收比测量

201. 避雷针应采用(A)接地方式。

A. 单独　B. 共用　C. 间接　D. 与附近设备相连

202. 一个完整的防雷设备一般由接闪器、(A)和接地装置等三部分组成。

A. 引下线　B. 接地干线　C. 接地体　D. 接地极

203. 配电系统中，“三点共同接地”的含义是将(C)三者共同用一个接地装置相联接。

A. DCS 接地装置、变压器外壳、避雷器接地引下线

B. DCS 接地装置、变压器外壳、变压器中性点

C. 变压器中性点、变压器外壳、避雷器接地引下线

D. DCS 接地装置、变压器中性点、避雷器接地引下线

204. FZ 型 35kV 避雷器灭弧电压(有效值)是(D)kV。

A. 38.5　　B. 39.5　　C. 40　　D. 41

205. 因电火花而引起爆炸，会造成巨大破坏和人身伤亡的建筑物，称为(A)。

A. 第一类防雷建筑物　　B. 第二类防雷建筑物

C. 第三类防雷建筑物　　D. 非防雷建筑物

206. 只能用于绕线式异步电动机调速的调速方法是(B)。

A. 变极调速　　B. 串级调速

C. 调压调速　　D. 电磁转差离合器调速

207. 双速电动机由 Y 接线变为 YY 接线时，电动机转速(A)。

A. 提高一倍　　B. 减少一倍　　C. 提高两倍　　D. 减少两倍

208. 下列(B)不是同步电动机的启动方法。

A. 辅助电动机启动方法　　B. 辅助电容启动方法

C. 调频启动法　　D. 异步启动法

209. 直流电动机弱磁调速适合于(B)负载。

A. 恒转距负载　　B. 恒功率负载　　C. 通风机负载　　D. 所有负载

210. 他励直流电动机调速中，只能在额定转速以上速度运行的调速方法是(C)。

A. 电枢回路串电阻调速　　B. 调压调速

C. 弱磁调速　　D. 降压调速

211. 改变励磁电路电阻时，并励直流电动机的人工机械特性与其自然机械特性比较，其特性硬度(D)。

A. 不变　　B. 稍有增加　　C. 变得很硬　　D. 变软

212. 消除导体上的静电主要是做好(A)。

A. 接地　　B. 接零　　C. 绝缘　　D. 绝缘与接零

213. PLC 的核心部分是(D)。

A. 存储器　　B. 输入设备　　C. 输出设备　　D. 中央处理器

214. PLC 的工作过程按周期循环扫描进行，基本分成五个阶段进行，每次循环扫描开始首先执行的是(B)阶段。

A. 输入采样　　B. 故障自诊断程序

C. 用户程序执行　　D. 输出刷新

215. 下列(D)的多少，功能强弱常是衡量 PLC 产品水平高低的一个重要标志。

A. 内存容量　　B. 指令条数　　C. I/O 点数　　D. 高功能模块配置

216. 一般小型 PLC 机的指令有(B)左右。

A. 8 条　　B. 16 条　　C. 32 条　　D. 128 条

217. 下列变频器中属于按工作方式分的有(C)。

A. 交—直—交变频装置　　B. 交—交变频装置

C. 电压源变频装置　　D. 有源逆变变频器装置

218. 电力电子开关器件是变频器中(B)不可缺少的器件。

A. 整流部件　　B. 逆变部件　　C. 滤波部件　　D. 控制部件

219. 通用变频器的输出频率范围中，最低的输出频率一般为(B)Hz。

A. 0.01　　B. 0.1　　C. 0.5　　D. 1

220. 变频器不宜做耐压试验及绝缘电阻试验。测量变频器绝缘时，应当使用(A)V 摇表，并尽量减少遥测次数。

A. 500　　B. 1000　　C. 2500　　D. 10000

221. 利用 UPS 可以实现将输入电压为 50Hz 的频率变换成需要的 60Hz 的频率，这体现了 UPS 的(C)功能。

A. 电源隔离　　B. 双路电源之间的无间断相互切换

C. 频率变换　　D. 电压变换

222. 在 UPS 中，(B)的作用就是降低谐波干扰，使电网输入电流成为与输入电压接近同相位的正弦波。

A. 输入整流滤波电路　　B. 功率因数校正电路

C. 充电电路　　D. 逆变电路

223. n 台多机冗余并联方式 UPS 的供电系统中，每台 UPS 向负载提供的负荷占负载总负荷的(B)。

A. n 倍　　B. $1/n$ 倍　　C. n^2 倍　　D. $1/n^2$

224. 下列多机并联冗余 UPS 供电系统中，平均无故障工作时间(MTBF)最高的系统是(A)。

A. “1+1”并机系统　　B. 3 台 UPS 并机系统

C. 4 台 UPS 并机系统　　D. 5 台 UPS 并机系统

225. 一般要求 UPS 供电在市电掉电后转换时间在(A)ms 之内完成。

A. 4~8　　B. 10~15　　C. 15~20　　D. 20~60

多选题

1. 叠加定理可以用来计算(A，C)。

A. 电流　　B. 功率　　C. 电压　　D. 电阻

2. 二端网络包括(A，B)。

A. 无源二端网络　　B. 有源二端网络　　C. 复杂二端网络　　D. 简单二端网络

3. 导体的电阻与(A，B，C)有关。

A. 导体的材料　　B. 导体的长度

C. 导体的横截面积　　D. 流过导体的电流

4. 如图所示，以下磁路中为对称分支磁路的是(B，D)。

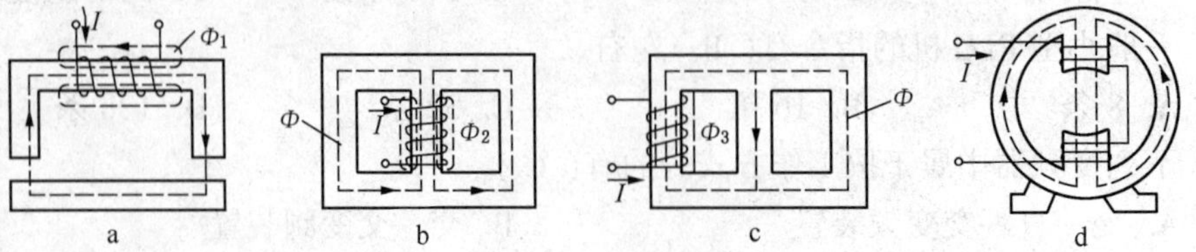

a　　b　　c　　d

A. a　　B. b　　C. c　　D. d

5. 磁路按照结构不同，可分为(A，B)。

A. 无分支磁路　　B. 有分支磁路　　C. 对称磁路　　D. 不对称磁路

6. 互感电动势的方向与(A，D)有关。

A. 互感磁通的变化趋势　　B. 磁场的强弱

C. 线圈的匝数　　D. 线圈的绕向

7. 交流电路的阻抗角是表示(B，C)。

A. 感抗与电阻的幅角差　　B. 电压与电流的相位差

C. 有功功率与视在功率的相角差　　D. 相电压与线电压的相位差

8. 发生 LC 串联谐振的条件是(A，C)。

A. $X_L=X_C$　　B. $L=C$　　C. $\omega L=1/\omega C$　　D. $X_L=2\pi L$

9. 已知 RLC 电路中总阻抗等于 R，则该电路处于(A，D)。

A. 电压谐振　　B. 电流谐振　　C. 并联谐振　　D. 串联谐振

10. R-L-C 并联电路的谐振条件是(A，B)。

A. $X_L=X_C$　　B. $\omega L=1/\omega C$　　C. $\omega L=\omega C=R$　　D. $X_L-X_C+R=0$

11. 电路产生过渡过程的原因是(A，C)。

A. 电路存在储能元件　　B. 电路存在耗能元件

C. 电路发生变化　　D. 电路存在电阻元件

12. 与稳压管稳压电路相比，(A，C，D)是串联型稳压电路的特点。

A. 输出电流增大　　B. 即使没有放大环节输出电压也更稳定

C. 输出电压可以调节　　D. 电路具有负反馈

13. 带放大环节串联型晶体管稳压电源中，其中稳压部分包含(A，B，C，D)。

A. 调整元件　　B. 比较放大　　C. 采样电路　　D. 基准电源

14. 串联型稳压电路如图，稳压管 DZ 的稳定电压 $U_Z=5.3V$，电阻 $R_1=R_2=200\Omega$，晶体管的 $U_{BE}=0.7V$，则取样环节由(B，C，D)组成。

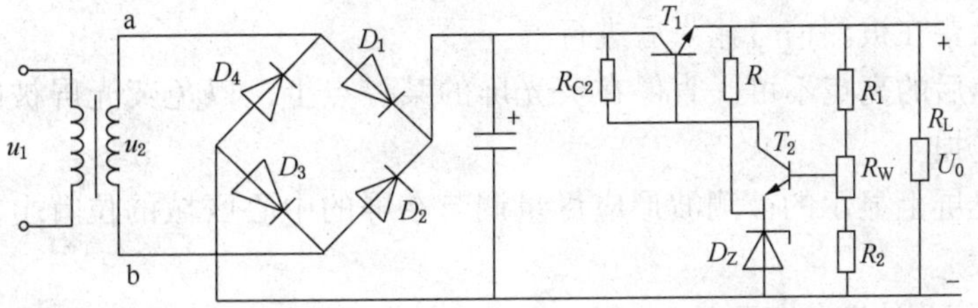

A. R　　B. R_1　　C. R_2　　D. R_W

15. 多级放大器极间耦合形式是(A，C，D)。

A. 直接　　B. 电阻　　C. 阻容　　D. 变压器

16. 以下关于交流负反馈的说法(A，B，C)是正确的。

A. 能稳定取样对象　　B. 能改变输入与输出电阻

C. 能抑制噪声　　D. 能稳定信号的频率

17. 正弦波振荡器要产生振荡必须满足(A，B)。

A. 相位平衡条件　　B. 振幅平衡条件

C. 可以不存在任何反馈　　D. 电路中具有选频网络

18. 直流放大器中，产生零点飘移的原因是(B，C，D)。

A. 频率　B. 电源电压波动　C. 晶体管老化　D. 温度的变化

19. 有“置 0”、“置 1”功能的触发器称为(A，B)。

A. JK 触发器　B. D 触发器　C. T 触发器　D. T′触发器

20. 需要两个晶闸管的可控整流电路有(C，D)。

A. 单相半波　B. 单相全控桥　C. 单相半控桥　D. 单相全波

21. 单相可控整流电路中，变压器次级电压有效值均为 $U_2 = 10V$，电阻负载 R_L 上获得直流平均电压为 4.5V 的电路是(A，B，C)。

A. 单相半波可控整流，控制角为 0°时　B. 单相全波可控整流，控制角为 90°时

C. 单相半控桥，控制角为 90°时　D. 单相全控桥控制角为 0°时

22. 单相可控整流电路中，最大导通角相等的晶闸管整流电路有(A，B，C，D)。

A. 单相半波　B. 单相全波　C. 单相半控桥　D. 单相全控桥

23. 需要三个晶闸管的可控整流电路有(A，C)。

A. 三相半波　B. 三相全控桥　C. 三相半控桥　D. 三相双反星性

24. 以下关于直流双臂电桥测量电阻的说法正确的有(A，B)。

A. 被测电阻的电流端钮应接在双臂电桥的 C_1、C_2 上

B. 被测电阻的电位端钮应接在双臂电桥的 P_1、P_2

C. 被测电阻的电流端钮应接在双臂电桥的 C_1、P_1 上

D. 被测电阻的电位端钮应接在双臂电桥的 C_2、P_2

25. 测量较小阻值的电阻(如 0.1Ω 以下)，可以使用如下(B，C)测量。

A. 单臂电桥　B. 双臂电桥　C. 数字式毫欧表　D. 兆欧表

26. 关于电子示波器使用，以下说法中正确的有(A，C，D)。

A. 调节聚焦和灰度要同时进行，聚焦要调节至亮点最小，亮度要调节偏暗些，忌太亮

B. 聚焦要在被测信号输入后进行

C. 聚焦后的亮点不可一直停在荧光屏的某一点上，以免荧光屏被电子流持续轰击而受损

D. 荧光屏上显示的被测波形应尽量调节在屏的中心区域的位置上，波形幅度不宜太大

27. 确定全厂总计算负荷可按下述(A，D)方法确定。

A. 全厂用电设备总容量乘以全厂需要系数

B. 工厂全年生产量乘以单位产品耗电量

C. 总降压变电所引出线的计算负荷

D. 总降压变电所低压母线上的计算负荷加上总降压变压器的功率损耗

28. 下列基准值计算公式中正确的是(A，B)。

A. $I_j = S/(\sqrt{3}U_j)$　B. $X_j = U_j/(\sqrt{3}I_j)$　C. $I_j = U_j/X_j$　D. $I_j = S/U_j$

29. 以下关于 SF_6 断路器灭弧原理说法正确的是(A，C，D)。

A. SF_6 断路器的灭弧室采用压气式结构

B. 正常情况下，灭弧室内外的压力不相等

C. 断路器开断过程中，活塞将灭弧室内局部气体压缩提高其压力，经过喷嘴喷向电弧，达到灭弧的目的

D. 灭弧室是按照压气活塞原理制成

30. 选择高压断路器应从(A，B，D)方面因素考虑。

A. 动稳定　　B. 热稳定

C. 动作时间不必考虑　　D. 操作方式

31. 控制低压电动机的自动空气断路器的选定原则是(A，B，D)。

A. 热脱扣器的整定电流应大于等于电动机的额定电流

B. 电磁脱扣器的瞬时脱扣整定电流应等于电动机启动电流的 2~2.5 倍

C. 欠电压脱扣器的整定电压应等于电动机的额定电压

D. 额定电压等于或大于电动机的额定电压

32. 固态继电器根据型号的不同，可应用于(A，B，C)场合。

A. 交流回路　　B. 直流回路　　C. 频繁动作回路　　D. 高压回路

33. 选择变压器的容量应根据其安装处(A，C)来决定。

A. 计算负荷电流　　B. 线路实际电流　　C. 负荷电压等级　　D. 最大短路电流

34. 电流互感器的二次负荷通常用(C，D)值表示。

A. 有功功率　　B. 无功功率　　C. 视在功率　　D. 二次回路阻抗

35. 高压电力电容器成套装置中主要由(A，B，D)组成。

A. 电力电容器　　B. 串联电抗器　　C. 充电电阻　　D. 熔断器和避雷器

36. 自愈式低压电力电容器组主要由(A，B，C)组成。

A. 电容器单元体　　B. 放电电阻　　C. 硅油介质　　D. 充电电阻

37. 目前同步电动机采用的常见励磁方式有(A，C，D)。

A. 直流发电机励磁　B. 谐波励磁　　C. 无刷励磁　　D. 可控硅励磁

38. 手车式少油断路器安装，以下说法正确的有(A，B，C)。

A. 轨道应水平、平行，轨距应与手车轮距相配合

B. 同型号手车互换性要好

C. 工作和试验位置应定位准确

D. 手车通过车轮接地，不必设专用接地装置

39. 变压器的气体继电器安装方法正确的是(A，C)。

A. 应水平安装，顶盖上标示的箭头指向储油柜

B. 应水平安装，顶盖上标示的箭头背向储油柜

C. 允许继电器的管路轴线往储油柜方向的一端稍高，但与水平面倾斜不应超过 4%

D. 允许继电器的管路轴线往储油柜方向的一端稍低，但与水平面倾斜不应超过 4%

40. 电力电缆敷设于装置热力管道之间时说法正确的有(B，D)。

A. 电力电缆可以平行敷设于热力设备和热力管道上部

B. 与热力管道交叉时不小于 0.5m

C. 与热力管道平行敷设应不小于 0.3m

D. 与热力管道之间的净距离无法满足时，应采取隔热保护措施

41. 三段式电流保护中，对延时电流速断保护的要求有(A，B，C)。

A. 任何情况下能保护线路全长

B. 具有足够的灵敏性

C. 力求动作时限最小

D. 作为下一级线路全长的后备保护

42. 在大接地电流系统中，相间保护的时限比零序保护动作的时限要长，原因有(A，C，D)。

A. 相间保护动作时间是由用户到电源侧逐渐递增一个时间级差

B. 零序保护动作电流小

C. 在变压器的低压侧发生接地短路时，高压侧无零序电流，零序保护整定不需要和低压用户配合

D. 两者保护动作时限的整定原则不同

43. 电流速断保护不能保护线路的全长，它保护线路的范围的大小与(A，B，D)因素有关。

A. 系统的运行方式

B. 故障点短路的类型

C. 所带设备负荷的大小

D. 速断保护整定的可靠系数

44. 线路纵联差动常规继电保护原理中，减小不平衡电流及其影响的主要措施有(A，B，D)。

A. 应采用型号和特性相同的 D 级电流互感器，且两侧互感器的负荷尽可能平衡

B. 在差动回路中接入速饱和变流器

C. 在差动回路中串接限流电阻

D. 采用带制动特性的差动继电器

45. 变压器的结构和运行上的一些特殊性能够产生不平衡电流，下面(A，B，C)能产生不平衡电流。

A. 变压器各侧电流的大小及相位不同

B. 空载合闸时在电源端出现的励磁涌流

C. 电流互感器变比的不合适

D. 差动继电器的选型不同

46. 有关变压器纵联差动保护说法正确的有(A，C，D)。

A. 与线路的纵联差动保护原理相同

B. 受到外部短路的影响能引起误动

C. 实现瞬时动作

D. 差动保护动作时，将同时切除变压器的各侧开关

47. 变压器过电流保护的灵敏度系数 K_{lm} 是反映保护的一个重要参数，其决定因素有(A，B，C)。

A. 变压器的接线方式

B. 保护装置的接线方式

C. 短路故障的类型

D. 系统的运行方式

48. 下列关于电动机过负荷保护装置整定原则的说法中，不正确的有(A，C)。

A. 过负荷保护装置的动作电流按躲开电动机的启动电流整定

B. 过负荷保护装置的动作时限，一般要大于被保护电动机的启动时间，一般可选用 10~16s

C. 电动机的过负荷保护，常采用 GL 型过电流继电器的速动元件作为电动机的过负荷保护

D. 当保护动作于跳闸时，电动机过负荷保护装置的动作电流计算中，可靠系数 K_k 常取为 1.2~1.25

49. 下列关于高压电力电容器组的相横差电流保护原理的叙述中，正确的有(A，B，D)。

A. 相横差电流保护原理接线中，每相都分成两个臂，每个臂中都要接入一个电流互感器，共需 6 个

B. 同一相两臂电流互感器二次电流差接后接于电流继电器，故至少需要 3 个电流继电器

C. 同一相两臂电流互感器二次电流按不完全星形接线后接于电流继电器，故至少需要 6 个电流继电器

D. 保护装置的动作电流应躲过正常运行电流互感器二次侧差动回路中的最大不平衡电流

50. 下列关于单母线完全差动保护的原理及整定原则的说法中，正确的有(A，B，C)。

A. 母差保护启动元件动作电流应躲开外部故障在差动回路中可能产生的最大不平衡电流

B. 母差保护启动元件动作电流应躲开母线上任一联接元件的电流互感器二次回路断线时由负荷造成的最大差电流

C. 母差保护装置必须装设二次回路断线闭锁元件

D. 母差保护装置灵敏度校验按系统最小运行方式下母线发生两相短路故障电流校验，且灵敏度系数不小于 1.5

51. 如图所示的由各种电压互感器构成的接线图中，能够用作小接地电流系统单相接地保护绝缘监察装置的有(B，D)。

A.
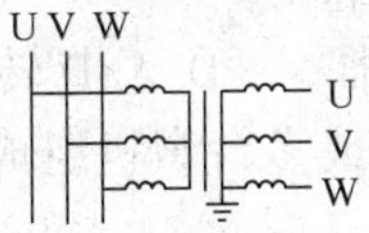

B.
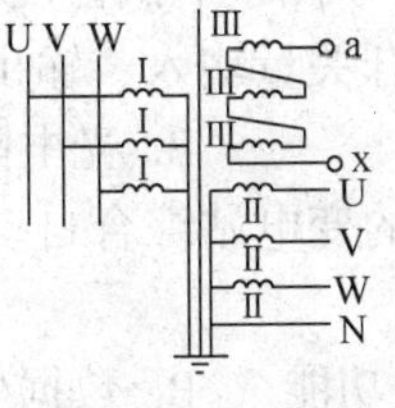

C.
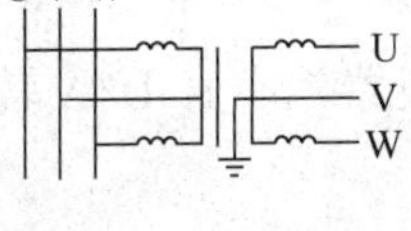

D.
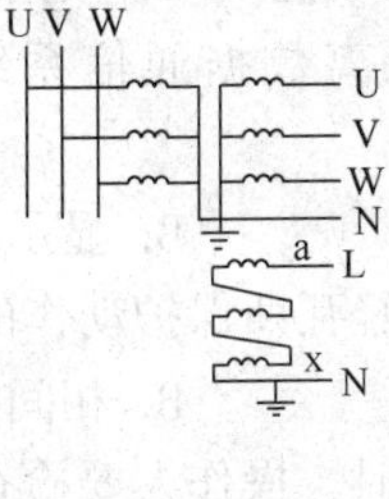

52. 电容式重合闸主要组成元件有(A，B，C)。

A. 时间元件　　B. 中间元件

C. 电容器和充、放电电阻　　D. 信号灯

53. 下述关于重合闸前加速保护的说法正确的有(A，B，C)。

A. 重合闸前加速保护主要用于 35kV 以下的由发电厂或重要变电所引出的直配线路上，以便快速切除故障，保证母线电压

B. 能够快速切除瞬时性故障

C. 切除永久性故障带有延时

D. 必须在每一个断路器上装设一套 ZCH

54. 直流操作的中央复归重复动作的中央预告信号装置一般包括以下(A，B，C)元器件。

A. 冲击继电器　　　　　　　　　　B. 试验及复归按钮

C. 光字牌及信号灯　　　　　　　　D. 蜂鸣器

55. 以下关于继电保护屏屏面布置原则的说法，正确的有(A，B，C)。

A. 调整、检查工作较少的继电器布置在屏的上部，调整、检查工作较多的继电器布置在中部

B. 相同安装单位的屏面布置宜对应一致

C. 各屏上信号继电器宜集中布置，信号继电器在屏面上安装中心线离地面不宜低于 600mm

D. 试验部件与联接片的安装中心线离地面宜不低于 800mm

56. 二次配线时，对控制电缆芯数和根数的选择要求，以下说法正确的有(B，C，D)。

A. 控制电缆当芯线截面为 1.5mm^2 时，电缆的芯数不宜超过 24 芯

B. 较长的控制电缆在 7 芯及以上，截面小于 4mm^2 时，应当留有必要的备用芯

C. 应尽量避免二根电缆同时接至屏上两侧的端子排

D. 在一根电缆内不宜有两个安装单位的电缆芯

57. 微机保护的数据采集系统与 CPU 接口采用中断方式时，在每一次转换完成后 CPU 都要申请一次中断，要消耗一定的时间。这些时间包括(B，C，D)。

A. 模拟量滤波时间

B. 保持现场的时间

C. 恢复现场的时间

D. 在中断服务程序中执行使请求本次中断的硬件中断源复位的相应指令的时间

58. 微机保护的开关量输入、输出系统一般由(A，B，C)组成。

A. 并行接口　　B. 光电隔离器件　　C. 中间继电器　　D. A/D 转换器

59. 分层式结构的变电站综合自动化系统中，管理层由一台或多台微机组成，其具体功能一般包括(B，C)。

A. 数据采集功能　　B. 数据处理功能　　C. 画面显示功能　　D. 保护功能

60. 信宿是远距离数据通信系统的一个构成部分。电网调度自动化系统中，下列(A，B)属于信宿。

A. 模拟屏　　B. 显示器 CRT　　C. A/D 转换器　　D. D/A 转换器

61. 变压器只是轻瓦斯保护动作的原因，一般有(C，D)。

A. 过负荷　　B. 相间短路　　C. 绕组匝间短路　　D. 油位下降

62. 操作断路器时，操作人要检查(A，B)是否正确。

A. 机械指示器的位置　　　　　　　B. 位置灯光显示

C. 有功电度表　　　　　　　　　　D. 无功电度表

63. 发生带负荷误拉隔离开关而未完全拉开前，(A，B，C)的操作是错误的。

A. 快速拉开　　B. 缓慢拉开　　C. 停止操作　　D. 迅速合入

64. 发生带负荷误合隔离开关操作时，(A，B，D)的操作是错误的。

A. 缓慢合入　　B. 迅速拉开　　C. 迅速合入　　D. 缓慢拉开

65. CY3 型液压机构高压密封圈损坏及放油阀没有复归，都会使(C，D)。
A. 由泵停转 B. 压力增高
C. 由泵连续运转 D. 液压机构的油泵打不上压

66. SF_6 电气设备投运前，应检验设备气室内 SF_6(A，B)含量。
A. 水分 B. 空气 C. 氮气 D. 不确定

67. 在中性点不接地系统，当发生间隙接地故障时，会出现(B，C)现象。
A. 接地相的相电压恒为零 B. 接地相的相电压时减时增
C. 非故障相的相电压时大时小或有时正常 D. 非故障相的相电压恒为线电压

68. 正常运行的电流互感器有轻微的嗡嗡声，如声响增大且有放电声，可能是(C，D)。
A. 负载电流大 B. 二次短路 C. 二次开路 D. 绝缘局部击穿

69. 移相式电容器不正确的操作是(C，D)。
A. 停电后使其自动放电 B. 停电后等待放电
C. 停电后立即送电 D. 停电后过 2min 送电

70. 保持电缆头喇叭口导线形状的目的，(A，B，D)的说法是错误的。
A. 保持电缆绝缘 B. 提高机械强度 C. 改善电场分布 D. 改善外观

71. 操作票上的操作项目包括检查项目，必须填写双重名称，即设备的(C，D)。
A. 位置 B. 表计 C. 名称 D. 编号

72. 摇测二次线整体绝缘前，应先(A，B，D)。
A. 断开本路交直流电源 B. 断开与其他回路连线
C. 短接继电器线圈 D. 短接二极管及三极管

73. 直流电源装置在运行中进行浮充电的作用是(C，D)。
A. 使电池活化 B. 保持电池机械寿命
C. 补充电池的自放电 D. 为直流负荷提供平稳输出

74. 高压电动机在启动过程中拉闸断电，容易造成(B，C)。
A. 控制按钮触点烧损 B. 较高幅值过电压
C. 主回路触点烧损 D. 电动机过热

75. 变压器垫料缝渗漏油的原因是(A，B，C，D)。
A. 螺丝和压盖接触不紧密 B. 垫料不良，需要更换
C. 结合面不干净有油污 D. 结合面有锈垢

76. 造成交流接触器线圈过热而烧毁的原因主要有(A，B，D)。
A. 电压过高 B. 电压过低 C. 线圈开路 D. 衔铁被卡不能吸上

77. 热继电器频繁动作跳闸的原因可能是(A，C，D)。
A. 接线端子松脱 B. 整定值偏大
C. 接线端子联接处氧化有污垢 D. 负荷电流大

78. 测量三绕组变压器高压绕组及中压绕组吸收比时，(A，D)应接地。
A. 低压绕组 B. 中压绕组 C. 高压绕组 D. 外壳

79. 测量电容器绝缘电阻的目的主要是初步判断电容器(C，D)。
A. 充放电特性 B. 吸收比
C. 两极绝缘状况 D. 两极对外壳之间的绝缘状况

80. 测量电力电缆吸收比时，应注意(B，C)。
A. 将电缆移至平坦的地方　　B. 将电缆终端头表面擦拭干净
C. 将电缆进行屏蔽　　D. 将电缆拉直

81. 变压器短路试验的目的主要是测量变压器(B，C)。
A. 空载损耗　　B. 短路损耗　　C. 阻抗电压　　D. 空载电流

82. 下列属于 SF_6 断路器的试验项目是(B，C，D)。
A. 局部放电　　B. 耐压试验　　C. 速度特性　　D. 导电回路电阻

83. 封闭母线的试验项目有(A，B)。
A. 绝缘电阻　　B. 交流耐压　　C. 局部放电　　D. 空载电流

84. 避雷针的保护范围设计延用的两种方法有(C，D)。
A. 曲线法　　B. 试验法　　C. 折线法　　D. 滚球法

85. 以下三相异步电动机的调速中属于改变转差率调速的是(B，C，D)。
A. 变极调速　　B. 串级调速
C. 转子串电阻调速　　D. 调压调速

86. 三相绕线式异步电机的串级调速与转子回路串电阻调速相比的优点有(A，B，C)。
A. 效率高　　B. 可以实现平滑调速
C. 低速时机械特性较硬　　D. 控制线路简单

87. 他励直流电动机调速控制系统的技术指标主要包括(A，B，C，D)。
A. 调速范围　　B. 调速平滑性　　C. 静差率　　D. 调节时允许的负载

88. 设置在爆炸危险场所的电气设备(包括移动设备)，下述(A，B，C，D)应该接地。
A. 金属外壳　　B. 金属机架
C. 金属电线管及其配件　　D. 电缆的金属护套

89. 下列 PLC 的组成部件中，(B，C)属于 PLC 的可选部件。
A. CPU　　B. 编程器　　C. I/O 信号模拟盘　D. I/O 接口

90. 通用变频器的主回路主要由(B，C，D)组成。
A. 保护回路　　B. 直流中间电路　　C. 整流部分　　D. 逆变部分

91. 目前通用变频器常采用的大功率自关断开关器件是(B，D)。
A. SCR　　B. GTO　　C. MCT　　D. BJT

92. 变频器的额定输出参数主要包括(A，B，C，D)。
A. 额定容量　　B. 额定输出电压　　C. 额定输出电流　　D. 额定输出频率

93. 变频器运行过程中，通过操作面板一般可以观察以下(A，B，C)数据，以便及时发现变频器和电动机的问题。
A. 电动机转速　　B. 输出频率　　C. 输出电流　　D. 功率元件温度

94. UPS 按电源的输入输出方式可以分为(A，B，C)。
A. 单相输入单相输出型 UPS　　B. 三相输入单相输出型 UPS
C. 三相输入三相输出型 UPS　　D. 单相输入三相输出型 UPS

简答题

1. 用支路电流法求解复杂电路的步骤是什么？

答：①先标出各支路的电流方向和回路方向；②列出节点电流方程，如有 n 个节点可列

出 $n-1$ 个电流方程；③列出回路电压方程，有多少个网孔列多少个电压方程；④带入已知数，解联立方程求出各支路电流。

2. 什么是二端网络，它可分为哪几类？

答：①任何具有两个出线端的部分电路称为二端网络；②它分为有源二端网络和无源二端网络。

3. 在单相桥式整流电容滤波电路中，若发生下列情况之一时，对电路正常工作有什么影响？

①负载开路；②滤波电容短路；③滤波电容断路；④整流桥中一只二极管断路；⑤整流桥中一只二极管极性接反。

答：①输出电压等于$\sqrt{2}U_2$且保持不变；②电容短路将使负载短路，也将电源短路；③负载得到脉动全波电压；④电路相当于单相半波整流电路；⑤电源被短路。

4. 说明三相半波可控整流电路的工作特点。

答：①触发脉冲应有三组，分别加在对应的各相晶闸管门极。触发脉冲应与电源同步，各相触发脉冲相差120°，以保证三相输出相等。各支晶闸管正向通态平均电流均为负载电流的三分之一；②在一个周期里，每相轮流导通一次，最大导通角120°，移相范围最大150°；输出电压随控制角增大而减小。控制角在0°~30°范围时，整流输出电压连续，控制角在30°~150°范围时，输出电压不连续。

5. 如何选择晶闸管可控整流电路？

答：①小功率负载常选择单相半控桥或用一个晶闸管调压的单相桥电路；②大功率负载常选用输出较大，而电源三相平衡，直流成分少的三相半控桥电路；③低电压大电流常选用带平衡电抗器的双反星形电路。

6. 为什么用双臂电桥测量小电阻比用单臂电桥要准确？

答：①联接导线和接触电阻是影响小电阻测量的重要因素；②单臂电桥不能克服联接导线和接触电阻对测量的影响，因而测量误差较大；③而双臂电桥采用的结构原理克服了联接导线和接触电阻对测量的影响，故其测量小电阻的准确度比单臂电桥要高。

7. 消弧线圈在系统运行中，一般采用哪种补偿方式？为什么？

答：①消弧线圈在系统中，一般采用过补偿允许方式；②因为单相接地时，过补偿可以使故障点流过感性电流；③在线路开断或因故障跳闸时不会引起串联谐振。

8. 怎样选择电动机过载保护用的热继电器？

答：主要根据电动机的额定电流来选择热继电器的型号及热元件的电流等级；当电网电压对称性差或很少有人看管时选用三相结构热继电器，一般情况下可选用两相结构的热继电器，对于三角形接线的电动机应选用带断相保护的热继电器；当电动机是冲击式负载或电动机启动时间较长，热继电器元件的整定电流应比电动机额定电流大一些。

9. 怎样选择电流互感器？

答：①额定一次电流应在运行电流的20%~120%范围内；②电流互感器的一次额定电压和运行电压相同；③注意应使二次负载所消耗的功率不超过电流互感器的额定容量；④根据系统的供电方式，选择使用电流互感器的台数和不同的接线方式；⑤根据测量目的和保护方式的要求，选择电流互感器的准确等级。

10. SF_6 全封闭组合电器的含义。

答：SF_6 全封闭组合电器是将一座变电站中除变压器以外的一次设备，包括断路器、隔离开关、接地开关、电压互感器、电流互感器、避雷器、母线、电缆终端、进出线套管等，经优化设计组合在一起，并全部封闭在接地的金属外壳中。壳内充以 SF_6 气体作为高压设备的绝缘和断路器的灭弧介质，这种形式的组合电器称为 SF_6 全封闭组合电器，又叫 GIS。

11. 为什么同步电动机不能直接启动而是用异步启动法启动？

答：同步电动机定子三相绕组接通电源后也和异步电动机一样，定子形成旋转磁场。这时转子接通直流虽然被励磁形成磁极，由于转子静止，转速为零，转子本身的机械转动惯量大，使得转子磁极不能跟上定子磁场的变化。因此不能直接启动，而是利用异步启动法启动。

12. 简述真空断路器验收项目。

答：①真空断路器应固定牢靠，外表清洁完整；②电气联接应可靠且接触良好；③真空断路器与其操作机构的联动正常，无卡阻现象，分、合闸指示正确，辅助开关动作准确可靠，接点无电弧烧损；④灭弧室的真空度应符合产品技术规定；⑤瓷套完好无损、表面清洁；⑥油漆应完整，相色标志正确，接地良好。

13. 简述 SF_6 断路器验收项目。

答：①SF_6 断路器应固定牢靠，外表清洁完整；②电气联接应可靠且接触良好；③SF_6 断路器与其操作机构的联动正常，无卡阻现象，分、合闸指示正确，辅助开关动作准确可靠，接点无电弧烧损；④密度继电器的报警、闭锁定值应符合产品技术规定，电气回路传动正确；⑤SF_6 气体压力、泄漏率和含水量符合规定；⑥油漆应完整，相色标志正确，接地良好。

14. 简述低压配电柜的施工验收要点。

答：①低压柜固定及接地牢靠、漆层完好，清洁整齐；②低压柜内元器件应完好齐全，安装位置正确，固定牢固；③二次回路接线正确，联接可靠，标志清晰齐全，绝缘符合要求；④抽屉柜的抽屉进出灵活，机械闭锁可靠；⑤盘柜的封堵和密封符合防火、防小动物的要求；⑥操作联动试验正确，符合设计要求。

15. 简述制作 6~10kV 热缩式中间接头的主要工艺程序。

答：①排除潮气，调直定位、量好尺寸，锯除多余电缆；②剥除外护层、护套，按尺寸绑扎好，锯除钢带，剖铅；③剥内护套，作梯步、反应力处理；④清洁芯线，芯线压接；⑤绝缘处理；⑥密封处理；⑦装设等位接地线；⑧核对相位和标志；⑨防腐和机械保护处理。

16. 简述线路三段式电流保护装置中各种保护所起的作用。

答：①在三段式电流保护装置中，瞬时速断和延时电流速断分别为保护的第Ⅰ段和第Ⅱ段，它们构成本线路故障的主保护；②定时限过流保护作为第Ⅲ段，它既是下一级线路保护或断路器拒动时的远后备，又是本线路主保护拒动时的近后备保护，三段式电流保护装置具有主保护和后备保护的全部功能。

17. 变压器差动保护中如何减小不平衡电流的影响？

答：①差动保护应该采用型号和特性相同的 D 级电流互感器，负荷应该尽量平衡，通过最大外部短路电流时，应满足 10% 的误差曲线；②在差动回路中接入速饱和变流器；③采用带有制动特性的差动继电器。

18. 备用线路自动投入装置构成的原理接线图如图所示。正常运行方式下，线路 XL1 工作，XL2 作为备用，断路器 QF1 运行，QF2 备用。简述其 APD 工作原理。

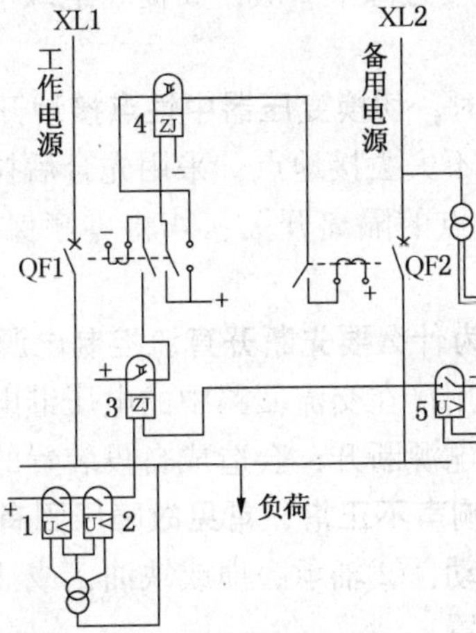

答：①当变电所母线失去电压时，电压继电器 1、2 的常闭触点闭合，电压继电器 5 的常开触点闭合(表示 XL2 的备用电源电压正常)，因此时间继电器 3SJ 启动，经预定时间后使断路器 QF1 断开；②经 QF1 之辅助触点，中间继电器 4 延时返回。在未返回前，经 QF1 的辅助触点、中间继电器 4 延时返回触点，自动合上 QF2，从而使母线恢复供电；③当故障点在变电所母线上，QF2 断路器合上后，若故障未消失，将由其继电保护装置重新断开 QF2，此时由于延时继电器 4 的触点已经返回(延时时间一般很短)，故断路器 QF2 不会再次投入。

19. 简述重合闸后加速保护有哪些优、缺点。

答：优点：①第一次是有选择的动作不会扩大事故，在 35kV 及以上的主要网络中，一般都不允许无选择性的动作；②能迅速切除永久性故障；③使用中不受网络结构和负荷条件限制，有利而无害。

缺点：①第一次故障时，如该线路的保护拒绝动作，而是由线路的后备保护跳闸，则故障的切除时间将延长，这对大型电动机的自启动是不利的；②由于比重合闸前加速保护切除瞬时性故障时间较长，因此重合闸成功率不如“前加速”高；③必须在每一个断路器上装设一套 ZCH。

20. 中央事故信号装置与中央预告信号装置的主要区别是什么？

答：主要区别：①二者的启动回路、重复动作的构成元件及音响装置有所不同；②事故信号利用不对应原理将电源与事故音响小母线接通起来，而预告信号则是利用继电保护用的继电器触点与预告信号小母线接通起来的；③事故信号是在每一回路串接一电阻，重复动作则是通过突然并入一启动回路引起电路中电流突变而实现的，预告信号是在启动回路中串接信号灯，重复动作则是通过启动回路并入信号灯实现的；④事故信号用蜂鸣器作为发音装置，预告信号用警铃。

21. 识读二次原理展开图的基本方法是什么？

答：①读图前应先掌握该图样绘制的继电保护装置原理、功能以及图样上所标示符号的含义，然后再看图样；识图要领的基本方法；②先看一次，后看二次；③看完交流，看直流；交流看电源，直流找线圈；④线圈对应查触头，触头连成一回线；⑤上下左右顺序看，屏外设备接着连。

22. 如何防止绝缘子发生闪络事故?

答:①定期清扫绝缘子,一般为每年一次;②提高绝缘水平,增加爬弧距离;③采用防污绝缘子。

23. 当两台变压器并列运行时,切换变压器中性点接地开关如何操作?

答:①切换原则是保证电网不失去接地点,采用先合后拉的操作方法;②合上备用接地点的隔离开关;③拉开工作接地点的隔离开关;④将零序保护切换到中性点接地的变压器上去。

24. 停用自动投入装置时,为什么要先断开直流控制电源,然后再断开交流电源?

答:①线路自投装置通常是用接在交流回路中的电压继电器的常闭接点启动的;②如果在未断开直流电源之前就将交流电源断开,会造成自投装置的误动作。

25. 三相异步电动机运行时响声不正常,常见故障原因有哪几种?

答:①定转子铁芯相擦或松动;②轴承磨损或缺油,或油中有异物;③电源电压过高或不平衡;④风道堵塞或风扇擦风罩。

26. 选用电动机绝缘材料应遵循什么原则?

答:应遵循下列原则:①绝缘材料要满足电性能的要求,有足够高的击穿强度;②绝缘材料要满足机械强度的要求,要有足够的抗拉、抗弯、抗磨等强度。

27. 高压电动机在大修时,一般都需进行哪些试验项目?

答:①电动机在大修时按规定需要进行以下项目的试验:电动机定子绕组测量绝缘电阻和吸收比;②直流电阻;③直流耐压和泄漏电流;④交流耐压等试验项目。

28. 如图所示:是他励直流电动机自动调速系统的方框图,试简述其调速工作原理。

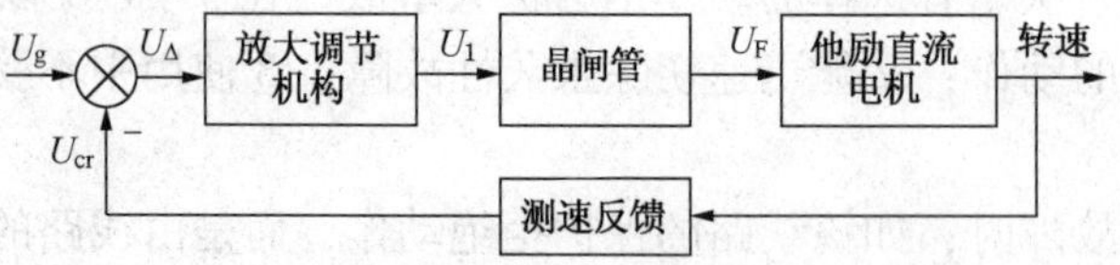

答:这是一个具有转速负反馈的自动直流调速系统。当需要提高转速时,增大 U_g,这是 U_g 大于 U_{cr}时,U_Δ 为正,放大调节机构输出控制电压 U_1 增大,晶闸管输出电压 U_F 增大,他励直流电动机升速,转速晶测速反馈放大 U_{cr}增大,U_Δ 减小直到变为零,最后电动机稳定在一个高于原来的速度上稳定运行;当需要降低转速时,减小 U_g,这时 U_g 小于 U_{cr},U_Δ 为负,放大调节机构输出控制电压 U_1 减小,晶闸管输出电压 U_F 减小,他励直流电动机降速,转速晶测速反馈放大 U_{cr}减小,U_Δ 增大直到变为零,最后电动机稳定在一个低于原来的速度上稳定运行;由于干扰造成转速下降时,经过测速反馈使 U_{cr}降低,由于 U_g 不变,结果 U_Δ 增大,晶闸管输出电压 U_F 增大,他励直流电动机升速,抵消了干扰,干扰造成转速升高与此过程相似,因此该自动直流调速系统可以对反馈环内的干扰有拟制作用,并作到了无级调速。

29. 我国现行国家标准《爆炸性环境用防爆电器设备》中,防爆电器设备分为哪几种类型?

答:防爆电器设备类型分为:①隔爆型;②增安型;③无火花型;④正压型;⑤本质安

全型；⑥粉尘防爆型；⑦充油型；⑧充沙型；⑨特殊型。

计算题

1. 如图所示的分压器中，已知 $U=300V$，d 点为公共点，$R_1=150k\Omega$，$R_2=100k\Omega$，$R_3=50k\Omega$，求输出电压 U_{cd}。

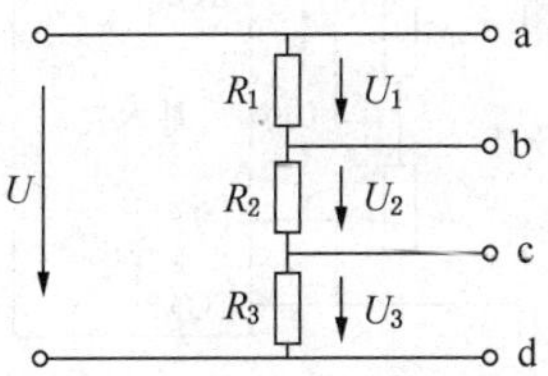

解：$U_{cd}=U_3=\dfrac{U}{R_1+R_2+R_3}R_3=\dfrac{300}{150+100+50}\times 50=50V$

答：输出电压 U_{cd} 为 50V。

2. 电阻、电感、电容串联的正弦交流电路图中，$R=30\Omega$、$L=127mH$、$C=40\mu F$，电源电压 $u=220\sqrt{2}\sin(314t-53°)V$。计算感抗 X_L、容抗 X_C 和复阻抗 Z。

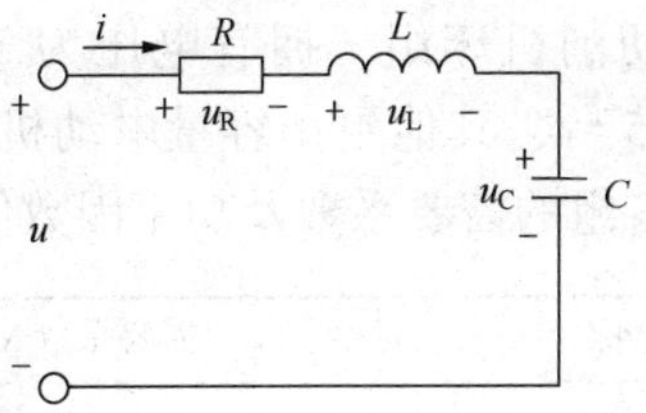

解：$X_L=314\times 127\times 10^{-3}=40\Omega$

$$X_C=1/(314\times 40\times 10^{-6})=80\Omega$$

$$Z=30-j40=50\angle -53.13°$$

答：感抗 X_L 等于 40Ω，容抗 X_C 等于 80Ω，复阻抗 Z 等于 $30-j40$。

3. 下图所示单相桥式半控整流电路中，负载为阻抗 5Ω 的感性负载，控制角 $\alpha=90°$，输出电压 150V，求晶闸管和续流二极管中流过的电流平均值。

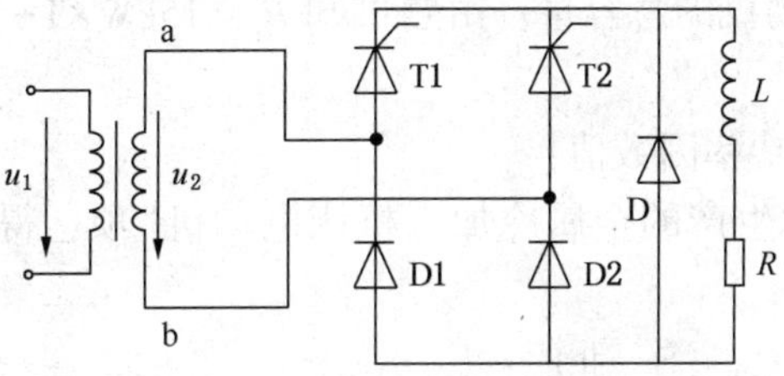

解：负载电流的平均值为：$I_o=U_o/R_L=150/5=30A$

晶闸管导通角为：$180°-\alpha=180°-90°=90°$

晶闸管通态平均电流为：$I_r=I_o\times\theta/360°=30\times 90°/360°=7.5A$

续流二极管中流过的电流平均值为：

$$I_D=I_o\times(360°-2\theta)/360°=30\times(360°-2\times 90°)/360°=15(A)$$

答：晶闸管和续流二极管中流过的电流平均值分别为 7.5A，15A。

4. 数字式直流电压表结构示意图如图所示，已知数字基本表的量程为 200mV，要将其扩展为能测 150V 电压的数字电压表(仪表量程为 200V)，要求仪表的输入电阻为 10MΩ，试求分压电阻 R_1、R_2 的阻值？

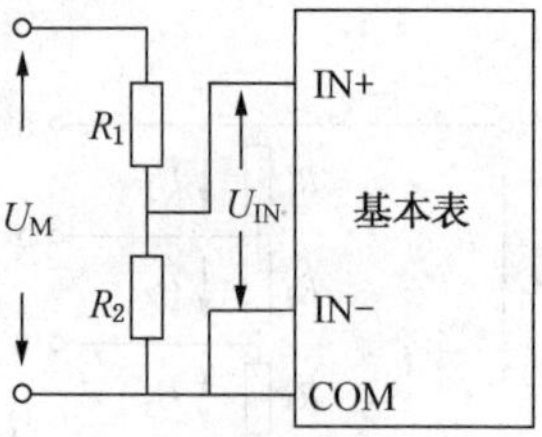

解：① 计算分压比：仪表的输入总电阻 $R_0 = R_1 + R_2 = 10\text{M}\Omega$，分压比 $K=\dfrac{U_M}{U_{IN}}=\dfrac{0.2}{200}=0.001$

② 计算分压电阻：分压电阻 $R_2 = KR_0 = 0.001 \times 10\text{M}\Omega = 0.01\text{M}\Omega$

分压电阻 $R_1 = R_0 - R_2 = 10\text{M}\Omega - 0.01\text{M}\Omega = 9.99\text{M}\Omega$

答：分压电阻 R_1 的阻值为 9.99MΩ，分压电阻 R_2 的阻值为 0.01MΩ。

5. 已知某机修车间的金属切削机床组，拥有电压为 380V 的三相电动机 15kW 1 台，11kW 3 台，7.5kW 8 台，4kW 15 台，其他更小容量电动机总容量 35kW。试用需要系数法确定其计算负荷。(部分用电设备组的需要系数及功率因数值见附表)

序号	用电设备组名称	需要系数 K_d	$\cos\phi$	$\tan\phi$
1	小批生产的金属冷加工机床	0.16~0.20	0.50	1.73
2	大批生产的金属冷加工机床	0.18~0.25	0.50	1.73
3	小批生产的金属热加工机床	0.25~0.30	0.60	1.33
4	大批生产的金属热加工机床	0.30~0.35	0.65	1.17
5	通风机、水泵、空气压缩机及电动发电机组	0.70~0.80	0.80	0.75
6	生产厂房照明(有天然采光)	0.80~0.90	1.0	0
7	办公楼照明	0.70~0.80	1.0	0

解：①确定机床组电动机的总容量：由题可知 $P_e = 15\text{kW}\times1+11\text{kW}\times3+7.5\text{kW}\times8+4\text{kW}\times15+35\text{kW}=203\text{kW}$

② 查表取需要系数和功率因数值：

由附表中可查得“小批生产的金属冷加工机床电动机”项，得 $K_d = 0.16\sim0.2$(取 0.2)，$\cos\phi=0.5$，$\tan\phi=1.73$。

③确定计算负荷 P_{30}、Q_{30}、S_{30} 和 I_{30}：

有功计算负荷 $P_{30}=K_dP_e=0.2\times203\text{kW}=40.6\text{kW}$

无功负荷 $Q_{30}=P_{30}\tan\phi=40.6\text{kW}\times1.73=70.2\text{kvar}$

视在功率 $S_{30}=P_{30}/\cos\phi=40.6\text{kW}/0.5=81.2\text{kV}\cdot\text{A}$

计算电流 $I_{30}=S_{30}/\sqrt{3}U_N=81.2\text{kVA}/(\sqrt{3}\times0.38\text{kV}\cdot\text{A})=123\text{A}$

答：有功计算负荷 P_{30} 为 40.6kW，无功负荷 Q_{30} 为 70.2kvar，视在功率 S_{30} 为 81.2kV·A，计算电流 I_{30} 为 123A。

6. 某降压变电所，装设一台 10/0.4kV 的低损耗变压器。已求出变电所低压侧有功计算负荷为 810kW，无功计算负荷为 1095kvar。试求变压器高压侧的有功、无功及视在功率的计算负荷(保留一位小数)？

解：① 变压器低压侧的视在计算负荷：

$$S_{30(2)}=\sqrt{P_{30(2)}^2+Q_{30(2)}^2}=\sqrt{810^2+1095^2}\approx 1362.0\text{kV}\cdot\text{A}$$

② 变压器的功率损耗：

有功功率损耗 $\Delta PT\approx 0.015S_{30(2)}=0.015\times 1362=20.4\text{kW}$

无功功率损耗 $\Delta QT\approx 0.06S_{30(2)}=0.06\times 1362=81.7\text{kvar}$

③ 确定高压侧的计算负荷：

有功计算负荷 $P_{30(1)}=P_{30(2)}+\Delta PT=810+20.4=830.4\text{kW}$

无功计算负荷 $Q_{30(1)}=Q_{30(2)}+\Delta QT=1095+81.7=1176.7\text{kvar}$

视在计算负荷 $S_{30(1)}=\sqrt{P_{30(1)}^2+Q_{30(1)}^2}=\sqrt{830.4^2+1176.7^2}=1140.2\text{kV}\cdot\text{A}$

答：变压器高压侧的有功计算负荷为 830.4kW，无功计算负荷为 1176.7kvar，视在计算负荷为 1140.2kV·A。

7. 试计算 SFL1-20000/110 型双绕组变压器归算到高压侧的电抗有名值(电阻忽略不计)，已知变压器的短路电压百分比 $U_K\%=10.5$。

解：由已知可得变压器的 $S_N=20\text{MV}\cdot\text{A}$，$U_N=110\text{kV}$，根据公式变压器电抗的计算公式 $X_T=\dfrac{U_K\%U_N^2}{100S_N}$，可得 $X_T=\dfrac{10.5\times 110^2}{100\times 20}=63.53\Omega$

答：该变压器的电抗有名值为 63.53Ω。

8. DW2-35 型断路器的额定开断电流 $I_k^{(3)}=11.8\text{kA}$，那么断路器的额定遮断容量是多少？

解：$S_k=\sqrt{3}U_NI_k^{(3)}=\sqrt{3}\times 35\times 11.8=715.34\text{MV}\cdot\text{A}$

答：遮断容量为 714.34MV·A。

9. 一台 220/38.5kV 的三相变压器的变比 K 是多少？若此时电网电压仍维持 220kV，而将高压侧分头调至 225.5kV，低压侧电压 U_2 应是多少？

解：$K=\dfrac{U_1}{U_2}=\dfrac{220}{38.5}=5.71$

调整高压侧分头后，变比为：

$$K'=\frac{U'_1}{U'_2}=\frac{225.5}{38.5}=5.84$$

$$U_2=\frac{U_1}{K'}=\frac{220}{5.84}=37.67\text{kV}$$

答：三相变压器的变比 K 是 5.71；将高压侧分头调至 225.5kV，低压侧电压 U_2 应是 37.67kV。

10. 某 220/380V 的 TN-C 线路，采用 BLV-500-(3×50+1×35)的四根导线穿焊接钢管埋地敷设，在距线路首端 30m 处，接有 20kW 电阻炉 1 个，在末端(线路全长 80m)接有 30kW 电阻炉 1 个。试计算该线路电压损耗百分数。(已知铝导线的计算系数 $C=46.2\text{kW/m}$)

解：① 计算所有功率距之和：$\sum M = 20kW\times30m+30kW\times80m = 3000kW\cdot m$

② $\Delta U\% = \sum M/(C\cdot A) = 3000/(46.2\times50) = 1.3\%$

答：该线路电压损耗百分数为1.3%。

11. 有一条采用电缆的6kV专用线路，供电给某厂，其计算负荷为846kW，$\cos\phi=0.9$，$T_{max}=2000h$，试计算电缆的截面？（已知：经济电流密度为$j_{ec}=2.5A/mm^2$）

解：① 求计算电流：$I_{30}=\dfrac{P_{30}}{\sqrt{3}U_N\cos\phi}=\dfrac{846}{\sqrt{3}\times6\times0.9}=90A$

② 因此：$A_{ec}=\dfrac{I_{30}}{j_{ec}}=\dfrac{90}{2.5}=36mm^2$

答：电缆的截面为$36mm^2$。

12. 有一条采用架空LJ型铝绞线的6kV专用线路，供电给某厂，其计算负荷为：846kW，$\cos\phi=0.9$，$T_{max}=2000h$，试按经济电流密度法选择导线的截面？（已知：经济电流密度为$j_{ec}=1.65A/mm^2$）

解：①求计算电流：$I_{30}=\dfrac{P_{30}}{\sqrt{3}U_N\cos\phi}=\dfrac{846}{\sqrt{3}\times6\times0.9}=90A$

② 导线的计算截面 $A_{ec}=\dfrac{I_{30}}{j_{ec}}=\dfrac{90}{1.65}=55mm^2$

③ 导线的截面选择：$50mm^2$

④ 由于$50mm^2>35mm^2$（高压架空线最小截面），因此满足机械强度要求。

答：应选择截面为$50mm^2$的导线。

13. 一台Y160M1-2三相异步电动机的额定功率$P_N=11kW$，额定转速$n_n=2930r/min$，过载系数$\lambda=2.2$，求额定转矩M_N和最大转矩M_m？

解：① 根据公式：$M_N=9550\dfrac{P_N}{n_N}=9550\times\dfrac{11}{2930}=35.85N\cdot m$

② 最大转矩 $M_m=\lambda M_N=2.2\times35.85=78.88N\cdot m$

答：额定转矩M_N等于$35.85N\cdot m$，最大转矩M_n等于$78.88N\cdot m$。

14. 某110kV线路装有瞬时零序电流速断保护，现已知该线路末端发生单相或两相接地短路时，出现最大零序电流$3I_0=250A$，试按整定原则计算该保护的启动电流是多少？

解：零序电流速断保护的启动电流的整定公式是：

$$I_q=K_K\times3I_0=1.3\times250=325(A)$$

式中K_K为可靠系数，可取1.25~1.3。

答：该保护的启动电流是325A。

15. 电动机为JSQ157-6型感应电动机，其技术参数为：额定容量$S_{e.d}=550kW$，额定电压$U_{e.d}=6kV$，额定电流$I_{e.d}=64A$，启动电流倍数$K_q=5.5$。已知电流互感器变比$n_{LH}=75/5$，电压互感器变比$n_{YH}=6000/100$，电动机端子上短路时，$I''^{(3)}_{d.min}=6720A$。保护装置采用两个GL-11型电流互感器构成电流速断保护兼作过负荷保护。试求电流速断保护定值？

解：① 电流速断保护动作电流按躲过电动机的启动电流整定，即应满足$I_{dz.1}=K_kI_q=K_kK_qI_{e.d}$，其中可靠系数$K_k$取值范围为1.8~2.0，本题取1.8，则电流速断一次动作电流$I_{dz.1}=1.8\times5.5\times64=633.6A$

② 电流速断二次整定值应满足公式 $I_{dz.j}=K_{jx}\dfrac{I_{dz.1}}{n_{LH}}$，式中接线系数 K_{jx} 因采用不完全星形接线，故取为 1，则电流速断二次整定值 $I_{dz.j}=K_{jx}\dfrac{I_{dz.1}}{n_{LH}}=\dfrac{1\times 633.6}{15}=42.24\text{A}$，取整为 42A。

③ 瞬时电流速断保护灵敏系数校验，应满足公式 $K_{lm}=K_{lm.xd}^{(2)}\dfrac{I''^{(3)}_{d.min}}{I_{dz.1}}$，式中，二相短路的相对灵敏系数因采用不完全星形接线，故取为 0.87，则灵敏系数 $K_{lm}=K_{lm.xd}^{(2)}\dfrac{I''^{(3)}_{d.min}}{I_{dz.1}}=0.87\times\dfrac{6720}{15\times 42}=9.28>2$，满足灵敏度要求。

答：电流速断保护一次动作整定值为 633.6A，二次动作整定值为 42A。

16. 某台多油断路器，测得在合闸时某相绝缘电阻为 2000MΩ，分闸时为 6000MΩ，求提升杆的绝缘电阻值。

解：$R=\dfrac{R_1R_2}{R_1-R_2}=\dfrac{6000\times 2000}{6000-2000}=3000\text{M}\Omega$

答：提升杆绝缘电阻值为 3000MΩ。

17. 一直流电源装置，蓄电池组容量为 20A·h，现以 10h 放电率电流进行活化，求蓄电池的放电电流值。

解：根据公式：$Q=It$

则：放电电流 $I=\dfrac{Q}{t}=\dfrac{20}{10}=2\text{A}$

答：蓄电池的放电电流值为 2A。

三、技能操作鉴定要素细目表

鉴定范围						鉴定点	
一级		二级		三级		代码	名称
代码	名称	代码	名称	代码	名称		
A	技能要求	A	设计安装调试	B	配电盘制作调试	001	变压器电流速断保护盘安装配线
						002	制作带电流互感器单相电度表配电盘
						003	定时限过流保护盘制作
				C	电动机控制线路的安装调试	001	安装调试三相交流异步电动机顺序启动控制盘
						002	自动往返控制线路配电盘制作
						003	自耦变压器降压启动控制盘制作
				D	电子电路安装调试	001	晶体管串联型稳压电源的安装和调试
				E	PLC 安装调试	001	根据控制原理图绘制 PLC 梯形图
		B	运行维护与事故处理	A	设备巡视与检查	001	GIS 组合电器设备的巡视与检查
						002	高压 SF_6 断路器的巡视与检查

续表

鉴定范围						鉴定点	
一级		二级		三级		代码	名称
代码	名称	代码	名称	代码	名称		
				B	变配电系统故障处理	001	6kV 变电所馈出线柜低电压闭锁过电流回路故障处理
						002	6kV 变电所馈出线路永久性相间短路且高压柜拒跳故障处理
						003	馈出线反时限保护动作，断路器拒动的故障处理
						004	电流互感器差接线极性接错的故障处理
						005	6kV 变电所因外部电源突然失电造成全停电的事故处理
						006	6kV 变电所高压配电系统接地故障的分析与处理
						007	双回路进线变电所高压Ⅰ段进线失压母联自投成功后的事故处理
						008	6kV 变压器重瓦斯保护动作后的处理
						009	6kV 电压互感器柜一次熔断器熔断故障的判断与处理
						010	6kV 变电所直流接地故障的判断与处理
						011	带有 GL 型反时限保护的 10kV 馈出柜断路器不能跳闸的故障处理
						012	6kV 双回路进线变电所高压Ⅰ段进线失压，进线断路器未跳闸的故障处理
				C	倒闸操作票填写与执行	001	6kV 单母线分段高压 1 段母线由运行转检修，低压 1 段负荷由 2#变压器经母联 400 串带
						002	单母线分段高压 1 段母线检修后的送电操作
						003	单母线分段 1 段进线断路器检修的停电操作
						004	6kV 单母线分段，1#进线开关由检修转运行，恢复正常运行方式
						005	6kV 单母线分段，1#变压器由运行转检修，低压 1 段负荷由 2#变压器经母联 400 开关串带
						006	高、低压均为单母线分断,1 号变压器检修后的送电操作
				D	电动机故障处理	001	三相交流异步电动机绕组相间短路故障的分析与判断
						002	50kW 低压电动机受潮后的干燥
						003	Δ形接法的三相异步电动机错接为 Y 形的分析与判断
						004	三相交流异步电动机星形接线错接成角形故障的分析和判断
		C	电气检修	A	变配电设备检修	001	S9-630/10 型变压器的吊芯大修
						002	三个单相电压互感器构成的绝缘监察装置开口三角绕组接线极性错误的判断
						003	水泥电杆拉线的制作
						004	断路器三相同期的测试

续表

鉴定范围						鉴定点	
一级		二级		三级		代码	名称
代码	名称	代码	名称	代码	名称		
				B	电气照明检修	001	防爆照明灯具及开关的检修
				C	低压电动机及控制回路检修	001	CA6140 型车床电气控制检修
		D	电气试验	A	试验仪器仪表的使用	001	接地装置的接地电阻测试
						002	测试电压互感器的变压比
		E	电工测量仪器仪表及安全用具	A	电工测量仪表使用	001	现场高压开关柜上三相电参数综合测试仪的数据读取
		F	电气绘图及计算	A	变配电	001	依据定时限过电流继电保护原理图绘制盘后接线图
						002	画出复合电压闭锁过电流保护原理图
						003	画出变压器差动保护原理图
						004	现场测绘并画出定时限过电流保护原理图
						005	画出低电压闭锁过电流保护原理图
						006	识读带电气技术参数的电气主接线系统图
						007	画出电流互感器差接线原理图
				B	电动机控制与修理	001	画出低压电动机带电气联锁的正反转带点动的控制原理图
				C	电子电路	001	画出三相桥式整流电路及各点工作电压波形

四、技能操作试题

试题 1：制作带电流互感器单相电度表配电盘

（考核时间：60min）

序号	考核内容	考核要点	配分	评分标准	检测结果	扣分	得分	备注
1	准备工作	穿戴劳保用品	3	未穿戴整齐扣 3 分				
		工具、用具准备	2	工具选择不正确扣 2 分				
2	操作程序	分析电路图原理	5	不会分析电路图扣 5 分				
3		安装前元器件检查	5	元器件错检每处扣 1 分				
4		安装元器件	20	元器件安装不牢固，每只扣 3 分				
				元器件安装不整齐、不合理，每只扣 3 分				
				损坏元器件，每只扣 5 分				
				不按图安装扣 10 分				

续表

序号	考核内容	考核要点	配分	评分标准	检测结果	扣分	得分	备注
5		配线	50	不按电路图接线扣20分				
				接点松动、露铜过长、压绝缘、反圈等，每处扣3分				
				损伤导线绝缘或线芯，每根扣5分				
				导线交叉、悬空太多扣2~10分				
				布线不平不直每处扣2分				
				选线不符合标准规定扣5分				
				一、二次线走线不合理扣5~10分				
				编码套管编号不正确，每处扣1分				
6		通电调试	10	第一次调试不成功扣5分				
				第二次调试不成功再加扣5分，并终止操作				
7	使用工具	正确使用工具	3	工具使用不正确扣3分				
		正确维护工具	2	工具乱摆乱放扣2分				
8	安全及其他	按《电力安全工作规程》操作		违规一次从总分中扣5分；严重违规停止操作			—	
		在规定时间内完成操作		每超时1min从总分扣5分，超时3min停止操作			—	
		合　计	100					

试题2：依据继电保护原理接线图，制作定时限过电流保护盘

（考核时间：120min）

序号	考核内容	考核要点	配分	评分标准	检测结果	扣分	得分	备注
1	准备工作	穿戴劳保用品	3	未穿戴整齐扣3分				
		工具、用具准备	2	工具选择不正确扣2分				
2	操作程序	分析保护原理电路图	5	不会分析保护原理电路图扣5分				
3		安装前元器件检查	5	元器件错检每处扣1分				
4		安装元器件	20	元器件安装不牢固，每只扣3分				
				元器件安装不整齐、布置不合理，每只扣3分				
				损坏元器件，每只扣5分				
				不按图安装扣10分				
5		配线	50	不按电路图接线扣5~10分				
				接点松动、露铜过长、压绝缘、反圈等，每处扣3分				

续表

序号	考核内容	考核要点	配分	评分标准	检测结果	扣分	得分	备注
				损伤导线绝缘或线芯，每根扣5分				
				导线交叉、悬空太多扣2~10分				
				布线不平不直每处扣2分				
				选线不符合规范规定扣5分				
				一、二次线走线不合理扣5~10分				
				编码套管编号不正确，每处扣1分				
				漏接接地线扣2分				
6		通电调试	10	熔芯选用不合理扣5分				
				第一次通电调试不成功扣5分				
				第二次通电调试不成功再加扣5分，并终止操作				
7	使用工具	正确使用工具	3	工具使用不正确扣3分				
		正确维护工具	2	工具乱摆乱放扣2分				
8	安全及其他	按《电力安全工作规程》操作		违规一次从总分中扣5分；严重违规停止操作			—	
		在规定时间内完成操作		每超时1min从总分扣5分，超时3min停止操作			—	
		合　计	100					

试题3：安装调试三相交流异步电动机顺序启动控制盘

（考核时间：210min）

序号	考核内容	考核要点	配分	评分标准	检测结果	扣分	得分	备注
1	准备工作	穿戴劳保用品	3	未穿戴整齐扣3分				
		工具、用具准备	2	工具选择不正确扣2分				
2	操作程序	分析电路图控制原理	5	不会分析电路图扣5分				
3		安装前检查	5	元器件错检每处扣1分				
				电动机引线接线错检扣3分				
4		安装元件	20	元件安装不牢固，每只扣3分				
				元件安装不整齐、不合理，每只扣3分				
				损坏元件，每只扣5分				
				不按图安装扣10分				
5		配线	50	不按电路图接线扣5~10分				
				接点松动、露铜过长、压绝缘、反圈等，每处扣3分				

续表

序号	考核内容	考核要点	配分	评分标准	检测结果	扣分	得分	备注
				损伤导线绝缘或线芯，每根扣5分				
				导线交叉、悬空太多扣2~10分				
				布线不平不直每处扣2分				
				选线不符合标准规定扣5分				
				一、二次线走线不合理扣5~10分				
				编码套管编号不正确，每处扣1分				
				漏接接地线扣2分				
6		通电试车	10	熔体选用不合理扣5分				
				热继电器整定不当扣5分				
				第一次试车不成功从总分中扣5分				
				第二次试车不成功从总分中再加扣5分，并终止操作				
7	使用工具	正确使用工具	3	工具使用不正确扣3分				
		正确维护工具	2	工具乱摆乱放扣2分				
8	安全及其他	按《电力安全工作规程》操作		违规一次从总分中扣5分；严重违规停止操作			—	
		在规定时间内完成操作		每超时1min从总分扣5分，超时3min停止操作			—	
		合　计	100					

试题4：自耦变压器降压启动控制盘制作

（考核时间：240min）

序号	考核内容	考核要点	配分	评分标准	检测结果	扣分	得分	备注
1	准备工作	穿戴劳保用品	3	未穿戴整齐扣3分				
		工具、用具准备	2	工具选择不正确扣2分				
2	操作程序	分析电路图控制原理	5	不会分析电路图扣5分				
3		安装前检查	5	元器件错检每处扣1分				
				电动机引线接线错检扣3分				
4		安装元件	20	元件安装不牢固，每只扣3分				
				元件安装不整齐、不合理，每只扣3分				
				损坏元件，每只扣5分				
				不按图安装扣10分				
5		配线	50	不按电路图接线扣5~10分				
				接点松动、露铜过长、压绝缘、反圈等，每处扣3分				

续表

序号	考核内容	考核要点	配分	评分标准	检测结果	扣分	得分	备注
				损伤导线绝缘或线芯，每根扣5分				
				导线交叉、悬空太多扣2~10分				
				布线不平不直每处扣2分				
				选线不符合标准规定扣5分				
				一次、二次线走线不合理扣5~10分				
				编码套管编号不正确，每处扣1分				
				漏接接地线扣2分				
6		通电试车	10	熔体选用不合理扣5分				
				热继电器整定不当扣5分				
				第一次试车不成功从总分中扣5分				
				第二次试车不成功从总分中再加扣5分，并终止操作				
7	使用工具	正确使用工具	3	工具使用不正确扣3分				
		正确维护工具	2	工具乱摆乱放扣2分				
8	安全及其他	按《电力安全工作规程》操作		违规一次从总分中扣5分；严重违规停止操作			—	
		在规定时间内完成操作		每超时1min从总分扣5分，超时3min停止操作			—	
		合　计	100					

试题5：晶体管串联型稳压电源的安装和调试

（考核时间：90min）

序号	考核内容	考核要点	配分	评分标准	检测结果	扣分	得分	备注
1	准备工作	穿戴劳保用品	3	未穿戴整齐扣3分				
		工具、用具准备	2	工具选择不正确扣2分				
2	操作程序	识读电路图	20	不会分析电路图扣15分				
				文字、图形意义解释错误，每个扣1分				
				元器件在电路中的作用说明错误，每个扣1分				
3		元器件检测	15	不能正确选择万用表的欧姆挡或未进行调零，扣5分				
				元器件漏检或错检，每只扣3分				

续表

序号	考核内容	考核要点	配分	评分标准	检测结果	扣分	得分	备注
4		安装接线	40	元器件布局不合理扣10分				
				元器件、导线焊接不牢固、虚焊或焊接不光滑，每处扣3分				
				元器件极性接错每处扣10分				
				损坏元器件每个扣10分				
				不按图接线每处扣5分				
5		通电测试	15	整流部分工作不正常扣5分				
				稳压部分工作不正常5分				
				不会使用示波器进行检测扣5分				
6	使用工具	正确使用工具	3	工具使用不正确扣3分				
		正确维护工具	2	工具乱摆乱放扣2分				
7	安全及其他	按《电力安全工作规程》操作		违规一次从总分中扣5分；严重违规停止操作			—	
		在规定时间内完成操作		每超时1min从总分扣5分，超时3min停止操作			—	
		合　计	100					

试题6：根据控制原理图绘制PLC梯形图

（考核时间：20min）

序号	考核内容	考核要点	配分	评分标准	检测结果	扣分	得分	备注
1	准备工作	穿戴劳保用品	3	未穿戴整齐扣3分				
		工具、用具准备	2	工具选择不正确扣2分				
2	操作程序	识读控制原理图	15	不能正确识读原理图中各图形符号、文字的意义每个扣3分				
				不能正确识读原理图中各元器件的功能作用每个扣5分				
				不会分析电路图扣15分				
3		绘制I/O联接图	30	不会绘制扣30分				
				DI点绘制错误或不完整每个扣5分				
				DO点绘制错误或不完整每个扣5分				
				未正确标出DI、DO端的工作电源扣5~10分				
4		绘制梯形图	50	梯形图符号错误每个扣2分				
				梯形图与I/O联接图不对应每处扣5分				
				梯形图绘制方法、步骤错误每处扣5分				
				不能绘制出梯形图扣40分				

续表

序号	考核内容	考核要点	配分	评分标准	检测结果	扣分	得分	备注
5	其他	在规定时间内完成操作		违规一次从总分中扣5分；严重违规停止操作			—	
				每超时1min从总分扣5分，超时3min停止操作			—	
		合　计	100					

试题7：GIS组合电器设备的巡视与检查

（考核时间：10min）

序号	考核内容	考核要点	配分	评分标准	检测结果	扣分	得分	备注
1	准备工作	穿戴劳保用品、带安全帽	3	未穿戴整齐扣3分				
		工具、用具准备	2	工具选择不正确扣2分				
2	检查项目	GIS气室：压力应正常，各阀门开合位置正确，无漏气现象	10	答不全扣1~10分，未答0分				
3		液压机构：油箱油位、压力指示正常，无漏油现象	15	答不全扣1~15分，未答0分				
4		控制柜：各电源指示灯及设备运行位置显示应正常，无异常光字牌显示。接触牢固，接地装置完好	15	答不全扣1~10分，未答0分				
5		GIS室：温度正常，当零度时液压机构箱电加热器自动投入，箱内温度升至20℃自动解除	10	答不全扣1~10分，未答0分				
6		阀门及配管：有无损伤、锈蚀，管道绝缘法兰与绝缘支架应良好	10	答不全扣1~10分，未答0分				
7		记录断路器、避雷器的动作指示值	10	答不全扣1~10分，未答0分				
8		记录各类单元气室 SF_6 气压值和环境温度	5	答不全扣1~15分，未答0分				
9		设备标志：齐全，明显正确	5	答不全扣1~5分，未答0分				

续表

序号	考核内容	考核要点	配分	评分标准	检测结果	扣分	得分	备注
10	巡检报告	巡检报告的格式、内容	15	未写出巡检报告扣15分				
				巡检报告缺项、漏项每处扣2分				
				未对巡检结果做出分析扣5分				
11	安全及其他	按《电力安全工作规程》操作		违规一次从总分中扣5分；严重违规停止操作			—	
		在规定时间内完成操作		每超时1min从总分扣5分，超时3min停止操作			—	
		合　计	100					

试题8：6kV变电所馈出线柜低电压闭锁过电流回路故障处理(考评员设置低电压继电器接点接触不良故障)

(考核时间：20min)

序号	考核内容	考核要点	配分	评分标准	检测结果	扣分	得分	备注
1	准备工作	穿戴劳保用品	3	未穿戴整齐扣3分				
		工具、用具准备	2	工具选择不正确扣2分				
2	操作程序	分析电路图的工作原理	20	不分析电路图扣10分				
				电路图分析错误扣10分				
3		故障现象分析	40	未检查低电压闭锁回路扣5分				
				未检查过电流回路扣5分				
				逻辑分析错误扣10分				
				判断故障原因错误扣10分				
				判断结果错误扣20分				
4		故障处理	20	处理方法错误扣10分				
				故障处理错误扣20分				
5		检查测试	10	第一次送电试验不成功扣5分				
				第二次送电试验不成功加扣5分，并终止操作				
6	使用工具	正确使用工具	3	工具使用不正确扣3分				
		正确维护工具	2	工具乱摆乱放扣2分				
7	安全及其他	按《电力安全工作规程》操作		违规一次从总分中扣5分；严重违规停止操作			—	
		在规定时间内完成操作		每超时1min从总分扣5分，超时3min停止操作			—	
		合　计	100					

试题9：6kV变电所馈出线路永久性相间短路且高压柜拒跳故障处理(仿真机)

（考核时间：20min）

序号	考核内容	考核要点	配分	评分标准	检测结果	扣分	得分	备注
1	准备工作	穿戴劳保用品	3	未穿戴整齐扣3分				
		工具、用具准备	2	工具选择不正确扣2分				
2	操作程序	分析二次原理图的工作原理	10	未分析原理图扣5分				
				原理图分析错误扣5分				
3		故障现象确认	30	未及时消除音响报警扣5分				
				红、绿指示灯未检查扣5分				
				开关状态未检查扣10分				
				电压、电流表计未检查扣5分				
				信号继电器未检查扣5分				
				综合保护继电器面板显示未检查扣5分				
				中央信号屏光字牌未检查扣5分				
				故障未记录扣5分				
				故障现象记录缺项扣5分				
				故障现象错记扣5分				
4		故障分析与判断	30	逻辑分析错误扣10分				
				故障原因判断错误扣10分				
				判断结果错误扣20分				
				不向上级汇报故障现象扣5分				
5		故障处理	20	未解除母联开关自投扣5分				
				故障开关未退出扣10分				
				处理完成后未及时汇报扣10分				
				扩大事故从总分中扣除40分，并终止考生考试				
6	使用工具	正确使用工具	3	工具使用不正确扣3分				
		正确维护工具	2	工具乱摆乱放扣2分				
7	安全及其他	按《电力安全工作规程》操作		违规一次从总分中扣5分；严重违规停止操作			—	
		在规定时间内完成操作		每超时1min从总分扣5分，超时3min停止操作			—	
		合　计	100					

试题 10：电流互感器差接线极性接错的故障处理

（考核时间：20min）

序号	考核内容	考核要点	配分	评分标准	检测结果	扣分	得分	备注
1	准备工作	穿戴劳保用品	3	未穿戴整齐扣 3 分				
		工具、用具准备	2	工具选择不正确扣 2 分				
2	操作程序	分析电路图的工作原理	20	未分析电路图扣 10 分				
				电路图分析错误扣 10 分				
3		故障分析	30	未检查电流表指示扣 10 分				
				未检测保护继电器电流扣 10 分				
				判断结果错误扣 20 分				
4		故障处理	30	未落实安全措施扣 10 分				
				处理方法错误扣 10 分				
				处理结果错误扣 20 分				
				扩大故障范围扣 10 分				
5		检查测试	10	第一次送电试验不成功扣 5 分				
				第二次送电试验不成功再扣 5 分并终止操作				
6	使用工具	正确使用工具	3	工具使用不正确扣 3 分				
		正确维护工具	2	工具乱摆乱放扣 2 分				
7	安全及其他	按《电力安全工作规程》操作		违规一次从总分中扣 5 分；严重违规停止操作			—	
		在规定时间内完成操作		每超时 1min 从总分扣 5 分，超时 3min 停止操作			—	
		合　计	100					

试题 11：6kV 变电所因外部电源突然失电造成全停电的事故处理(仿真机)

（考核时间：20min）

序号	考核内容	考核要点	配分	评分标准	检测结果	扣分	得分	备注
1	准备工作	穿戴劳保用品	3	未穿戴整齐扣 3 分				
		工具、用具准备	2	工具选择不正确扣 2 分				
2	操作程序	分析主接线系统图	10	不会分析主接线系统图扣 10 分				
3		故障现象分析与故障点判断	40	未检查各开关状态扣 10 分				
				未检查盘柜表计指示扣 5 分				
				未将母联自投开关切至手动位置扣 5 分				
				未进行信号继电器掉牌检查扣 5 分				
				未检查信号屏灯光和声音报警扣 5 分				
				事故现象记录不全扣 5 分				
				故障原因判断错误扣 20 分				

续表

序号	考核内容	考核要点	配分	评分标准	检测结果	扣分	得分	备注
4		故障处理	40	未落实安全措施扣10分				
				未拉开各开关扣10分				
				未对直流及UPS电源作保护措施扣10分				
				处理方法错误扣10分				
				处理完成后未及时汇报扣10分				
5	使用工具	正确使用工具	3	工具使用不正确扣3分				
		正确维护工具	2	工具乱摆乱放扣2分				
6	安全及其他	按《电力安全工作规程》操作		违规一次从总分中扣5分；严重违规停止操作			—	
		在规定时间内完成操作		每超时1min从总分扣5分，超时3min停止操作			—	
		合　计	100					

试题12：6kV变电所高压配电系统接地故障的分析与处理(仿真机)

（考核时间：10min）

序号	考核内容	考核要点	配分	评分标准	检测结果	扣分	得分	备注
1	准备工作	穿戴劳保用品	3	未穿戴整齐扣3分				
		工具、用具准备	2	工具选择不正确扣2分				
2		识读主接线系统图	10	不会识读扣10分				
				主接线系统图识读错误扣5分				
3	操作程序	故障现象检查、分析	40	未检查光字牌扣10分				
				未检查信号继电器掉牌扣10分				
				未检查电压表指示情况扣10分				
				未检查小电流接地选线装置动作情况扣10分				
				未检查消弧线圈装置动作情况扣5分				
				分析不出接地性质扣10分				
				未和上一级变电站通报情况扣5分				
				具体接地线路判断错误扣10分				
4		故障处理	40	查找接地故障未穿绝缘靴扣10分				
				未先拉开接地选线装置选出的线路扣10分				
				在选线装置不能正确选出故障线路时，不知道采用拉路法查找故障线路扣10分				

续表

序号	考核内容	考核要点	配分	评分标准	检测结果	扣分	得分	备注
				采用拉路法查找故障线路的方法、步骤不符合规定扣5~10分				
				接地故障运行超过2h未采取措施扣10分				
5	使用工具	正确使用工具	3	工具使用不正确扣3分				
		正确维护工具	2	工具乱摆乱放扣2分				
6	安全及其他	按《电力安全工作规程》操作		违规一次从总分中扣5分；严重违规停止操作				—
		在规定时间内完成操作		每超时1min从总分扣5分，超时3min停止操作				—
		合　计	100					

试题13：双回路进线变电所高压Ⅰ段进线失压母联自投成功后的事故处理(仿真机)

(考核时间：10min)

序号	考核内容	考核要点	配分	评分标准	检测结果	扣分	得分	备注
1	准备工作	穿戴劳保用品	3	未穿戴整齐扣3分				
		工具、用具准备	2	工具选择不正确扣2分				
2	操作程序	识读主接线系统图	10	不会识读扣10分				
				主接线系统图识读错误扣5分				
3		故障现象分析与故障点判断	40	不检查指示灯扣5分				
				不检查盘柜表计扣5分				
				未进行开关动作状态检查扣10分				
				未进行继电器保护动作情况检查扣5分				
				未检查光字牌扣5分				
				事故现象记录不全扣5分				
				故障原因判断错误扣10分				
4		故障处理	40	未将母联自投开关切至手动位置扣5分				
				未恢复信号继电器掉牌扣5分				
				处理完成后未及时汇报扣10分				
				扩大事故扣40分并终止考试				
5	使用工具	正确使用工具	3	工具使用不正确扣3分				
		正确维护工具	2	工具乱摆乱放扣2分				

续表

序号	考核内容	考核要点	配分	评分标准	检测结果	扣分	得分	备注
6	安全及其他	按《电力安全工作规程》操作		违规一次从总分中扣5分；严重违规停止操作			—	
		在规定时间内完成操作		每超时1min从总分扣5分，超时3min停止操作			—	
		合　计	100					

试题14：6kV变压器重瓦斯保护动作后的处理(仿真机)

（考核时间：10min）

序号	考核内容	考核要点	配分	评分标准	检测结果	扣分	得分	备注
1	准备工作	穿戴劳保用品	3	未穿戴整齐扣3分				
		工具、用具准备	2	工具选择不正确扣2分				
2	操作程序	识读二次原理图	10	不会识读原理图扣10分				
				原理图识读错误扣5~10分				
3		确认故障现象	30	未及时消除音响报警扣5分				
				断路器分闸状态未检查扣5分				
				电流表计未检查扣5分				
				未检查光字牌扣5分				
				不进行信号继电器掉牌检查扣5分				
				变压器瓦斯继电器未检查扣10分				
				变压器油位未检查扣10分				
				变压器防爆玻璃未检查扣5分				
				未检查低压侧母联开关自投动作情况扣5分				
				故障现象未记录扣5分				
				故障现象记录缺项扣5分				
				故障现象错记扣5分				
4		故障现象分析与故障判断	20	故障原因判断错误扣10分				
				判断结果错误扣20分				
5		故障处理	30	未落实安全措施扣5分				
				未采集瓦斯气体进行分析扣10分				
				未采集油样进行气相色谱分析扣10分				
				未将变压器高低压侧断路器退出至检修位置扣10分				

续表

序号	考核内容	考核要点	配分	评分标准	检测结果	扣分	得分	备注
				未将低压母联自投转换开关切至手动位扣5分				
				未断开变压器保护电源扣5分				
				发生火灾未及时采取正确的灭火措施扣5分				
				处理结果错误扣20分				
				处理完成后未及时汇报扣5分				
				扩大事故扣30分，并终止考试				
6	使用工具	正确使用工具	3	工具使用不正确扣3分				
		正确维护工具	2	工具乱摆乱放扣2分				
7	安全及其他	按《电力安全工作规程》操作		违规一次从总分中扣5分；严重违规停止操作			—	
		在规定时间内完成操作		每超时1min从总分扣5分，超时3min停止操作			—	
		合　　计	100					

试题15：6kV电压互感器柜一次熔断器熔断故障的判断与处理(设备故障点由考评员现场设置)

(考核时间：20min)

序号	考核内容	考核要点	配分	评分标准	检测结果	扣分	得分	备注
1	准备工作	穿戴劳保用品	3	未穿戴整齐扣3分				
		工具、用具准备	2	工具选择不正确扣2分				
2	操作程序	识读二次原理图	10	不会识读原理图扣10分				
				原理图识读错误扣5~10分				
3		故障现象分析与判断	40	未及时消除音响报警扣5分				
				未检查光字牌扣5分				
				未检查电压表指示扣5分				
				未检查二次熔断器扣5分				
				未记录故障现象扣10分				
				故障现象记录不全扣2~10分				
				结果判断错误扣20分				
4		故障处理	30	未落实安全措施扣5分				
				未退出运行设备的低电压保护扣15分				
				处理方法错误扣10分				
				扩大事故扣20分并终止操作				

续表

序号	考核内容	考核要点	配分	评分标准	检测结果	扣分	得分	备注
5		通电试车	10	第一次试车不成功扣5分				
				第二次试车不成功再加扣5分，并终止操作				
				未将退出的低电压保护投入扣10分				
				处理完成后未及时汇报扣5分				
6	使用工具	正确使用工具	3	工具使用不正确扣3分				
		正确维护工具	2	工具乱摆乱放扣2分				
7	安全及其他	按《电力安全工作规程》操作		违规一次从总分中扣5分；严重违规停止操作			—	
		在规定时间内完成操作		每超时1min从总分扣5分，超时3min停止操作			—	
		合　计	100					

试题16：6kV变电所直流接地故障的判断与处理(由考评员设置高压电动机控制回路直流接地故障)

(考核时间：30min)

序号	考核内容	考核要点	配分	评分标准	检测结果	扣分	得分	备注
1	准备工作	穿戴劳保用品	3	未穿戴整齐扣3分				
		工具、用具准备	2	工具选择不正确扣2分				
2	操作程序	识读二次原理图	10	不会识读二次原理图扣5分				
				识读二次原理图错误扣5分				
3		故障现象分析与判断	40	不能正确判断出正极接地或负极接地扣5分				
				不能正确判断出接地回路扣10分				
				在直流屏上判断接地回路的方法错误扣5分				
				不能判断出接地设备扣10分				
				判断接地设备的方法错误扣10分				
4		故障处理	30	未落实安全措施扣5分				
				处理方法错误扣10分				
				处理结果错误扣20分				
				扩大事故扣30分并终止操作				
5		通电试车	10	第一次试车故障未消除扣5分				
				第二次试车故障未消除再加扣5分并终止操作				
				未向上级汇报扣5分				

续表

序号	考核内容	考核要点	配分	评分标准	检测结果	扣分	得分	备注
6	使用工具	正确使用工具	3	工具使用不正确扣3分				
		正确维护工具	2	工具乱摆乱放扣2分				
7	安全及其他	按《电力安全工作规程》操作		违规一次从总分中扣5分；严重违规停止操作			—	
		在规定时间内完成操作		每超时1min从总分扣5分，超时3min停止操作			—	
		合计	100					

试题17：带有GL型反时限保护的10kV馈出柜断路器不能跳闸的故障处理

（考核时间：20min）

序号	考核内容	考核要点	配分	评分标准	检测结果	扣分	得分	备注
1	准备工作	穿戴劳保用品	3	未穿戴整齐扣3分				
		工具、用具准备	2	工具选择不正确扣2分				
2	操作程序	识读二次原理图	10	不会识读二次原理图扣5分				
				识读二次原理图错误扣5分				
3		故障现象分析与故障判断	40	未检查指示灯扣5分				
				未检查跳闸回路扣5分				
				未检查断路器弹簧操动机构扣5分				
				故障原因判断方法错误扣5~10分				
				未判断出故障是电气故障还是机械故障扣10分				
4		故障处理与通电测试	40	未落实安全措施扣5分				
				处理方法错误扣10分				
				处理结果错误扣10分				
				处理完成后未及时汇报扣5分				
				扩大事故扣30分并终止考试				
				第一次试车故障未消除扣10分				
				第二次试机故障未消除再加扣10分，并终止操作				
5	使用工具	正确使用工具	3	工具使用不正确扣3分				
		正确维护工具	2	工具乱摆乱放扣2分				
6	安全及其他	按《电力安全工作规程》操作		违规一次从总分中扣5分；严重违规停止操作			—	
		在规定时间内完成操作		每超时1min从总分扣5分，超时3min停止操作			—	
		合计	100					

试题18：6kV双回路进线变电所高压Ⅰ段进线失压，进线断路器未跳闸的事故处理(仿真机)

（考核时间：20min）

序号	考核内容	考核要点	配分	评分标准	检测结果	扣分	得分	备注
1	准备工作	穿戴劳保用品	3	未穿戴整齐扣3分				
		工具、用具准备	2	工具选择不正确扣2分				
2	操作程序	识读二次原理图	10	不会识读二次原理图扣5分				
				识读二次原理图错误扣5分				
3		故障现象分析与故障判断	30	未检查指示灯扣5分				
				未检查盘柜表计扣5分				
				未进行开关状态检查扣10分				
				未进行信号继电器掉牌检查扣5分				
				未检查光字牌扣5分				
				事故现象记录不全扣5分				
				故障原因判断方法错误扣10分				
				结果判断错误扣20分				
4		恢复送电及故障处理	50	未及时手动断开进线开关扣10分				
				未检查母联开关是否自投扣5分				
				未将母联自投转换开关切至手动位扣5分				
				未落实安全措施扣5分				
				未查出进线开关拒动原因扣10分				
				处理方法错误扣10分				
				处理结果错误扣10分				
				第一次试车不成功从总分中扣5分				
				第二次试车不成功再加扣5分，并终止操作				
				处理完成后未及时汇报扣10分				
				扩大事故扣30分并终止考试				
5	使用工具	正确使用工具	3	工具使用不正确扣3分				
		正确维护工具	2	工具乱摆乱放扣2分				
6	安全及其他	按《电力安全工作规程》操作		违规一次从总分中扣5分；严重违规停止操作			—	
		在规定时间内完成操作		每超时1min从总分扣5分，超时3min停止操作			—	
		合　　计	100					

试题19：6kV 单母线分段高压，Ⅰ段母线由运行转检修，低压Ⅰ段负荷由 $2^{\#}$ 变压器经母联400串带

（考核时间：30min）

序号	考核内容	考核要点	配分	评分标准	检测结果	扣分	得分	备注
1	准备工作	穿戴劳保用品	3	未穿戴整齐扣3分				
		工具、用具准备	2	工具选择不正确扣2分				
2	操作程序	操作票填写	30	字迹不清，关键字有涂改，每处扣2分				
				操作术语不正确每处扣2分				
				操作项目不全每少一项扣5分				
				票面不规范扣5分，未使用双编号扣5分				
				核对性检查漏一项扣5分				
				操作质量检验性检查每漏一项扣5分				
				不取下合闸保险扣2分，取下合闸保险的时间不对扣2分				
				不取下控制保险扣2分，取下控制保险的时间不对扣2分				
				操作顺序不正确扣5~10分				
				未检查负荷分配及回路电流表指示扣2分				
				未检查母线电压表指示扣2分				
				未进行备自投装置“BK”开关切换扣5分				
				操作票出现严重错误扣10~20分，造成事故不得分				
3		模拟预演	10	未进行模拟预演扣10分，模拟预演不执行复诵制度扣5分				
4		操作执行	40	未通知用户扣5分				
				出现误操作扣10~20分，操作中误操作造成事故不得分				
				操作漏项每项扣5分				
				未执行监护制度扣5分				
				未执行复诵制度扣5分				
				不上向级调度汇报扣5分				
5		安全措施	15	未使用合格、有效验电器扣5分				
				未进行验电扣10分，未在带电部位检验验电器好坏扣5分				
				未检查接地线是否有断股扣5分				
				挂地线顺序错误扣10分				

续表

序号	考核内容	考核要点	配分	评分标准	检测结果	扣分	得分	备注
6	安全及其他	按《电力安全工作规程》操作		违规一次从总分中扣5分；严重违规停止操作			—	
		在规定时间内完成操作		每超时1min从总分扣5分，超时3min停止操作			—	
合　计			100					

试题20：6kV单母线分段，1#进线开关由检修转运行，恢复正常运行方式

（考核时间：15min）

序号	考核内容	考核要点	配分	评分标准	检测结果	扣分	得分	备注
1	准备工作	穿戴劳保用品	3	未穿戴整齐扣3分				
		工具、用具准备	2	工具选择不正确扣2分				
2	操作程序	操作票填写	30	字迹不清、关键字有涂改每处扣2分				
				操作术语不正确每处扣2分				
				操作项目不全扣2~10分				
				票面不规范扣5分，未使用双编号扣5分				
				核对性检查漏一项扣5分				
				操作质量检验性检查每漏一项扣2分				
				不给上合闸保险扣2分，给上合闸保险的时间不对扣2分				
				不给上控制保险扣5分，给上控制保险的时间不对扣5分				
				操作顺序不正确扣5~10分				
				未检查回路电流表指示扣2分				
				未检查母线电压表指示扣2分				
				未进行备自投装置“BK”开关切换扣5分				
				操作票出现严重错误扣10~20分，造成事故不得分				
3		模拟预演	10	未进行模拟预演扣10分，模拟预演不执行复诵制度扣5分				
4		安全措施	15	未拆或漏拆接地线不得分				
				拆接地线违反规程规定扣5分，未按操作票接地线顺序拆除接地线扣5分				

续表

序号	考核内容	考核要点	配分	评分标准	检测结果	扣分	得分	备注
5		操作执行	40	未通知用户扣5分				
				出现误操作扣10~20分，操作中误操作造成事故不得分				
				操作漏项或跳项每项扣5分				
				操作人与监护人的站位不符合要求扣5分				
				未执行监护制度扣5分				
				未执行复诵制度扣5分				
				不向上级调度汇报扣5分				
6	安全及其他	按《电力安全工作规程》操作		违规一次从总分中扣5分；严重违规停止操作			—	
		在规定时间内完成操作		每超时1min从总分扣5分，超时3min停止操作			—	
		合　计	100					

试题21：6kV单母线分段，1#变压器由运行转检修，低压Ⅰ段负荷由2#变压器经母联400开关串带

（考核时间：15min）

序号	考核内容	考核要点	配分	评分标准	检测结果	扣分	得分	备注
1	准备工作	穿戴劳保用品	3	未穿戴整齐扣3分				
		工具、用具准备	2	工具选择不正确扣2分				
2	操作程序	操作票填写	30	字迹不清、关键字有涂改每处扣2分				
				操作术语不正确每处扣2分				
				操作项目不全每少一项扣5分				
				票面不规范扣5分，未使用双编号扣5分				
				核对性检查漏一项扣5分				
				操作质量检验性检查每漏一项扣5分				
				不取下合闸保险扣2分，取下合闸保险的时间不对扣2分				
				不取下控制保险扣2分，取下控制保险的时间不对扣2分				
				操作顺序不正确扣5~10分				

续表

序号	考核内容	考核要点	配分	评分标准	检测结果	扣分	得分	备注
				未检查负荷分配及回路电流表指示扣2分				
				未检查母线电压表指示扣2分				
				未进行备自投装置"BK"开关切换扣5分				
				操作票出现严重错误扣10~20分，造成事故不得分				
3		模拟预演	10	未进行模拟预演扣10分，模拟预演不执行复诵制度扣5分				
4		操作执行	40	出现误操作扣10~20分，操作中误操作造成事故不得分				
				操作漏项每项扣5分				
				未执行监护制度扣10分				
				未执行复诵制度扣10分				
5		安全措施	15	未使用合格、有效验电器扣5分				
				未进行验电扣10分，未在带电部位检验验电器好坏扣5分				
				未检查接地线是否有断股扣5分				
				挂地线顺序错误扣10分				
6	安全及其他	按《电力安全工作规程》操作		违规一次从总分中扣5分；严重违规停止操作			—	
		在规定时间内完成操作		每超时1min从总分扣5分，超时3min停止操作			—	
		合　计	100					

试题22：三相交流异步电动机绕阻相间短路故障的分析与判断

（考核时间：10min）

序号	考核内容	考核要点	配分	评分标准	检测结果	扣分	得分	备注
1	准备工作	穿戴劳保用品	3	未穿戴整齐扣3分				
		工具、用具准备	2	工具选择不正确扣2分				
2	操作程序	故障的分析判断	40	未用钳形表测量三相电流不平衡度扣5分				
				配电柜报警信号未检查扣5分				
				配电柜开关状态未检查扣5分				
				故障原因分析错误扣10分				
				结果判断错误扣20分				

续表

序号	考核内容	考核要点	配分	评分标准	检测结果	扣分	得分	备注
3		故障处理	50	不切断电源扣10分				
				电源柜断电不挂标示牌扣10分				
				未检测电动机绕组绝缘扣10分				
				未检测电动机绕组直阻扣10分				
				不知道电动机直阻标准扣5分				
				直阻计算错误扣10分				
				仪器、仪表使用错误扣5分				
				故障处理方法错误扣10分				
				处理结果错误扣20分				
				扩大故障范围扣30分并终止操作				
4	使用工具	正确使用工具	3	工具使用不正确扣3分				
		正确维护工具	2	工具乱摆乱放扣2分				
5	安全及其他	按《电力安全工作规程》操作		违规一次从总分中扣5分；严重违规停止操作			—	
		在规定时间内完成操作		每超时1min从总分扣5分，超时3min停止操作			—	
		合　计	100					

试题23：Δ形接法的三相异步电动机错接为Y形的分析与判断

（考核时间：10min）

序号	考核内容	考核要点	配分	评分标准	检测结果	扣分	得分	备注
1	准备工作	穿戴劳保用品	3	未穿戴整齐扣3分				
		工具、用具准备	2	工具选择不正确扣2分				
2	操作程序	故障的分析判断	40	未用钳形表测量三相空载电流扣10分				
				未检测电动机启动时间扣10分				
				未观察到电动机带载能力变差扣5分				
				故障原因分析错误扣10分				
				结果判断错误扣20分				
3		故障处理	50	不切断电源扣10分				
				电源柜断电不挂标示牌扣10分				
				故障处理方法错误扣10分				
				未按电动机铭牌改正接线扣20分				
				改正接线后未进行电动机启动测试扣10分				
				扩大故障范围扣30分并终止操作				

续表

序号	考核内容	考核要点	配分	评分标准	检测结果	扣分	得分	备注
4	使用工具	正确使用工具	3	工具使用不正确扣3分				
		正确维护工具	2	工具乱摆乱放扣2分				
5	安全及其他	按《电力安全工作规程》操作		违规一次从总分中扣5分；严重违规停止操作			—	
		在规定时间内完成操作		每超时1min从总分扣5分，超时3min停止操作			—	
		合　　计	100					

试题24：S9-630/10型变压器的吊芯大修

（考核时间：20min）

序号	考核内容	考核要点	配分	评分标准	检测结果	扣分	得分	备注
1	准备工作	穿戴劳保用品	2	未穿戴整齐扣2分				
		工具、用具准备	15	工具、材料准备不充分扣2~5分				
				仪器、仪表准备不充分扣2~5分				
				起重设备准备不充分扣2~5分				
		修前的油样试验	3	未进行修前的油样分析试验扣5分				
2	操作程序	吊芯检查	60	不清楚吊芯的环境要求扣2~5分				
				不清楚吊芯检查的主要项目及其内容扣2~15分				
				不清楚吊芯检查的检修项目质量标准扣5~20分				
				不清楚吊芯检查的方法和操作步骤扣5~20分				
				不能概要叙述其他辅助设施检修项目内容及标准扣5~10分				
3		修后试验	15	不清楚修后主要试验项目扣2~10分				
				不清楚修后主要项目试验标准扣2~5分				
4	使用工具	正确使用工具、仪表	5	不知道工具、仪表的正确使用方法扣2~5分				
5	安全及其他	按《电力安全工作规程》操作		违规一次从总分中扣5分；严重违规停止操作			—	
		在规定时间内完成操作		每超时1min从总分扣5分，超时3min停止操作			—	
		合　　计	100					

试题 25：三个单相电压互感器构成的绝缘监察装置开口三角绕组接线极性错误的判断

（考核时间：20min）

序号	考核内容	考核要点	配分	评分标准	检测结果	扣分	得分	备注
1	准备工作	穿戴劳保用品	3	未穿戴整齐扣 3 分				
		工具、用具准备	2	工具选择不正确扣 2 分				
2	操作程序	识别电压互感器极性的常用方法(口述)	15	不知道常用识别方法扣 15 分，不全扣 5~10 分				
3		绝缘监察装置的工作原理(口述)	15	不知道工作原理扣 10 分，不完整扣 5 分				
				不清楚电压互感器极性错误对绝缘监察装置的影响扣 10 分				
4		极性识别与处理	60	不清楚电压互感器绕组标志的意义扣 10 分				
				极性识别错误扣 20 分				
				不能改正极性错误接线扣 30 分				
				损坏器件每只扣 5 分				
5	使用工具	正确使用工具	3	工具使用不正确扣 3 分				
		正确维护工具	2	工具乱摆乱放扣 2 分				
6	安全及其他	按电气试验规程和电力安全工作规程操作		违规一次从总分中扣 10 分；严重违规停止操作			—	
		在规定时间内完成操作		每超时 1min 从总分扣 5 分，超时 3min 停止操作			—	
		合　计	100					

试题 26：断路器三相同期的测试

（考核时间：20min）

序号	考核内容	考核要点	配分	评分标准	检测结果	扣分	得分	备注
1	准备工作	穿戴劳保用品	3	未穿戴整齐扣 3 分				
		工具、用具准备	2	工具选择不正确扣 2 分				
2	操作程序	仪器接线	20	未检查安全措施是否落实扣 5 分				
				开关动特性测试仪接线错误扣 15 分				
3		同期测试	50	仪器使用方法错误每次扣 3 分				
				测试方法错误扣 10 分				
				测试项目不完整、缺项每项扣 5 分				
				读数错误扣 10 分				
				未作记录扣 10 分，记录项目不全每项扣 2 分				

续表

序号	考核内容	考核要点	配分	评分标准	检测结果	扣分	得分	备注
4		结果分析	20	不知道开关合闸不同期标准扣10分				
				不知道开关分闸不同期标准扣10分				
				测试结果未分析或分析错误扣10分				
5	使用工具	正确使用工具	3	工具使用不正确扣3分				
		正确维护工具	2	工具乱摆乱放扣2分				
6	安全及其他	按电气试验规程和电力安全工作规程操作		损坏仪表从总分中扣20分			—	
				违规一次从总分中扣10分；严重违规停止操作			—	
		在规定时间内完成操作		每超时1min从总分扣5分，超时3min停止操作			—	
		合　计	100					

试题27：防爆照明灯具及开关的检修

（考核时间：20min）

序号	考核内容	考核要点	配分	评分标准	检测结果	扣分	得分	备注
1	准备工作	穿戴劳保用品	3	未穿戴整齐扣3分				
		工具、用具准备	2	工具选择不正确扣2分				
2	操作程序	检查设备、材料	10	未进行检查扣10分				
				错检、漏检每个扣5分				
3		识别防爆灯具、开关的规格、型号(口述)	10	不能正确说出防爆灯具、开关的规格、型号意义每个扣5分				
				不能正确说出防爆灯具、开关的适用场所扣5分				
				不清楚防爆灯具、开关检修的项目及质量标准扣5分				
4		防爆灯具、开关检修	50	未检查灯具、开关的内部接线端子紧固情况扣5分				
				未检查灯具、开关电缆出入口的防爆密封性能扣10分				
				未检测灯具、开关电缆接线的绝缘扣10分				
				未检查灯具、开关的防爆接触面扣10分				
				破坏了灯具及开关原有的防爆、防尘及防水性能扣5~20分				

续表

序号	考核内容	考核要点	配分	评分标准	检测结果	扣分	得分	备注
				灯具及开关的零部件不齐全或联接不牢固每个扣3分				
				检修方法、步骤错误扣5~10分				
				损坏元器件每只扣5~20分				
5		通电测试	20	检修完成后通电测试一次不成功扣20分				
6	使用工具	正确使用工具	3	工具使用不正确扣3分				
		正确维护工具	2	工具乱摆乱放扣2分				
7	安全及其他	按电气试验规程和电力安全工作规程操作		违规一次从总分中扣10分；严重违规停止操作			—	
		在规定时间内完成操作		每超时1min从总分扣5分，超时3min停止操作			—	
		合　计	100					

试题28：接地装置的接地电阻测试

（考核时间：20min）

序号	考核内容	考核要点	配分	评分标准	检测结果	扣分	得分	备注
1	准备工作	穿戴劳保用品	3	未穿戴整齐扣3分				
		工具、用具准备	2	工具选择不正确扣2分				
2	操作程序	正确接线	20	未拆开接地装置与被保护设备之间的联接扣10分				
				电流、电位探针布置不与接地体成一条直线扣10分				
				电流、电位探针之间距离不符合规定扣10分				
				E、P、C位置接线错误扣10分				
3		接地电阻测试	40	测前检流计未调零错误扣5分				
				倍率标度放置错误扣5分，调节方法错误扣5分				
				测量转速不符合要求扣5分，未调节指针保持平衡扣5分				
				读数错误扣10分，读数小于1而未重新调整倍率扣5分				
				未作记录扣10分，记录项目不全每项扣2分				

续表

序号	考核内容	考核要点	配分	评分标准	检测结果	扣分	得分	备注
4		结果分析	20	不知道标准扣10分，未分析或分析错误扣10分				
5		清理现场	10	未拆除探针引线扣5分，未恢复接地联接扣10分				
6	使用工具	正确使用工具	3	工具使用不正确扣3分				
		正确维护工具	2	工具乱摆乱放扣2分				
7	安全及其他	按电气试验规程和电力安全工作规程操作		损坏仪表从总分中扣20分				
				违规一次从总分中扣10分，严重违规停止操作				
		在规定时间内完成操作		每超时1min从总分扣5分，超时3min停止操作				
		合　计	100					

试题29：测试电压互感器的变压比

（考核时间：30min）

序号	考核内容	考核要点	配分	评分标准	检测结果	扣分	得分	备注
1	准备工作	穿戴劳保用品	3	未穿戴整齐扣3分				
		工具、用具准备	2	工具选择不正确扣2分				
2	操作程序	试验接线	40	未计算试验电压值扣10分，计算错误每项扣5分				
				未进行设备、仪表检查扣5分				
				接线错误扣20分				
				互感器高压侧尾端未接地或接地不良扣10分				
				调压器不在零位送电扣5分				
3		变压比测试	40	操作不当扣5分				
				升压不到位或超出扣5分				
				读数不准确扣5分				
				未作记录扣10分，记录项目不全每项扣2分				
4		计算变压比	10	计算错误扣10分				
5	使用工具	正确使用工具	3	工具使用不正确扣3分				
		正确维护工具	2	工具乱摆乱放扣2分				
6	安全及其他	按电气试验规程和电力安全工作规程操作		损坏设备从总分中扣20分				
				违规一次从总分中扣10分，严重违规停止操作				
		在规定时间内完成操作		每超时1min从总分扣5分，超时3min停止操作				
		合　计	100					

试题30：现场高压开关柜上三相电参数综合测试仪的数据读取

（考核时间：5min）

序号	考核内容	考核要点	配分	评分标准	检测结果	扣分	得分	备注
1	准备工作	穿戴劳保用品	5	未穿戴整齐扣5分				
2	操作程序	检查综合测试仪工作状态	15	未检查扣15分				
3		正确操作综合测试仪，读取电压数据	55	不清楚各功能键的作用每个扣5分				
				不会读取设定的参数扣10分				
				不了解各参数的意义扣2~10分				
				不会读取测量数据扣10分				
				不能正常退出操作扣5分				
4		读取数据结果	25	读取数据结果错误扣5~25分				
5	安全及其他	严格按相关安全操作规程操作		违规一次从总分中扣10分，严重违规停止操作			—	
		在规定时间内完成操作		每超时1min从总分扣5分，超时3min停止操作			—	
		合　计	100					

试题31：依据定时限过电流继电保护原理图绘制盘后接线图

（考核时间：120min）

序号	考核内容	考核要点	配分	评分标准	检测结果	扣分	得分	备注
1	准备工作	穿戴劳保用品	3	未穿戴整齐扣3分				
		工具、用具准备	2	工具选择不正确扣2分				
2	操作程序	识读保护原理图	10	不会读图扣10分				
				局部错误扣3~8分				
3		绘制盘面布置图	10	不符合规范要求扣5分				
				元器件布置不合理扣5分				
4		绘制端子排图	20	端子排列不符合规范要求扣5~10分				
				交流回路无接地扣5分				
5		绘制盘后接线图	50	未按相对编号法画图扣20分				
				接线标号标错每处扣5分				
				图形、文字符号不规范每个扣3分				
				图形、文字符号错误每个扣5分				
6	使用工具	正确使用工具	3	工具使用不正确扣3分				
		正确维护工具	2	工具乱摆乱放扣2分				

续表

序号	考核内容	考核要点	配分	评分标准	检测结果	扣分	得分	备注
7	安全及其他	按《电力安全工作规程》操作		违规一次从总分中扣5分；严重违规停止操作			—	
		在规定时间内完成操作		每超时1min从总分扣5分，超时3min停止操作			—	
		合　计	100					

试题32：画出复合电压闭锁过电流保护原理图

（考核时间：20min）

序号	考核内容	考核要点	配分	评分标准	检测结果	扣分	得分	备注
1	准备工作	穿戴劳保用品	3	未穿戴整齐扣3分				
		工具、用具准备	2	工具选择不正确扣2分				
2	操作程序	对图形符号的要求	25	图形符号不规范每个扣3分				
				图形符号错误每个扣5分				
3		对文字符号的要求	25	文字符号不规范每个扣3分				
				文字符号错误每个扣5分				
4		画图	40	绘图错误每处扣5分				
				直流正、负标号错误每处扣5分				
				接地位置不正确扣5分				
				接地符号不规范扣5分				
5	使用工具	正确使用工具	3	工具使用不正确扣3分				
		正确维护工具	2	工具乱摆乱放扣2分				
6	安全及其他	按《电力安全工作规程》操作		违规一次从总分中扣5分；严重违规停止操作			—	
		在规定时间内完成操作		每超时1min从总分扣5分，超时3min停止操作			—	
		合　计	100					

试题33：画出变压器差动保护原理图

（考核时间：4min）

序号	考核内容	考核要点	配分	评分标准	检测结果	扣分	得分	备注
1	准备工作	穿戴劳保用品	3	未穿戴整齐扣3分				
		工具、用具准备	2	工具选择不正确扣2分				
2	操作程序	对图形符号的要求	25	图形符号不规范每个扣3分				
				图形符号错误每个扣5分				

续表

序号	考核内容	考核要点	配分	评分标准	检测结果	扣分	得分	备注
3		对文字符号的要求	25	文字符号不规范每个扣3分				
				文字符号错误每个扣5分				
4		画图	40	绘图错误每处扣5分				
				直流正、负标号错误每处扣5分				
				接地位置不正确扣5分				
				接地符号不规范扣5分				
5	使用工具	正确使用工具	3	工具使用不正确扣3分				
		正确维护工具	2	工具乱摆乱放扣2分				
6	安全及其他	按《电力安全工作规程》操作		违规一次从总分中扣5分；严重违规停止操作			—	
		在规定时间内完成操作		每超时1min从总分扣5分，超时3min停止操作			—	
		合　计	100					

试题34：画出低电压闭锁过电流保护原理图

（考核时间：20min）

序号	考核内容	考核要点	配分	评分标准	检测结果	扣分	得分	备注
1	准备工作	穿戴劳保用品	3	未穿戴整齐扣3分				
		工具、用具准备	2	工具选择不正确扣2分				
2	操作程序	对图形符号的要求	25	图形符号不规范每个扣3分				
				图形符号错误每个扣5分				
3		对文字符号的要求	25	文字符号不规范每个扣3分				
				文字符号错误每个扣5分				
4		画图	40	绘图错误每处扣5分				
				直流正、负标号错误每处扣5分				
				接地位置不正确扣5分				
				接地符号不规范扣5分				
5	使用工具	正确使用工具	3	工具使用不正确扣3分				
		正确维护工具	2	工具乱摆乱放扣2分				
6	安全及其他	按《电力安全工作规程》操作		违规一次从总分中扣5分；严重违规停止操作			—	
		在规定时间内完成操作		每超时1min从总分扣5分，超时3min停止操作			—	
		合　计	100					

试题 35：画出电流互感器差接线原理图

（考核时间：5min）

序号	考核内容	考核要点	配分	评分标准	检测结果	扣分	得分	备注
1	准备工作	穿戴劳保用品	3	未穿戴整齐扣 3 分				
		工具、用具准备	2	工具选择不正确扣 2 分				
2	操作程序	对图形符号的要求	25	图形符号不规范每个扣 3 分				
				图形符号错误每个扣 5 分				
3		对文字符号的要求	25	文字符号不规范每个扣 3 分				
				文字符号错误每个扣 5 分				
4		画图	40	接地位置不正确扣 5 分				
				接地符号不规范扣 5 分				
				绘图错误本项不得分				
5	使用工具	正确使用工具	3	工具使用不正确扣 3 分				
		正确维护工具	2	工具乱摆乱放扣 2 分				
6	安全及其他	按《电力安全工作规程》操作		违规一次从总分中扣 5 分；严重违规停止操作			—	
		在规定时间内完成操作		每超时 1min 从总分扣 5 分，超时 3min 停止操作			—	
		合　计	100					

试题 36：画出三相桥式整流电路及各点工作电压波形

（考核时间：10min）

序号	考核内容	考核要点	配分	评分标准	检测结果	扣分	得分	备注
1	准备工作	穿戴劳保用品	3	未穿戴整齐扣 3 分				
		工具、用具准备	2	工具选择不正确扣 2 分				
2	操作程序	对图形符号的要求	20	图形符号不规范每个扣 3 分				
				图形符号错误每个扣 5 分				
3		对文字符号的要求	20	文字符号不规范每个扣 3 分				
				文字符号错误每个扣 5 分				
4		绘制电路图	25	绘图错误每处扣 5 分				
5		绘制工作电压波形图	25	未绘制变压器副边输出电压波形图扣 10 分，绘制错误扣 2~10 分				
				未绘制整流输出工作电压波形图扣 15 分，绘制错误扣 3~15 分				
6	使用工具	正确使用工具	3	工具使用不正确扣 3 分				
		正确维护工具	2	工具乱摆乱放扣 2 分				
7	安全及其他	按《电力安全工作规程》操作		违规一次从总分中扣 5 分；严重违规停止操作			—	
		在规定时间内完成操作		每超时 1min 从总分扣 5 分，超时 3min 停止操作			—	
		合　计	100					

第四部分

技师/高级技师

一、理论知识鉴定要素细目表

行业通用理论知识鉴定要素细目表

鉴定范围						鉴定点		
一级		二级		三级		代码	名称	重要程度
代码	名称	代码	名称	代码	名称			
A	基本要求	B	基础知识	B	识图基础知识	001	设备布置图基础知识	X
						002	管道布置图基础知识	X
						003	化工设备图尺寸标注方法	X
						004	装配图内容	X
				D	质量基础知识	001	ISO 9000 族标准质量管理审核的依据	X
						002	ISO 9001 标准质量管理体系的总体思路	X
				E	计算机基础知识	001	数据库的概念	X
						002	数据表的建立	X
						003	PowerPoint 课件的制作	X
B	相关知识	E	管理知识	A	生产管理	001	生产的管理	X
						002	设备的管理	X
						003	现场的管理	X
				B	编写技术文件	001	生产总结报告的常用格式	X
						002	技术论文的结构内容	X
						003	技术论文标题拟订的基本原则	X
						004	技术论文摘要拟订的基本原则	X
						005	技术论文编写的基本要素	X
						006	装置标定报告主要内容	X
						007	装置验收报告主要内容	X
						008	工艺技术规程主要内容	X
						009	岗位操作法的主要内容	X
						010	检修方案的主要内容	X
						011	开工方案的主要内容	X
						012	停工方案的主要内容	X
				C	技术改进	001	技术改造的目的	X
						002	技术改造的程序	X
						003	技术改造方案的主要内容	X
						004	技术改造的有关步骤	X
						005	技术改造申请书的编写格式	X
						006	技术革新成果的鉴定知识	X
						007	技术改造的注意事项	X
						008	技术革新成果报告的主要内容	X

续表

鉴定范围						鉴定点		
一级		二级		三级		代码	名称	重要程度
代码	名称	代码	名称	代码	名称			
		F	培训与指导	A	培训与指导	001	专项培训方案制定的要求	X
						002	培训教学常用方法	X
						003	培训教案编写的要求	X
						004	培训教学的组织实施	X
						005	评估培训效果的意义	X

工种理论知识鉴定要素细目表

鉴定范围						鉴定点		
一级		二级		三级		代码	名称	重要程度
代码	名称	代码	名称	代码	名称			
A	基本要求	B	基础知识	F	直流电路	001	戴维南定理的应用	X
						002	电压源的概念	X
						003	电流源的概念	X
						004	电压源与电流源的等效变换	X
						005	星形电路与三角形电路的等效变换	X
				G	电磁知识	001	应用磁路欧姆定律进行磁路分析与计算	X
				H	交流电路	001	正弦交流电的符号法的应用	X
						002	串联谐振的应用	X
						003	并联谐振的应用	X
						004	三相不对称负载的概念	X
						005	三相不对称负载的分析	X
				I	电子电路基本知识	001	计数器	X
						002	寄存器	X
						003	集成运算放大器的工作原理	X
						004	集成运算放大器的应用	X
				J	晶闸管电路及应用	001	三相可控整流电路的分析与计算	X
						002	晶闸管对触发电路的要求	X
						003	触发脉冲的输出方式	X
						004	单结晶体管的结构	X
						005	单结晶体管的原理	X
						006	单结晶体管触发电路	X
						007	晶闸管的选用	X
						008	晶闸管有源逆变电路	X
						009	逆变器的工作原理	X
						010	斩波器的工作原理	X

续表

鉴定范围						鉴定点		
一级		二级		三级		代码	名称	重要程度
代码	名称	代码	名称	代码	名称			
B	相关知识	C	电力系统知识	A	电力系统基本概念	001	电力系统的潮流分布的概念	X
						002	进行电力系统的潮流分布计算的意义	X
						003	电力系统静动稳定性的基本概念	X
						004	提高电力系统动静态稳定性的措施	X
						005	电力系统谐波污染的危害与抑制	X
				E	短路电流的计算	001	短路电流的计算方法与步骤	X
						002	短路电流的效应与动稳定校验	X
		D	电气设备	A	高压开关电器	001	自动重合器的应用	X
						002	分段器的应用	X
				C	电力变压器	001	变压器的有载调压分接开关分类	X
						002	变压器的有载调压分接开关基本结构	X
						003	非晶合金铁芯变压器的特点	X
				D	互感器	001	电流互感器的误差	X
						002	电压互感器的误差	X
				F	成套配电装置及组合电器	001	SF_6 全封闭组合电器(GIS)特点	X
						002	SF_6 全封闭组合电器(GIS)的使用	X
				I	交流异步电动机	001	交流电动机选择的原则	X
						002	交流异步控制电机的特点	X
				J	同步电机	001	微型同步电动机的特点	X
						002	同步发电机的工作原理	X
		F	继电保护及二次回路	D	高压线路继电保护	001	低电压闭锁过电流保护的整定原则	X
						002	反时限过电流保护的整定原则	X
						003	定时限过电流保护的计算	X
				E	电力变压器的继电保护	001	变压器复合电压启动过电流保护的整定原则	X
						002	变压器差动保护的整定原则	X
						003	变压器过负荷保护计算	X
				F	高压电动机的继电保护	001	高压同步电机失步保护的原理	X
						002	高压同步电动机带载自动再同步的概念	X
						003	高压电动机纵联差动保护的整定	X
				G	高压电力电容器组的保护	001	高压电力电容器组的过流保护整定原则	X
						002	高压电力电容器组的过电压保护的整定原则	X
				H	母线保护	001	母线不完全差动保护原理	X

续表

鉴定范围						鉴定点		
一级		二级		三级		代码	名称	重要程度
代码	名称	代码	名称	代码	名称			
				J	变配电所自动装置	001	自动重合闸配置、整定的基本原则	X
						002	备用电源自动投入装置的整定原则	X
						003	故障滤波器的原理及作用	X
				L	操作电源	001	高频开关直流操作电源的原理	X
		G	变电所的微机保护和综合自动化	A	变电所微机保护	001	微机保护装置的数字信号处理技术	X
						002	微机保护的软件系统构成	X
						003	提高微机保护系统可靠性的主要措施	X
						004	影响微机保护的主要干扰因素及其抑制措施	X
						005	微机保护装置故障的自动检测	X
						006	微机保护装置的应用	X
				B	变电站综合自动化系统	001	变电站综合自动化的通信内容和通信功能	X
						002	变电站综合自动化系统通信网络	X
						003	变电站综合自动化系统的干扰因素与抑制措施	X
						004	变电站综合自动化系统的调试	X
						005	变电站综合自动化系统的运行与维护	X
						006	变电站综合自动化技术的发展方向	X
		H	电气运行维护及事故处理	A	电力变压器的运行维护及事故处理	001	根据变压器油质气相色谱分析判断故障类型	X
						002	变压器差动保护动作后的处理方法	X
						003	变压器后备保护动作后的处理方法	X
						004	变压器无功经济当量的概念	X
						005	变压器经济运行	X
						006	变压器事故处理原则	X
						007	变压器经济运行的计算	X
						008	变压器中性点电位异常运行规定	X
				B	开关电器及消弧线圈的运行维护及事故处理	001	GIS 组合电器异常运行故障分析	X
						002	消弧线圈运行注意事项	X
						003	消弧线圈异常运行的处理	X
						004	变配电所产生串联谐振过电压的分析	X
						005	变配电所产生串联谐振过电压的故障处理	X
						006	变电所配电系统发生单相接地故障分析	X
						007	消弧线圈运行知识	X
						008	空母线或线路的三相对地电容电流不平衡出现的故障分析	X
						009	母线电压表指示不正常故障判断	X

续表

鉴定范围						鉴定点		
一级		二级		三级		代码	名称	重要程度
代码	名称	代码	名称	代码	名称			
				C	互感器的运行维护及事故处理	001	防止电压互感器产生铁磁谐振的措施	X
						002	电压互感器高压熔断器熔断原因分析	X
						003	电压互感器铁磁谐振故障分析	X
				D	电容器及无功补偿装置的运行维护及事故处理	001	运行中移相电容器组投入与退出的原则	X
						002	电容器运行中常见故障的原因分析	X
						003	移相电容器的运行处理	X
				G	直流系统及二次回路的运行维护及事故处理	001	直流系统接地的处理	X
						002	直流装置充、放电规定	X
						003	直流屏及中央信号的故障处理	X
				H	电机的运行维护及事故处理	001	电动机故障检查与判断	X
						002	电动机三相电流不平衡的原因分析	X
						003	同步发电机的并列与解列	X
						004	同步发电机的异常运行状况的分析与处理	X
		I	电气检修	A	变压器的检修	001	变压器大修内容	X
						002	变压器大修项目标准	X
						003	变压器芯子干燥处理方法	X
						004	变压器检修规定	X
				B	开关电器的检修	001	断路器检修要点	X
						002	液压机构检修要点	X
				C	电动机的检修	001	电动机定子绕组圆形接线参考图的绘制原则	X
						002	电动机检修分析	X
						003	电动机检修方法	X
				D	其他控制系统的检修	001	电气控制线路查找故障点方法	X
						002	二次回路故障分析	X
		J	电气设备预防性试验	A	绝缘电阻试验	001	电气设备绝缘电阻试验的规定	X
				B	交直流耐压试验	001	交直流耐压试验的标准	X
				C	绝缘油试验	001	绝缘油的试验标准	X
				D	直流电阻试验	001	直流电阻试验的标准	X
				E	介质损耗角试验	001	介质损耗系数（$\tan\delta$）的试验数据的分析与判断	X
				F	电力设备的预防性试验	001	电力变压器的试验标准	X
						002	避雷器的试验标准	X
						003	高压断路器的试验标准	X
						004	互感器的试验标准	X

续表

鉴定范围						鉴定点		
一级		二级		三级		代码	名称	重要程度
代码	名称	代码	名称	代码	名称			
						005	母线的试验标准	X
						006	电力电容器的试验标准	X
						007	电力电缆的试验标准	X
						008	电动机的试验标准	X
		K	配电系统接地与过电压防护	D	变电所及电气设备的过电压保护	001	大气过电压及避雷针的保护范围	X
		L	电动机控制	A	异步电动机的控制	001	三相异步电动机的制动	X
				B	同步电动机控制	001	无刷同步电动机的励磁系统工作原理	X
						002	同步电动机的V形曲线和无功功率调节	X
		N	新技术、新工艺	A	可编程控制器的应用	001	可编程控制器的硬件配置	X
						002	可编程控制器的软件编制	X
						003	可编程控制器的一般设计方法	X
						004	可编程控制器系统的调试	X
						005	可编程控制器的维护与检修	X
						006	可编程控制器的特点及发展趋势	X
				B	变频器	001	变频器的基本控制方式	X
						002	变频器的外部接口电路及其作用	X
						003	变频器的主要功能	X
						004	变频器的谐波抑制	X
						005	变频器的主要故障类型及诊断	X
						006	变频器的一般选型依据和方法	X
						007	变频器的维护	X
				C	UPS	001	在线式UPS不间断电源的工作原理	X
						002	UPS不间断电源的操作顺序	X
						003	UPS不间断电源的使用注意事项	X
						004	UPS不间断电源的日常维护	X
		O	电气技术管理	A	变电设备管理	001	一次设备的检修管理	X
						002	一次设备试验管理	X
						003	设备新投用及大修后的验收管理	X
						004	设备缺陷管理	X
				B	变电运行管理	001	变电运行的日常管理	X
						002	变电运行分析	X
						003	变电运行管理的标准化	X

续表

鉴定范围						鉴定点		
一级		二级		三级		代码	名称	重要程度
代码	名称	代码	名称	代码	名称			
				C	变电技术管理	001	变电技术管理的主要内容	X
				D	变电安全管理	001	油浸变压器发生火灾的原因与预防措施	X
						002	油开关发生火灾和爆炸的原因与预防措施	X
						003	电动机发生火灾原因与预防措施	X
						004	电缆沟和电缆隧道的防火预防措施	X
						005	低压配电盘发生火灾原因与预防措施	X
				E	节电技术管理	001	变压器节电技术	X
						002	电动机节电技术	X
						003	照明节电技术	X
						004	功率因数补偿的计算	X

二、理论知识试题

行业通用理论知识试题

判断题

1. 设备布置图是构思建筑图的前提，建筑图又是设备布置图的依据。（√）

2. 化工设备图中，如图管道立面图，其平面图为。（×）

正确答案：化工设备图中，如图管道立面图，其平面图为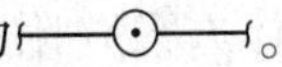。

3. 在化工设备图中，由于零件的制造精度不高，故允许在图上将同方向(轴向)的尺寸注成封闭形式。（√）

4. 装配图中，当序号的指引线通过剖面线时，指引线的方向必须与剖面线平行。（×）

正确答案：装配图中当序号的指引线通过剖面线时，指引线的方向必须与剖面线不平行。

5. 只有 ISO 9000 质量保证模式的标准才能作为质量审核的依据。（×）

正确答案：除 ISO 9000 族质量标准以外，还有其他一些国际标准可以作为质量审核的依据。

6. ISO 9000:2000 版标准减少了过多强制性文件化要求，使组织更能结合自己的实际，控制体系过程，发挥组织的自我能力。（√）

7. 数据库就是存储和管理数据的仓库。（×）

正确答案：数据库就是按一定结构存储和管理数据的仓库。

8. 在计算机应用软件中 VFP 数据表中日期字段的宽度一般为 10 个字符。（×）

正确答案：在计算机应用软件中 VFP 数据表中日期字段的宽度一般为 8 个字符。

9. 在应用软件 PowerPoint 中可以插入 WAV 文件、AVI 影片，但不能插入 CD 音乐。（×）

正确答案：在 PowerPoint 中可以插入 WAV 文件、AVI 影片，也能够插入 CD 音乐。

10. 在应用软件 PowerPoint 中播放演示文稿的同时，单击鼠标右键，选择“指针选项”中

的“画笔”选项，此时指针会自动的变成一支画笔的形状，按住鼠标左键，就可以随意书写文字了。（√）

11. 基本生产过程在企业的全部生产活动中居主导地位。（√）

12. 企业的生产性质、生产结构、生产规模、设备工装条件、专业化协作和生产类型等因素都会影响企业的生产过程组织，其中影响最大的是生产规模。（×）

正确答案：企业的生产性质、生产结构、生产规模、设备工装条件、专业化协作和生产类型等因素都会影响企业的生产过程组织，其中影响最大的是生产类型。

13. 日常设备检查是指专职维修人员每天对设备进行的检查。（×）

正确答案：日常设备检查是指操作者每天对设备进行的检查。

14. 现场管理是综合性、全面性、全员性的管理。（√）

15. 通过对工艺指标分析和对比可以找出设备运行中存在的不足和问题，指导有目的地加以优化和改进。（√）

16. 关键词是为了文献标引工作，从论文中选取出来，用以表示全文主要内容信息款目的单词或术语，一般选用3~8个词作为关键词。（√）

17. 技术论文的摘要是对各部分内容的高度浓缩，可以用图表和化学结构式说明复杂的问题，并要求对论文进行自我评价。（×）

正确答案：技术论文的摘要是对各部分内容的高度浓缩，在摘要中不可以用图表和化学结构式，不要对论文进行自我评价。

18. 理论性是技术论文的生命，是检验论文价值的基本尺度。（×）

正确答案：创见性是技术论文的生命，是检验论文价值的基本尺度。

19. 生产准备应包括：组织机构(附组织机构图)、人员准备及培训、技术准备及编制《投料试车总体方案》(附投料试车统筹网络图)、物资准备、资金准备、外部条件准备和营销准备。（√）

20. 工艺技术规程侧重于主要规定设备如何操作。（×）

正确答案：工艺技术规程侧重于主要规定设备为何如此操作。

21. 岗位操作法应由车间技术人员根据现场实际情况编写，经车间主管审定，并组织有关专家进行审查后，由企业主管批准后执行。（√）

22. 技术改造的过程中竣工验收时应以基础设计为依据。（×）

正确答案：技术改造的过程中竣工验收的依据是批准的项目建议书、可行性研究报告、基础设计(初步设计)、有关修改文件及专业验收确认的文件。

23. 技术改造项目正式验收后要按照对技术经济指标进行考核标定，编写运行标定报告。（×）

正确答案：技术改造项目正式验收前要按照对技术经济指标进行考核标定，编写运行标定报告。

24. 培训需求分析是培训方案设计和制定的基础和指南。（√）

25. 案例教学因受到案例数量的限制，并不能满足每个问题都有相应案例的需求。（√）

26. 主题是培训教案的灵魂，提纲是教案的血脉，素材是培训教案的血肉。（√）

27. 在培训活动中，学员不仅是学习资料的摄取者，同时也是一种可以开发利用的宝贵的学习资源。（√）

28. 对内容、讲师、方法、材料、设施、场地、报名的程序等方面的评价属于结果层面的评价。（×）

正确答案：对内容、讲师、方法、材料、设施、场地、报名的程序等方面的评价属于反应层面的评价。

单选题

1. 设备布置图中，用（ B ）线来表示设备安装基础。

A. 细实　　B. 粗实　　C. 虚　　D. 点划

2. 如图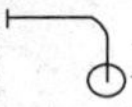为一根管道空间走向的平面图，它的左视图是（ B ）。

A. 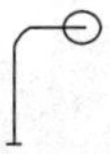　　B. 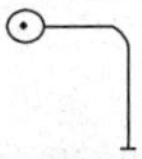　　C. 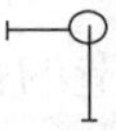　　D. 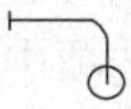

3. 在储罐的化工设备图中，储罐的筒体内径尺寸 ϕ2000 表示的是（ A ）尺寸。

A. 特性　　B. 装配　　C. 安装　　D. 总体

4. 关于零件图和装配图，下列说法不正确的是（ C ）。

A. 零件图表达零件的大小、形状及技术要求

B. 装配图是表示装配及其组成部分的联接、装配关系的图样

C. 零件图和装配图都用于指导零件的加工制造和检验

D. 零件图和装配图都是生产上的重要技术资料

5. 在 ISO 9000 族标准中，可以作为质量管理体系审核的依据是（ A ）。

A. GB/T 19001　　B. GB/T 19000　　C. GB/T 19021　　D. GB/T 19011

6. 按 ISO 9001:2000 标准建立质量管理体系，鼓励组织采用（ A ）方法。

A. 过程　　B. 管理的系统　　C. 基于事实的决策　　D. 全员参与

7. 目前，比较流行的数据模型有三种，下列不属于这三种的是（ D ）结构模型。

A. 层次　　B. 网状　　C. 关系　　D. 星形

8. 在计算机应用软件中 VFP 数据库中浏览数据表的命令是（ A ）。

A. BROWS　　B. SET　　C. USE　　D. APPEND

9. 在应用软件 PowerPoint 中演示文稿的后缀名是（ C ）。

A. doc　　B. xls　　C. ppt　　D. ppl

10. 在生产过程中，由于操作不当造成原材料、半成品或产品损失的，属于（ A ）事故。

A. 生产　　B. 质量　　C. 破坏　　D. 操作

11. 对设备进行清洗、润滑、紧固易松动的螺丝、检查零部件的状况，这属于设备的（ C ）保养。

A. 一级　　B. 二级　　C. 例行　　D. 三级

12. 分层管理是现场 5-S 管理中（ C ）常用的方法。

A. 常清洁　　B. 常整顿　　C. 常组织　　D. 常规范

13. 目视管理是现场 5-S 管理中（ D ）常用的方法。

A. 常组织　　B. 常整顿　　C. 常自律　　D. 常规范

14. 按规定中、小型建设项目应在投料试车正常后（ D ）内完成竣工验收。

A. 两个月　　B. 一年　　C. 三个月　　D. 半年

15. 下列叙述中，（ A ）不是岗位操作法中必须包含的部分。

A. 生产原理　B. 事故处理　C. 投、停运方法　D. 运行参数

16. 下列选项中，不属于标准改造项目的是(A)。

A. 重要的技术改造项目　B. 全面检查、清扫、修理

C. 消除设备缺陷，更换易损件　D. 进行定期试验和鉴定

17. 在停车操作阶段不是技师所必须具备的是(D)。

A. 组织完成装置停车吹扫工作

B. 按进度组织完成停车盲板的拆装工作

C. 控制并降低停车过程中物耗、能耗

D. 指导同类型的装置停车检修

18. 下列选项中，属于技术改造的是(C)。

A. 原设计系统的恢复的项目　B. 旧设备更新的项目

C. 工艺系统流程变化的项目　D. 新设备的更新项目

19. 为使培训计划富有成效，一个重要的方法是(A)。

A. 建立集体目标

B. 编成训练班次讲授所需的技术和知识

C. 把关于雇员的作茧自缚情况的主要评价反馈给本人

D. 在实施培训计划后公布成绩

20. 在培训教学中，案例法有利于参加者(D)。

A. 提高创新意识　B. 系统接受新知识

C. 获得感性知识　D. 培养分析解决实际问题能力

21. 课程设计过程的实质性阶段是(C)。

A. 课程规划　B. 课程安排　C. 课程实施　D. 课程评价

22. 正确评估培训效果要坚持一个原则，即培训效果应在(B)中得到检验。

A. 培训过程　B. 实际工作　C. 培训教学　D. 培训评价

多选题

1. 设备布置图必须具有的内容是(A，B，D)。

A. 一组视图　B. 尺寸及标注　C. 技术要求　D. 标题栏

2. 在化工设备图中，当控制元件位置与任一直角坐标轴平行时，可用(A，C，D)表示。

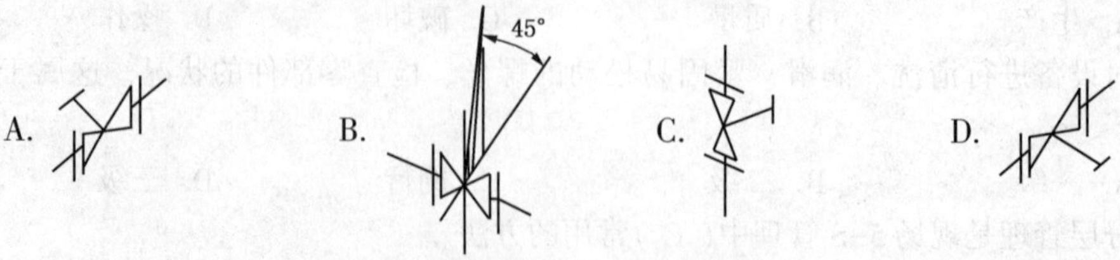

3. 在化工设备图中，可以作为尺寸基准的有(A，B，C，D)。

A. 设备筒体和封头的中心线　B. 设备筒体和封头时的环焊缝

C. 设备法兰的密封面　D. 设备支座的底面

4. 在化工设备图中，可以作为尺寸基准的有(A，B，D)。

A. 设备筒体和封头的中心线　B. 设备筒体和封头时的环焊缝

C. 设备人孔的中心线　D. 管口的轴线和壳体表面的交线

5. 下列叙述中，不正确的是(A，B，D)。

A. 根据零件加工、测量的要求而选定的基准为工艺基准。从工艺基准出发标注尺寸，能把尺寸标注与零件的加工制造联系起来，使零件便于制造、加工和测量

B. 装配图中，相邻零件的剖面线方向必须相反

C. 零件的每一个方向的定向尺寸一律从该方向主要基准出发标注

D. 零件图和装配图都用于指导零件的加工制造和检验

6. 在 ISO 9000 族标准中，内部质量体系审核的依据是(A，B，C，D)。

A. 合同要素　　B. 质量文件

C. ISO 9000 族标准　　D. 法律、法规要求

7. ISO 9001 标准具有广泛的适用性，适用于(B，D)。

A. 大中型企业　　B. 各种类型规模及所有产品的生产组织

C. 制造业　　D. 各种类型规模及所有产品的服务的组织

8. 在计算机应用软件中 VFP 能用来建立索引的字段是(C，D)字段。

A. 通用型(图文型)　B. 备注(文本型)　C. 日期　D. 逻辑

9. 关于幻灯片的背景，说法不正确的是(A，C，D)。

A. 只有一种背景　B. 可以是图片　C. 不能更改　D. 以上都错

10. 企业在安排产品生产进度计划时，对市场需求量大，而且比较稳定的产品，其全年任务可采取(A，B)。

A. 平均分配的方式　　B. 分期递增方法

C. 抛物线形递增方式　　D. 集中轮番方式

11. 设备的一级维护保养的主要内容是(A，B，C)。

A. 彻底清洗、擦拭外表　　B. 检查设备的内脏

C. 检查油箱油质、油量　　D. 局部解体检查

12. 现场目视管理的基本要求是(A，B，C，D)。

A. 统一　B. 简约　C. 鲜明　D. 实用

13. 在月度生产总结报告中对工艺指标完成情况的分析应包括(A，B，C，D)。

A. 去年同期工艺指标完成情况　　B. 本月工艺指标完成情况

C. 计划本月工艺指标情况　　D. 未达到工艺指标要求的原因

14. 技术论文标题拟订的基本要求是(B，C，D)。

A. 标新立异　B. 简短精练　C. 准确得体　D. 醒目

15. 技术论文摘要的内容有(A，C，D)。

A. 研究的主要内容　　B. 研究的目的和自我评价

C. 获得的基本结论和研究成果　　D. 结论或结果的意义

16. 技术论文的写作要求是(A，B，D)。

A. 选题恰当　B. 主旨突出　C. 叙述全面　D. 语言准确

17. 装置标定报告的目的是(A，B，D)。

A. 进行重大工艺改造前为改造设计提供技术依据

B. 技术改造后考核改造结果，总结经验

C. 完成定期工作

D. 了解装置运行状况，获得一手资料，及时发现问题，有针对性地加以解决

18. 下列选项中，属于竣工验收报告的内容有(A，B，C，D)。

A. 工程设计　B. 竣工决算与审计　C. 环境保护　D. 建设项目综合评价

19. “三级验收”是指(B，C，D)验收。

A. 个人　B. 班组　C. 车间　D. 厂部

20. 在技术改造过程中(A，B，C)的项目应该优先申报。

A. 解决重大安全隐患　B. 生产急需项目

C. 效益明显项目　D. 技术成熟项目

21. 在技术改造方案中(A，C，D)设施应按设计要求与主体工程同时建成使用。

A. 环境保护　B. 交通　C. 消防　D. 劳动安全卫生

22. 技术改造申请书应包括(A，B，C，D)。

A. 项目名称和立项依据　B. 项目内容和改造方案

C. 项目投资预算及进度安排　D. 预计经济效益分析

23. 进行技术革新成果鉴定必要的条件是(A，B，C，D)。

A. 技术革新确实取得了良好的效果

B. 申报单位编制好技术革新成果汇报

C. 确定鉴定小组人员、资格

D. 确定鉴定的时间、地点和参加人员，提供鉴定时所需各种要求

24. 培训方案应包括(A，B，C，D)等内容。

A. 培训目标　B. 培训内容　C. 培训指导者　D. 培训方法

25. 在职工培训活动中，培训的指导者可以是(A，B，C，D)。

A. 组织的领导　B. 具备特殊知识和技能的员工

C. 专业培训人员　D. 学术讲座

26. 在职工培训中，案例教学具有(A，B，C)等优点。

A. 提供了一个系统的思考模式

B. 有利于使受培训者参与企业实际问题的解决

C. 可得到有关管理方面的知识与原则

D. 有利于获得感性知识，加深对所学内容的印象

27. 在职工培训中，讲授法的缺点是(A，B，D)。

A. 讲授内容具有强制性　B. 学习效果易受教师讲授水平的影响

C. 适用的范围有限　D. 没有反馈

28. 培训教案一般包括(A，B，C，D)等内容。

A. 培训目标　B. 教学设计　C. 培训目的　D. 重点、难点

29. 编写培训教案的基本技巧是(A，B，C，D)。

A. 确立培训的主题　B. 构思培训提纲　C. 搜集素材　D. 整理素材

30. 培训项目即将实施之前需做好的准备工作包括(A，B，C，D)。

A. 通知学员　B. 后勤准备　C. 确认时间　D. 准备教材

31. 生产管理或计划部门对培训组织实施的(A，B)是否得当具有发言权。

A. 培训时机的选择　B. 培训目标的确定　C. 培训计划设计　D. 培训过程控制

32. 在评估培训效果时，行为层面的评估，主要包括(B，C，D)等内容。
A. 投资回报率　B. 客户的评价　C. 同事的评价　D. 主管的评价

33. 培训评估的作用主要有(B，D)等几个方面。
A. 提高员工的绩效和有利于实现组织的目标
B. 保证培训活动按照计划进行
C. 有利于提高员工的专业技能
D. 培训执行情况的反馈和培训计划的调整

简答题

1. 在 ISO 9000 族标准中质量体系审核的依据包括哪些内容？

答：①相关的质量保证模式标准(一般是 ISO 9001、9002、9003)；②质量手册或质量管理手册或质量保证手册；③程序文件；④质量计划；⑤合同或协议；⑥有关的法律、法规。

2. 简述生产过程的基本内容。

答：①生产准备过程；②基本生产过程；③辅助生产过程；④生产服务过程。

3. 什么是设备检查？设备检查的目的是什么？

答：①设备检查是指对设备的运行状况、工作性能、磨损腐蚀程度等方面进行检查和校验；②设备检查能够及时查明和清除设备隐患，针对发现的问题提出解决的措施，有目的地做好维修前的准备工作，以缩短维修时间，提高维修质量。

4. 现场管理有哪些具体要求？

答：①组织均衡生产；②实现物流有序化；③设备状况良好；④纪律严明；⑤管理信息准确；⑥环境整洁，文明生产；⑦组织好安全生产，减少各种事故。

5. 经济指标分析时应注意什么？

答：①指标的准确性。指标的采集汇总必须准确，错误的数据缺乏参照和分析性，甚至产生错误的结论。②指标的可比性。在进行指标分析时通常要在相同运行的状况下进行比较，通常要参照上个月和去年同期的指标。如果运行的状况发生变化要对指标进行相应的修正，否则就失去了指标的可比性。③突出指标分析指导的作用。通过指标分析和对比要找出设备运行中存在的不足和问题，指导有目的地加以优化和改进。

6. 国家标准技术论文应该包括哪些内容？

答：技术论文应包括题目、作者、摘要、关键词、引言、正文、结论、致谢、参考文献、附录等十个部分。

7. 通常情况下技术论文的结构是怎样的？

答：在通常情况下技术论文的正文结构应该是按提出问题——分析问题——提供对策来布置的。①要概括情况、阐述背景、说明意义、提出问题。②在分析问题时必须观点明确，既要抓住矛盾的主要方面，又不能忽视次要方面，析因探源，寻求出路。③要概括前文，肯定中心论点，提出工作对策。提供的对策要有针对性和必要的论证。

8. 技术论文摘要的要求是什么？

答：摘要文字必须十分简练，篇幅大小一般限制字数不超过论文字数的 5%。论文摘要不要列举例证，不讲研究过程，不用图表，不给化学结构式，也不要作自我评价。

9. 简述技术论文的写作步骤。

答：①选题，确定论文的主攻方向和阐述或解决的问题。选题时一般要选择自己感兴趣的和人们关心的“焦点”问题；②搜集材料，要坚持少而精的原则，做到必要、可靠、新颖，同时必须充分；③研究资料，确定论点，选出可供论文作依据的材料，支持论点；④列出详细的提纲，使想法和观点文字化、明晰化、系统化，从而可以确定论文的主调和重点。提纲拟订好后，可以遵循论文写作的规范和通常格式动笔拟初稿。

10. 在竣工验收报告中关于工程建设应包括哪些内容？

答：①工程建设概况；②工程建设组织及总体统筹计划；③工程进度控制；④工程质量控制；⑤工程安全控制；⑥工程投资控制；⑦未完工程安排；⑧工程建设体会。

11. 工艺技术规程应包括哪些内容？

答：①总则；②原料、中间产品、产品的物、化性质以及产品单耗；③工艺流程；④生产原理；⑤设备状况及设备规范；⑥操作方法；⑦分析标准；⑧安全计划要求。

12. 岗位操作法应包括哪些内容？

答：①名称；②岗位职责和权限；③本岗位与上、下游的联系；④设备规范和技术特性，原料产品的物、化性质；⑤开工准备；⑥开工操作步骤；⑦典型状况下投、停运方法和步骤；⑧事故预防、判断及处理；⑨系统流程图；⑩运行参数正常范围和各种试验。

13. 检修方案应包括哪些内容？

答：①设备运行情况；②检修组织机构；③检修工期；④检修内容；⑤检修进度图；⑥检修的技术要求；⑦检修任务落实情况；⑧安全防范措施；⑨检修备品、备件；⑩检修验收内容和标准。

14. 在开车准备阶段技师应具备哪些技能要求？

答：①能完成开车流程的确认工作；②能完成开车化工原材料的准备工作；③ 能按进度组织完成开车盲板的拆装操作；④能组织做好装置开车介质的引入工作；⑤能组织完成装置自修项目的验收；⑥能按开车网络图计划要求，组织完成装置吹扫、试漏工作；⑦能参与装置开车条件的确认工作。

15. 开工方案应包括哪些内容？

答：①开工组织机构；②开工的条件确认；③开工前的准备条件；④开工的步骤及应注意的问题；⑤开工过程中事故预防和处理；⑥开工过程中安全分析及防范措施；⑦附录，重要的参数和控制点、网络图。

16. 停工方案应包括哪些内容？

答：①设备运行情况；②停工组织机构；③停工的条件确认；④停工前的准备条件；⑤停工的步骤及应注意的问题；⑥停工后的隔绝措施；⑦停工过程中事故预防和处理；⑧停工过程中安全分析及防范措施；⑨附录，重要的参数和控制点。

17. 技术改造的目的是什么？

答：通过采用新技术、新工艺，解决制约系统安、稳、优生产运行的问题，推动技术进步和技术创新，更好地提高企业经济效益。

18. 技术改造的前期准备是什么？

答：通过选题和论证确定技术改造的项目和内容，提出立项申请和改造方案。经领导和专家批准后，进行改造设计和设计审查。改造项目确定后，需及时落实资金，完成设备、材料的采购，落实施工单位，组织设计交底。

19. 技术改造方案的主要内容是什么？

答：①项目名称；②项目负责单位；③项目负责人；④建设立项理由和依据，包括原始状况、存在问题和改造依据；⑤改造主要内容，需要写明改造涉及装置设备及详细改造内容；⑥改造技术方案，需写明技术分析、技术要求、方案选择、设备选型及详细的技术方案，并注明动力消耗指标及公用工程配套情况；⑦预计改造效果及经济效益，包括改造后主要经济、技术指标及取得效果；经济效益(附计算式)及技术经济分析；⑧投资计划，包括主要设备材料清单和费用安排(设备询价、材料费用、安装施工费用等)；⑨计划进度安排；⑩安全环保措施。

20. 技术改造的步骤是什么?

答: ①前期准备，确定技术改造的项目和内容，经领导和专家批准后，进行改造设计和设计审查。改造项目确定后，需及时落实资金，完成设备、材料的采购，落实施工单位，组织设计交底；②实施阶段，根据改造设计的要求，施工单位应在规定工期内保质保量地完成改造的各项内容。在此过程中应对工程进度、工程质量、工程安全、工程投资进行重点控制；③验收阶段，改造项目完成后，应及时组织投用试车，进行性能考核，检验是否达到设计要求，在运行正常后组织进行竣工验收，并填写竣工验收报告；④后评估阶段，在设备稳定运行一段时间后，应组织对技术改造进行后评估，总结技术改造的效果和经验，根据生产运行实际情况提出建议。

21. 技术革新成果鉴定小组主要程序和主要内容是什么?

答: ①听取申报单位技术革新成果汇报情况；②实地查验技术革新成果完成情况，审阅技术革新成果申报资料；③讨论对技术革新成果验收意见，签署技术革新成果验收证书；④颁发技术革新成果验收证书。

22. 在技术改造过程中施工管理时应注意什么?

答: ①对改造工程施工全过程应进行组织和管理，及时发现并解决施工存在的问题，严格按照技术检修规程及施工图纸进行施工，确保工程质量和施工进度。②在施工过程中，应加强质量监督并进行实施阶段的设计协调工作，对检查发现的工程质量问题有权责令其停止施工并限期整改。③在施工过程中，应加强对施工现场安全、人身安全的监督，禁止“三违”现象的出现，对不符合要求的有权责令其停止施工并限期整改。④在施工过程中，应加强对施工周围环境的影响的监管，对施工过程中产生的废物要及时妥善处理。

23. 技术革新成果的主要内容是什么?

答: 技术革新成果的主要内容是：①项目编号、成果名称、完成单位、申报日期、项目负责人、主要完成人、工作起止时间；②系统原始状况和技术难点；③实施报告，包括方案、措施、完成时间、取得成果(附图纸、资料、技术说明)；④社会、经济效益；⑤申报车间审核意见、技术主管部门审核意见、专业评审小组意见和企业主管领导意见。

24. 培训方案有哪些要素组成?

答: 培训方案主要有培训目标、培训内容、培训指导者、受训者、培训日期和时间、培训场所与设备以及培训方法等要素组成。

25. 培训需求分析包括哪些内容?

答: 培训需求分析需从多维度来进行，包括组织、工作、个人三个方面。①组织分析指确定组织范围内的培训需求，以保证培训计划符合组织的整体目标与战略要求。②工作分析指员工达到理想的工作绩效所必须掌握的技能和知识。③个人分析是将员工现有的水平与预期未来对员工技能的要求进行比照，发现两者之间是否存在差距。

26. 什么是培训方案？

答：培训方案是培训目标、培训内容、培训指导者、受训者、培训日期和时间、培训场所与设备以及培训方法的有机结合。

27. 什么是演示教学法？在教学中演示教学法具有哪些优点？

答：演示法是运用一定的实物和教具，通过实地示范，使受训者明白某种事务是如何完成的。演示法优点为：①有助于激发受训者的学习兴趣；②可利用多种感官，做到看、听、想、问相结合；③有利于获得感性知识，加深对所学内容的印象。

28. 如何准备教案？

答：准备教案要从以下几个方面着手：

①做好培训需求分析。②教案的编写：确定教案的核心内容与结构；选择合适的教案模式。③培训方式的选择与应用。

29. 在培训教学的组织实施与管理的前期准备阶段，主要的工作有哪些？

答：①确认和通知参加培训的学员；②培训后勤准备；③确认培训时间；④教材的准备；⑤确认理想的讲师。

30. 培训评估具有什么意义？

答：①能为决策提供有关培训项目的系统信息，从而做出正确的判断。②可以促进培训管理水平的提升。③可使培训管理资源得到更广泛的推广和共享。

31. 应从哪些方面评价培训效果？

答：主要应从以下四个层面评估培训效果的：①反应，即课程刚结束时，了解学员对培训项目的主观感觉；②学习，即学员在知识、技能或态度等方面学到了什么；③行为，即学员的工作行为方式有多大程度的改变；④结果，即通过诸如质量、数量、安全、销售额、成本、利润、投资回报率等可以量度的指标来考查，看最终产生了什么结果。

工种理论知识试题

判断题

1. 在工程中，变电所的变压器和发电厂的内阻都很小，接近于理想电压源。 (√)

2. 恒流源输出电流随它联接的外电路不同而异。 (×)

正确答案： 恒流源输出电流不随它联接的外电路变化。

3. 电压源和电流源的等值变换，只能对外电路等值，对内电路则不等值。 (√)

4. Y-Δ 等效变换是在保持对外电路等效的条件下可进行等效变换。 (√)

5. 在电力系统中，应避免发生串联谐振，防止过电压造成线圈和电容器烧损。 (√)

6. 磁路基尔霍夫第一定律的表达式为$\sum \Phi=0$。 (√)

7. 在无线电工程和电子技术中，常利用并联谐振时阻抗大的特点来选择信号或消除干扰。 (√)

8. 复阻抗相等的三相负载，称为三相不对称负载。 (×)

正确答案： 复阻抗相等的三相负载，称为三相对称负载。

9. 三相不对称负载电路有中线时，中线电流等于三个负载电流的相量和。 (√)

10. 寄存器是组合门电路。 (×)

正确答案： 寄存器是时序电路。

11. 运算放大器有两种输入端，即同相输入端和反相输入端。 (√)

12. 干扰信号不会造成晶闸管误触发。（×）

正确答案：干扰信号会造成晶闸管误触发。

13. 触发脉冲的输出方式一般有两种，即直接输出和由脉冲变压器输出。（√）

14. 单结晶体管具有一个发射极、一个基极、一个集电极。（×）

正确答案：单结晶体管具有一个发射极、两个基极。

15. 当单结晶体管的发射极电压 U_E 降低到谷点电压 U_V 以下时，单结晶体管则截止。（√）

16. 单结晶体管组成的非正弦波振荡器是利用其负阻特性和 RC 电路的充放电而工作的。（√）

17. 晶闸管的选择主要是选择元件的反向重复峰值电压和通态平均电流两个参数。（√）

18. 把直流电变换为交流电的过程成为逆变。（√）

19. 直流斩波器的作用就是把直流电源的电压由固定的电压变为可调电压。（√）

20. 在假设全网电压为额定电压的条件下，闭环网中的潮流分布与网络的结构、负荷有关。（√）

21. 电力系统的稳定性是指系统无故障的时间长短。（×）

正确答案：电力系统的稳定性是指系统同步发电机并列运行的能力。

22. CHZ-12 型重合器主要由真空开关本体、电子控制系统和快速储能弹簧操动机构三部分组成。（√）

23. CHZ-12 型重合器主回路进线侧加装电流互感器，目的是为指示线路电流的电流表提供信号。（×）

正确答案：CHZ-12 型重合器主回路进线侧加装电流互感器，目的是为电子控制器提供主回路电流信号，便于智能测控系统判断电路状态。

24. 自动分段器按照故障判断方式分为电压-时间式分段器和过电流脉冲计数式分段器两种。（√）

25. 我国有载调压大多数采用电抗式有载分接开关。（×）

正确答案：我国有载调压大多数采用电阻式有载分接开关。

26. 我国有载调压分接开关在 60kV 及以下等级采用复合式开关，即切换开关和分接选择器组合在一起。（√）

27. 非晶合金是一种新型节能材料，非晶合金材料不存在晶体结构，磁化功率大，电阻率低，所以涡流损耗高，因此非晶合金铁芯变压器是一种新型节能变压器，是配电网更新换代的产品。（×）

正确答案：非晶合金是一种新型节能材料，非晶合金材料不存在晶体结构，磁化功率小，电阻率高，所以涡流损耗小，因此非晶合金铁芯变压器是一种新型节能变压器，是配电网更新换代的产品。

28. 当电流互感器的电流误差超过 10%时，将影响继电保护的正确动作。（√）

29. 电压互感器的误差与二次负载的大小无关。（×）

正确答案：电压互感器的误差与二次负载的大小有关。

30. 为监视隔离开关的工作状态，在 GIS 外壳上设置了观察窗。（√）

31. 选择电动机容量，要根据负载的大小，一般应按负荷率为 70%~100%考虑。（√）

32. 测速发动机在自动控制系统中用作执行元件。（×）

正确答案：测速发动机在自动控制系统中用作测量信号元件。

33. 微型同步电动机的特点是转速与电源频率成正比，并随负荷变化。 (×)

正确答案：微型同步电动机的特点是转速与电源频率成正比，不随负荷变化。

34. 调节发电机励磁电流，可以改变发电机的有功功率。 (×)

正确答案：调节发电机励磁电流，可以改变发电机的无功功率。

35. 线路的低电压闭锁过电流保护中，电压保护装置的灵敏度应按相邻线路末端短路时保护装置安装处的最大残余电压来校验。 (√)

36. 蓄电池在大电流放电后会造成蓄电池内阻急剧上升，端电压迅速下降，但转为小电流放电或停止放电后，蓄电池的端电压即可升高至接近原先未放电前的电压。 (√)

37. 确定线路反时限过电流保护装置的动作时限时，应从距离电源最远的保护装置(末级)开始。 (√)

38. 变压器复合电压启动过电流保护中，低电压继电器的动作电压按躲开最低工作电压和电动机的自启动电压降来整定。 (√)

39. 定时限过电流保护计算中选取的最大负荷电流只要满足线路短路时可靠动作即可。 (×)

正确答案：定时限过电流保护计算中选取的最大负荷电流不仅要满足线路短路时可靠动作，还要考虑负荷的变换、电动机的自启动、可靠返回等影响。

40. 一台额定电压为35kV±2.5%/10kV、容量5000kVA的变压器，其过负荷保护一次最小整定值应不小于107A。 (×)

正确答案：一台额定电压为35kV±2.5%/10kV、容量5000kVA的变压器，其过负荷保护一次最小整定值应不小于102A。

41. 同步电动机的失步保护装置带时限动作，对于重要电动机，动作于跳闸。 (×)

正确答案：同步电动机的失步保护装置带时限动作，对于重要电动机，动作于再同步控制回路；不能再同步或不需要再同步的电动机作用于跳闸。

42. 同步电动机的自动再同步保护装置的工作原理中，同步监视继电器的作用是在失去同步的原因消除后电动机又接近同步转速时接通励磁投入回路，从而将电动机拉入同步。 (×)

正确答案：同步电动机的自动再同步保护装置的工作原理中，滑差监视继电器的作用是在失去同步的原因消除后电动机又接近同步转速时接通励磁投入回路，从而将电动机拉入同步。

43. 当电动机容量小于5000kW时，一般采用由DL-11型电流继电器组成的两相式纵联差动保护接线。 (√)

44. 电容器组采用反时限过电流保护装置时，动作电流按躲过电容器的额定电流计算，计算时除了考虑可靠系数外，还要考虑电容器的波纹系数。 (√)

45. 电力电容器允许短时间过电压运行，一般允许过电压时间为30min。 (×)

正确答案：电力电容器允许短时间过电压运行，一般允许过电压时间为3~5min。

46. 母线不完全差动保护的差动电流速断保护的灵敏度系数最低不应小于1.2，差动过电流保护的灵敏度系数最低不应小于1.5。 (×)

正确答案：母线不完全差动保护的差动电流速断保护的灵敏度系数最低不应小于1.5，差动过电流保护的灵敏度系数最低不应小于1.2。

47. 选择重合闸后加速继电器复归时间应按自动或手动重合至稳定性故障上时，保证所

加速的保护装置来得及动作切除故障线路的条件进行整定。(√)

48. APD装置的动作时限，应小于可以导致低电压继电器启动的网络内所有外部故障相应元件上的保护最大时限。(×)

正确答案：APD装置的动作时限，应大于可以导致低电压继电器启动的网络内所有外部故障相应元件上的保护最大时限。

49. 故障录波器的模拟量采集模块对电压或电流通道是进行分步采样的。(×)

正确答案：故障录波器的模拟量采集模块对电压或电流通道是进行同步采样的。

50. 由于模拟滤波器比数字滤波器有滤波精度高、性能稳定、灵活性高和便于分时复用的优点，故微机保护中普遍采用模拟滤波器。(×)

正确答案：由于数字滤波器比模拟滤波器有滤波精度高、性能稳定、灵活性高和便于分时复用的优点，故微机保护中普遍采用数字滤波器。

51. 微机保护系统的容错技术，是指在硬件结构上采用冗余技术，通过冗余元件或冗余工作部件掩蔽掉硬件故障的影响来实现容错，从而提高其可靠性。(√)

52. 电磁干扰是影响微机保护可靠性的重要原因之一。干扰一般有两个因素，即干扰源和接收电路。(×)

正确答案：电磁干扰是影响微机保护可靠性的重要原因之一。干扰一般有三个因素，即干扰源、耦合途径和接收电路。

53. 目前在电力系统继电保护中应用最广的微机保护装置主要有微机线路保护和微机变压器保护。(√)

54. 局域网(LAN)是计算机网络中最普遍的一种，很适合应用在电力系统变电站计算机网络中。LAN网传输介质可以是双绞线、电缆和光纤。(√)

55. 变电站综合自动化系统中，远动子系统的可靠性通常用平均无故障间隔时间MTBF来表示。(√)

56. 调试综合自动化系统键盘遥控操作时，一般的顺序是发送控制命令→选择对象→检验返回→确认执行。(×)

正确答案：调试综合自动化系统键盘遥控操作时，一般的顺序是选择对象→发送控制命令→检验返回→确认执行。

57. 电网调度自动化系统的缩写为DMS。(×)

正确答案：电网调度自动化系统的缩写为EMS。

58. 重瓦斯保护动作后，应及时对变压器进行油化分析和电气试验分析。(√)

59. 新装变压器或检修后变压器刚投入运行时，其差动保护及重瓦斯保护与其他保护一样，均立即投入运行。(×)

正确答案：新装变压器或检修后变压器刚投入运行时，重瓦斯保护暂不投入，差动保护也应用负荷电流测量向量后再投入。

60. 变压器无论带什么性质的负载，只要负载电流增大，其输出电压就必然降低。(×)

正确答案：当变压器增加的负载为容性时，在一定范围内电流的增大会造成电压的升高。

61. 变压器中性点零序保护动作，一般是中性点直接接地的三相系统中发生两相接地故障引起的。(×)

正确答案：变压器中性点零序保护动作，一般是发生单相接地故障引起的。

62. 变压器无功功率经济当量是表示电力系统多发送 1kvar 的无功功率时，将使电力系统增加有功功率损耗的 kW 数。 (√)

63. 中性点经消弧绕组接地系统，发生单相接地，非故障相对地电压不变。 (×)

正确答案：中性点经消弧绕组接地系统，发生单相接地，非故障相对地电压将升高。

64. 消弧线圈分接头倒换后，应测量消弧线圈导通良好，经检验确无接地支路后，再合隔离开关送电。 (√)

65. 正常情况下电容器组的投入和退出，只能根据系统负荷功率因数情况来决定。(×)

正确答案：正常情况下电容器组的投入和退出，应根据系统负荷功率因数、系统电压及无功负荷潮流情况来决定。

66. 用拉路法寻找直流接地，应以先拉照明回路，再拉信号回路，最后拉控制回路。(√)

67. 三相异步电动机运行时发生转子断条后，产生的故障现象是转速下降，定子三相电流不平衡。 (×)

正确答案：转子断条后，产生的故障现象是转速下降，电流表指针来回摆动。

68. 准同期并列时，并列开关两侧的电压最大允许相差为5%以内。 (√)

69. 当同步电动机在额定电压下带额定负载运行时，如改变发电机的有功功率，可调节励磁电流的大小。 (×)

正确答案：当同步电动机在额定电压下带额定负载运行时，如改变发电机的有功功率，可调节汽轮机主汽阀。

70. 变压器线圈的每伏匝数，基本上是由铁芯材料的导磁系数和铁芯截面积的大小来决定。 (√)

71. 变压器铁损干燥法应使变压器最热处的温度不超过 100~110℃。 (×)

正确答案：变压器铁损干燥法应使变压器最热处的温度不超过 95~100℃。

72. 变压器有载调压装置投入运行半年后应检查一次。切换 5000 次后，应对分接开关进行检修。 (√)

73. 三相异步电动机每相绕组的首端均相隔为 120°电角度。 (√)

74. 当电动机一相绕组断路时，其故障现象是电机振动厉害。 (×)

正确答案：当电动机一相绕组断路时的故障现象是其他两相绕组过热并且电动机发出异常嗡嗡声。

75. 为便于比较，每次测量绝缘电阻最好用不同型号兆欧表。 (×)

正确答案：为便于比较，每次测量绝缘电阻最好用相同型号兆欧表。

76. 6kV 充油电力设备在注油后应静置大于 12h 的时间才能进行耐压试验。 (×)

正确答案：6kV 充油电力设备在注油后应静置大于 24h 的时间才能进行耐压试验。

77. 注入设备前后的新 110~220kV 变压器油击穿电压为≥35kV。 (×)

正确答案：注入前后的新 110~220kV 变压器油击穿电压为≥40kV。

78. 有载调压变压器应在常用分接头上测量直流电阻。 (×)

正确答案：有载调压变压器应在所有分接头上测量直流电阻。

79. 当设备各部分的介质损耗因数差别较大时，其综合的 $\tan\delta$ 值接近于并联电介质中电容量最大部分的介质损耗数值。 (√)

80. 电压互感器二次绕组交流耐压可用1000V兆欧表测量绝缘电阻代替。 (×)

正确答案：电压互感器二次绕组交流耐压可用2500V兆欧表测量绝缘电阻代替。

81. 额定电压为6kV的封闭母线出厂交流耐压电压为32kV。 (×)

正确答案：额定电压为6kV的封闭母线出厂交流耐压电压为42kV。

82. 交联聚乙烯绝缘电力电缆应用双臂电桥测量在相同温度下的铜屏蔽层和导体的直流电阻。 (√)

83. 交流电动机全部更换定子绕组后，交流耐压试验电压为0.75($2U_n$+1000)V。 (×)

正确答案：交流电动机全部更换定子绕组后，交流耐压试验电压为($2U_n$+1000)V。

84. 一般情况下，大气过电压的持续时间远小于谐振过电压的持续时间。 (√)

85. 无刷同步电动机的转子主励磁是由旋转整流器提供的直流产生。 (√)

86. 同步电动机运行时，可通过调节励磁电流调节同步电动机的有功功率。 (×)

正确答案：同步电动机运行时，通过调节励磁电流调节同步电动机的无功功率。

87. 可编程序控制器程序的表达方式只有梯形图。 (×)

正确答案：可编程序控制器程序的表达方式有梯形图、指令表、逻辑功能图、高级语言等。

88. PLC的信号有效状态中，逻辑变量有“0”状态和“1”状态之分，所有信号都是在“1”状态有效。 (×)

正确答案：PLC的信号有效状态中，逻辑变量有“0”状态和“1”状态之分，有些信号是在“1”状态有效，有些信号是在“0”状态有效。

89. 对PLC系统的故障检查一般按照从报警→电源→系统→I/O口→工作环境的顺序逐一搜索故障区域。 (×)

正确答案：对PLC系统的故障检查一般按照从电源→系统→报警→I/O口→工作环境的顺序逐一搜索故障区域。

90. 变频器U/f控制实质上改变频率的同时也改变电压，使U/f=常数。 (√)

91. 通用变频器外部接口的主要作用是使用户根据系统的不同需要进行各种功能组态与操作，并与其他电路一起构成自动控制系统。 (√)

92. 在变频器的输入电源端加装输入电抗器只能阻止来自电网的干扰，而不能减少整流器产生的谐波电流对电网的污染。 (×)

正确答案：在变频器的输入电源端加装输入电抗器不仅能阻止来自电网的干扰，还能减少整流器产生的谐波电流对电网的污染。

93. 一般的，引起变频器过热保护动作，应检查电动机的散热和通风情况。 (×)

正确答案：一般的，引起变频器过热保护动作，应检查变频器的冷却风扇和通风情况。

94. 在恒功率负载的设备上采用通用变频器时，一般尽量采用变频专用电机或2极、4极电动机。这样，在低转速时，电动机的输出转矩较高。 (×)

正确答案：在恒功率负载的设备上采用通用变频器时，一般尽量采用变频专用电机或6极、8极电动机。这样，在低转速时，电动机的输出转矩较高。

95. 额定电压为380V等级的通用变频器选择馈电电缆时应选用耐压等级为500V的电缆产品。 (×)

正确答案：额定电压为380V等级的通用变频器选择馈电电缆时应选用耐压等级为

1000V 的电缆产品，至少也应选用 750V 以上的电缆产品，必须充分考虑电压畸变、再生电压等因素造成的过电压影响。

96. 当市电正常，UPS 输出过载时，UPS 的输出供电将由逆变器输出切换至静态开关供电的旁路状态，无论过载是否消失，UPS 一直工作在静态旁路状态。（×）

正确答案：当市电正常，UPS 输出过载时，UPS 的输出供电将由逆变器输出切换至静态开关供电的旁路状态，当过载消失后，UPS 将自动切换回逆变器供电状态。

97. 一般在线式大中型 UPS 均具有紧急停机按钮，操作 UPS 时如按下此按钮，将会使 UPS 完全停机，即整流器、逆变器、静态开关等将停止工作，输出电源将中断。（√）

98. UPS 允许经常带载开机和关机，对逆变器的末级驱动元件并不会造成影响。（×）

正确答案：UPS 一般不允许带载开机和关机，以免烧毁逆变器的末级驱动元件。紧急情况下可以带载开机和关机。

99. UPS 应一年做一次彻底的清扫并仔细检查 UPS 中的各功率驱动元件和印刷电路插件板是否完好。（√）

100. 设备检修时变电所应有专人监督检修，按期、按规程进行，收存检修记录，审查检修记录簿。（√）

101. 设备缺陷是通过设备巡视检查、各种检修、试验和维护发现的。（√）

102. 巡检发现绝缘子上有水波纹属正常现象。（×）

正确答案：巡检发现绝缘子上有水波纹，可能绝缘子有裂纹。

103. 变电所定期分析主要对运行的供电质量和设备中的薄弱环节拟定改进措施。（√）

104. 电气"三票"规定的签字人如果不在现场，可以由其他人代为签字。（×）

正确答案：电气"三票"规定的签字人如果不在现场，不许其他人代为签字。

105. 800kV · A 以上油浸式变压器上应安装气体继电器，它主要反映变压器内部变压器油和其他绝缘材料分解产生的气体。（√）

106. 断路器多次短路故障而断开后，应提前检修。（√）

107. 电动机运行时，可能因绕组过热、机械损伤、通风不良等原因造成烤焦或破坏绝缘，产生短路引起燃烧。（√）

108. 石化生产装置防爆区域的用电设备采用由变电所通过电缆沟方式敷设电缆时，只要电缆沟壁采取密封措施就满足防火要求。（×）

正确答案：石化防爆区域的用电设备采用由变电所通过电缆沟方式敷设时，由于线路穿过不同危险区域，应在两级区域交界处的电缆沟内采取充砂、填阻火堵料或加设防火隔墙。

109. 无功功率是由电力系统提供，在负荷侧不做功，因此输送无功功率不存在损耗问题。（×）

正确答案：由于无功功率也是由电力系统提供，输送无功功率会造成线损，因此也会增加电网的有功损耗。

110. 变电所 $\cos\phi$ 低时，采用并联电容器集中补偿，增加了进线电流。（×）

正确答案：变电所 $\cos\phi$ 低时，采用并联电容器集中补偿，减少了进线电流。

111. 由于大部分工业负荷是感性负荷，因此采用电容器进行并联补偿可以提高电网的功率因数。（√）

112. 一台三相异步电动机，每根电源线与两个线圈组联接，且有 6 个线圈组联接在一

起的星点，如下图所示。则此电动机定子绕组为两路并联星形接法。（√）

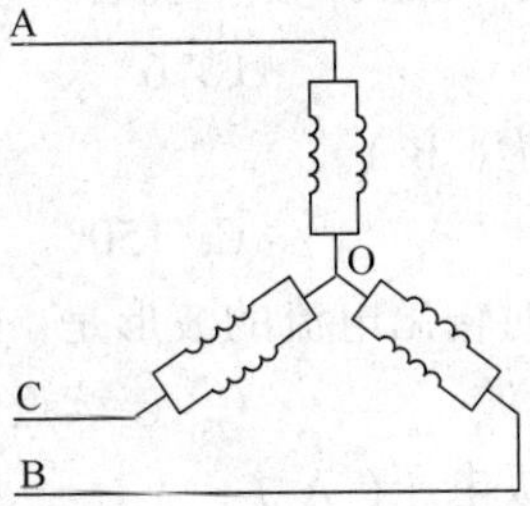

单选题

1. 在一恒压的电路中，电阻 R 增大，电流随之(A)。

A. 减小　B. 增大　C. 不变　D. 不一定

2. 恒流源的特点是(C)。

A. 端电压不变　B. 输出功率不变　C. 输出电流不变　D. 内部损耗不变

3. 一电流源的内阻为 2Ω，当把它等效变换成 10V 的电压源时，电流源的电流是(A)。

A. 5A　B. 2A　C. 10A　D. 2. 5A

4. 电路的三个电阻元件的一端连在一起为中点，另三端分别联接电路的三个节点，叫做(A)。

A. 星形联接　B. 角形联接　C. 双星形联接　D. 星/角联接

5. Y-Δ 等效变换的条件是(B)。

A. 变换前后 A，B，C 各点电压与通过 A，B，C 三点的电流成正比

B. 变换前后 A，B，C 三点之间的电压和通过 A，B，C 三点的电流保持不变

C. 变换前后 A，B，C 三点之间的电阻和通过 A，B，C 三点的电流保持不变

D. 变换前后 A，B，C 三点之间的电压和通过 A，B，C 三点的电流成反比

6. 磁路的欧姆定律一般用来对磁路作(A)分析。

A. 定性　B. 定量　C. 定性和定量　D. 系统

7. $U=311\sin(314t-15°)$ V，则有效值相量 $U=$(D)V。

A. 220∠-195°　B. 220∠195°　C. 311∠-15°　D. 220∠-15°

8. 作星形联接有中线的三相不对称负载，接于对称的三相四线制电源上，则各相负载的电压(B)。

A. 不对称　B. 对称　C. 不一定对称　D. 0

9. 构成计数器的基本电路是(D)。

A. 或非门　B. 与非门　C. 与或非门　D. 触发器

10. 按计数器状态变化的规律分类，计数器可分为(A)计数器。

A. 加法、减法和可逆　B. 同步和异步

C. 二、十和 N 进制　D. 1 位和 N 位

11. 某个寄存器中有 8 个触发器，它可存放(C)位进制数。

A. 2　B. 3　C. 8　D. 16

12. 集成运放的开环电压增益非常高，(A)，这些参数接近理想化的程度。

A. 输入电阻很大，输出电阻很小　B. 输入电阻输出电阻均很大

C. 输入电阻很小，输出电阻很大　　D. 输入电阻输出电阻均很小

13. 在同相比例运算电路中，$R_1 = 2\text{k}\Omega$，$R_F = 10\text{k}\Omega$，则闭环电压放大倍数 A_{uf} 就为(C)。

A. −5　　B. 5　　C. 6　　D. −6

14. 三相全控桥的最大导通角为(B)。

A. 90°　　B. 120°　　C. 150°　　D. 180°

15. 三相全控桥接大电感负载时输出电流的波形是(C)。

A. 正弦波　　B. 断续波　　C. 连续近似直线　　D. 近似矩形波

16. 触发脉冲必须与晶闸管阳极电压(A)。

A. 同步　　B. 反相　　C. 相差 900　　D. 相差 450

17. 可控硅触发脉冲(B)。

A. 下降沿要陡

B. 上升沿要陡

C. 上升沿和下降沿陡度无要求，只要有触发脉冲就可以正常工作

D. 波形无严格要求

18. 单结晶体管也称(D)。

A. 晶闸管　　B. 稳压二极管　　C. 续流二极管　　D. 双基极二极管

19. 当单结晶体管的发射极电压 U_E 升高到(A)时，就会导通。

A. 峰点电压 U_P　　B. 谷点电压 U_V

C. 两基极间电压 U_{BB}　　D. $\sqrt{2}U_{BB}$

20. 增大单结晶体管振荡器中充电回路时间常数，可改变输出脉冲(A)。

A. 频率　　B. 相位　　C. 幅度　　D. 频率和幅度

21. 选择晶闸管的额定电压时，应该取晶闸管上可能出现的最高瞬时电压的(C)。

A. 1 至 1.5 倍　　B. 1.5 至 2 倍　　C. 2 至 3 倍　　D. 3 至 4 倍

22. 全控桥可控整流工作状态处在(C)区间为有源逆变工作状态。

A. 0°~90°　　B. 90°~0°　　C. 90°~180°　　D. 180°~270°

23. 有源逆变器逆变的电压直接送给(A)。

A. 交流电源　　B. 直流电源　　C. 整流电源　　D. 负载

24. 逆变器中的电力晶体管工作在(D)状态。

A. 饱和　　B. 截止　　C. 放大　　D. 开关

25. 晶闸管斩波器是应用于直流电源方面的调压装置，其输出电压(D)。

A. 是固定的　　B. 可以上调，也可以下调

C. 只能上调　　D. 只能下调

26. 电力系统潮流分布是描述(C)。

A. 电力系统单相接地状态的技术术语　　B. 电力系统短路状态的技术术语

C. 电力系统运行状态的技术术语　　D. 电力系统崩溃状态的技术术语

27. 电力系统的潮流分布计算是通过(B)。

A. 已知的网络参数求系统中未知的网络参数

B. 已知的网络参数求系统中未知的运行参数

C. 已知的运行参数求系统中未知的网络参数

D. 已知的运行参数求系统中未知的运行参数

28. 电力系统在运行中，受到大的干扰时，同步发电机仍能维持稳定运行，称为(A)。

A. 动态稳定　　B. 静态稳定
C. 系统抗干扰能力　　D. 暂稳态

29. 在输送功率一定时，功率极限越大(D)。

A. 静态稳定储备系数越小　　B. 动态稳定储备系数越大
C. 供电可靠性越低　　D. 静态稳定储备系数越大

30. 谐波对电容器的危害是(C)。

A. 增加铜损　B. 增加铁损　C. 产生过载故障　D. 降低工作电压

31. 选择电气设备时，动态稳定校验一般以(B)作为计算的依据。

A. 最大运行方式下的两相短路电流　B. 最大运行方式下的三相短路电流
C. 最小运行方式下的两相短路电流　D. 最小运行方式下的三相短路电流

32. 重合器的结构中不包括(C)部分。

A. 断路器部分　　B. 重合器控制装置
C. 过电压保护　　D. 操动机构

33. 重合器与分断器配合时，分断器时限整定原则是(A)。(设分断器：X 时限为延时合闸时限，Y 时限为延时分闸时限，Z 时限为闭锁合闸时限，T 为重合器保护跳闸动作时限)

A. $T+Y<Z<X$　B. $Z<T+Y<X$　C. $Z<X<T+Y$　D. $X<T+Y<Z$

34. 三绕组变压器的有载调压分接头装在(A)。

A. 高、中压侧　B. 中、低压侧　C. 高、低压侧　D. 高、中、低压各侧

35. 以下属于非晶合金铁芯变压器的型号的是(A)。

A. SH12-800/10　B. S7-800/10　C. S9-800/10　D. SL-800/10

36. 在一般的电流互感器中产生误差的主要原因是存在着(C)所致。

A. 容性泄漏电流　　B. 负荷电流
C. 激磁电流　　D. 容性泄漏电流和负荷电流

37. 电压互感器的电压误差与二次负载的大小有关，当负载(电流)增加时，相应误差(A)。

A. 将增大　B. 将减小　C. 可视为不变　D. 有变化

38. ZF6-110 组合电器主要用于(C)kV 系统中。

A. 6　B. 35　C. 110　D. 220

39. 变化负载选用电动机功率时，应按照(A)选取。

A. 同类设备电机工作周期的平均负荷的 1.1~1.6 倍选取
B. 最大负载点选取
C. 最小负载点选取
D. 电机平均负荷的 2~2.5 倍选取

40. 交流控制自整角机主要用于(B)。

A. 调速系统　　B. 雷达天线自控系统
C. 测量转速控制　　D. 测量流量控制

41. 对交流异步测速发电机，当增大其激磁绕组两端电压频率时，其特性变化为(A)。

A. 输出斜率增大 B. 线性误差增大 C. 相位误差增大 D. 没影响

42. 没有启动绕组的微型同步电动机是(C)。

A. 永磁式 B. 磁阻式 C. 磁滞式 D. 鼠笼式

43. 发电机振荡成失步时，一般采取增加发电机励磁(即强励)，其目的是(C)。

A. 提高发电机电压 B. 提高电网输入容性无功

C. 增加定子与转子磁极间的拉力 D. 提高发电机输出有功

44. 线路保护装设了低电压闭锁元件后，过电流保护的整定值可以按(C)整定。

A. 最大电机的启动电流 B. 最大负荷电流

C. 躲过正常的持续负荷电流 D. 最大短路电流

45. 反时限过电流保护的动作电流是按躲过线路的(C)整定的，其动作时限级差一般取为0.7s。

A. 最大短路电流 B. 额定电流 C. 最大负荷电流 D. 最小短路电流

46. 关于线路定时限过电流保护动作时限整定计算的说法中，错误的是(D)。

A. 选择保护装置的动作时限应从距离电源最远的末级开始

B. 各级保护动作时限的大小从用户到电源逐级增长

C. 各级保护动作时限相差一个时间级差 Δt

D. 各级保护动作时限的大小从用户到电源逐级递减

47. 变压器复合电压启动过电流保护的灵敏度，按后备保护末端进行校验，一般其灵敏度不低于(B)。

A. 1.0 B. 1.2 C. 1.5 D. 2.0

48. 在变压器差动保护的整定计算中，基本侧的选择原则是(C)。

A. 按变压器各侧一次回路的额定电流计算，并取额定电流较大的一侧为基本侧

B. 按变压器各侧一次回路的额定电流计算，并取额定电流较小的一侧为基本侧

C. 按变压器各侧二次回路的额定电流计算，并取额定电流较大的一侧为基本侧

D. 按变压器各侧二次回路的额定电流计算，并取额定电流较小的一侧为基本侧

49. 变压器具有一定的过载能力，为了防止外部短路和短时间内不必要的信号，要求时间继电器有一定的延时，一般整定为(D)s。

A. 1~2 B. 3~5 C. 5~7 D. 9~10

50. 发电机与电网同步的条件，主要是指(A)。

A. 相序一致，相位相同，频率相同，电压大小相等

B. 频率相同

C. 电压幅值相同

D. 相位、频率、电压相同

51. 电动机纵联差动保护的灵敏系数按电动机端子上(A)时的次暂态电流校验，要求最小灵敏系数不小于2。

A. 最小运行方式下，两相短路 B. 最小运行方式下，三相短路

C. 最大运行方式下，两相短路 D. 最大运行方式下，三相短路

52. 高压电力电容器组的定时限过电流保护装置的灵敏度按电容器首端发生短路时的最

小短路电流校验，其计算值一般应不小于(A)。

A. 1.25~1.5　B. 2　C. 4　D. 5

53. 母线不完全差动保护一般由(A)保护装置构成。

A. 两段式电流　B. 三段式电流　C. 差动电流速断　D. 差动过电流

54. 单侧电源线路，包括辐射状单回线、平行线或环状线路，其特点是只有一个电源，不存在非同期重合问题，一般采用(B)，装于线路供电侧。

A. 单相重合闸　B. 三相重合闸　C. 综合重合闸　D. 非同期重合闸

55. 备用电源自动投入APD装置检查备用电源电压的过电压继电器整定值应按母线最低工作电压不应动作来选择。一般取额定电压的(D)。

A. 25%　B. 40%　C. 50%　D. 70%

56. 故障录波装置是常年投入运行监视着电力系统运行状况的一种(C)装置。

A. 运行控制　B. 人工记录　C. 自动记录　D. 自动保护

57. 微机保护正常时软件不执行的程序是(D)。

A. 初始化程序　B. 循环自检程序

C. 采样中断服务程序　D. 故障处理程序

58. 采用(C)措施，使局部故障时不降低整套装置的性能，不中断保护装置的正常运行。该措施属于提高微机保护系统可靠性主要措施之一。

A. 故障自动检测　B. 避免故障和错误

C. 多重化与容错技术　D. UPS电源供电

59. 下列(B)抗干扰措施是微机保护系统提高可靠性抗干扰措施中最为主要的措施。

A. 远离干扰源

B. 切断干扰的耦合途径

C. 降低作为干扰接收电路的微机保护装置本身对干扰的灵敏度

D. 采取有效的软、硬件措施抑制窜入干扰

60. 微机保护装置中，采用"补奇校验字法"常用于对(B)的检测。

A. CPU　B. EPROM　C. RAM　D. 出口通道

61. SCADA是电力系统中(D)的缩写。

A. 电网调度自动化系统

B. 配电管理系统

C. 灵活交流输电系统

D. 电网调度自动化系统中的监视控制与数据采集系统

62. 关于局域网的拓扑结构的分类说法中，比较准确的是(C)。

A. 分为星形和总线形两种　B. 分为星形和环形两种

C. 分为星形、环形和总线形三种　D. 只有星形一种

63. 影响变电站综合自动化系统可靠性的干扰源分为外部干扰源和内部干扰源两种。下列各项干扰源中属于内部干扰源的是(C)。

A. 用电设备辐射的电磁波　B. 电源的工频干扰

C. 多点接地造成的电位差干扰　D. 用电设备产生的强电场

64. 测试自动装置遥信量的变位响应时间，应不低于装置说明书中的技术指标的规定，

一般不大于(B)s。

A. 0.1　B. 1　C. 5　D. 10

65. 在变电站综合自动化系统常用的故障分析和检查方法中，(C)方法适应于已确定故障出在哪台设备后进行。

A. 系统分析法　B. 排除法　C. 电源检查法　D. 信号追踪法

66. 目前，变电站综合自动化系统的功能和结构都在不断地向前发展，(D)的结构一定是今后发展的方向。

A. 分散分布式与集中相结合　B. 集中式

C. 分层分布式结构集中组屏　D. 全分散式

67. 一般情况下，三绕组变压器低压侧的过流保护动作后，应跳开(D)。

A. 本侧和中压侧开关　B. 三侧开关

C. 本侧和高压侧开关　D. 低压侧开关

68. 变压器的经济运行方式是使其本身及电力系统(C)，能获得最佳经济效益的运行方式。

A. 有功输出最小　B. 无功最小　C. 有功损耗最小　D. 无功损耗最大

69. 一般电力变压器的经济负荷率约为(B)左右。

A. 40%　B. 50%　C. 70%　D. 80%

70. 变压器铜损(C)铁损时最经济。

A. 大于　B. 小于　C. 等于　D. 大于或等于

71. 当变压器的铜损等于铁损时，运行效率(B)。

A. 低　B. 最高　C. 适中　D. 较低

72. 在正常运行情况下，不接地系统中变压器中性点位移电压不得超过相电压的(A)。

A. 15%　B. 10%　C. 5%　D. 20%

73. 变压器接线组别为 Dyn11 时，其中性线电流可允许达到低压绕组额定电流的(C)。

A. 40%　B. 50%　C. 75%　D. 80%

74. GIS 组合电器正常巡视检查次数，应为每(D)h 一次。

A. 24　B. 12　C. 8　D. 4

75. 两台以上电力变压器的中性点，应采用(B)消弧线圈的中性母线上去。

A. 同时联接到　B. 分别联接到　C. 不可倒换联接　D. 不确定

76. 中性点不接地的系统中，采用消弧线圈补偿的是(B)。

A. 电感电流　B. 电容电流　C. 中线电流　D. 中性点电流

77. 中性点不接地系统，一旦发生间歇性单相接地故障，容易产生系统(D)。

A. 过电流　B. 过负荷　C. 过脉冲　D. 过电压

78. 用拉路法寻找直流接地时，应遵循(B)原则。

A. 先室内部分后室外部分　B. 先室外部分后室内部分

C. 室内外同时进行　D. 无先后顺序

79. 中性点不接地系统，发生单相接地时，规定允许运行时间最长为(C)h。

A. 4　B. 3　C. 2　D. 1

80. 当电压互感器二次侧熔断器熔断一相时，熔断相的接地电压表指示为(D)。

A. 高于相电压　B. 低于相电压　C. 等于相电压　D. 零

81. 3~35kV 电压互感器高压侧熔断器可以保护(C)短路故障。

A. 互感器部分二次回路　B. 互感器全部二次回路

C. 熔断器安装处至互感器一次绕组　D. 互感器一、二次回路

82. 在负载未变的情况下，投入的电容量增大，母线电压就会(A)。

A. 随之升高　B. 不变化　C. 随之降低　D. 随负载变化

83. 发现电容器运行中“鼓肚”，应该(C)。

A. 继续观察　B. 降低电压运行　C. 立即停运　D. 等待检修

84. 直流绝缘监视装置，可以监察(C)状况。

A. 直流正负母线之间的绝缘　B. 直流侧和交流侧之间的绝缘

C. 直流正、负母线对地的绝缘　D. 直流正母线对地的绝缘

85. 蓄电池充电完成的判据之一是电解液密度在恒定环境温度下稳定(B)h 不变。

A. 1　B. 2　C. 3　D. 4

86. 变电所保护或自动装置的控制回路熔断器熔断后的报警是(B)。

A. 警笛响　B. 警铃响　C. 警笛和警铃响　D. 无报警

87. 电动机运行时的电压允许不对称度为额定电压的(D)。

A. 20%　B. 15%　C. 10%　D. 5%

88. 在同期并列中规定，同步表两侧频率差在(A)Hz 以内时，才允许将同步表电路接通。

A. ±0.1　B. ±0.2　C. ±0.5　D. ±0.75。

89. 三相同步发电机，当转速和励磁不变时，若负载增加，输出电压降低，则该负载性质为(C)

A. 电阻性的　B. 电容性的　C. 电感性的　D. 无法判断

90. 变压器铜损干燥法是在变压器一侧加上适当的电压，另一侧短路，使变压器高、低压两侧绕组通过(B)值。

A. 高于额定电流　B. 接近额定电流

C. 80%的额定电流　D. 60%的额定电流

91. 变电站、所的主变压器在投入运行后的第五年内和以后一般每(B)应大修一次。

A. 8 年　B. 10 年　C. 12 年　D. 15 年

92. 对于密封圈等橡胶制品，可用(C)清洗。

A. 汽油　B. 水　C. 酒精　D. 清洗剂

93. 断路器液压机构的储压筒充氮气后应(B)放置。

A. 水平　B. 直立　C. 倾斜　D. 可随意

94. 检查三相异步电动机绕组连线为每根电源线与三根线圈组相连，则绕组应为(C)接线。

A. Δ　B. 二路 Y　C. 三路 Y　D. 二路 Δ

95. 电动机转子动平衡校验的目的是使电机(C)。

A. 转子无轴向移动　B. 不会局部过热

C. 转子运行平稳不跳动　D. 绕组不短路

96. 在三相异步电动机正反转控制线路中，当一个接触器的触头熔焊而另一个接触器吸

合时将发生短路故障。能够防止这种短路故障的保护环节是(A)。

A. 接触器辅助触头互相联锁　B. 不确定

C. 行程开关联锁　D. 仪表联锁

97. 带电流互感器的三相四线电度表，电流互感器二次星接中性线断线，将使电度表测量值(D)。

A. 显著增大　B. 稍增大　C. 不变　D. 偏小

98. 当采用额定电压高于工作电压的电气设备时，应按照(A)。

A. 设备的额定电压标准进行试验

B. 设备实际使用的额定工作电压的标准进行试验

C. 设备的额定电压 2 倍的标准进行试验

D. 设备实际使用的额定工作电压的 2 倍的标准进行试验

99. 对已有单独试验记录的若干不同试验电压的电力设备，在单独试验有困难时，可以连在一起进行耐压试验。此时，试验电压应采用所联接设备中试验电压的(B)。

A. 最高值　B. 最低值

C. 最高值与最低值之和的平均值　D. 各试验电压之和的平均值

100. 测量介质损耗系数时，$-\tan\delta$ 值(B)。

A. 不可能出现　B. 无物理意义　C. 取正即为结果　D. 说明绝缘不合格

101. 变压器负载损耗测量，应施加相应的额定电流，受设备限制时，可以施加不小于相应额定电流的(C)。

A. 25%　B. 10%　C. 50%　D. 75%

102. 测得无间隙金属氧化物避雷器的直流 1mA 参考电压值与初始值比较，其变化应不大于(B)。

A. ±10%　B. ±5%　C. −10%~+5%　D. −5%~+10%

103. 无间隙金属氧化物避雷器在 75% 直流 1mA 参考电压下的泄漏电流应不大于(C)μA。

A. 10　B. 25　C. 50　D. 100

104. SF_6 断路器相间合闸不同期不大于(D)ms。

A. 1　B. 2　C. 3　D. 5

105. 规程规定电力变压器，电压、电流互感器交接及大修后的交流耐压试验电压值均比出厂值低，这主要是考虑(C)。

A. 试验容量大，现场难以满足　B. 试验电压高，现场不易满足

C. 设备绝缘的积累效应　D. 绝缘裕度不够

106. 一般母线绝缘电阻不应低于(C)。

A. 100MΩ　B. 200MΩ　C. 1MΩ/kV　D. 2MΩ/kV

107. 高压并联电容器冲击合闸交接时在额定电压下冲击合闸(B)次。

A. 2　B. 3　C. 5　D. 7

108. 新敷设的电缆投入运行(B)个月，一般应作 1 次直流耐压试验，以后再按正常周期试验。

A. 2~6　B. 3~12　C. 4~12　D. 6~24

109. 交流电动机定子绕组做交接时交流耐压标准为(B)V。

A. 0.5($2U_n$+1000)　　B. 0.75($2U_n$+1000)

C. ($2U_n$+1000)　　D. 1.5($2U_n$+1000)

110. 大气过电压的持续时间一般为(C)。

A. 几秒　　B. 几十毫秒　　C. 几十微妙　　D. 几微秒

111. 在异步电动机反接制动的线路中，当电动机转速迅速下降到零时，应立即切除电源，否则(B)。

A. 使电源短路　　B. 电动机会向另一方向转动

C. 电动机会向原方向转动　　D. 电动机会原地不动

112. 为提高同步电动机的动态稳定性，当电网电压降低或过负载时应(C)。

A. 提高电源电压　B. 减小负载　　C. 自动强励　　D. 切断电源

113. 一单位安装同步电动机改善用电功率因数，当发现功率因数降低时，应采取(A)措施。

A. 增加同步电动机的励磁电流　　B. 减小同步电动机的励磁电流

C. 维持励磁电流不变　　D. 改变励磁电流方向

114. 根据同步电动机运行的“V”形曲线，同步电动机在“过励”情况下工作，其励磁电流和定子电流是(D)。

A. 正比关系　　B. 反比关系

C. 励磁电流随定子电流增加而减小　D. 励磁电流和定子电流同增同减

115. 可编程控制器的输出控制形式不包含(B)。

A. 继电器　　B. 普通晶闸管　　C. 双向晶闸管　　D. 三极管

116. 梯形图中的各类继电器是(C)。

A. 物理继电器　B. 电磁继电器　　C. 软继电器　　D. 存储单元

117. 采用单体控制的 PLC 小系统，用于设备分散、设备功率大(如料场设备等)的 PLC 设计，应选用离散式结构，且选择(A)输入输出模块。

A. 高电压低密度 B. 高电压高密度 C. 低电压低密度 D. 低电压高密度

118. 下列所述的程序测试方法中，(D)属于黑盒测试法。

A. 条件覆盖法　B. 判断覆盖法　　C. 路径覆盖法　　D. 边界测试法

119. 世界上第一台 PLC 机在(D)问世。

A. 1796 年　　B. 80 年代　　C. 20 世纪　　D. 1969 年

120. 动态性能要求高，调速范围要求不大的调速系统应选用(C)控制方式。

A. U/f　　B. VVVF

C. 无速度传感器的矢量控制　　D. 有速度传感器的矢量控制

121. 逆变器调速 U/f 控制方式属于(A)控制。

A. 开环　　B. 闭环　　C. 转差　　D. 矢量

122. 下列不属于模拟量输出信号的是(D)。

A. 输出电流检测信号　　B. 输出转矩检测信号

C. 输出频率检测信号　　D. 输出报警信号

123. 变频器的 PID 控制功能中，可以有多种组合控制方式，其中能获得无偏差、精度高和系统稳定的控制过程是(D)控制。

A. P 控制　　B. PI 控制　　C. PD 控制　　D. PID 控制

124. 噪声传输通道控制的具体方法有接地、滤波、屏蔽、隔离、防雷、合理布线等，其中，正确合理的(A)方法是至关重要、第一位的。

A. 接地　　B. 屏蔽　　C. 隔离　　D. 合理布线

125. 用通用变频器控制一般风机、水泵负载不宜在低于(A)Hz 以下运行，如果确实需要在该频率下长期运行，需考虑电动机的容许温升，必要时采用外置强迫风冷措施或采用专门的变频电机。

A. 15　　B. 25　　C. 30　　D. 35

126. 在线式 UPS 工作原理中，当市电正常，逆变器出现故障或输出过载时，UPS 将工作在(C)状态。

A. 正常的市电整流逆变状态　　B. 电池逆变状态

C. 静态旁路供电　　D. 维修旁路

127. 如图所示的大型双机冗余并联 UPS 的接线方式中，隔离其中的 1#UPS 进行检修，正确的停机操作顺序是(A)。

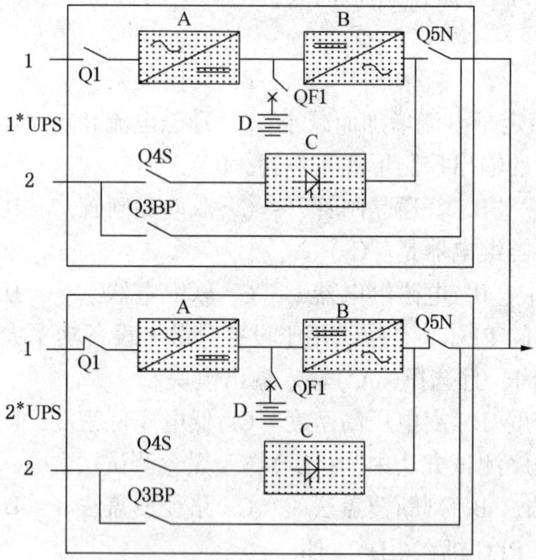

A. 关闭 1#UPS 逆变器→断开 1#UPS 输出开关 Q5N→断开 1#UPS 旁路开关 Q4S→断开 1#UPS 电池开关 QF1→断开 1#UPS 主电源开关 Q1

B. 关闭 1#UPS 逆变器→断开 1#UPS 主电源开关 Q1→断开 1#UPS 旁路开关 Q4S→断开 1#UPS 电池开关 QF1→断开 1#UPS 输出开关 Q5N

C. 断开 1#UPS 输出开关 Q5N→断开 1#UPS 旁路开关 Q4S→断开 1#UPS 电池开关 QF1→关闭 1#UPS 逆变器→断开 1#UPS 主电源开关 Q1

D. 断开 1#UPS 旁路开关 Q4S→断开 1#UPS 电池开关 QF1→关闭 1#UPS 逆变器→断开 1#UPS 主电源开关 Q1→断开 1#UPS 输出开关 Q5N

128. 不使用 UPS 时，应关掉(B)，以防使用人员不在时，出现市电断电有可能造成蓄电池过放电。

A. 整流器　B. 逆变器　C. 蓄电池开关　D. 旁路电源开关

129. UPS电源系统维护内容中，(D)维护是一项重要内容。据统计，约有50%以上的UPS电源故障与此有关。

A. 整流器　B. 逆变器　C. 散热风扇　D. 蓄电池

130. 以下检修中属事故检修的是(A)。

A. 因事故停止运行，对损坏部件更换　B. 临时发现缺陷需要消除

C. 对带病运行的设备计划检修　D. 更换电流表

131. 电气设备运行发现SF_6断路器中SF_6气体压力降低到信号报警值属于(A)缺陷类。

A. 一类　B. 两类　C. 三类　D. 四类

132. 巡检中值班人员发现以下设备异常，处理不正确的是(C)。

A. 设备在运行中发出某种气味，在确定不清楚原因时，在运行记录中登记

B. 充油设备看不到油面，通知上级有关领导

C. 主导电回路接触点发热变色者，在运行记录中登记，但未及时通知检修人员判断

D. SF_6气体压力低发出报警，及时通知检修人员判断

133. 电气值班人员在开关切断短路故障后的巡检属于(B)。

A. 定期巡检　B. 特殊巡检　C. 交接班巡检　D. 监督性巡检

134. 电气二次接线图，要求图纸与实际完全相符，对重要二次系统改接以及保护联锁系统的摘除和恢复，要求(C)。

A. 当班电工可以直接处理　B. 变电所班长批准

C. 单位主管电气的厂长(或总工)批准　D. 车间设备主任批准

135. 下列行为，可能会造成油浸变压器发生火灾是(C)。

A. 变压器出现短时间过负荷很快恢复正常，检查变压器上层油温为75℃

B. 调整无载变压器分解开关，经试验合格后投入运行

C. 变压器进行解体大修，安装过程中不小心将靠近铁芯部分的引线碰破后经简单包扎回装送电

D. 对变压器进行外部通风系统清扫

136. 盘柜刀闸安装时，刀闸的活动刃应装在(B)面。

A. 上　B. 下　C. 左　D. 右

137. 变压器运行期间，如果铜损(C)铁损时，变压器效率最高。

A. 大于　B. 小于　C. 等于　D. 无关

138. 选择感应异步电动机时一般负荷率要求在(D)效率最高。

A. 30%　B. 40%~50%　C. 50%　D. 70%~100%

139. 以下电动机型号中，效率较高是(C)。

A. JO2-82-4　B. JR160M-4　C. Y315-3　D. JO3型电动机

140. 碘钨灯属热辐射光源，其发光效率比荧光灯(A)。

A. 高　B. 低　C. 相等　D. 不确定

141. 一变电所计算负荷为300kW，功率因数为0.75，要使功率因数达到0.9，则需要补偿无功容量为(C)kvar。

A. 45　B. 90　C. 119　D. 231

多选题

1. 理想电压源的特点(A，B)。

A. 内阻为零　　B. 端电压始终保持恒值
C. 内阻无限大　　D. 发出的电流为恒值

2. 电流源等效变换为电压源变换关系为(A，D)。

A. $E=I_s\cdot r$　　B. $G=r$　　C. $I_s=E/G$　　D. $G=1/r$

3. 交流电用相量表示符号法有下列几种形式：(A，B，C，D)。

A. 代数式　　B. 三角式　　C. 极坐标式　　D. 指数式

4. 三相不对称电路是指(A，C)。

A. 各相负载复阻抗不相等　　B. 线电压不对称
C. 负载不对称　　D. 线功率不对称

5. 三相负载对称是(A，D)。

A. 各相阻抗值相等　　B. 各相阻抗值差 1Ω
C. 各相阻抗复角相差 120°　　D. 各相阻抗值复角相等

6. 通常计数器应具有的功能是(A，C，D)。

A. 清零　　B. 存、取数码　　C. 置数　　D. 累计 CP 个数

7. 寄存器主要由(A，B)组成。

A. 触发器　　B. 门电路　　C. 多谐振荡器　　D. 计数器

8. 集成运算放大器是一种具有(A，C)耦合放大器。

A. 高放大倍数　　B. 低放大倍数　　C. 直接　　D. 阻容

9. 运算放大器目前应用很广泛，例如(A，C，D)。

A. 恒压源和恒流源　B. 逆变　　C. 电压比较器　　D. 锯齿波发生器

10. 造成晶闸管误触发的主要原因有(A，C，D)。

A. 触发器信号不同步　　B. 触发信号过强
C. 控制极与阴极存在磁场干扰　　D. 触发器含有干扰信号

11. 单结晶体管导通条件表述不正确的是(B，C，D)。

A. 发射极电压大于峰点电压　　B. 发射极电压小于峰点电压
C. 发射极电压小于谷点电压　　D. 发射极电压大于谷点电压

12. 造成逆变失败的主要原因有(B，D)。

A. 控制角太小　　B. 逆变角太小　　C. 逆变角太大　　D. 触发脉冲丢失

13. 对电力系统在各种运行方式下进行潮流分布计算可以(B，C，D)。

A. 提高继电保护灵敏度　　B. 准确地掌握各元件的运行状态
C. 正确地选择电气设备和导线截面　D. 合理的调整负荷

14. 计算短路电流的(A，B)是选择和校验配电设备及母线的主要依据之一。

A. 电动力效应　　B. 热效应　　C. 周期分量　　D. 非周期分量

15. 自动重合器“自具”控制能力指能够实现(A，B，C，D)。

A. 故障电流检测能力　　B. 操作顺序控制能力和执行能力
C. 开关动作不需要和外界通信能力　D. 无需附加继电保护装置和操作电源

16. 同一变比的电流互感器准确等级不同，则(B，C，D)。

A. 一次电流不同 B. 误差不同 C. 额定容量不同 D. 使用地点不同

17. 在一般的电压互感器中产生误差的主要原因是存在着(A，C)所致。

A. 内阻抗 B. 负荷电流

C. 激磁电流 D. 容性泄漏电流和激磁电流

18. GIS 母线共相式与分相式比较，主要优点是(A，B，C)。

A. SF_6 气体密封件用量小 B. 气室隔板少，故障率低

C. 电场优化较好 D. SF_6 气体使用量大

19. SF_6 气体绝缘 GIS 在使用中不允许出现(A，B，C，D)。

A. 产生局部放电 B. 电晕放电 C. 过电压放电 D. 水分超标

20. 交流异步测速发电机转子结构有(A，B)。

A. 鼠笼型 B. 空心杯型 C. 绕线型 D. 永磁铁材料型

21. 线路的反时限过电流保护整定一次动作电流时主要涉及下列(A，B，C)参数。

A. 继电器的可靠系数 B. 继电器的返回系数

C. 最大负荷电流 D. 接线系数

22. 采用 BCH-2 型差动继电器保护的变压器，在确定其基本侧的一次动作电流的整定计算中，一般要满足下列(A，B，C)条件。

A. 躲过变压器空载投入和外部故障切除后电压恢复时的励磁涌流

B. 躲过外部短路时变压器的最大不平衡电流

C. 电流互感器二次断线时保护装置不应误动作，应躲过变压器正常运行时的最大工作电流

D. 取上述三个条件计算结果中的最小值作为整定值

23. 下列关于短路电流叙述正确的有(B，C)。

A. 当短路点发生在发电机附近时，三相短路电流一定大于两相短路电流

B. 当短路点发生在发电机附近时，三相短路电流不一定大于两相短路电流

C. 当短路点靠近中性点接地的变压器时，单相短路电流可能大于三相短路电流

D. 当短路点靠近中性点接地的变压器时，三相短路电流一定大于单相短路电流

24. 同步电动机在运行过程中，不可避免地常会遇到以下(A，B，C)失步事故。

A. 断电 B. 带励 C. 失励 D. 解列

25. 同步电动机自失步到再同步的整个机电暂态过程主要包括以下(A，B，C)阶段。

A. 失步制动 B. 异步驱动

C. 再同步 D. 断电失步保护跳闸

26. 关于母线不完全差动保护原理的说法中，不正确的有(A，D)。

A. 母线不完全差动保护需要在与母线相连的所有回路上装设具有相同变比的电流互感器

B. 母线不完全差动保护一般由两段式电流保护构成，即差动电流速断和差动过电流保护装置

C. 母线不完全差动保护的第 I 段保护主要任务是保护母线，保护动作不要求有选择性

D. 母线不完全差动保护的第 I 段保护动作电流应躲开电流回路未接入母差保护装

置中的引出线电抗器后的最小短路电流

27. 重合闸动作时间，原则上应尽可能的短，以利于尽快恢复供电，但是为了提高重合闸成功率，又必须考虑如下(A，B，C，D)因素。

A. 故障消弧及去游离时间　　B. 断路器操作机构准备好重合的时间

C. 断路器准备好重合时间　　D. 保护返回时间

28. 关于故障录波器的作用，下列描述正确的有(A，B，C)。

A. 通过故障录波器的录波和分析，可以找出事故原因，制定反事故措施

B. 通过故障录波图可以为查找故障点提供依据

C. 可以积累运行经验，提高运行水平

D. 能够起到继电保护装置的作用，使线路故障迅速切除

29. 高频开关电源系统一般由(A，B，C，D)组成。

A. 交流配电模块　　B. 整流模块

C. 集中监控模块　　D. 直流配电模块及蓄电池组

30. 下列属于微机保护中常采用的简单滤波器是(A，B)。

A. 减法滤波器　　B. 加法滤波器　　C. 级联滤波器　　D. 全零点滤波器

31. 微机保护装置由软件进行的硬件的自检内容主要有(A，B，C，D)。

A. RAM 区读写检查　　B. EPROM 求和检查

C. 开关量出口通道检查　　D. 数据采集系统检查

32. 微机保护常用的检测方法按检测时机可分为(A，B)。

A. 即时检测　　B. 周期检测　　C. 元器件检测　　D. 成组功能检测

33. 微机线路保护装置的纵联保护的通道可以是(A，B，C，D)。

A. 电力线载波　　B. 微波　　C. 光纤　　D. 导引线

34. 电力系统数据远传通信的信道种类较多。下列所述的通信种类中，目前已经大量使用或正在开发使用的通信种类有(A，B，C，D)。

A. 电力线载波通信　　B. 音频电缆通信

C. 微波通信　　D. 光纤通信

35. 下列所述中，(A，B，D)属于局域网四大因素中的内容。

A. 网络的拓扑结构　　B. 网络的传输介质

C. 网络的干扰源　　D. 网络的通信方式

36. 常规变电站的二次系统的主要缺陷有(A，B，C)。

A. 装置间相互独立、互不兼容、功能重复

B. 设备不具备自检功能，故障率高

C. 信息记录和显示方式落后

D. 占地面积小，控制电缆接线少

37. 重瓦斯保护动作后，在未进行(A，B，C)工作前，不得对变压器强行送电。

A. 外观检查　　B. 油样化学分析　　C. 电气试验分析　　D. 接地电阻测试

38. GIS 组合电器最容易出现故障的部位是(B，C，D)三种元件。

A. 断路器　　B. 隔离开关　　C. 接地刀闸　　D. 盆型绝缘子

39. 中性点不接地的系统中，采用消弧线圈补偿接地电容电流，一般情况下不采用

(A，B)运行方式。

A. 全补偿 B. 欠补偿 C. 过补偿 D. 非补偿

40. 当电压互感器一次侧熔断器熔断一相时，熔断相的接地电压表指示为零，其他两相电压表指示为(A，B)。

A. 正常或略低 B. 相电压或略低 C. 高于相电压 D. 线电压

41. 避免电压互感器产生铁磁谐振，可采取的两种措施有(C，D)。

A. 适当选择互感器容量 B. 互感器直接接地

C. 在一次绕组中性点接入阻尼电阻 D. 使系统 X_C/X_L 值脱离易激发铁磁谐振区

42. 电压互感器产生铁磁谐振，可造成互感器(A，B)两种危害。

A. 发热 B. 击穿、爆炸

C. 电压表测量值为零 D. 电压表损坏

43. 避免电压互感器产生铁磁谐振，可采取的两种措施有(B，C)。

A. 增大互感器容量 B. 改善互感器伏-安特性

C. 开口三角处接入非线性电阻 D. 互感器二次侧线圈一端接地

44. 正常情况下电容器组的投入和退出，应根据系统(B，C，D)情况来决定。

A. 有功功率 B. 无功负荷潮流 C. 负荷功率因数 D. 系统电压

45. 储能电容器是用于事故情况下，直流母线电压降低时，主要向(B，C)回路供电。

A. 信号和操作 B. 跳闸 C. 继电保护 D. 照明

46. 不可能造成三相异步电动机外壳局部过热的故障是(B，C，D)。

A. 匝间短路 B. 相间短路 C. 过载 D. 单相运行

47. 关于电力电容器组的过电压保护整定原则的以下说法中，正确的有(A，C)。

A. 电力电容器组承受的过电压能力系数一般为 1.1 倍额定电压

B. 电力电容器组承受的过电压能力系数一般为 1.5 倍额定电压

C. 电力电容器允许短时间过电压运行，一般允许过电压时间为 3~5min

D. 电力电容器组过电压保护必须要有专用的电压互感器

48. 变压器绝缘油的酸价是用氢氧化钾滴定法测定。酸价过高(B，C)。

A. 造成绝缘油过热 B. 对绝缘材料有腐蚀作用

C. 对金属有腐蚀作用 D. 造成绝缘油黏度大

49. 三相变压器进行短路试验的目的是(C，D)。

A. 检查绕组绝缘强度 B. 测定变压器变比

C. 测量变压器的短路损耗 D. 测量变压器阻抗电压

50. SF_6 断路器一旦压力降低，将导致(C，D)。

A. 合闸速度减慢 B. 触头直阻增大

C. SF_6 气体绝缘降低 D. 灭弧能力下降

51. 三相异步电动机绕组接线图一般有(C，D)。

A. 绕组原理图 B. 绕组卷线图

C. 绕组圆形接线参考图 D. 绕组展开图

52. 以下属于电动机大修项目的有(A，B，C，D)。

A. 拆卸电机，清除内部污垢和绕组表面灰尘

B. 检查电机转动部分，补充轴承油

C. 检查绕组绝缘有无变色、焦化、脱落或擦伤

D. 更换损坏的轴承或轴承盖

53. 关于补油或不同牌号油混合使用的规定，正确的是(A，B，D)。

A. 补加油品的各项特征指标不应低于设备内的油

B. 不同牌号新油或相同质量的运行中的油，原则上不宜混合使用

C. 来历不明的油如需要与不同牌号油混合时，不用进行参加混合的油及混合后油样的老化试验

D. 油样的混合比应与实际使用的混合比一致

54. 下述变压器绕组所有分接头变比试验的标准中，正确的有(B，C，D)。

A. 变比允许偏差为±1%

B. 除电压 35kV 以下的变压器，其额定变比允许偏差为±0.5%

C. 各相应分接头的变比与铭牌值相比，不应有显著差别，且应符合规律

D. 电压 35kV 以下，变比小于 3 的变压器，其变比允许偏差为±1%以内

55. 并联电容器用的串联电抗器绕组直流电阻试验要求(B，C)。

A. 三相绕组间之差别不应大于最小值的 4%

B. 三相绕组间之差别不应大于三相平均值的 4%

C. 与上次测试结果相差不大于 2%

D. 与上次测试结果相差不大于 3%

56. 三相异步电动机常用的电气制动方式有(A，B，C，D)。

A. 再生发电制动　B. 反接制动　C. 能耗制动　D. 电磁制动

57. PLC 常用的 CPU 主要有(B，C)。

A. PROM 存储器　B. 微处理器　C. 单片机　D. EPROM 存储器

58. PLC 系统调试的程序测试方法主要有(A，B，C，D)。

A. 白盒测试法　B. 黑盒测试法

C. 自顶向下测试法　D. 自底向上测试法

59. PLC 的故障检查流程主要包括(A，B，C，D)等几方面的检查。

A. 电源系统故障　B. 系统运行异常　C. 系统报警　D. 输入输出故障

60. PLC 是一种工业专用计算机，它比通用的计算机优点是(C，D)。

A. 运算速度快　B. 响应时间短　C. 抗干扰能力强　D. 编程容易

61. 数字操作显示面板的作用主要是给用户提供一个良好的人机界面，利用数字操作面板对系统可以实现(A，B)等功能。

A. 参数设定　B. 运行操作　C. 减少机械振动　D. 直流制动

62. 使用变频器应注意的事项有(A，D)。

A. 变频器输入端要尽量装接断路器

B. 变频器输出端要尽量装设接触器

C. 变频器输出端要尽量装设电涌抑制器

D. 面板上的 CHARGE 灯熄灭后方可进行检修

63. 下列关于 UPS 的使用注意事项中，说法正确的有(A，C)。

A. 应尽量减少整流性负载对 UPS 的冲击

B. UPS 逆变器正常运行时，可以用示波器观察控制电路的波形

C. 要根据 UPS 的容量，合理配置负载，一般要留有一定的裕量

D. 后备式 UPS 可以随意加大输入保险丝容量

64. 电气试验的目的是保证电气设备的(B，C，D)。

A. 试验规程正确 B. 接线正确 C. 技术参数合格 D. 绝缘性能良好

65. 电气变电运行的管理工作主要有(A，B，C)。

A. 交接班管理 B. 值班管理 C. 考核管理 D. 试验工作

66. 电气变电所运行方面的运行分析主要包括(A，C，D)。

A. 设备供电负荷分析 B. 设备检修、维护、试验的各种参数分析

C. 无功补偿运行分析 D. 供电电量损失分析

67. 变电所运行档案包括(A，B，C)。

A. 原始资料档案 B. 运行单元档案 C. 运行综合档案 D. 职工工资档案

68. 低压配电盘发生火灾，预防措施有(A，B，C，D)。

A. 配电盘使用耐火材料 B. 配电盘应有独立配电室

C. 配电盘设计合理，接地保护可靠 D. 导线应联接可靠，绝缘良好

69. 电动机节电主要从(A，B，D)进行。

A. 选用高效节能型电机 B. 合理选择电机类型

C. 降低电动机的功率因数 D. 采用调速方式

70. 照明节电的措施有(A，B，C，D)。

A. 合理选择电光源和灯具 B. 合理选定照度

C. 合理布置灯具 D. 加强照明运行管理

简答题

1. 试述戴维南定理的内容？

答：①任何一个有源二端线性网络都可以用一个由恒定的电动势和内阻串联的等效电源来代替；②这个电源的电动势等于该网络的开路电压；③内阻等于该网络中所有电动势都短接时两端间的等效电阻。

2. 进行电源的等效变化需注意些什么？

答：①电压源与电流源的等效变换只对外电路等效，对内电路不等效；②理想电压源与理想电流源之间不能进行等效变换；③等效变换时，须使电流源电流流入的一端与电压源的正极相对应。

3. 串联谐振有什么特征？举例说明串联谐振在生产中的应用。

答：串联谐振的特征：①阻抗最小，电流最大，ui 同相；②电压关系：$U_R=U$，$U_L=U_C$，当 R 很大时，会出现 $U_L-U_C \gg U$，所以，串联谐振又称电压谐振。

串联谐振在生产中的应用：①在无线电系统中，常用串联谐振在 L、C 上获得较高的信号电压来进行选频；②由于串联谐振要在 L、C 中产生高压；可能造成击穿线圈或电容的危害，因此，在电力工程中应尽量避免串联谐振。

4. 提高电力系统动态稳定的措施有哪些？

答：提高动态稳定的常用措施有：①快速切除短路故障；②采用自动重合闸装置；③采用电气制动和机械制动；④变压器中性点经小电阻接地；⑤设置开关站和采用强行串联电容

补偿；⑥采用联锁切机；⑦快速控制调速汽门等。

5. 谐波对电力系统有何危害?

答：①对旋转电机产生附加功率损耗和发热，并可能引起振动；②对无功补偿电容器组引起谐振，可导致电容器过负荷或过电压损坏；③对电源线路可能会造成过负荷或过电压击穿；④增加变压器和电力网的损耗，以及容易引起谐振；⑤对继电保护及自动装置、计算机产生干扰和造成误动作；⑥造成电能计量的误差，使谐波源用户付费减少，受害用户反而付费增加；⑦对通信线路造成干扰。

6. 什么是自动分段器?

答：自动分段器是一种由电子电路控制的在无电压或无电流情况下自动分闸的开关设备。它是一种新型的负荷开关，具有符合开关的开断和关合性能，同时还具有智能化的特点，是一种配电网自动化的关键设备之一。

7. 简述变压器的电阻式有载调压分接开关基本结构和作用?

答：电阻式有载调压分接开关由切换开关、分接选择器和操作机构等部分组成。切换开关专门承担切换负荷电流的部分，它的动作是通过快速机构，按一定顺序完成的，由于切换部分产生电弧，为防止油质劣化，因此必须装在单独的绝缘桶中，与变压器油箱内的油分开。分接选择器是按照分合顺序，使相邻的即刻要转换的分接头预先接通，并承担连续负荷的部分，它的动作是在不带电的情况下进行的。操作机构是使开关本体动作的动力源，可以电动和手动，并带有必要的限动、安全联锁位置指示、计数和讯号发生器等辅助装置，操作机构都安装在变压器油箱外部的箱壁上。

8. GIS 的优点是什么?

答:①缩小占地面积,集成度高。②不受外界影响,具有抗震性能,可靠性大。③没有触电和火灾危险,对电磁和静电进行屏蔽,安全性能好。④安装周期短。⑤维护方便,检修周期长。

9. 交流发电机并列时必须具备的条件是什么?

答：①主机与副机(待并机)电压的有效值相等；②主机与副机电压相位相同；③主机与副机的频率相等；④主机与副机的电压相序一致。

10. 简述线路低压闭锁过电流保护的工作原理?

答：①线路低压闭锁过电流保护中，低电压继电器与电流继电器触点相串联，构成“与”逻辑电路；②保护中的动作电流按躲过正常的持续负荷电流整定，低电压保护按躲过系统最低工作电压整定；③在正常情况下，电压正常又没有过负荷，电压、电流继电器触点都在断开位置，保护不会动作。当有大型电动机启动时，启动电流使最大负荷电流超过电流继电器的整定值而使电流继电器动作，其触点闭合，但由于母线电压不会有显著下降，低电压继电器的触点不会闭合，保护装置不会动作；④只有被保护线路发生短路故障，即产生大电流同时出现电压降低，电流、电压继电器触点才同时闭合，保护动作于跳闸。

11. 变电所设备检修后的基本要求?

答：设备检修后，应达到：消除缺陷，排除隐患，恢复设备铭牌出力，保障安全运行，延长使用寿命。

12. 为什么说变压器复合电压启动的过电流保护在发生三相对称短路时电压元件的灵敏度有所提高?

答：①当发生三相对称短路时，一般总是伴随着出现短时间的负序电压，只要负序继电器一动作，低电压继电器即完全失去电压，触点闭合；②当负序电压消失后，若使低电压继电器的触点再度打开，必须使残余电压高于继电器的返回电压。在这种情况下，低电压继电器的返回系数对保护装置的工作不产生影响。因此说复合电压启动的过电流保护在发生三相对称短路时电压元件的灵敏度有所提高。

13. 简述同步电动机失步保护主要采用的几种方式。

答：①反应定子过负荷的保护，一般由 GL 型电流继电器构成，其瞬时速动特性作为相间短路保护，其反时限特性兼作失步保护和过负荷保护；②反应转子回路出现交流分量的保护，即带励、失励失步保护；③防止非同期冲击的断电失步保护。

14. 高频开关电源系统由哪几部分组成，其作用是什么？

答：①高频开关电源系统通常由几个部分组成：交流配电模块、整流模块、集中监控模块、直流配电模块和蓄电池组；②交流配电模块对交流电源进行处理、保护、监测并与整流模块接口。整流模块将交流电变为直流电；③直流配电模块负责向直流负载供电；④集中监控模块用于对交流输入电源、整流模块、输出电源及蓄电池组进行智能管理，并实现数据监测、定值设定、越限报警；⑤还设有 RS-232CT、RS-485 串行通讯接口，以实现遥信、遥测、遥调和遥控。

15. 一个通信规约包括的主要内容有哪些？

答：①代码(数据编码)；②传输控制字符；③传输报文格式；④呼叫和应答方式；⑤差错控制步骤；⑥通信方式；⑦同步方式；⑧传输速率。

16. 变电站综合自动化系统投运时，应具备哪些技术文件？

答：①竣工原理图、安装图、技术说明书、电缆清册等设计资料；②制造厂提供的装置说明书、保护屏(柜)电原理图、装置电原理图、分板电原理图、故障检测手册、合格证明和出厂试验报告等技术文件；③新安装检验报告和验收报告；④微机继电保护装置定值和程序通知单；⑤制造厂提供的软件框图和有效软件版本说明；⑥微机继电保护装置的专用检验规程。

17. 变压器发生绕组层间或匝间短路时有哪些异常现象？

答：①一次侧电流增大；②油温、油面增高，变压器内部发出“咕嘟”声；③二次侧电压不稳定，忽高忽低；④安全阀喷油；⑤可能导致瓦斯或差动保护动作。

18. 变配电所运行中，显示母线电压不平衡的主要原因是什么？一般能发出什么报警信号？

答：①输电线路发生单相金属性接地或非金属性接地故障；②电压互感器一、二次熔断器熔断；③空母线或线路的三相对地电容电流不平衡；④由于以上情况，一般会发出接地信号和警铃报警。

19. 什么故障会使 35kV 及以下电压互感器的一、二次侧熔断器熔断？

答：使一、二次侧熔断器熔断的故障有：①电压互感器的内部故障(包括相间短路、绕组绝缘破坏)；②电压互感器出口与电网联接导线的短路故障；③谐振过电压；④二次回路的短路故障，也可能使电压互感器二次侧熔断器熔断。

20. 处理故障移相电容器时应注意哪些安全事项？

答：①在处理故障电容器前，应先拉开断路器及断路器两侧的隔离开关；②然后验电、装设接地线；③由于故障电容器可能发生引线接触不良、内部断线或熔丝熔断等，因此有一部分电荷有可能未放出来，所以在接触故障电容器前，还应戴上绝缘手套，用短路线将故障电容器的两极短接并接地，方可动手拆卸；④对双星形接线电容器组或有多个串联的电容器，还应单独放电。

21. 直流系统在变电所起什么作用？

答：①直流系统在变电所中为控制信号继电保护自动装置及事故照明等提供可靠的直流电源；②为操作机构提供可靠的操作电源；③直流系统的可靠与否，对变电站的安全运行起着至关重要的作用，是变电站安全运行的保证。

22. 有载调压变压器分接开关的故障是由哪些原因造成的？

答：是由以下几个原因造成的：①辅助触头中的过渡电阻在切换过程中被击穿烧断；②分接开关密封不严，进水造成相间短路；③由于触头滚轮卡住，使分接开关停在过渡位置，造成匝间短路而烧坏；④分接开关油箱缺油；⑤调压过程中遇到穿越故障电流。

23. 更换断路器的操作把手应注意什么事项？

答：①需更换的操作把手应与原操作把手规格相符，各接点应接触良好；②应在断路器停电时更换，并按图纸核对接点位置；③更换后须经试操作正确方能投入运行。

24. SF_6 断路器相间、同相各断口合闸和分闸的不同期标准分别为多少？

答：①相间合闸的不同期标准是不大于 5ms；②相间分闸的不同期标准是不大于 3ms；③同相各断口合闸的不同期标准是不大于 3ms；④相间分闸的不同期标准是不大于 2ms。

25. 对于 3kV 及以上或 100kW 及以上的交流电动机绕组的直流电阻的标准是什么？

答：①各相绕组直流电阻值的相互差值不应超过最小值的 2%；②中性点未引出者，可测量线间电阻，相互差值不应超过最小值的 1%。

26. 简述 PLC 的发展趋势的主要内容？

答：①系统功能完善化；②体系结构开放化及通信功能标准化；③I/O 模块智能化及安装现场化；④功能模块专用化；⑤编程组态软件图形化；⑥硬件结构集成化、冗余化；⑦控制与管理功能一体化。

27. 变频器控制系统常见的故障类型主要有哪些？

答：主要有：①过电流；②短路；③接地；④过电压；⑤欠电压；⑥电源缺相；⑦变频器内部过热；⑧变频器过载；⑨电动机过载；⑩CPU 异常和通信异常等。

28. 在用电气设备大修后，验收标准和步骤有哪些？

答：①按照现行的《电气设备检修规程》和《电气设备预防性试验规程》要求进行验收。②在用的电气设备大修后，先由检修、试验人员自行检查，填写检修、试验记录表格。③运行验收人携带工作票与检修、试验负责人到现场进行共同验收。④验收合格后，双方签字；不合格应重新处理后，再验收(试验项目不合格应上报听候处理)。

29. 运行中发现设备缺陷，值班人员处理步骤？

答：①当设备发生缺陷时，运行人员应立即分析其原因和发展的趋势，确定缺陷类别，做好缺陷登记，按照管理权限分别报告有关部门(有录音)。②若设备缺陷类别和原因不能立即做出正确判断，变电所负责人召集运行人员进行鉴定，仍不能正确判断时，报上级组织鉴定。③发生一类缺陷时，运行人员应及早通知检修人员处理，建议调度或根据调度人员指令采取措施，改变运行方式，将带缺陷设备停止运行，防止缺陷变成事故。④发生一类缺陷时，不能处理时运行人员应加强监视，增加巡检次数，注意观察缺陷发展的趋势，做好针对性的事故预案，做好事故处理的准备工作。⑤二、三类缺陷，应列入消缺计划。⑥设备缺陷消除后，运行人员应进行质量验收，缺陷一次不能消除时，在不影响安全的前提下，可视情况分阶段消除。

30. 简述变电所巡检方法？

答：①充分利用眼、鼻、耳、手的作用，进行巡检，综合分析，判断设备运行情况。②利用试温片、远红外成像仪和红外线测温仪等仪器对电气接头和设备进行巡检。③利用气候和自然条件来观察和检查设备。

31. 电气变电所的运行岗位应做的分析主要内容是什么？

答：①接班前对设备和系统的运行情况和各部件参数，进行检查分析；②值班时对仪表指示情况，设备参数变化及设备缺陷，进行分析；③抄表时对各种数据进行分析；④巡检时对设备的声音、振动、温度等进行分析；⑤定期试验、重大操作、新设备投用及运行方式变化时，对设备运行和变化情况，进行分析。

32. 简述变电所技术管理的主要内容。

答：①建立技术管理制度，确定负责人；②备齐本变电所应具备的规程、规定、导则和技术标准，使工作有法可依；③建立健全设备技术档案；④根据现场生产需要，及时请主管单位组织修订现场运行规程；⑤组织运行人员学习各种规章制度，作到自觉遵守。

33. 简述油浸变压器的发生火灾原因。

答：①内部绕组绝缘损坏，发生短路；②绕组之间、绕组端部与分接头间，联接不好或分接头接触不良；③铁芯硅钢片间绝缘或铁芯与加紧螺栓之间的绝缘破坏引起涡流发热，引起铁芯起火；④油中电弧闪络；⑤外边线路短路引起变压器长期过载。

34. 简述油开关的发生火灾和爆炸的预防措施。

答：①选用断路器时，断路器要和安装地点的短路容量相适应；②改进油箱的结构，增加油箱的机械强度，提高短流容量，箱盖上安装安全排气管；③加强对断路器运行检查和定期检修工作；④断路器安装、设计应符合国家规范。

35. 电动机发生火灾的预防措施有哪些？

答案：①根据使用环境，合理选择电机型号，如在易燃易爆场所选择防爆电动机。②电动机应安装在耐火材料基础上，且与可燃物保持一定距离。③电动机控制回路应有完善的保护控制系统。④按照检修标准检修电动机。

36. 电缆沟和电缆隧道的防火预防措施有哪些？

答：①加强管理，定期检查和维护；②电缆进出电缆沟或电缆隧道要做好封堵。较长隧道及分岔道口，设置防火墙。正常情况下，电缆沟门应关闭；③沟内积水、积油应及时清除；④沟周围动火时应防止火种掉进缆沟；⑤电缆沟和隧道要有适当的通风设施。

计算题

1. 收音机磁性天线中，$L=300\mu H$ 的电感与一可变电容组成串联电路。在中波段需要从550kHz 调到 1.6MHz。求可变电容 C 的数值范围。

解：因有 $f_0=\dfrac{1}{2\pi\sqrt{LC}}$，故得 $C=\dfrac{1}{(2\pi f_0)^2L}$

代入数据得 $C_1=279pF$，$C_2=33pF$

答：可变电容 C 在 279pF 到 33pF 之间。

2. F007 运算放大器的正、负电源电压为±15V，开环电压放大倍数 $A_{uo}=2\times10^5$，输出最大电压(即$\pm U_0(sat)$)为±13V。今在图中分别加下列输入电压，①$u_+=+15\mu V$，$u_-=-10\mu V$；②$u_+=0V$，$u_-=+5mV$。求输出电压及其极性。

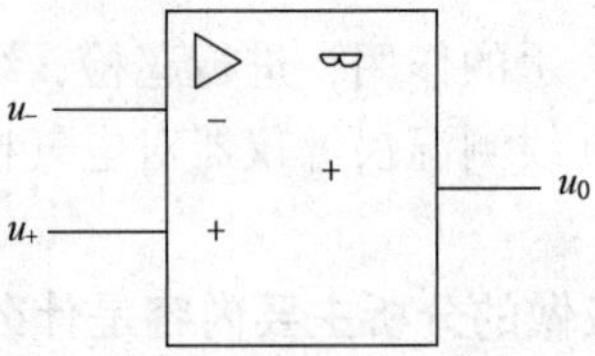

解：$u_+-u_-=u_o/A_{uo}=\pm13/2\times10^5V=\pm65\mu V$

可见，只要两个输入端之间的电压绝对值超过 65μV，输出电压就达到正或负的饱和值。

① $u_0=2\times10^5\times(15+10)\times10^{-6}V=+5(V)$

② $u_0=-13V$

答：① $u_0=+5V$；②$u_0=-13V$。

3. 有一个三相全控桥整流电路。已知电感负载 $L=0.2H$，$\alpha=75°$，$R=1\Omega$，变压器二次相电压 $U_2=100V$。试计算负载的平均整流电压 U_d 和负载电流平均值 I_d。

解：$\omega L=2\pi fL=6.28\times300\times0.2=376.8\Omega$

$\omega L\gg2R$，可视为大电感负载。

$U_d=2.34U_2\cos\alpha=2.34\times100\times\cos75°=60.56V$

$I_d=U_d/R=60.56/1=60.56(A)$

答：负载的平均整流电压 U_d 和负载电流平均值 I_d 分别为 60.56V，60.56A。

4. 设备供电系统如图所示，各项电参数已标于图中，用标么值法计算最大运行方式下 K_1 处的三相短路电流的周期分量有效值。

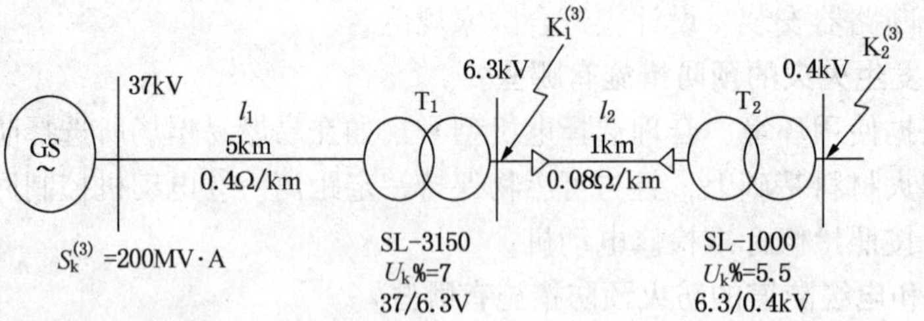

解：①选定基准值，本题选 $S_d=100MV\cdot A$。对于 $K_1^{(3)}$ 点，取 $U_{d1}=6.3kV$；对于 $K_2^{(3)}$ 点，取 $U_{d2}=0.4kV$，则 $I_{d1}=\dfrac{S_d}{\sqrt{3}U_d}=\dfrac{100}{\sqrt{3}\times6.3}=9.16kA$

② 计算最大运行方式下系统各元件阻抗的标么值，绘制等效电路图：

系统电抗标么值 $X_1^*=\dfrac{S_d}{S_k^{(3)}}=100/200=0.5$

输电线路的电抗标么值 $X_2^*=X_1l_1\dfrac{S_d}{U_{c1}^2}=0.4\times5\times100/37^2=0.146$，电力变压器的电抗标么值 $X_3^*=\dfrac{U_{k1}\%S_d}{100S_{N.T1}}=\dfrac{7}{100}\times\dfrac{100}{3.15}=2.222$，等效电路图如下：

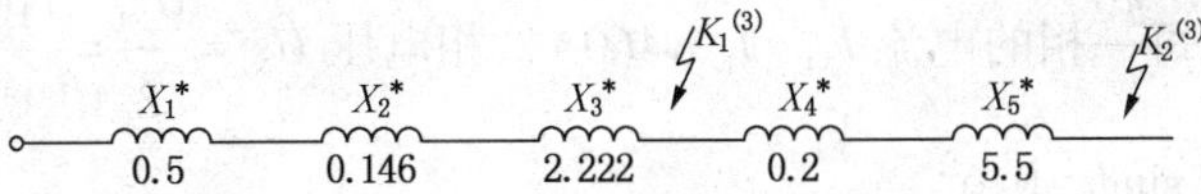

③ 求最大运行方式下电源点至短路点的总阻抗标么值：

对于 $K_1^{(3)}$ 点，$X_{\Sigma1}^* = X_1^* + X_2^* + X_3^* = 0.5 + 0.146 + 2.22 = 2.868$

④ 求最大运行方式下短路电流的周期分量有效值：

在 $K_1^{(3)}$ 点，$I_{K1}^{(3)*} = 1/X_{\Sigma1}^* = 1/2.868 = 0.349$，$I_{K1}^{(3)} = I_{K1}^{(3)*} \times I_{d1} = 0.349 \times 9.16 = 3.197(kA)$

答：最大运行方式下 $K_1^{(3)}$ 点短路电流的周期分量有效值是3.197kA。

5. 某设备的电流互感器不完全星形接线，使用的电流互感器开始饱和点的电压为60V（二次值），继电器的整定值为50A，二次回路实测负载1.5Ω，要求用简易方法计算并说明此电流互感器是否满足使用要求。

解：由电流保护的定值可知，电流互感器两端的实际电压为50×1.5=75V，此电压高于电流互感器开始饱和点的电压60V，故初步确定该电流互感器不满足要求。

答：此电流互感器不能满足要求。

6. 一台离心式水泵，流量为 $V = 720m^3/h$，排水高度为 $H = 21m$，转速为1000r/min. 水泵效率 $\eta_B = 0.78$，水密度 $\rho = 1000kg/m^3$，传动机构效率 $\eta = 0.98$，电动机与水泵同轴联接。今有一台电动机，其功率 $P_N = 55kW$，定子电压 $U_N = 380V$，额定转速 $n_N = 980r/min$，试确定是否可用？

解：① 由于离心式水泵功率

$$P_L = \frac{V\rho H \times 10^{-3}}{\eta_B \eta} = \frac{(720/3600) \times 1000 \times 21 \times 10^{-3}}{0.78 \times 0.98} = 53.9kW$$

而电机功率为 $P_N = 55kW$

所以：$P_N > P_L$

② 电机转速 $n_N = 980r/min$ 与水泵转速1000r/min接近，因此该电机可用。

答：该电机可用。

7. 一台汽轮发电机，$S_N = 8750kV \cdot A$，$U_N = 11000V$，Y 接法，$I_N = 460A$，$\cos\phi = 0.8$（滞后），$X_t = 5.5\Omega$ 不计电阻。该机已并网运行。求：额定运行时的输出功率、励磁电动势和功率角？

解：① 因为 $\cos\phi = \frac{P_N}{S_N}$

所以：$P_N = S_N \cos\phi = 8750 \times 0.8 = 7000kW$

② 因为定子每一相存在：$E_0 = U + Ir_a + jIX_t$ 且 r_a 不计；因此 $E_0 = U + jIX_t$，作图如下：

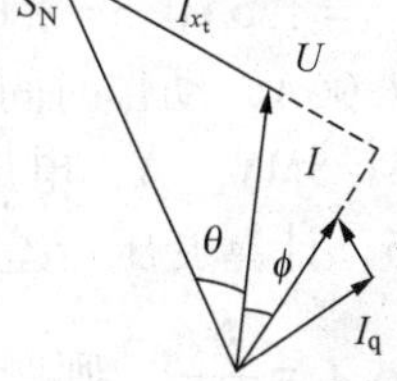

由于 Y 接法，则每一相的电流 $I_{N1}=I_N=460A$，相电压 $U_{N1}=\frac{U_{N1}}{\sqrt{3}}=\frac{11000}{\sqrt{3}}=6351V$

设：$\psi=\phi+\theta$ 因为 $\sin\phi=0.6$

则：

$$\tan\psi=\frac{U_{N1}\sin\phi+I_{N1}X_t}{U_{N1}\cos\phi}=\frac{6351\times0.6+460\times5.5}{6351\times0.8}=1.25$$

因此 $\cos\psi=0.62$

所以：$E_0=\frac{U_{N1}\cos\phi}{\cos\psi}=\frac{6351\times0.8}{0.62}=8195V$

③ 由于 $P_N=\frac{mE_0U_{N1}\sin\theta}{X_t}$

$$\sin\theta=\frac{P_NX_t}{mE_0U_N}=\frac{7000\times1000\times5.5}{3\times8195\times6351}=0.25$$

$\theta=14.48°$

答：额定运行时的输出功率为 7000kW，励磁电动势 8195V，功率角 14.48°。

8. 如图所示，某 35kV 单电源辐射形线路，L1 的保护方案为限时电流速断和过电流保护，电流互感器为不完全星形接线，继电器为 DL 型。已知 L1 的最大负荷电流为 300A，变电站 B 的 1、2 号断路器保护定值如图所示。计算 L1 的过电流保护定值(不校验灵敏度)。

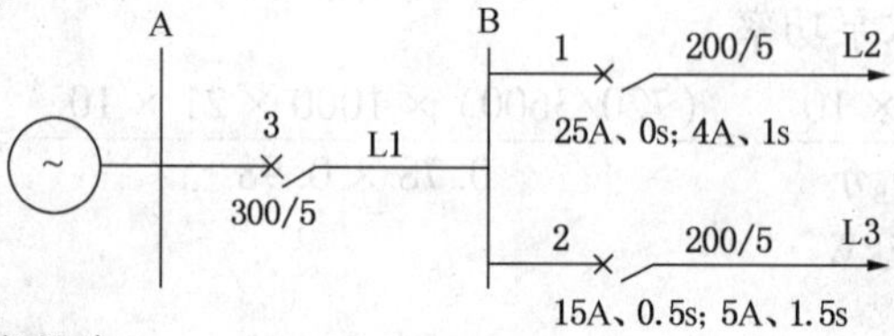

解：① 二次动作电流整定：

动作电流按躲过本线路最大负荷电流整定，即 $I_{dz.j}=\frac{K_{jx}}{n_{LH}}I_{dz}$，式中 $I_{dz}=\frac{K_k}{K_f}I_{fh.max}$，由题可知，$I_{fh.max}=300A$，$n_{LH}=300/5=60$，对于 DL 型继电器，取 $K_k=1.2$，$K_f=0.85$，$K_{jx}=1$，则二次动作电流 $I_{dz.j}=\frac{1\times1.2\times300}{60\times0.85}=7.06A$

按下一级线路过电流保护配合整定，$I_{dz.j}=I_{ph}I_{dz.j(2)}$，式中配合系数 I_{ph} 取 1.1~1.2，本题按 1.1 计算，由题可知 $I_{dz.j(2)}=5A$，则 $I_{dz.j}=1.1\times5=6A<7.06A$，故取 L1 过电流的二次动作值为 7.06A。

② 动作时限整定：

动作时限按与 2 号断路器定时限过电流 $t''_{(2)}=1.5s$ 相配合，即

$t''_{(3)}=t''_{(2)}+\Delta t$，取 $\Delta t=0.5s$，则 $t''_{(3)}=1.5+0.5=2.0s$

答：L1 的过电流保护动作电流为 7.06A，动作时间为 2s。

9. 有一台 Y/Δ-11 接线，容量为 31.5MV・A，电压为 110/35kV 的变压器，高压侧 TA 变比为 300/5，低压侧 TA 变比为 600/5，计算变压器差动保护回路中的不平衡电流。

解：①计算各侧额定电流：根据公式 $I_e=\frac{S_e}{\sqrt{3}U_e}$，则变压器高压侧额定电流 $I_{e1}=\frac{31500}{\sqrt{3}\times110}=165$

(A)，低压侧额定电流 $I_{e2}=\dfrac{S_e}{\sqrt{3}\times35}=519A$

② 计算差动继电器各侧二次电流：

根据变压器接线方式、差动保护原理，变压器高压侧的电流互感器二次应接成三角形接线，而低压侧电流互感器的二次接线应接成星形，因此变压器高压侧的二次电流值 $I_1=\dfrac{\sqrt{3}I_{e1}}{n_{LH}}=\dfrac{\sqrt{3}\times165}{60}=4.76A$，低压侧的二次电流 $I_2=\dfrac{I_{e2}}{n_{LH}}=\dfrac{519}{120}=4.33A$

③ 计算不平衡电流：

$$I_b=I_1-I_2=4.76-4.33=0.43A$$

答：不平衡电流为 0.43A。

10. 已知一并联电力电容器的额定电压 $U_{e.c}=6kV$，额定容量 $S_{e.c}=2400kvar$，额定电流 $I_{e.c}=214A$，电流互感器变比 $n_{LH}=300/5$，电容器首端短路时，$I''^{(2)}_{d.min}=9000A$。保护装置采用两个 DL-11 型电流互感器按不完全星形接线构成电流速断保护，试计算整定其保护动作电流？

解：①电流速断保护动作电流按躲过电容器的冲击电流整定，

即应满足 $I_{dz.1}=K_kI_{e.c}$，其中可靠系数 K_k 可取为 3，

则速断一次动作电流 $I_{dz.1}=3\times214=642A$

② 二次整定值应满足公式 $I_{dz.j}=K_{jx}\dfrac{I_{dz.1}}{n_{LH}}$，

式中接线系数 K_{jx} 因采用不完全星形接线，故取为 1，

则电流速断二次整定值 $I_{dz.j}=K_{jx}\dfrac{I_{dz.1}}{n_{LH}}=\dfrac{1\times642}{60}=10.7A$，取整为 11A，

则实际一次动作电流值为 $I_{dz.1}=60\times11=660A$

③ 灵敏度校验，按电容器首端发生短路时的最小短路电流校验，即 $K_{lm}=\dfrac{I''^{(2)}_{d.min}}{I_{dz.1}}=\dfrac{9000}{660}=13.6>1.5$，满足灵敏度要求。

答：速动保护一次动作整定值为 660A，二次动作整定值为 11A。

11. 计算 35kV 线路备用电源自动投入装置中电压继电器的整定值。

解：按躲过备用电源处的最低运行电压整定为

$$U_{dz.j}=\frac{U_{min}}{K_kn_{TV}K_f}=\frac{35000\times0.9}{1.2\times350\times1.15}=64V$$

式中 K_f——返回系数，取 1.1~1.15；

K_k——可靠系数，取 1.1~1.2；

n_{TV}——电压互感器变比；

U_{min}——备用母线最低运行电压，一般取 $0.9U_e$。

答：电压继电器整定值为 64V。

12. 某厂变电所装有两台 S9-800/10 型变压器，其有关参数为：变压器空载损耗 $P_0=1.24kW$，变压器短路损耗 $P_k=8.9kW$，变压器空载电流 $I_0\%=0.8$，变压器短路电压 $U_k\%=$

4.5，取无功功率经济当量 $K_q=0.1$，试求改组变压器单台运行的经济负载和经济负载率及该变电所变压器经济运行的临界负载值。

解：变压器空载时的无功损耗 $Q_0\approx\frac{I_0\%}{100}S_N=\frac{0.8}{100}\times800=6.4\text{kV}\cdot\text{A}$

变压器满载时的无功损耗 $Q_k\approx\frac{U_k\%}{100}S_N=\frac{4.5}{100}\times800=36\text{kvar}$

变压器单台运行时变压器的经济负载率 $K_{ec.T}=\sqrt{\frac{P_0+K_qQ_0}{P_k+K_qQ_k}}=\sqrt{\frac{1.24+0.1\times6.4}{8.9+0.1\times36}}=0.39$

该变压器的经济负载为 $S_{ec.T}=S_N\sqrt{\frac{P_0+K_qQ_0}{P_k+K_qQ_k}}=0.39\times800=312\text{kV}\cdot\text{A}$

变压器经济运行的临界负载为

$$S_{CT}=S_N\sqrt{2\times\frac{P_0+K_qQ_0}{P_k+K_qQ_k}}=800\times\sqrt{2\times\frac{1.24+0.1\times6.4}{8.9+0.1\times36}}=439\text{kV}\cdot\text{A}$$

答：该组变压器单台运行时的经济负载率为0.39，经济负载为312kV·A，该变电所变压器经济运行的临界负载为439kV·A。

因此，当负载 $S<439\text{kV}\cdot\text{A}$ 时，宜于单台运行；当负载 $>439\text{kV}\cdot\text{A}$ 时，宜于两台运行。

13. 在6kV供电系统中，如系统接地电容电流为20A，试计算消弧线圈的容量。

解：依据公式 $S=1.35I_0U_\phi$

则　消弧线圈的容量 $S=1.35\times20\times6/1.73=93.6\text{kV}\cdot\text{A}$

答：消弧线圈容量为100kV·A。

14. Y-132M-4三相电动机的额定数据为：

$P_N=7.5\text{kW}$，$U_N=380\text{V}$，$I_N=15.4\text{A}$，$\cos\phi=0.85$，$n_N=1440\text{r/min}$，$\lambda=2.2$，求输入功率 P_1，功率损耗 ΔP，效率 η，最大转矩 M_m？

解：

输入功率 $P_1=\sqrt{3}U_NI_N\cos\phi=\sqrt{3}\times380\times15.4\times0.85=8.6\text{kW}$

功率损耗 $\Delta P=P_1-P_N=8.6-7.5=11\text{kW}$

效率 $\eta=P_N/P_1\times100\%=7.5/8.6\times100\%=87\%$

最大转矩 $M_m=M_N\lambda=\frac{9550\times7.5}{1440}\times2.2=109.4\text{N}\cdot\text{m}$

答：输入功率为8.6kW，功率损耗为11kW，效率为87%，最大转矩为109.4N·m。

15. 有一台额定容量 S 为100kV·A，电压为3300/220V的单相变压器，高压绕组 N_1 为1000匝，求该变压器低压绕组的匝数 N_2？一、二次侧的额定电流？若一次侧保持额定电压不变，二次侧达到额定电流，输出功率 P 为78kW，功率因数 $\cos\phi$ 为0.8时，求出这时的二次侧端电压 U_2。

解：①高压侧电压 $U_1=3300\text{V}$，低压侧电压 $U_2=220\text{V}$，低压绕组的匝数：

$$N_2=\frac{U_2}{U_1}N_1=\frac{220}{3300}\times1000=67\text{匝}$$

② 一、二次侧额定电流 I_1、I_2

$$I_1=\frac{S}{U_1}=\frac{100\times10^3}{3300}=30.3\text{A}$$

$$I_2 = \frac{S}{U_2} = \frac{100 \times 10^3}{220} = 454.5\text{A}$$

$$S_2 = \frac{P}{\cos\phi} = \frac{78}{0.8} = 97.5\text{kV} \cdot \text{A}$$

③ 二次侧端电压 U_2：$U_2 = \frac{S_2}{I_2} = \frac{97.5 \times 10^3}{454.5} = 214.5\text{V}$

答：该变压器低压绕组的匝数为 67 匝；一、二次侧的额定电流分别为 30.3A 和 454.5A；当一次侧保持额定电压不变，二次侧达到额定电流，输出功率为 78kW，功率因数为 0.8 时，二次侧端电压为 214.5V。

16. 某 SFSL－10000/110 变压器测得高压绕组线电阻分别为 $R_{AB} = 0.763\Omega$，$R_{BC} = 0.772\Omega$，$R_{AC} = 0.760\Omega$，求变压器线间电阻差 ΔR_x，是否合格？

解：

$$R_{av} = \frac{0.763 + 0.772 + 0.760}{3} = 0.765\Omega$$

$$\Delta R_x = \frac{0.772 - 0.760}{0.765} \times 100\% = 1.57\%$$

按规程规定 ΔR_X 应不大于 1%，该变压器线间电阻差 $\Delta R_X = 1.57\% > 1\%$，故不合格。

答：变压器线间电阻差 $\Delta R_X = 1.57\%$，不合格。

17. 若采用电压、电流表法测量 $U_N = 10\text{kV}$、$Q_C = 334\text{kvar}$ 的电容器的电容量，试计算加压在 $U_s = 200\text{V}$ 时，电流表的读数 I 应是多少？

解：根据公式 $Q_C = \omega C U_N^2$，

得 $C = \frac{Q_C}{\omega U_N^2} = \frac{334 \times 10^3}{314 \times (10 \times 10^3)^2} \approx 0.00001064\text{F} = 10.64\mu\text{F}$

则电流表的读数 $I = \omega C U_S = 314 \times 10.64 \times 10^{-6} \times 200 = 0.668\text{A}$

答：电流表的读数 I 为 0.668A。

18. 电动机大修时在温度 10℃ 时测得电动机的线间电阻 $R_{AB} = 12.115\text{m}\Omega$，$R_{BC} = 12.095\text{m}\Omega$，$R_{CA} = 11.948\text{m}\Omega$，交接时数据 $R_A = 6.306\text{m}\Omega$、$R_B = 6.318\text{m}\Omega$、$R_C = 6.291\text{m}\Omega$（温度 25℃），判断发电机是否有故障？

解：

$$R_A = \frac{R_{AB} + R_{CA} - R_{BC}}{2} = \frac{12.115 + 11.948 - 12.095}{2} = 5.984\text{m}\Omega$$

$$R_B = \frac{R_{AB} + R_{BC} - R_{CA}}{2} = \frac{12.115 + 12.095 - 11.948}{2} = 6.131\text{m}\Omega$$

$$R_C = \frac{R_{BC} + R_{CA} - R_{AB}}{2} = \frac{12.095 + 11.948 - 12.115}{2} = 5.964\text{m}\Omega$$

$$\delta = \frac{R_{max} - R_{min}}{R_{min}} \times 100\% = \frac{6.131 - 5.964}{5.964} \times 100\% = 2.8\%$$

2.8%>2%不合格

换算到 25℃

$$R_A = R_{AT_1} \times \frac{235 \times T_2}{235 + T_1} = 5.984 \times \frac{235 + 25}{235 + 10} = 6.34304\text{m}\Omega$$

$$R_B = R_{BT_1} \times \frac{235 + T_2}{235 + T_1} = 6.131 \times \frac{235 + 25}{235 + 10} = 6.49886\text{m}\Omega$$

$$R_C = R_{CT_1} \times \frac{235 \times T_2}{235 + T_1} = 5.964 \times \frac{235 + 25}{235 + 10} = 6.32184\text{m}\Omega$$

$$\delta = \frac{R_{B试} - R_{B厂}}{R_{B厂}} \times 100\% = \frac{6.49886 - 6.318}{6.318} = 2.86\%$$

2.86%>2%　不合格

该电动机的 B 相回路有故障，应检查其接触电阻。

答：该电动机直阻不合格，其 B 相回路有故障，应检查其接触电阻。

19. 某厂一座 30m 高的水塔旁边，建有一水泵房(属第三类防雷建筑物)，尺寸如下图所示。水塔上面装有一支高 2m 的避雷针，试问此避雷针是否能保护这一泵房。(第三类防雷建筑物的滚球半径 $h_r = 60\text{m}$)

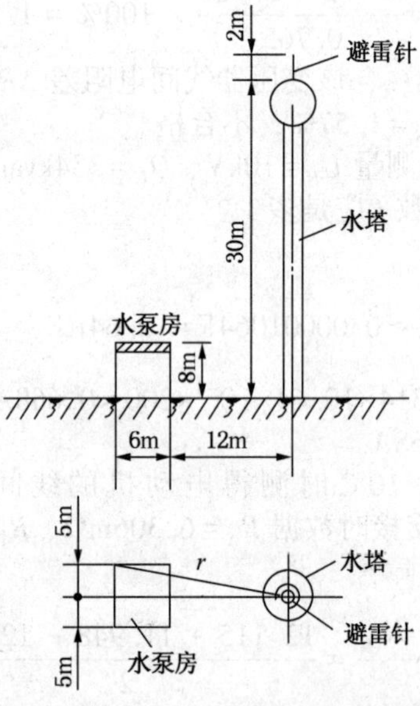

解：由于 $h_r = 60\text{m}$，$h = 30+2 = 32\text{m}$，$h_x = 8\text{m}$，因此得到保护半径

$$r_x = \sqrt{h(2h_r - h)} - \sqrt{h_x(2h_r - h_x)}$$
$$= \sqrt{32 \times (2 \times 60 - 32)} - \sqrt{8 \times (2 \times 60 - 8)}$$
$$= 23.13\text{m}$$

现水泵房在 $h_r = 8\text{m}$ 高度上最远一角距离避雷针的水平距离为：

$$r = \sqrt{(12 + 6)^2 + 5^2} = 18.7\text{m} < r_x$$

因此，水塔的避雷针完全可以保护这一水泵房。

答：此避雷器可以保护这一泵房。

20. 试计算 SL7-500/10 型变压器的经济负荷及经济负荷率？(已知：空载损耗 $\Delta P_0 = 1.08\text{kW}$，短路损耗 $\Delta P_K = 6.9\text{kW}$，空载电流百分数 $I_0\% = 2.1$，短路电压百分数 $U_K\% = 4$，取 $K_q = 0.1$)

解：① 空载时无功损耗：$\Delta Q_0=\dfrac{I_0\%S_N}{100}=\dfrac{2.1\times500}{100}=10.5\text{kvar}$

② 额定负载时无功损耗：$\Delta Q_k=\dfrac{U_K\%S_N}{100}=\dfrac{4\times500}{100}=20\text{kvar}$

③ 变压器的经济负荷率 $K_{EC.T}=\sqrt{\dfrac{(\Delta P_0+K_q\times\Delta Q_0)}{(\Delta P_K+K_q\times\Delta Q_k)}}=\sqrt{\dfrac{(1.08+0.1\times10.5)}{(6.9+0.1\times20)}}=0.49$

变压器的经济负荷 $S_{EC.T}=S_N\times K_{EC.T}=500\times0.49=245\text{kV}\cdot\text{A}$

答：变压器的经济负荷率 $K_{EC.T}=0.49$，变压器的经济负荷 $S_{EC.T}=245\text{kV}\cdot\text{A}$。

21. 某工厂用电负荷 P 为 500kW，原来功率因数 $\cos\phi1$ 为 0.7，如果需要提高到 $\cos\phi2=0.9$，问安装电容器容量为多少？

解：由于 $P=500\text{kW}$，

$$Q=P\cdot(\sqrt{1/\cos^2\phi_1-1}-\sqrt{1/\cos^2\phi_2-1})$$

$$=500\times(\sqrt{1/0.7^2-1}-\sqrt{1/0.9^2-1})=268\text{kvar}$$

答：安装电容器容量为 268kvar。

三、技能操作鉴定要素细目表(技师)

鉴定范围						鉴定点	
一级		二级		三级		代码	名称
代码	名称	代码	名称	代码	名称		
A	技能要求	A	设计安装调试	B	配电盘制作调试	001	依据继电保护原理接线图，制作 GL 型电流继电器保护盘
				C	电动机控制线路的安装调试	001	三相异步电动机 Y-Δ 启动控制盘制作与调试
						002	变频调速器的结构和功能预置
				D	电子电路安装调试	001	利用 555 集成块制作闪光电路板
						002	根据给定的元器件设计并安装单相桥式可控调压电路
						003	单结晶体管触发电路的安装和调试
				E	PLC 安装调试	001	用 PLC 实现电动机的正反转控制
						002	用 PLC 实现水塔水位的控制
		B	运行维护与事故处理	B	变配电系统故障处理	001	35kV 馈出线柜断路器跳闸后重合闸继电器不能重合的故障处理
						002	6kV 变电所双回路 1 段进线电源失压跳闸，母联断路器未自投故障处理
						003	6kV 变电所馈出线带地线合闸造成越级跳闸事故的判断与处理
						004	弹簧储能操动机构不能储能的故障处理
						005	35kV 架空线路远区永久相间短路故障的判断与处理
						006	SPAM142C 综合保护继电器整定值的修改
				C	倒闸操作票填写与执行	001	35kV 双母线的 1V 段母线由运行转检修
						002	双母线供电方式一段母线检修完毕后，送电的倒闸操作

续表

鉴定范围						鉴定点	
一级		二级		三级		代码	名称
代码	名称	代码	名称	代码	名称		
				D	电动机故障处理	001	三相交流异步电动机外壳局部过热故障分析和判断
						002	三相交流异步电动机一相绕组接反故障的判断与处理
						003	绕线式异步电动机转子回路故障的检查与处理
				E	电子电路故障处理	001	单结晶体管触发电路不能输出信号的故障处理
		C	电气检修	A	变配电设备检修	001	免维护铅酸蓄电池的活化
						002	免维护铅酸蓄电池容量的检测与计算
				C	低压电动机及控制回路检修	001	3t桥式起重机电气控制线路故障检修
		D	电气试验	A	试验仪器仪表的使用	001	DL型继电器返回系数的测试与调整
						002	电磁式电压表的校验
		E	电工测量仪器仪表及安全用具	A	电工测量仪表使用	001	利用给定的元器件组成电路，判断中、小功率晶闸管的好坏
				B	电工仪器的使用	001	用双踪示波器观察单相交流电压波形并读取最大值
		F	电气绘图及计算	A	变配电	001	GL型电流继电器组成反时限过电流保护盘后接线图绘制
				B	电动机控制与修理	001	三相四极电动机定子绕组圆形接线参考图的绘制
				C	电子电路	001	画出三相桥式整流电路及各点工作电压波形

四、技能操作试题(技师)

试题1：依据继电保护原理接线图，制作GL型电流继电器保护盘

（考核时间：60min）

序号	考核内容	考核要点	配分	评分标准	检测结果	扣分	得分	备注
1	准备工作	穿戴劳保用品	3	未穿戴整齐扣3分				
		工具、用具准备	2	工具选择不正确扣2分				
2	操作程序	分析保护原理电路图	5	不会分析保护原理电路图扣5分				
3		安装前元器件检查	5	元器件错检每处扣1分				
4		安装元器件	20	元器件安装不牢固，每只扣3分				
				元器件安装不整齐、不合理，每只扣3分				
				损坏元器件，每只扣5分				
				不按图安装扣10分				

续表

序号	考核内容	考核要点	配分	评分标准	检测结果	扣分	得分	备注
5		配线	50	不按电路图接线扣5~10分				
				接点松动、露铜过长、压绝缘、反圈等，每处扣3分				
				损伤导线绝缘或线芯，每根扣5分				
				导线交叉、悬空太多扣2~10分				
				布线不平不直每处扣2分				
				选线不符合标准规定扣5分				
				一、二次线走线不合理扣5~10分				
				编码套管编号不正确，每处扣1分				
				接地线漏接扣2分				
6		通电调试	10	熔芯选用不合理扣5分				
				第一次通电调试不成功扣5分				
				第二次通电调试不成功再加扣5分，并终止操作				
7	使用工具	正确使用工具	2	工具使用不正确扣2分				
		正确维护工具	3	工具乱摆乱放扣3分				
8	安全及其他	按《电力安全工作规程》操作		违规一次从总分中扣5分；严重违规停止操作			—	
		在规定时间内完成操作		每超时1min总分扣5分，超时3min停止操作			—	
		合　计	100					

试题2：三相异步电动机Y-Δ启动控制盘制作与调试

（考核时间：180min）

序号	考核内容	考核要点	配分	评分标准	检测结果	扣分	得分	备注
1	准备工作	穿戴劳保用品	3	未穿戴整齐扣3分				
		工具、用具准备	2	工具选择不正确扣2分				
2	操作程序	分析电路图控制原理	5	不会分析电路图扣5分				
3		安装前检查	5	元器件错检每处扣1分				
				电动机引线接线错检扣3分				
4		安装元件	20	元件安装不牢固，每只扣3分				
				元件安装不整齐、不合理，每只扣3分				
				损坏元件，每只扣5分				
				不按图安装扣10分				

续表

序号	考核内容	考核要点	配分	评分标准	检测结果	扣分	得分	备注
5		配线	50	不按电路图接线扣5~10分				
				接点松动、露铜过长、压绝缘、反圈等，每处扣3分				
				损伤导线绝缘或线芯，每根扣5分				
				导线交叉、悬空太多扣2~10分				
				布线不平不直每处扣2分				
				选线不符合标准规定扣5分				
				一次、二次线走线不合理扣5~10分				
				编码套管编号不正确，每处扣1分				
				漏接接地线扣2分				
6		通电试车	10	熔体选用不合理扣5分				
				热继电器整定不当扣5分				
				第一次试车不成功从总分中扣5分				
				第二次试车不成功从总分中再加扣5分，并终止操作				
7	使用工具	正确使用工具	2	工具使用不正确扣2分				
		正确维护工具	3	工具乱摆乱放扣3分				
8	安全及其他	按《电力安全工作规程》操作		违规一次从总分中扣5分；严重违规停止操作				—
		在规定时间内完成操作		每超时1min从总分扣5分，超时3min停止操作				—
		合　　计	100					

试题3：利用555集成块制作闪光电路板

（考核时间：90min）

序号	考核内容	考核要点	配分	评分标准	检测结果	扣分	得分	备注
1	准备工作	穿戴劳保用品	3	未穿戴整齐扣3分				
		工具、用具准备	2	工具选择不正确扣2分				
2	操作程序	识读电路图	10	错误说明元器件的功能作用每个扣5分				
3		元器件检查	15	不能正确使用万用表扣5分				
				元器件错检或漏检，每只扣3分				
4		安装接线	45	元件布局不合理扣10分				
				元器件、导线焊接不牢固、虚焊或焊点不光滑，每处扣2分				

续表

序号	考核内容	考核要点	配分	评分标准	检测结果	扣分	得分	备注
				元器件极性接错每处扣10分				
				不会识别555定时器的管脚，扣10分				
				损坏元器件每个扣10分				
				不按图接线每处扣5分				
5		通电测试	20	送电一次不成功，扣10分				
				送电两次不成功，加扣10分并终止操作				
6	使用工具	正确使用工具	2	工具使用不正确扣2分				
		正确维护工具	3	工具乱摆乱放扣3分				
7	安全及其他	按《电力安全工作规程》操作		违规一次从总分中扣5分；严重违规停止操作				—
		在规定时间内完成操作		每超时1min从总分扣10分，超时3min停止操作				—
		合　计	100					

试题4：根据给定的元器件设计并安装单相桥式可控调压电路

（考核时间：60min）

序号	考核内容	考核要点	配分	评分标准	检测结果	扣分	得分	备注
1	准备工作	穿戴劳保用品	3	未穿戴整齐扣3分				
		工具、用具准备	2	工具选择不正确扣2分				
2		正确设计、绘制电路图 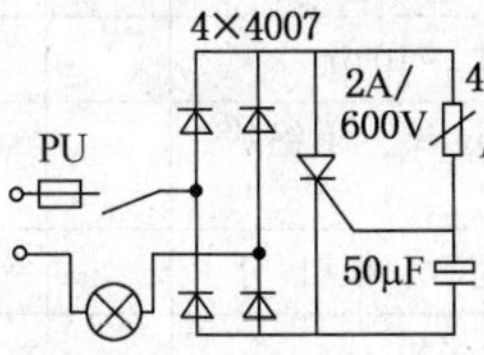	25	电路图不正确扣25分				
				符号不规范每处扣2分				
3	操作程序	元器件检查	15	不能正确选择万用表的欧姆挡或未进行调零，扣5分				
				元器件漏检或错检，每只扣3分				
		安装接线	35	元器件布局不合理扣10分				
				元器件、导线焊接不牢固、虚焊或焊点不光滑，每处扣3分				
				元器件极性接错每处扣10分				
				损坏元器件每个扣10分				
				不按图接线每处扣5分				
		通电测试	15	第一次通电调试不成功扣10分				
				第二次调试不成功再加扣10分，并终止操作				

续表

序号	考核内容	考核要点	配分	评分标准	检测结果	扣分	得分	备注
4	使用工具	正确使用工具	2	工具使用不正确扣 2 分				
		正确维护工具	3	工具乱摆乱放扣 3 分				
5	安全及其他	按《电力安全工作规程》操作		违规一次从总分中扣 5 分；严重违规停止操作			—	
		在规定时间内完成操作		每超时 1min 从总分扣 5 分，超时 3min 停止操作			—	
		合　计	100					

试题 5：用 PLC 实现电动机的正反转控制

（考核时间：180min）

序号	考核内容	考核要点	配分	评分标准	检测结果	扣分	得分	备注
1	准备工作	穿戴劳保用品	3	未穿戴整齐扣 3 分				
		工具、用具准备	2	工具选择不正确扣 2 分				
2	操作程序	分析电路图控制原理	5	不会分析电路图扣 5 分				
3		安装前检查元器件	5	元器件错检、漏检，每处扣 1 分				
				电动机引线接线错检扣 3 分				
4		安装元器件	10	元器件安装不牢固，每只扣 3 分				
				元器件安装不整齐、布置不合理，每只扣 3 分				
				损坏元器件，每只扣 5 分				
				不按图安装扣 5~10 分				
5		配线	20	不按电路图接线扣 2~10 分				
				接点松动、露铜过长、压绝缘、反圈等，每处扣 3 分				
				损伤导线绝缘或线芯，每根扣5 分				
				导线交叉、悬空太多扣 2~10 分				
				布线不平不直每处扣 2 分				
				选线不符合规范规定扣 5 分				
				一、二次线走线不合理扣 5~10 分				
				编码套管编号不正确，每处扣1 分				
				漏接接地线扣 2 分				
6		PLC 程序编制	30	画梯形图每错一处扣 2 分				
				编指令程序每错一处扣 2 分				
				程序中无正反转互锁扣 10 分				
				不能正确使用计算机或编程器输入程序扣 5 分				

续表

序号	考核内容	考核要点	配分	评分标准	检测结果	扣分	得分	备注
7		PLC 程序调试	5	未进行此项扣 5 分				
8		通电试车	15	热继电器未整定或整定不当扣5 分				
				第一次试机不成功扣 10 分				
				第二次试机不成功再加扣 10 分，并终止操作				
9	使用工具	正确使用工具	2	工具使用不正确扣 2 分				
		正确维护工具	3	工具乱摆乱放扣 3 分				
10	安全及其他	按《电力安全工作规程》操作		违规一次从总分中扣 5 分；严重违规停止操作			—	
		在规定时间内完成操作		每超时 1min 从总分扣 5 分，超时 3min 停止操作			—	
		合　　计	100					

试题 6：35kV 馈出线柜断路器跳闸后重合闸继电器不能重合的故障处理

（考核时间：20min）

序号	考核内容	考核要点	配分	评分标准	检测结果	扣分	得分	备注
1	准备工作	穿戴劳保用品	3	未穿戴整齐扣 3 分				
		工具、用具准备	2	工具选择不正确扣 2 分				
2	操作程序	识读二次原理图	10	不会识读二次原理图扣 5 分				
				识读二次原理图错误扣 5 分				
3		故障现象分析与故障判断	40	未检查指示灯扣 5 分				
				未检查盘柜表计扣 5 分				
				未检查光字牌扣 5 分				
				未进行信号继电器掉牌检查扣5 分				
				未进行重合闸继电器指示灯检查扣 5 分				
				未检查重合闸保护回路扣 5 分				
				事故现象记录不全扣 5 分				
				故障原因判断方法错误，扣 10 分				
				结果判断错误扣 20 分				
4		故障处理及通电测试	40	未落实安全措施扣 5 分				
				未从柜内退出开关扣 10 分				
				处理方法错误扣 10 分				
				处理结果错误扣 20 分				
				第一次试车故障未消除扣 10 分				
				第二次试车故障未消除再加扣 10 分并终止操作				
				处理完成后未及时汇报扣 5 分				
				扩大事故从总分中扣除 30 分，并终止考试				

续表

序号	考核内容	考核要点	配分	评分标准	检测结果	扣分	得分	备注
5	使用工具	正确使用工具	3	工具使用不正确扣 3 分				
		正确维护工具	2	工具乱摆乱放扣 2 分				
6	安全及其他	按《电力安全工作规程》操作		违规一次从总分中扣 5 分；严重违规停止操作			—	
		在规定时间内完成操作		每超时 1min 从总分扣 5 分，超时 3min 停止操作			—	
		合　计	100					

试题 7：6kV 变电所双回路 I 段进线失压跳闸，母联断路器未自投故障处理

（考核时间：20min）

序号	考核内容	考核要点	配分	评分标准	检测结果	扣分	得分	备注
1	准备工作	穿戴劳保用品	3	未穿戴整齐扣 3 分				
		工具、用具准备	2	工具选择不正确扣 2 分				
2	操作程序	识读二次原理图	10	不会识读二次原理图扣 5 分				
				识读二次原理图错误扣 5 分				
3		故障现象分析与故障判断	40	未检查指示灯扣 5 分				
				未检查盘柜表计扣 5 分				
				未检查母联自投开关位置扣 5 分				
				未进行开关状态检查扣 10 分				
				未进行信号继电器掉牌检查扣5 分				
				未检查光字牌扣 5 分				
				事故现象记录不全扣 5 分				
				故障原因判断方法错误扣 10 分				
				故障原因判断错误扣 10 分				
4		故障处理及恢复送电	40	未落实安全措施扣 5 分				
				未检查母联自投回路扣 10 分				
				处理方法错误扣 10 分				
				处理结果错误，扣 10 分				
				未在“试验位置”试车扣 5 分				
				故障排除后送电不及时扣 10 分				
				处理完成后未及时汇报扣 5 分				
				扩大事故扣 30 分并终止考试				
5	使用工具	正确使用工具	3	工具使用不正确扣 3 分				
		正确维护工具	2	工具乱摆乱放扣 2 分				
6	安全及其他	按《电力安全工作规程》操作		违规一次从总分中扣 5 分；严重违规停止操作			—	
		在规定时间内完成操作		每超时 1min 从总分扣 5 分，超时 3min 停止操作			—	
		合　计	100					

试题8：6kV变电所馈出线路带地线合闸造成越级跳闸事故的判断与处理(仿真机)

（考核时间：20min）

序号	考核内容	考核要点	配分	评分标准	检测结果	扣分	得分	备注
1	准备工作	穿戴劳保用品	3	未穿戴整齐扣3分				
		工具、用具准备	2	工具选择不正确扣2分				
2	操作程序	识读二次原理图	10	不会识读二次原理图扣5分				
				识读二次原理图错误扣5分				
3		故障现象检查与记录	30	未及时消除音响报警扣5分				
				红、绿指示灯未检查扣5分				
				开关状态未检查扣5分				
				电压、电流表计未检查扣5分				
				信号继电器未检查扣5分				
				综合保护继电器面板显示未检查扣5分				
				中央信号屏光字牌未检查扣5分				
				故障未记录扣5分				
				故障现象记录缺项扣5分				
				故障现象错记扣5分				
4		故障分析与判断	10	故障原因判断错误扣5分				
				判断结果错误扣10分				
5		故障处理	40	未落实安全措施扣5分				
				发生火灾未及时采取正确的灭火措施扣5分				
				故障开关手车未拉出扣20分				
				未检查故障段母线绝缘扣10分				
				未及时将母联开关合入恢复送电扣10分				
				未及时恢复双电源供电扣5分				
				未及时汇报扣5分				
				扩大事故扣30分并终止操作				
6	使用工具	正确使用工具	3	工具使用不正确扣3分				
		正确维护工具	2	工具乱摆乱放扣2分				
7	安全及其他	按《电力安全工作规程》操作		违规一次从总分中扣5分；严重违规停止操作			—	
		在规定时间内完成操作		每超时1min从总分扣5分，超时3min停止操作			—	
		合　计	100					

试题 9：弹簧储能操动机构不能储能的故障处理

（考核时间：30min）

序号	考核内容	考核要点	配分	评分标准	检测结果	扣分	得分	备注
1	准备工作	穿戴劳保用品	3	未穿戴整齐扣 3 分				
		工具、用具准备	2	工具选择不正确扣 2 分				
2	操作程序	识读二次原理图	10	不会识读二次原理图扣 5 分				
				识读二次原理图错误扣 5 分				
3		故障分析与记录	40	操作电源电压未检查扣 5 分				
				熔断器未检查扣 5 分				
				储能回路未检查扣 5 分				
				储能机构未检查扣 5 分				
				故障未记录、记录不全扣 2~5 分				
				故障原因判断错误扣 10 分				
				结果判断错误扣 20 分				
4		故障处理	40	处理方法错误扣 5 分				
				处理后未试机扣 5 分				
				试机未全部排除故障扣 5 分				
				处理结果错误扣 20 分				
				扩大故障扣 20 分并终止操作				
5	使用工具	正确使用工具	3	工具使用不正确扣 3 分				
		正确维护工具	2	工具乱摆乱放扣 2 分				
6	安全及其他	按《电力安全工作规程》操作		违规一次从总分中扣 5 分，严重违规停止操作			—	
		在规定时间内完成操作		每超时 1min 从总分扣 5 分，超时 3min 停止操作			—	
		合　计	100					

试题 10：35kV 架空线路远区永久相间短路故障的判断与处理(仿真站)

（考核时间：20min）

序号	考核内容	考核要点	配分	评分标准	检测结果	扣分	得分	备注
1	准备工作	穿戴劳保用品	3	未穿戴整齐扣 3 分				
		工具、用具准备	2	工具选择不正确扣 2 分				
2	操作程序	识读二次原理图	10	不会识读二次原理图扣 5 分				
				识读二次原理图错误扣 5 分				
3		确认故障现象	30	未及时消除音响报警扣 5 分				
				未检查中央信号屏光字牌扣 5 分				
				未检查控制屏指示扣 5 分				
				未检查信号继电器掉牌扣 5 分				
				未检查断路器状态扣 5 分				
				未记录故障现象扣 10 分，记录不全扣 5~10 分				

续表

序号	考核内容	考核要点	配分	评分标准	检测结果	扣分	得分	备注
4		故障现象分析与判断	20	故障原因判断方法错误扣10分				
				判断结果错误扣20分				
5		故障处理	30	未落实安全措施扣5分				
				未拉开断路器及隔离刀闸扣10分				
				未检测线路绝缘扣10分				
				未及时汇报扣5分				
				扩大事故扣30分并终止操作				
6	使用工具	正确使用工具	3	工具使用不正确扣3分				
		正确维护工具	2	工具乱摆乱放扣2分				
7	安全及其他	按《电力安全工作规程》操作		违规一次从总分中扣5分，严重违规停止操作			—	
		在规定时间内完成操作		每超时1min从总分扣5分，超时3min停止操作			—	
		合　　计	100					

试题11：SPAM142C综合保护继电器整定值的修改

（考核时间：15min）

序号	考核内容	考核要点	配分	评分标准	检测结果	扣分	得分	备注
1	准备工作	穿戴劳保用品	3	未穿戴整齐扣3分				
		工具、用具准备	2	工具选择不正确扣2分				
2	操作程序	保护定值表的数据计算	25	不会计算扣25分				
				计算错误每处扣5分				
3		保护定值的修改	65	不会修改扣65分				
				定值数据录入缺项或错误每处扣5分				
				设定出口继电器开关组（SGR）设定错误扣10分				
				设定闭锁或控制信号继电器开关组（SGB）设定错误扣10分				
				定值修改后未存储扣10分				
4	使用工具	正确使用工具	3	工具使用不正确扣3分				
		正确维护工具	2	工具乱摆乱放扣2分				
5	安全及其他	按《电力安全工作规程》操作		违规一次从总分中扣5分，严重违规停止操作			—	
		在规定时间内完成操作		每超时1min从总分扣5分，超时3min停止操作			—	
		合　　计	100					

试题 12：35kV 双母线的 IV 段母线由运行转检修

（考核时间：20min）

序号	考核内容	考核要点	配分	评分标准	检测结果	扣分	得分	备注
1	准备工作	穿戴劳保用品	3	未穿戴整齐扣 3 分				
		工具、用具准备	2	工具选择不正确扣 2 分				
2	操作程序	操作票填写	30	字迹不清、关键字有涂改每处扣 2 分				
				操作术语不正确每处扣 2 分				
				操作项目不全每少一项扣5 分				
				未按操作票接地线顺序拆除接地线扣 5 分				
				核对性检查漏一项扣 5 分				
				操作质量检验性检查每漏一项扣 5 分				
				不取下合闸保险扣 2 分，取下合闸保险的时间不对扣 2 分				
				不取下控制保险扣 2 分，取下控制保险的时间不对扣 2 分				
				操作顺序不正确扣 5~10 分				
				未检查负荷分配及回路电流表指示扣 2 分				
				未检查母线电压表指示扣 2 分				
				未将备自投装置自投压板退出扣 5 分				
				未请示上级电调合环扣 2 分				
				操作票出现严重错误扣 10~20 分，造成事故不得分				
3		模拟预演	10	未进行模拟预演扣 10 分，模拟预演不执行复诵制度扣 5 分				
4		操作执行	40	出现误操作扣 10~20 分，操作中误操作造成事故不得分				
				操作漏项每项扣 5 分				
				未执行监护制度扣 10 分				
				未执行复诵制度扣 10 分				
				不向上级调度汇报扣 5 分				
5		安全措施	15	未使用合格、有效验电器扣 5 分				
				未进行验电扣 10 分，未在带电部位检验验电器好坏扣 5 分				
				未检查接地线是否有断股扣 5 分				
				挂地线顺序错误扣 10 分				
6	安全及其他	按《电力安全工作规程》操作		违规一次从总分中扣 5 分，严重违规停止操作			—	
		在规定时间内完成操作		每超时 1min 从总分扣 5 分，超时 3min 停止操作			—	
		合　　计	100					

试题 13：三相交流异步电动机外壳局部过热故障分析与判断

（考核时间：20min）

序号	考核内容	考核要点	配分	评分标准	检测结果	扣分	得分	备注
1	准备工作	穿戴劳保用品	3	未穿戴整齐扣 3 分				
		工具、用具准备	2	工具选择不正确扣 2 分				
2	操作程序	故障的分析判断	40	未检测电动机三相电流不平衡度扣 10 分				
				未检查电动机轴承温度扣 5 分				
				未检查电动机轴承声音扣 5 分				
				未检查电动机振动情况扣 5 分				
				故障原因判断错误扣 10 分				
				结果判断错误扣 20 分				
3		故障处理	50	不切断电源扣 10 分				
				电源柜断电不挂标示牌扣 10 分				
				未检测电动机绕组直阻扣 10 分				
				不知道电动机直阻标准扣 5 分				
				仪器、仪表使用方法错误扣 5 ~ 10 分				
				故障处理方法错误扣 10 分				
				处理结果错误扣 20 分				
				扩大故障范围扣 30 分并终止操作				
4	使用工具	正确使用工具	3	工具使用不正确扣 3 分				
		正确维护工具	2	工具乱摆乱放扣 2 分				
5	安全及其他	按《电力安全工作规程》操作		违规一次从总分中扣 5 分，严重违规停止操作			—	
		在规定时间内完成操作		每超时 1min 从总分扣 5 分，超时 3min 停止操作			—	
		合　计	100					

试题 14：三相交流异步电动机一相绕组接反故障的判断与处理

（考核时间：40min）

序号	考核内容	考核要点	配分	评分标准	检测结果	扣分	得分	备注
1	准备工作	穿戴劳保用品	3	未穿戴整齐扣 3 分				
		工具、用具准备	2	工具选择不正确扣 2 分				
2	操作程序	故障原因的分析判断	40	未通电检测启动电流扣 5 分				
				未通电检测三相电流不平衡度扣 5 分				
				未通电检测电动机的振动情况扣 5 分				
				未分析比较电动机的启动声音扣 5 分				
				故障分析方法错误扣 10 分				
				故障原因判断错误扣 20 分				

续表

序号	考核内容	考核要点	配分	评分标准	检测结果	扣分	得分	备注
3		故障处理与带电试运	50	未检测电动机绕组首尾端接线是否正确扣10分				
				检测电动机绕组首尾端方法错误扣10分				
				仪器仪表使用方法错误扣5~10分				
				未改正电动机端子错误接线扣20分				
				送电试运前未采取安全措施扣5分				
				送电测试不成功扣20分				
				扩大故障范围扣30分并终止操作				
4	使用工具	正确使用工具	3	工具使用不正确扣3分				
		正确维护工具	2	工具乱摆乱放扣2分				
5	安全及其他	按《电力安全工作规程》操作		违规一次从总分中扣5分，严重违规停止操作			—	
		在规定时间内完成操作		每超时1min从总分扣5分，超时3min停止操作			—	
		合　计	100					

试题15：单结晶体管触发电路不能输出信号的故障处理

（考核时间：20min）

序号	考核内容	考核要点	配分	评分标准	检测结果	扣分	得分	备注
1	准备工作	穿戴劳保用品	3	未穿戴整齐扣3分				
		工具、用具准备	2	工具选择不正确扣2分				
2	操作程序	分析电路图工作原理	40	未分析电路图扣20分				
				电路图分析错误扣20分				
3		故障分析与判断	50	不会使用示波器扣10分				
				不会分析波形扣10分				
				判断结果错误扣20分				
				扩大故障扣5~20分并终止操作				
4	使用工具	正确使用工具	3	工具使用不正确扣3分				
		正确维护工具	2	工具乱摆乱放扣2分				
5	安全及其他	按《电力安全工作规程》操作		违规一次从总分中扣5分，严重违规停止操作			—	
		在规定时间内完成操作		每超时1min从总分扣5分，超时3min停止操作			—	
		合　计	100					

试题 16：免维护铅酸蓄电池容量的检测与计算

（考核时间：20min）

序号	考核内容	考核要点	配分	评分标准	检测结果	扣分	得分	备注
1	准备工作	穿戴劳保用品	3	未穿戴整齐扣 3 分				
		工具、用具准备	2	工具选择不正确扣 2 分				
2	操作程序	放电回路接线	20	选择电池放电率及负载容量不正确扣 10 分				
				未对仪器、仪表及材料进行检查扣 10 分，漏检、错检每个扣 3 分				
				接线联接方法错误扣 5~10 分				
3		电池放电	40	电池的放电终止电压确定错误扣 5 分				
				未将电池温度控制在允许范围内扣 5 分				
				不按规定测量和记录放电电池的端电压、电流及温度扣 5~10 分				
				仪器、仪表使用方法错误每次扣 3 分				
				记录项目不全每项扣 2 分				
4		计算电池容量及分析判断	30	计算电池容量的方法错误扣 10 分				
				进行电池容量计算时未按规定进行温度换算扣 10 分				
				电池容量是否合格的判断标准错误扣 10 分				
				电池容量计算、判断错误扣 5 分				
5	使用工具	正确使用工具	3	工具使用不正确扣 3 分				
		正确维护工具	2	工具乱摆乱放扣 2 分				
6	安全及其他	按电气试验规程和电力安全工作规程操作		损坏仪表从总分中扣 20 分			—	
				违规一次从总分中扣 5 分，严重违规停止操作			—	
		在规定时间内完成操作		每超时 1min 从总分扣 5 分，超时 3min 停止操作			—	
		合　　计	100					

试题 17：3t 桥式起重机电气控制线路故障检修

（考核时间：20min）

序号	考核内容	考核要点	配分	评分标准	检测结果	扣分	得分	备注
1	准备工作	穿戴劳保用品	3	未穿戴整齐扣 3 分				
		工具、用具准备	2	工具选择不正确扣 2 分				
2	操作程序	识读原理图	15	不会识图扣 10 分				
				不会分析原理图中各元器件的功能作用每个扣 2 分				

续表

序号	考核内容	考核要点	配分	评分标准	检测结果	扣分	得分	备注
3		故障分析(口述)	25	故障分析思路不正确扣5~10分				
				确定故障范围过大扣10分，不能确定故障范围扣15分				
4		故障排除	50	停电不验电扣5分				
				仪表使用方法错误扣5~10分				
				排除故障顺序错误扣5~10分，方法错误扣5~10分				
				不能查出故障点扣10分，查出故障点不能排除扣10分				
				产生新的故障点不能排除扣30分，产生新的故障点并已排除扣10分				
				损坏元器件每只扣5~20分				
				故障排除后通电试车一次不成功扣20分				
5	使用工具	正确使用工具	3	工具使用不正确扣3分				
		正确维护工具	2	工具乱摆乱放扣2分				
6	安全及其他	按电气试验规程和电力安全工作规程操作		违规一次从总分中扣5分，严重违规停止操作			—	
		在规定时间内完成操作		每超时1min从总分扣5分，超时3min停止操作			—	
		合　　计	100					

试题18：DL型继电器返回系数的测试与调整

（考核时间：30min）

序号	考核内容	考核要点	配分	评分标准	检测结果	扣分	得分	备注
1	准备工作	穿戴劳保用品	3	未穿戴整齐扣3分				
		工具、用具准备	2	工具选择不正确扣2分				
2	操作程序	试验接线	10	未进行设备、仪表检查扣5分				
				接线错误扣10分				
3		测试与调整	60	仪器使用方法错误每处扣2分				
				未按定值单整定扣10分				
				整定动作值超出误差允许范围扣5分				
				读数不准确扣5分				
				动作值、返回值测量方法不正确扣10分				
				不清楚返回系数规定范围扣10分				
				返回系数计算错误扣5分				

续表

序号	考核内容	考核要点	配分	评分标准	检测结果	扣分	得分	备注
				返回系数大于0.9时，未检查触点压力扣5分				
				不会调整返回系数扣10分				
				未进行冲击试验扣5分				
				冲击试验后未进行定值重复试验扣5分				
4		测试结果	20	测试结果错误扣20分				
				未做试验记录扣10分，缺项、漏项每处扣2分				
5	使用工具	正确使用工具	3	工具使用不正确扣3分				
		正确维护工具	2	工具乱摆乱放扣2分				
6	安全及其他	按电气试验规程和电力安全工作规程操作		违规一次从总分中扣5分，严重违规停止操作			—	
		在规定时间内完成操作		每超时1min从总分扣5分，超时3min停止操作			—	
		合　　计	100					

试题19：利用给定的元器件组成电路，判断中、小功率晶闸管的好坏

（考核时间：30min）

序号	考核内容	考核要点	配分	评分标准	检测结果	扣分	得分	备注
1	准备工作	穿戴劳保用品	3	未穿戴整齐扣3分				
		工具、用具准备	2	工具选择不正确扣2分				
2	操作程序	绘制电路图 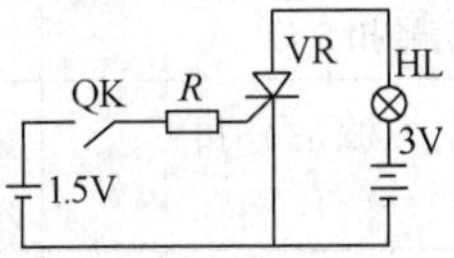	20	不能正确绘出电路图扣20分				
3		元器件检查	20	元器件错检、漏检每只扣2分				
				万用表量程选择错误扣5分，未对万用表调零扣5分				
				不能正确辨别晶闸管管脚扣10分				
4		按图接线	25	接线错误每处扣5分				
				未按要求接线扣10分				
				虚焊、接线不牢固，表面不光滑每处扣2分				
5		通电检验	30	SCR加正向偏置电压，但未加触发电压，灯泡不应亮，此项检验方法不当扣5分				
				控制极与阴极间加上触发电压，灯泡亮，此项检验方法错误扣5分				

续表

序号	考核内容	考核要点	配分	评分标准	检测结果	扣分	得分	备注
				断开控制极与阴极间所加的触发电压，灯泡还应亮。此项检验方法不当扣5分				
				若在上述情况之外灯泡仍亮，说明SCR已坏。此项不会判断扣5分				
6	安全及其他	按《电力安全工作规程》操作		违规一次从总分中扣5分，严重违规停止操作			—	
		在规定时间内完成操作		每超时1min从总分扣5分，超时3min停止操作			—	
		合　计	100					

试题20：用双踪示波器观察单相交流电压波形并读取最大值

（考核时间：20min）

序号	考核内容	考核要点	配分	评分标准	检测结果	扣分	得分	备注
1	准备工作	穿戴劳保用品	3	未穿戴整齐扣3分				
		工具、用具准备	2	工具选择不正确扣2分				
2	操作程序	检查示波器并预热	15	未检查扣5分，不进行预热就接通高压扣10分				
3		调整时基线	30	调整示波器的各控制旋钮，每操作失误一次扣5分				
				调不出时基线扣20分				
				亮度过亮或过暗扣10分，聚焦不良扣10分				
4		用标准信号对Y轴灵敏度进行校验	20	不会输入标准方波信号扣5分				
				在示波器上调不出方波信号扣10分				
				不会读取方波信号的“峰-峰”值扣5分				
5		输入被测电压，调整波形稳定，读取电压最大值	30	不会输入被测电压扣5分				
				不能调出两个周期的稳定波形扣5分				
				不会读取波形最大值扣10分				
6	安全及其他	按《电力安全工作规程》操作		违规一次从总分中扣5分，严重违规停止操作			—	
		在规定时间内完成操作		每超时1min从总分扣5分，超时3min停止操作			—	
		合　计	100					

试题21：画出三相桥式整流电路及各点工作电压波形

（考核时间：10min）

序号	考核内容	考核要点	配分	评分标准	检测结果	扣分	得分	备注
1	准备工作	穿戴劳保用品	3	未穿戴整齐扣3分				
		工具、用具准备	2	工具选择不正确扣2分				
2	操作程序	对图形符号的要求	20	图形符号不规范每个扣3分				
				图形符号错误每个扣5分				
3		对文字符号的要求	20	文字符号不规范每个扣3分				
				文字符号错误每个扣5分				
4		绘制电路图	25	绘图错误每处扣5分				
5		绘制工作电压波形图	25	未绘制变压器副边输出电压波形图扣10分，绘制错误扣2~10分				
				未绘制整流输出工作电压波形图扣15分，绘制错误扣3~15分				
6	使用工具	正确使用工具	3	工具使用不正确扣3分				
		正确维护工具	2	工具乱摆乱放扣2分				
7	安全及其他	按《电力安全工作规程》操作		违规一次从总分中扣5分，严重违规停止操作			—	
		在规定时间内完成操作		每超时1min从总分扣5分，超时3min停止操作			—	
		合　计	100					

五、技能操作鉴定要素细目表(高级技师)

鉴定范围						鉴定点	
一级		二级		三级		代码	名　称
代码	名称	代码	名称	代码	名称		
A	技能操作	A	设计安装调试	C	电动机控制线路的安装调试	001	根据给定设备表，设计一台110kW低压电动机连续单转向控制电路并进行设备选型
						002	直流电动机启动调速控制盘的安装与调试
				D	电子电路安装调试	001	晶体管串联型可调稳压电源的安装和调试
						002	单相桥式半控整流电路的安装和调试
				E	PLC安装调试	001	用PLC实现电动机Y-Δ启动
						002	用PLC实现电梯控制的安装与调试
		B	运行维护与事故处理	B	变配电系统故障处理	001	UPS电源输出中断的故障分析与判断
						002	6kV变电所PLC母联自动投入装置不能自投的故障分析与判断
						003	SYJZZ3G-35/250-6型国产有载调压控制器不能动作的故障处理
						004	CY3液压操动机构打压频繁的故障分析与判断
						005	根据故障录波信息进行故障判断

续表

鉴定范围						鉴定点	
一级		二级		三级		代码	名称
代码	名称	代码	名称	代码	名称		
						006	10kV 三相电力变压器高压侧一相熔断器熔断故障的分析与判断
						007	110kV 变压器差动保护动作后的故障处理
						008	6kV 电动机 WDH-17 综合保护继电器整定值的修改
						009	35kV 简易母差保护动作后的故障处理
						010	110kV 母线避雷器瓷套管闪络爆炸事故处理
						011	6kV 馈出线发生金属性接地事故引起系统过电压的故障判断与处理
						012	6/0.4kV 变电器工作接地断线的故障判断
				C	倒闸操作票填写与执行	001	双母线带旁路母线的进线开关断路器停电检修操作
						002	110kV 双母线带旁路母线的进线开关断路器由检修转运行
				D	电动机故障处理	001	三相交流同步电动机运行失步的故障分析与判断
						002	同步电动机励磁装置控制单元故障的分析与处理
				E	电子电路故障处理	001	变频器的过电流故障处理
		C	电气检修	C	低压电动机及控制回路检修	001	同步电动机 BKL-1 型励磁装置大修
						002	M7130 磨床检修
		E	电工测量仪器仪表及安全用具	B	电工仪器的使用	001	用双踪示波器测量、分析单结晶体管触发电路的波形
		F	电气绘图及计算	A	变配电	001	依据给定的三段式保护原理展开图绘制盘后接线图
						002	识读电气主结线系统保护配置图并填写保护定值表
				B	电动机控制与修理	001	三相四极 36 槽电动机定子绕组展开图的绘制
				C	电子电路	001	画出单结晶体管触发电路各点工作电压波形

六、技能操作试题(高级技师)

试题 1：根据给定设备表，设计一台 110kW 低压电动机连续单转向控制电路并进行设备选型

（考核时间：60min）

序号	考核内容	考核要点	配分	评分标准	检测结果	扣分	得分	备注
1	准备工作	用具准备	5	用具选择不正确扣 2 分				

续表

序号	考核内容	考核要点	配分	评分标准	检测结果	扣分	得分	备注
2	绘图设计	画出电动机一次原理图	15	文字符号不正确，每个扣2分				
				图形符号不正确，每个扣2分				
				原理图不正确扣5~10分				
		画出电动机二次控制原理图	30	文字符号不正确，每个扣2分				
				图形符号不正确，每个扣2分				
				原理图不正确扣5~20分				
3	设备选型	计算	20	确定元器件额定电流的计算公式不正确每个扣10分				
				计算结果错误每个扣5分				
		设备选型	30	设备规格型号选择不合理每个扣10分				
				设备技术参数选择错误每个扣5分				
4	其他	在规定时间内完成操作		违规一次从总分中扣5分，严重违规停止操作				—
				每超时1min从总分扣5分，超时3min停止操作				
		合　计	100					

试题2：直流电动机启动调速控制盘的安装与调试

（考核时间：180min）

序号	考核内容	考核要点	配分	评分标准	检测结果	扣分	得分	备注
1	准备工作	穿戴劳保用品	3	未穿戴整齐扣3分				
		工具、用具准备	2	工具选择不正确扣2分				
2	操作程序	分析电路图控制原理	5	不会分析电路图扣5分				
3		安装前检查	5	元器件错检每处扣1分				
				电动机引线接线错检扣3分				
4		安装元件	20	元件安装不牢固，每只扣3分				
				元件安装不整齐、不合理，每只扣3分				
				损坏元件，每只扣5分				
				不按图安装扣10分				
5		配线	50	不按电路图接线扣5~10分				
				接点松动、露铜过长、压绝缘、反圈等，每处扣3分				
				损伤导线绝缘或线芯，每根扣5分				
				导线交叉、悬空太多扣2~10分				
				布线不平不直每处扣2分				
				选线不符合标准规定扣5分				

续表

序号	考核内容	考核要点	配分	评分标准	检测结果	扣分	得分	备注
				一、二次线走线不合理扣5~10分				
				编码套管编号不正确，每处扣1分				
				漏接接地线扣2分				
6		通电试车	10	电流继电器整定不当扣5分				
				第一次试机不成功从总分中扣5分				
				第二次试机不成功从总分中再加扣5分，并终止操作				
7	使用工具	正确使用工具	3	工具使用不正确扣3分				
		正确维护工具	2	工具乱摆乱放扣2分				
8	安全及其他	按《电力安全工作规程》操作		违规一次从总分中扣5分，严重违规停止操作			—	
		在规定时间内完成操作		每超时1min从总分扣5分，超时3min停止操作			—	
		合　　计	100					

试题3：单相桥式半控整流电路的安装和调试

（考核时间：210min）

序号	考核内容	考核要点	配分	评分标准	检测结果	扣分	得分	备注
1	准备工作	穿戴劳保用品	3	未穿戴整齐扣3分				
		工具、用具准备	2	工具选择不正确扣2分				
2	操作程序	正确识读、分析电路图	10	错误解释文字、符号意义，每个扣0.5分；错误说明元器件的功能作用每个扣2分				
3		元器件检测	15	不能正确使用万用表扣5分				
				元器件漏检或错检，每只扣2分				
4		安装接线	40	元器件布局不合理扣10分				
				元器件、导线焊接不牢固、虚焊或焊点不光滑，每处扣2分				
				元器件极性接错每处扣10分				
				损坏元器件，每个扣5分				
				不按图接线每处扣5分				
5		通电测试	30	检查电路装接情况，发现错线、短路每处扣5分				
				未断开触发电路而直接接通电源扣5分				
				不能正确使用示波器扣5分				
				用示波器观察负载电阻两端波形不正确或严重失真，扣5分				
				第一次通电不成功，扣10分				
				第二次通电不成功，加扣10分并终止操作				

续表

序号	考核内容	考核要点	配分	评分标准	检测结果	扣分	得分	备注
6	安全及其他	按《电力安全工作规程》操作		违规一次从总分中扣5分，严重违规停止操作			—	
		在规定时间内完成操作		每超时1min从总分扣10分，超时3min停止操作			—	
		合　计	100					

试题4：用PLC实现电梯控制的安装与调试

（考核时间：210min）

序号	考核内容	考核要点	配分	评分标准	检测结果	扣分	得分	备注
1	准备工作	穿戴劳保用品	3	未穿戴整齐扣3分				
		工具、用具准备	2	工具选择不正确扣2分				
2	操作程序	分析电路图控制原理	5	不会分析电路图扣5分				
3		安装前元器件检查	5	元器件错检漏检，每处扣1分				
4		安装元器件	5	元器件安装不牢固，每只扣2分				
				元器件安装不整齐、布置不合理，每只扣2分				
				损坏元器件，每只扣3分				
				不按图安装扣5分				
5		配线	15	不按电路图接线扣10分				
				接点松动、露铜过长、压绝缘、反圈等，每处扣2分				
				损伤导线绝缘或线芯，每根扣2分				
				导线交叉、悬空太多扣2~10分				
				布线不平不直，走线不合理，每处扣2分				
				选线不符合规范规定扣3分				
				编码套管编号不正确，每处扣1分				
6		PLC程序编制	40	画梯形图每错一处扣2分				
				编指令程序每错一处扣2分				
				不能正确使用计算机或编程器输入程序扣10分				
7		PLC程序调试	5	未进行此项扣5分				
8		通电试车	15	第一次试车不成功扣10分				
				第二次试车不成功再加扣10分，并终止操作				
9	使用工具	正确使用工具	3	工具使用不正确扣3分				
		正确维护工具	2	工具乱摆乱放扣2分				
10	安全及其他	按《电力安全工作规程》操作		违规一次从总分中扣5分，严重违规停止操作			—	
		在规定时间内完成操作		每超时1min从总分扣5分，超时3min停止操作			—	
		合　计	100					

试题 5：UPS 电源输出中断的故障分析与判断

（考核时间：15min）

序号	考核内容	考核要点	配分	评分标准	检测结果	扣分	得分	备注
1	准备工作	穿戴劳保用品	5	未穿戴整齐扣 5 分				
2	操作程序	识读 UPS 功能结构示意图	20	不会识读扣 20 分				
				识读功能结构示意图错误扣 5～10 分				
3		说明 UPS 的功能原理	30	错误说明 UPS 的工作原理扣 10 分				
				错误说明部件的名称每处扣 5 分				
				错误说明部件的功能每处扣 5 分				
4		输出中断的故障原因分析与判断	40	未检查、记录 UPS 故障报警信息扣 10 分				
				不能正确说出 UPS 输入电源的允许波动范围扣 5 分				
				不能正确说出 UPS 输出过载能力扣 5 分				
				不能正确说出 UPS 转电池供电的条件扣 5 分				
				不能正确说出 UPS 转静态旁路供电的条件扣 5 分				
				逻辑分析方法错误扣 10 分				
5	使用工具	正确使用工具	3	工具使用不正确扣 3 分				
		正确维护工具	2	工具乱摆乱放扣 2 分				
6	安全及其他	按《电力安全工作规程》操作		违规一次从总分中扣 5 分，严重违规停止操作				—
		在规定时间内完成操作		每超时 1min 从总分扣 5 分，超时 3min 停止操作				—
		合　计	100					

试题 6：6kV 变电所 PLC 母联自动投入装置不能自投的故障分析与判断

（考核时间：30min）

序号	考核内容	考核要点	配分	评分标准	检测结果	扣分	得分	备注
1	准备工作	穿戴劳保用品	3	未穿戴整齐扣 3 分				
		工具、用具准备	2	工具选择不正确扣 2 分				
2	操作程序	识读 PLC 逻辑图	40	不会分析逻辑图扣 40 分				
				逻辑图分析错误每处扣 5 分				
3		母联自投装置故障分析	50	输入输出点工作状态判断错误每处扣 5 分				
				不会进行 PLC 与计算机通讯联接扣 5 分				
				不会使用计算机进行 PLC 的在线分析扣 10 分				
				故障原因判断错误扣 20 分				

续表

序号	考核内容	考核要点	配分	评分标准	检测结果	扣分	得分	备注
4	使用工具	正确使用工具	3	工具使用不正确扣3分				
		正确维护工具	2	工具乱摆乱放扣2分				
5	安全及其他	按《电力安全工作规程》操作		违规一次从总分中扣5分，严重违规停止操作			—	
		在规定时间内完成操作		每超时1min从总分扣5分，超时3min停止操作			—	
		合　计	100					

试题7：CY3液压操动机构打压频繁的故障分析与判断

（考核时间：20min）

序号	考核内容	考核要点	配分	评分标准	检测结果	扣分	得分	备注
1	准备工作	穿戴劳保用品	5	未穿戴整齐扣5分				
2	操作程序	识读原理图	10	不会识读原理图扣10分				
				原理图识读错误扣5分				
3		故障分析	40	油路关键点未检查每处扣5分				
				压力表未检查扣5分				
				行程开关位置未检查每处扣5分				
				故障原因分析错误扣10分				
				故障点判断错误扣20分				
4		故障处理	40	未落实安全措施扣5分				
				处理方法错误扣5分				
				处理后未试车扣5分				
				处理结果错误扣20分				
				未及时汇报扣10分				
				扩大故障范围扣30分并终止操作				
5	使用工具	正确使用工具	3	工具使用不正确扣3分				
		正确维护工具	2	工具乱摆乱放扣2分				
6	安全及其他	按《电力安全工作规程》操作		违规一次从总分中扣5分，严重违规停止操作			—	
		在规定时间内完成操作		每超时1min从总分扣5分，超时3min停止操作			—	
		合　计	100					

试题 8：根据故障录波信息进行故障判断

（考核时间：10min）

序号	考核内容	考核要点	配分	评分标准	检测结果	扣分	得分	备注
1	准备工作	穿戴劳保用品	5	未穿戴整齐扣 5 分				
2	操作程序	识读给定的录波图形	20	不会识读录波图形扣 5 分				
				录波图形识读错误扣 5 分				
3		故障分析	75	不能正确说出故障发生的准确时间扣 10 分				
				不能正确说出故障持续时间扣 10 分				
				不能测算出故障时电气参数量数值的大小扣 20 分				
				故障类型判断不正确扣 40 分				
4	安全及其他	按《电力安全工作规程》操作		违规一次从总分中扣 5 分，严重违规停止操作			—	
		在规定时间内完成操作		每超时 1min 从总分扣 5 分，超时 3min 停止操作			—	
		合　　计	100					

试题 9：10kV 三相电力变压器高压侧一相熔断器熔断故障的分析与判断

（考核时间：10min）

序号	考核内容	考核要点	配分	评分标准	检测结果	扣分	得分	备注
1	准备工作	穿戴劳保用品	3	未穿戴整齐扣 3 分				
		工具、用具准备	2	工具选择不正确扣 2 分				
2		确认故障现象	40	未检查变压器高压侧电流表计扣 5 分				
				未检查变压器低压侧电压表计扣 5 分				
				未检查变压器低压侧电流表计扣 5 分				
				故障未记录扣 5 分				
				故障现象记录缺项扣 5 分				
				故障现象错记扣 5 分				
3		故障分析与判断	50	不能正确说出变压器的工作原理扣 10 分				
				未检测变压器低压三相相电压扣 20 分				
				未到现场对变压器一次熔断器进行检查扣 10 分				
				逻辑分析方法错误扣 10 分				
				判断结果错误，扣 10 分				

续表

序号	考核内容	考核要点	配分	评分标准	检测结果	扣分	得分	备注
4	使用工具	正确使用工具	3	工具使用不正确扣3分				
		正确维护工具	2	工具乱摆乱放扣2分				
5	安全及其他	按《电力安全工作规程》操作		违规一次从总分中扣5分，严重违规停止操作			—	
		在规定时间内完成操作		每超时1min从总分扣5分，超时3min停止操作			—	
		合　计	100					

试题10：110kV主变压器差动保护动作后的故障处理(仿真机)

（考核时间：20min）

序号	考核内容	考核要点	配分	评分标准	检测结果	扣分	得分	备注
1	准备工作	穿戴劳保用品	3	未穿戴整齐扣3分				
		工具、用具准备	2	工具选择不正确扣2分				
2	操作程序	分析电路图的工作原理	10	不会分析电路图扣10分				
				分析错误每处扣3分				
3		确认故障现象	30	未及时消除音响报警扣5分				
				未检查信号继电器掉牌扣5分				
				未检查中央信号屏光字牌扣5分				
				未检查控制屏上相关表计和指示灯扣5分				
				未检查故障录波屏扣5分				
				故障未记录扣5分				
				故障现象记录缺项扣5分				
				故障现象错记扣5分				
4		故障分析与判断	20	未根据故障现象判断出是变压器外部故障扣10分				
				未检查变压器及其差动保护范围内的设备扣10分				
				故障原因判断错误，扣10分				
				判断结果错误，扣20分				
5		故障处理	30	未落实安全措施扣5分				
				未检查变压器各侧断路器是否断开扣5分				
				未拉开变压器各侧隔离开关扣5分				
				处理方法错误扣10分				
				处理结果错误，扣20分				
				处理完成后未及时汇报扣10分				
				扩大事故扣30分并终止操作				

续表

序号	考核内容	考核要点	配分	评分标准	检测结果	扣分	得分	备注
6	使用工具	正确使用工具	3	工具使用不正确扣3分				
		正确维护工具	2	工具乱摆乱放扣2分				
7	安全及其他	按《电力安全工作规程》操作		违规一次从总分中扣5分，严重违规停止操作			—	
		在规定时间内完成操作		每超时1min从总分扣5分，超时3min停止操作			—	
		合　计	100					

试题11：6kV电动机WDH-17综合保护继电器整定值的修改

（考核时间：20min）

序号	考核内容	考核要点	配分	评分标准	检测结果	扣分	得分	备注
1	准备工作	穿戴劳保用品	3	未穿戴整齐扣3分				
		工具、用具准备	2	工具选择不正确扣2分				
2	操作程序	保护定值表的数据计算	25	不会计算扣25分				
				计算错误每处扣5分				
3		保护定值的修改	65	不能说明各功能键的作用扣5分				
				操作步骤错误扣5~10分				
				定值数据录入缺项或错误扣5~10分				
				保护功能启动错误扣10分				
				保护功能屏蔽错误扣10分				
				定值及保护功能选项修改后未存储扣10分				
4	使用工具	正确使用工具	3	工具使用不正确扣3分				
		正确维护工具	2	工具乱摆乱放扣2分				
5	安全及其他	按《电力安全工作规程》操作		违规一次从总分中扣5分，严重违规停止操作			—	
		在规定时间内完成操作		每超时1min从总分扣5分，超时3min停止操作			—	
		合　计	100					

试题12：35kV简易母差保护动作后的故障处理(仿真机)

（考核时间：20min）

序号	考核内容	考核要点	配分	评分标准	检测结果	扣分	得分	备注
1	准备工作	穿戴劳保用品	3	未穿戴整齐扣3分				
		工具、用具准备	2	工具选择不正确扣2分				

续表

序号	考核内容	考核要点	配分	评分标准	检测结果	扣分	得分	备注
2	操作程序	分析二次原理图	10	不会分析原理图扣10分				
				原理图分析错误每处扣3分				
3		确认故障现象	30	未及时消除音响报警扣5分				
				未检查中央信号屏光字牌扣5分				
				未检查信号继电器掉牌扣5分				
				未检查控制屏上相关表计和指示灯扣5分				
				未检查故障录波屏扣5分				
				故障未记录扣5分				
				故障现象记录缺项扣5分				
				故障现象错记扣5分				
4		故障分析与判断	20	未检查母线及支持瓷瓶扣5分				
				故障原因判断错误，扣10分				
				判断结果错误，扣10分				
5		故障处理	30	未落实安全措施扣5分				
				未检查母线各侧电源开关是否断开扣5分				
				未拉开相关隔离开关扣10分				
				处理方法错误扣10分				
				处理结果错误，扣20分				
				处理完成后未及时汇报扣5分				
				扩大事故扣30分并终止操作				
6	使用工具	正确使用工具	3	工具使用不正确扣3分				
		正确维护工具	2	工具乱摆乱放扣2分				
7	安全及其他	按《电力安全工作规程》操作		违规一次从总分中扣5分，严重违规停止操作			—	
		在规定时间内完成操作		每超时1min从总分扣5分，超时3min停止操作			—	
		合　　计	100					

试题13：110kV母线避雷器磁套管闪络爆炸事故处理

（考核时间：20min）

序号	考核内容	考核要点	配分	评分标准	检测结果	扣分	得分	备注
1	准备工作	穿戴劳保用品	3	未穿戴整齐扣3分				
		工具、用具准备	2	工具选择不正确扣2分				
2	操作程序	识读主结线系统图	10	不会识读扣10分				
				识读主结线系统图错误每处扣3分				

续表

序号	考核内容	考核要点	配分	评分标准	检测结果	扣分	得分	备注
3		确认故障现象	30	未及时消除音响报警扣5分				
				未检查中央信号屏光字牌扣5分				
				未检查信号继电器掉牌扣5分				
				未检查控制屏上相关表计和指示灯扣5分				
				未检查故障录波屏扣5分				
				故障未记录扣5分				
				故障现象记录缺项扣5分				
				故障现象错记扣5分				
4		故障分析与判断	20	未正确说出差动保护动作扣10分				
				未检查差动保护范围内的设备扣5分				
				故障原因判断错误扣10分				
				判断结果错误扣20分				
5		故障处理	30	未落实安全措施扣5分				
				未检查相关开关是否断开扣5分				
				未拉开相关隔离开关扣10分				
				未依据现场情况尽最大可能迅速恢复供电扣5分				
				处理方法错误扣10分				
				处理结果错误，扣20分				
				处理完成后未及时汇报扣5分				
				扩大事故扣30分，并终止操作				
6	使用工具	正确使用工具	3	工具使用不正确扣3分				
		正确维护工具	2	工具乱摆乱放扣2分				
7	安全及其他	按《电力安全工作规程》操作		违规一次从总分中扣5分，严重违规停止操作			—	
		在规定时间内完成操作		每超时1min从总分扣5分，超时3min停止操作			—	
		合　计	100					

试题14：6kV馈出线发生非金属性接地事故引起系统过电压的故障判断与处理(仿真机)

（考核时间：20min）

序号	考核内容	考核要点	配分	评分标准	检测结果	扣分	得分	备注
1	准备工作	穿戴劳保用品	3	未穿戴整齐扣3分				
		工具、用具准备	2	工具选择不正确扣2分				

续表

序号	考核内容	考核要点	配分	评分标准	检测结果	扣分	得分	备注
2	操作程序	确认故障现象	30	未及时消除音响报警扣5分				
				未检查中央信号屏光字牌扣5分				
				未检查信号继电器掉牌扣5分				
				未检查电压表指示扣5分				
				未检查小电流接地选线系统动作情况扣5分				
				未检查消弧线圈装置动作情况扣5分				
				故障未记录扣5分				
				故障现象记录缺项扣5分				
				故障现象错记扣5分				
3		故障分析与判断	20	分析不出接地性质扣10分				
				未和上一级变电站通报情况扣5分				
				具体接地线路判断错误扣10分				
				故障原因判断错误扣10分				
				结果判断错误扣20分				
4		故障处理	40	查找接地故障未穿绝缘靴扣5分				
				未先拉开接地选线装置选出的线路扣10分				
				在选线装置不能正确选出故障线路时，不知道采用拉路法查找故障线路，扣5分				
				采用拉路法查找故障线路的方法、步骤不符合规定扣5~10分				
				接地故障运行超过两小时未采取措施扣5分				
				处理结果错误，扣20分				
				处理完成后未及时汇报扣5分				
				扩大事故扣30分并终止操作				
5	使用工具	正确使用工具	3	工具使用不正确扣3分				
		正确维护工具	2	工具乱摆乱放扣2分				
6	安全及其他	按《电力安全工作规程》操作		违规一次从总分中扣5分，严重违规停止操作			—	
		在规定时间内完成操作		每超时1min从总分扣5分，超时3min停止操作			—	
		合　计	100					

试题15：6/0.4kV变压器工作接地断线的故障判断

（考核时间：15min）

序号	考核内容	考核要点	配分	评分标准	检测结果	扣分	得分	备注
1	准备工作	穿戴劳保用品	3	未穿戴整齐扣3分				
		工具、用具准备	2	工具选择不正确扣2分				

续表

序号	考核内容	考核要点	配分	评分标准	检测结果	扣分	得分	备注
2	操作程序	确认故障现象	40	未检测低压侧相电压扣 30 分				
				未检测三相负荷分配扣 10 分				
				故障未记录扣 10 分				
				故障现象记录缺项扣 5 分				
				故障现象错记扣 5 分				
3		故障现象分析与判断	50	未检查变压器工作接地联接情况扣 20 分				
				故障判断错误扣 20 分				
				故障产生机理分析不清扣 10 分				
4	使用工具	正确使用工具	3	工具使用不正确扣 3 分				
		正确维护工具	2	工具乱摆乱放扣 2 分				
5	安全及其他	按《电力安全工作规程》操作		违规一次从总分中扣 5 分，严重违规停止操作			—	
		在规定时间内完成操作		每超时 1min 从总分扣 5 分，超时 3min 停止操作			—	
		合　计	100					

试题 16：110kV 双母线带旁路母线的进线开关断路器由检修转运行

（考核时间：20min）

序号	考核内容	考核要点	配分	评分标准	检测结果	扣分	得分	备注
1	准备工作	穿戴劳保用品	3	未穿戴整齐扣 3 分				
		工具、用具准备	2	工具选择不正确扣 2 分				
2	操作程序	操作票填写	30	字迹不清，关键字有涂改每处扣 2 分				
				操作术语不正确每处扣 2 分				
				操作项目不全扣 2~10 分				
				票面不规范扣 5 分，未使用双编号扣 5 分				
				核对性检查漏一项扣 5 分				
				操作质量检验性检查每漏一项扣 2 分				
				不给上合闸保险扣 2 分，给上合闸保险的时间不对扣 2 分				
				不给上控制保险扣 5 分，给上控制保险的时间不对扣 5 分				
				操作顺序不正确扣 5~10 分				
				未检查回路电流表指示扣 2 分				
				操作票出现严重错误扣 10~20 分，造成扩大事故不得分				

续表

序号	考核内容	考核要点	配分	评分标准	检测结果	扣分	得分	备注
3		模拟预演	10	未进行模拟预演扣10分，模拟预演不执行复诵制度扣5分				
4		安全措施	15	未拆或漏拆接地线不得分				
				拆接地线违反规程规定扣5分，未按操作票接地线顺序拆除接地线扣5分				
5		操作执行	40	出现误操作扣10~20分，操作中误操作造成事故不得分				
				操作漏项或跳项每项扣5分				
				操作人与监护人的站位不符合要求扣5分				
				未执行监护制度扣5分				
				未执行复诵制度扣5分				
				不向上级调度汇报扣5分				
6	安全及其他	按《电力安全工作规程》操作		违规一次从总分中扣5分，严重违规停止操作			—	
		在规定时间内完成操作		每超时1min从总分扣5分，超时3min停止操作			—	
		合　　计	100					

试题17：三相交流同步电动机运行失步的故障分析与判断（由考评员设置“励磁柜直流输出电流为零故障”故障点）

（考核时间：30min）

序号	考核内容	考核要点	配分	评分标准	检测结果	扣分	得分	备注
1	准备工作	穿戴劳保用品	3	未穿戴整齐扣3分				
		工具、用具准备	2	工具选择不正确扣2分				
2		故障现象记录	10	无故障现象记录扣5分				
				故障记录不全扣5分				
3	操作程序	故障原因分析	70	未检查电动机声音变化扣10分				
				未检查定子电流变化扣10分				
				未检查励磁柜输出电压、电流扣10分				
				未检查转速变化情况扣10分				
				未检查电刷引线绝缘扣20分				
				未检查转子励磁绕阻通路扣20分				
				未检查直流励磁回路电缆扣10分				
4		故障判断	10	故障结果判断错误扣10分				

续表

序号	考核内容	考核要点	配分	评分标准	检测结果	扣分	得分	备注
5	使用工具	正确使用工具	3	工具使用不正确扣3分				
		正确维护工具	2	工具乱摆乱放扣2分				
6	安全及其他	按《电力安全工作规程》操作		违规一次从总分中扣5分，严重违规停止操作			—	
		在规定时间内完成操作		每超时1min从总分扣5分，超时3min停止操作			—	
		合　计	100					

试题18：变频器的过电流故障处理

（考核时间：30min）

序号	考核内容	考核要点	配分	评分标准	检测结果	扣分	得分	备注
1	准备工作	穿戴劳保用品	3	未穿戴整齐扣3分				
		工具、用具准备	2	工具选择不正确扣2分				
2	操作程序	变频器结构及工作原理分析	30	未分析结构及工作原理扣15分				
				结构及工作原理分析不清扣5~15分				
3		故障分析与判断	40	不会查阅变频器故障记录扣10分，不会分析故障记录扣10分				
				故障类型判断不正确扣10分				
				未对电动机进行检查扣10分				
				未检查核对变频器设定值扣10分				
				仪器、仪表使用方法错误每次扣5分				
4		故障排除	20	故障处理方法错误扣10分				
				扩大故障范围扣5~20分并终止操作				
5	使用工具	正确使用工具	3	工具使用不正确扣3分				
		正确维护工具	2	工具乱摆乱放扣2分				
6	安全及其他	按《电力安全工作规程》操作		违规一次从总分中扣5分，严重违规停止操作			—	
		在规定时间内完成操作		每超时1min从总分扣5分，超时3min停止操作			—	
		合　计	100					

试题19：同步电动机BKL-I型励磁装置大修

（考核时间：40min）

序号	考核内容	考核要点	配分	评分标准	检测结果	扣分	得分	备注
1	准备工作	穿戴劳保用品	3	未穿戴整齐扣3分				
		工具、用具准备	2	工具选择不正确扣2分				

续表

序号	考核内容	考核要点	配分	评分标准	检测结果	扣分	得分	备注
2	操作程序	识读原理图	10	不会识图扣10分				
				不会分析原理图中各元器件的功能作用每个扣2分				
3		确定大修项目	20	不会确定大修项目扣20分				
				大修项目确定不全扣2~20分				
				大修项目确定错误每项扣5分				
4		元器件检修与测试	30	未落实安全措施扣5分				
				未对整流柜、控制柜内各电器元件进行吹灰和清扫扣5分				
				整流柜、控制柜解体检修方法和顺序错误扣5~10分				
				各元器件检查、测试方法错误每个扣1分，错检、漏检每个扣1分				
				不清楚各元器件的检修质量标准每个扣2分				
				仪器、仪表使用错误扣2~10分				
				损坏元器件每只扣5~10分				
5		励磁装置调试	30	调试前未进行主回路和控制回路绝缘检查扣5分				
				送电前未对供电系统、励磁控制系统进行常规检查扣5~10分				
				励磁装置送电顺序错误扣5分				
				未进行励磁电压、电流测试扣5分，调试励磁电压、电流方法错误扣2~5分				
				未进行联锁及模拟试验扣5~10分				
				调试不成功扣20分				
6	使用工具	正确使用工具	3	工具使用不正确扣3分				
		正确维护工具	2	工具乱摆乱放扣2分				
7	安全及其他	按《电力安全工作规程》操作		违规一次从总分中扣5分，严重违规停止操作			—	
		在规定时间内完成操作		每超时1min从总分扣5分，超时3min停止操作			—	
		合　计	100					

试题20：用双踪示波器测量、分析单结晶体管触发电路的波形

（考核时间：30min）

序号	考核内容	考核要点	配分	评分标准	检测结果	扣分	得分	备注
1	准备工作	穿戴劳保用品	3	未穿戴整齐扣3分				
		工具、用具准备	2	工具选择不正确扣2分				

续表

序号	考核内容	考核要点	配分	评分标准	检测结果	扣分	得分	备注
2	操作程序	检查示波器并预热	15	未检查扣5分，不进行预热就接通高压扣10分				
3		调整时基线	20	调整示波器的各控制旋钮，每操作失误一次扣5分				
				调不出时基线扣20分				
				亮度过亮或过暗扣10分，聚焦不良扣10分				
4		用标准信号对 Y 轴灵敏度进行校验	15	不会输入标准方波信号扣5分				
				在示波器上调不出方波信号扣10分				
				不会读取方波信号峰-峰值扣5分				
5		观察波形，读取数据	30	不会输入变压器二次侧电压扣5分，不能调出稳定波形扣5分，不能正确读取电压数据扣5分				
				不会输入整流后的电压扣5分，不能调出稳定波形扣5分，不能正确读取电压数据扣5分				
				不会输入稳压二极管两端的电压扣5分，不能调出稳定波形扣5分，不能正确读取电压数据扣5分				
				不会输入电容器两端的电压扣5分，不能调出稳定波形扣5分				
				不会输入电阻R5两端的电压扣5分，不能调出稳定波形扣5分，不能正确读取脉冲宽度扣5分				
				上述各项操作步骤中每错一步扣2分				
6		画出波形	15	不会画各点波形扣15分				
				漏画各点波形每点扣3分				
				波形错误每点扣2分				
7	安全及其他	按《电力安全工作规程》操作		因操作不当造成示波器故障扣20分				
				违规一次从总分中扣5分，严重违规停止操作				—
		在规定时间内完成操作		每超时1min从总分扣5分，超时3min停止操作				—
		合　计	100					

试题21：依据给定的三段式保护原理展开图绘制盘后接线图

（考核时间：120min）

序号	考核内容	考核要点	配分	评分标准	检测结果	扣分	得分	备注
1	准备工作	穿戴劳保用品	3	未穿戴整齐扣3分				
		工具、用具准备	2	工具选择不正确扣2分				
2	操作程序	识读保护原理图	10	不会读图扣10分				
				局部错误扣3~8分				

续表

序号	考核内容	考核要点	配分	评分标准	检测结果	扣分	得分	备注
3		绘制盘面布置图	10	不符合规范要求扣5分				
				元器件布置不合理扣5分				
4		绘制端子排图	20	端子排列不符合规程规定扣5~10分				
				交流回路无接地扣5分				
5		绘制盘后接线图	50	未按相对编号法接线扣20分				
				接线错误每处扣5分				
				图形符号不规范每个扣3分				
				图形符号错误每个扣5分				
6	使用工具	正确使用工具	3	工具使用不正确扣3分				
		正确维护工具	2	工具乱摆乱放扣2分				
7	安全及其他	按《电力安全工作规程》操作		违规一次从总分中扣5分，严重违规停止操作			—	
		在规定时间内完成操作		每超时1min从总分扣5分，超时3min停止操作			—	
		合　　计	100					

试题22：识读电气主结线系统保护配置图并填写保护定值表

（考核时间：5min）

序号	考核内容	考核要点	配分	评分标准	检测结果	扣分	得分	备注
1	准备工作	穿戴劳保用品	3	未穿戴整齐扣3分				
		工具、用具准备	2	工具选择不正确扣2分				
2	操作程序	识读电气系统主接线图	15	图形、文字符号不会读每个扣2分				
				不会读图本项不得分				
3		识读保护配置图	50	文字代号不会读每个扣5分				
				不会读图本项不得分				
4		填写保护定值	30	填写错误每处扣4分				
				不会填写本项不得分				
5	其他	在规定时间内完成操作		每超时1min从总分扣5分，超时3min停止考试				
		合　　计	100					